JN379465

# 건축전기설비기술사
## 기출문제해설 ❻

Professional Engineer Building Electrical Facilities

(111,112,113,114,115,116회)(2017년~2018년)

김 일 기 저

건축전기/전기응용기술사

● 문제를 쉽게 풀이하여 누구나 이해 할 수 있도록 함
● 최근 개정된 법규를 반영함
● 그림과 표를 많이 삽입하여 쉽게 이해 하도록 함
● 중요한 내용은 암기비법으로 쉽게 암기하도록 함

nt media

## 최신 건축전기설비기술사 기출문제해설 (6권)

초      판   2019년 5월 15일

저      자   김일기

발  행  인   이재선
발  행  처   도서출판 nt media
주      소   서울시 영등포구 영신로17길 3 경산빌딩
대 표 전 화   02) 836-3543~5
팩      스   02) 835-8928
홈 페 이 지   www.ucampus.ac

값 40,000원
ISBN 979-11-87180-18-0
       978-89-92657-57-0 (세트)

이 책의 저작권은 도서출판 NT미디어에 있으며, 무단복제 할 수 없습니다.

상담전화 02) 836-3543~5
홈페이지 www.ucampus.ac

# 머 리 말

　기술사법에 기술사는 "과학기술에 관한 전문적 응용능력을 필요로 하는 사항에 대하여 계획, 연구, 설계, 분석, 조사, 시험, 시공, 감리, 평가, 진단, 시험운전, 사업 관리, 기술 판단, 기술 중재 또는 이에 관한 기술자문과 기술지도를 그 직무로 한다"라고 되어 있습니다.

　이와 같이 기술사는 그 직무 분야가 다양한 만큼 시험 문제도 매우 폭 넓게 출제되고 있습니다.

　본인이 건축전기설비 기술사 자격을 취득하면서 겪은 애로 사항은 좋은 교재를 찾기가 쉽지 않은 것이었습니다. 그래서 이 교재를 만들게 되었습니다.

　이 책의 특징은
1. 최근 기출 문제를 누구나 알기 쉽게 작성하였습니다.
2. 그림도 세부 내용이 필요한 일부를 제외하고는 본인이 직접 그려서 수험생 여러분도 답안지에 옮겨 그릴 수 있도록 하였습니다.
3. 일부 답안은 본인이 강의하고 있는 기본서를 수정 없이 옮겼기 때문에 질문과 약간의 차이가 있을 수 있으니 양해해 주시기 바라면 10점 문제도 차후를 생각하여 가능한 25점 답안으로 작성하였습니다.

본인이 기술사 시험 공부를 하면서 나름대로 터득한 기술사 공부 방법 10계명을 정리해 드리니 공부하는데 지침이 되시길 바랍니다.

## 기술사 공부방법 10계명

1. **주변을 정리하고 애경사는 가족의 도움을 받으세요.**
   기술사는 많은 시간과 노력이 필요합니다. 보통 3,000시간 이상은 투자를 한다고 보시면 될 것이며 집중을 안 하면 그 보다도 훨씬 더 많은 시간이 소요된다고 보시면 됩니다.
   기술사가 영어로는 Professional Engineer입니다. 즉 그 분야의 프로가 되어야 가능하다는 말이겠지요. 프로는 1등을 해야지 2등은 별 의미가 없지 않습니까?

2. **주변에 공부하는 것을 알리세요.**
   어느분들은 공부하는 것을 알리지 않고 몰래 하던데 이는 만약 떨어지면 창피하다는 이유겠지요.

그러면 중간에 그만 둘 수도 있다는 말이 아닙니까?

그래서는 안 됩니다.

나는 죽어도 합격할 때까지 하겠다는 마음이 아니면 대부분 중간에 포기합니다. 주변분들께 공부하는 것을 알리고 회식 등에서 빼달라고 솔직하게 이야기 하십시오. 그러면 좋은 결과가 있을 것입니다.

3. 좋은 강사와 좋은 교재를 선택하세요.

제가 공부하면서 제일 어려웠던 부분이 이 부분이었다면 이해가 되시겠지요?

4. 매일 3시간 이상 꾸준히 투자하세요.

평일 근무시간 후 적어도 3시간씩을 투자하라고 권하고 싶습니다.

회식이 끝나고 집에 와서 공부를 못해도 책을 폈다 바로 덮는다 해도 정신만은 하루 3시간입니다.

5. 휴가와 공휴일을 최대한 활용하세요.

기술사 자격 취득하는데 몇 년간만 가족들의 양해를 구하시고 휴가와 공휴일은 도서관으로 직행하세요.

6. 자기만의 Sub-Note를 반드시 만들고 암기비법을 개발하세요.

PC가 아닌 손으로 직접 Sub-Note를 만들고 교재에 있는 암기비법을 참고하여 자신의 암기비법 노트를 만드세요.

7. 짬을 최대한 이용하세요.

출퇴근때 전철에서 아니면 자가용 운전중 신호 대기 시간에 암기노트를 활용하시고 회사에서도 최대한 짬을 만들어 보세요.

8. 기술 관련 매스컴, 정보등을 가까이 하세요.

전기 신문등을 수시로 보시고 전기관련 잡지등과 가까이 하세요. 보물이 숨겨져 있을 수 있습니다.

9. 기본에 충실하고 이해를 한 다음 외우세요.

기술사 시험은 기사와 달리 공부의 양이 방대하고 답안이 짜임새가 있도록 기술해야 합니다. 그러려면 기본에 충실해야 하고, 이해를 한 다음에는 열심히 외워야 시험장에서 답안 작성이 가능합니다.

10. 중간에 포기하지 마세요.

건축전기설비 기술사는 합격률이 최근에는 매회 1% 정도입니다. 결코 쉬운 시험이 아니지만 포기하지 않고 열심을 다 한다면 언젠가는 합격의 기쁨을 맛볼 수 있습니다.

아무쪼록 본서를 통해 기술사라는 관문을 통과하여 한 단계 Up-Grade 된 인생을 살 수 있기를 바라고 하나님의 축복이 본서를 공부하시는 모든 분들과 발간에 도움을 주신 NT미디어 여러분께 함께 하시길 기원합니다.

저 자 씀

# 목  차

1장  제111회(2017.02) 문제지 ················································· 9
    제111회(2017.02) 문제해설 ············································· 15

2장  제112회(2017.05) 문제지 ················································· 97
    제112회(2017.05) 문제해설 ············································· 103

3장  제113회(2017.08) 문제지 ················································· 187
    제113회(2017.08) 문제해설 ············································· 195

4장  제114회(2018.02) 문제지 ················································· 269
    제114회(2018.02) 문제해설 ············································· 275

5장  제115회(2018.05) 문제지 ················································· 337
    제115회(2018.05) 문제해설 ············································· 343

6장  제116회(2018.08) 문제지 ················································· 421
    제116회(2018.08) 문제해설 ············································· 427

# 1장

제111회 (2017.02)
기출문제

**건축전기설비 기술사 기출문제**

# 국가기술 자격검정 시험문제

기술사 제 111 회　　　　　제 1 교시 (시험시간: 100분)

| 분야 | 전기전자 | 자격종목 | 건축전기설비기술사 | 수험번호 | | 성명 | |
|---|---|---|---|---|---|---|---|

## ※ 다음 문제 중 10문제를 선택하여 설명하시오. (각10점)

1. 조명 용어에 대하여 설명하시오.
   1) 방사속 2) 광속 3) 광량 4) 광도 5) 조도
2. 접지극의 접지저항 저감 방법(물리적, 화학적)에 대하여 설명하시오.
3. 건축전기설비에서 축전지실의 위치선정 시 고려사항에 대하여 설명하시오.
4. 피뢰기의 정격전압 및 공칭방전전류에 대하여 설명하시오.
5. 전력기술관리법에서 설계감리 대상이 되는 전력시설물의 설계도서와 설계감리 업무 범위를 설명하시오.
6. 전기설비기술기준의 판단기준에서 특고압 또는 고압전로에 설치하는 변압기 2차 전로의 전압 및 결선방식별 혼촉방지방법을 설명하시오.
7. 보호계전기의 동작상태 판정에 대하여 다음 용어를 설명하시오.
   1) 정동작 2) 오동작 3) 정부동작 4) 오부동작
8. 전기설비기술기준의 판단기준에서 풀용 수중조명등에 전기를 공급하는 절연변압기에 대하여 설명하시오.
9. 전력시설물 공사감리에서 기성검사의 목적, 종류, 절차에 대하여 설명하시오.
10. 교류회로에서의 공진에 대하여 설명하시오.
    1) 정의 2) 직렬 및 병렬공진 3) 공진주파수
11. 전력용변압기 최대효율조건에 대하여 설명하시오.
    ($\eta$ : 효율, P : 변압기용량, $\cos\theta$ : 역률, m : 부하율, $P_i$ : 철손, $P_c$ : 동손)
12. IEC 529에서 외함의 보호등급(IP : international protection)중 물의 침입에 대하여 설명하시오.
13. 피뢰시스템 구성요소의 용어에 대하여 설명하시오.
    1) 피뢰침 (air termination rod)
    2) 인하 도선 (down conductor)
    3) 접지극 (earth electrode)
    4) 서지보호장치 (SPD : surge protective device)

# 국가기술 자격검정 시험문제

기술사 제 111 회　　　　　　　　　　제 2 교시 (시험시간: 100분)

| 분야 | 전기전자 | 자격종목 | 건축전기설비기술사 | 수험번호 | | 성명 | |
|---|---|---|---|---|---|---|---|

※ 다음 문제 중 4문제를 선택하여 설명하시오. (각25점)

1. 건축물의 전반조명 설계순서 및 주요 항목별 검토사항에 대하여 설명하시오.
2. 간선의 고조파 전류에 대하여 다음 항목별로 설명하시오.
   1) 발생원인 및 파형형태
   2) 영향 및 저감대책
   3) 간선 설계 시 검토사항
3. 지능형 건축물 인증제도의 전기설비 평가항목 및 기준, 도입 시 기대효과에 대하여 설명하시오.
4. 건축물의 전기설비 방폭원리 및 방폭구조에 대하여 설명하시오.
5. 자가용 수변전설비 설계 시 에너지 절약방안에 대하여 설명하시오.
6. 다음과 같은 특성을 가지고 있는 수전용 주변압기 보호에 사용하는 비율차동계전기의 부정합 비율을 줄이기 위한 보조 CT의 변환 비율 탭값을 구하고, 비율차동계전기의 적정한 비율 탭값을 정정(Setting) 하시오.
   (단, 오차의 적용은 변압기 Tap 절환 10 %, CT 오차 5 %, 여유 5 %를 고려하고, 보조 CT의 turn 수는 0~100 turn으로 한다.)

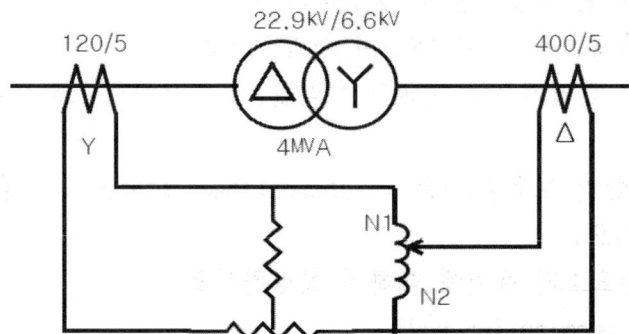

| Relay Current Tap(A) | 2.9-3.2-3.8-4.2-4.6-5.0-8.7 |
|---|---|
| 비율 탭(%) | 25-40-70 |

# 국가기술 자격검정 시험문제

기술사 제 111 회  　　　　　　　제 3 교시 (시험시간: 100분)

| 분야 | 전기전자 | 자격종목 | 건축전기설비기술사 | 수험번호 | | 성명 | |

※ 다음 문제 중 4문제를 선택하여 설명하시오.　(각25점)

1. 건축전기설비의 전력계통에서 순시전압강하에 대하여 설명하시오.
   1) 발생원인 2) 영향 3) 억제대책 4) 개선기기

2. 배선용차단기의 규격에서 산업용과 주택용에 대하여 비교 설명하시오.

3. 연료전지설비에서 보호장치, 비상정지장치, 모니터링 설비에 대하여 설명하시오.

4. 임피던스전압의 정의 및 변압기 특성에 미치는 영향에 대하여 종류별로 설명하시오.

5. 인텔리전트 빌딩(IB : Intelligent Building) 설계 시 정전기 장해의 발생원인과 방지대책에 대하여 설명하시오.

6. 할로겐전구에 대하여 다음 항목을 설명하시오.
   1) 원리 및 구조 2) 특성 3) 용도 4) 특징

# 국가기술 자격검정 시험문제

기술사 제 111 회                    제 4 교시 (시험시간: 100분)

| 분야 | 전기전자 | 자격종목 | 건축전기설비기술사 | 수험번호 | | 성명 | |

---

※ 다음 문제 중 4문제를 선택하여 설명하시오.    (각25점)

1. 수전 전력계통에서 보호계전시스템을 보호방식별로 분류하고 설명하시오.

2. 자연채광과 인공조명의 설계개념에 대하여 설명하시오.

3. 전력시설물 설계, 시공, 유지보수 시 케이블(Cable)의 화재방지대책에 대하여 설명하시오.

4. 내선규정에 의한 전동기용 과전류차단기 및 전선의 굵기 선정기준에 대하여 설명하시오.

5. CV케이블의 열화 원인과 그 대책을 설명하시오.

6. 전기차 전원설비에 대하여 설명하시오.

1장

제111회 (2017.02)

문제해설

건축전기설비
기술사
기출문제

1.1 조명 용어에 대하여 설명하시오.
   1) 방사속 2) 광속 3) 광량 4) 광도 5) 조도

1. 방사속
   1) 방사(복사) : 에너지가 전해지는 한 형태로 전자파로 전달되는 에너지.
   2) 방사(복사)속 : 단위 시간에 어떤 면을 통과하는 방사 에너지의 양
      $\Phi = dQ / dt$ (W)

2. 광속
   사람의 눈에 보이는 파장의 빛의 양으로 단위 시간당에 통과하는 빛의 총량.
   $F = dQ / dt$ (lm)
   1) 구광원 광속  $F = 4\pi I$ (lm) - 전구, 태양, 확산형 글러브
   2) 원주 광원    $F = \pi^2 I$ (lm) - 형광등
   3) 평면판       $F = \pi I$ (lm) - 매입형 확산 조명기구

3. 광량
   광속의 시간적 적분 즉, 전구가 그 수명 동안 발산한 광의 총량.
   $Q = F \cdot dt$   (lm.h)

4. 광도
   어느 방향에서의 빛의 밝기로서 단위 입체각(ω)당 발산 광속 수.
   $$I = \frac{dF}{d\omega} \ (Cd)$$
   이상적 구 광원이라면
   $$I = \frac{F}{\omega} = \frac{F}{4\pi} \ (Cd)$$

5. 조도. E (lx)
   - 단위면적당 입사광속으로, 미소 면적 dA (m²)에 투사되는 광속을 dF(lm)라 하면 미소면적의 조도 E는
     $$E = \frac{dF}{dA} \ (lm/m^2) = (lx) \quad \text{이다.}$$
   
   - 조도는 다음과 같이 거리 역제곱의 법칙과 입사각 여현의 법칙에 의하여 계산 되어야 한다.

1) 거리 역제곱 법칙

$$E = \frac{F}{A} = \frac{4\pi I}{4\pi r^2} = \frac{I}{r^2}(lx)$$

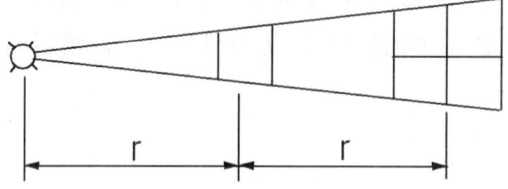

2) 입사각 여현의 법칙

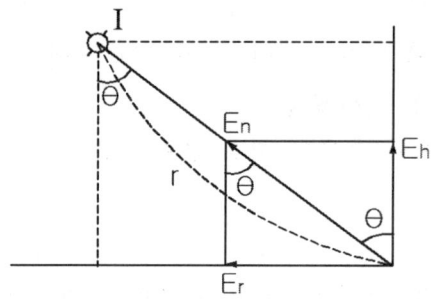

- 법선 조도  $En = \dfrac{I}{r^2}$

- 수평면 조도 Eh = En cosθ

- 수직면 조도 Er = En sinθ

< 측광량 상호간 관계 >

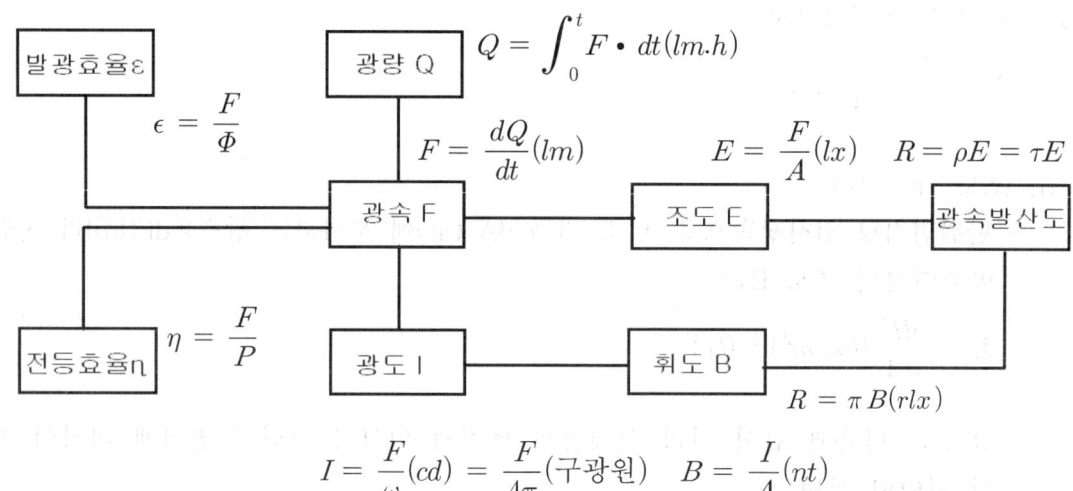

1.2 접지극의 접지저항 저감 방법(물리적, 화학적)에 대하여 설명하시오.

1. 저감제의 요구 조건(구비조건)
 저감재료는 고유 저항을 화학적으로 저감시켜 접지극 주변의 토양을 개량하는 목적으로 사용되며 다음과 같은 조건을 구비해야한다.
 1) 안전할 것
   - 인축 및 식물에 대하여 안전성이 있을 것
     즉, 토양을 오염시켜 생명체에 유해한 것을 사용하여서는 안 됨.
 2) 전기적으로 양도체일 것
   - 주위의 토양에 비해 도전도가 좋아야 함
   - 항상 물의 성분을 함유하여 체류제의 역할을 할 것
 3) 영속성이 있을 것
   - 경년변화에 따른 접지저항값의 변동이 심하지 말 것.
   - 계절의 영향이 적을 것
 4) 접지극을 부식 시키지 말 것.
   - 접지극은 일반적인 조건에서는 토양의 통기성 때문에 산소가 접지극에 닿아 부식을 하게 됨.
   - 따라서 저감제를 사용하여 부식을 억제하는 효과를 가져야 한다.
 5) 저감 효과가 클 것
 6) 공해가 없고 환경 문제가 없을 것.
 7) 경제적이고 작업성이 좋을 것.

2. 접지 저항 저감 방법
 1) 물리적 저감법
   - 접지극의 병렬 접속등 접지 전극의 면적을 크게 하는 방법
   - 접지극의 치수 확대
   - 깊이 박기
   - 메쉬공법
   - 보링공법 및 탄소 접지봉등 신공법 적용
 2) 화학적 저감법
   물리적 방법으로 만족한 접지 저항값을 얻지 못할 때 사용하는 것이 바람직하며 보통 30% 정도의 접지 저항값을 낮출 수 있다.
   - 재래식 : 소금, 염화 마그네슘 사용
            간편하고 시공방법이 용이하나 지속성이 나쁘다.
   - 최근방법 : 아스론, 티코겔등 반응형 저감제 사용
   - 사용시 주의할 점 : 환경오염이 없어야 한다.

3. 화학적 저감재료
   1) 소금 시공법
      - 토양내 염분의 함유량을 높여 접지 저항을 저감시키는 방법임.
      - 염분에 의한 접지극의 부식 우려
      - 소금침투로 지하수 오염
      - 강우에 의한 염분의 소실로 2년 이상의 효과를 기대하기는 어렵다.
   2) 아스론
      - 주성분 석고에 전해질 무기염을 섞은 도전성 물질인.
      - 공해 안전성은 우수
      - 부식문제도 해결됨.
      - 단점 : 경년변화가 나쁘다
   3) 벤트나이트
      - 접지구멍에 미리 물을 첨가하여 밑면 토양을 습윤 상태로 만들고 벤트나이트층을 밑면에 쌓는다. 그리고 벤트나이트층 상부에 접지망을 설치하는 공법임.

1.3 건축전기설비에서 축전지실의 위치선정 시 고려사항에 대하여 설명하시오.

1. 전기실 설계시 고려사항
 1) 건축적 고려사항
    1. 장비의 반, 출입이 용이 할 것
    2. 유지 보수에 충분하게 벽, 천정과 이격 시킬 것
    3. 전기 기기실끼리 집합되어 있을 것
    4. 불연재료 재료로 건축되고 출입문은 방화문을 사용할 것
    5. 배수가 가능할 것

 2) 환경적 고려사항
    1. 환기가 잘되는 곳 또는 환기 시설을 할 것
    2. 고온의 장소를 피하고 필요시 냉난방을 할 것
    3. 다습한 장소를 피하고 필요시 제습 장치를 할 것
    4. 화재나 폭발의 위험이 없는 장소
    5. 염해에 대하여 고려할 것
    6. 부식성 가스나 유해성 가스가 없는 곳
    7. 홍수, 침수의 우려가 없는 곳
    8. 배수나 배기가 용이 할 것
    9. 방음 시설을 갖출 것

 3) 전기적 고려사항
    1. 부하의 중심에 있고 전원 인입, 간선 배선이 편리 한 곳
    2. 장래 증설이 가능 할 것
    3. 기술 발달에 따른 신제품을 사용하여 효율성, 편리성을 기할 것

2. 축전지실 위치 선정 시 고려사항
  - 부하에 가까운 곳
  - 직사광선을 피할 것
  - 내부 내산 도료, 내산 설비 할 것
  - 환기 설비 및 내진 대책
  - 진동이 없는 곳
  - 보수, 점검, 반입을 고려
  - 축전지 하중을 고려하여 거치대 설치
  - 최근에는 정류 기반 내에 내장하는 추세임.

1.4 피뢰기의 정격전압 및 공칭방전전류에 대하여 설명하시오.

1. 피뢰기의 정격 전압 = 상용 주파 허용 단자전압
   1) 정의
      - 양 단자간에 전압을 인가한 상태에서 규정 동작 회수를 수행 할 수 있는 상용 주파 전압.
      - 또한 속류를 차단할 수 있는 최대의 교류 전압(실효값).

   2) 계산에 의한 정격 전압 선정 방법
      (1) 접지 계통

      $$정격전압\ Er = \alpha\ \beta * \frac{Vm}{\sqrt{3}} = 1 \times 1.15 \times \frac{25.8}{\sqrt{3}} = 18\ (KV)$$

      여기서  $\alpha$ : 접지 계수 $= \dfrac{고장중건전상의\ 최대\ 대지전압}{최대\ 선간\ 전압}$

      ( 보통 1 적용 )
      $\beta$ : 여유도 ( 1.15 적용 )
      $Vm$ : 최고 허용 전압 (KV)

      (2) 비 접지 계통

      $$정격전압\ Er = 공칭전압 \times \frac{1.4}{1.1} = 22 \times \frac{1.4}{1.1} ≒ 28(kV)$$

   3) 내선 규정에 의한 방법

| 선로 공칭전압 (KV) | 중성점 접지 | 피뢰기 정격 전압 / 공칭 방전 전류 | |
|---|---|---|---|
| | | 변 전 소 | 배전선로, 수용가 |
| 6.6 | 비 접지 | 7.5KV / 2.5KA | 7.5KV / 2.5KA |
| 22.9 | 다중 접지 | 21 KV / 5KA | 18KV / 2.5KA |
| 22 | 비 접지 | 24KV / 5KA | - |

2. 피뢰기의 공칭 방전 전류
   - 피뢰기의 보호 성능을 표현하기 위하여
   - 방전 전류 파고치 뇌 충격전류로 표시
   - 그 지방의 뇌우발생일수와 관계되나

- 제 요소를 고려하여 일반적인 장소의 공칭 방전 전류는 내선규정에 위 표와 같이 규정하고 있다.

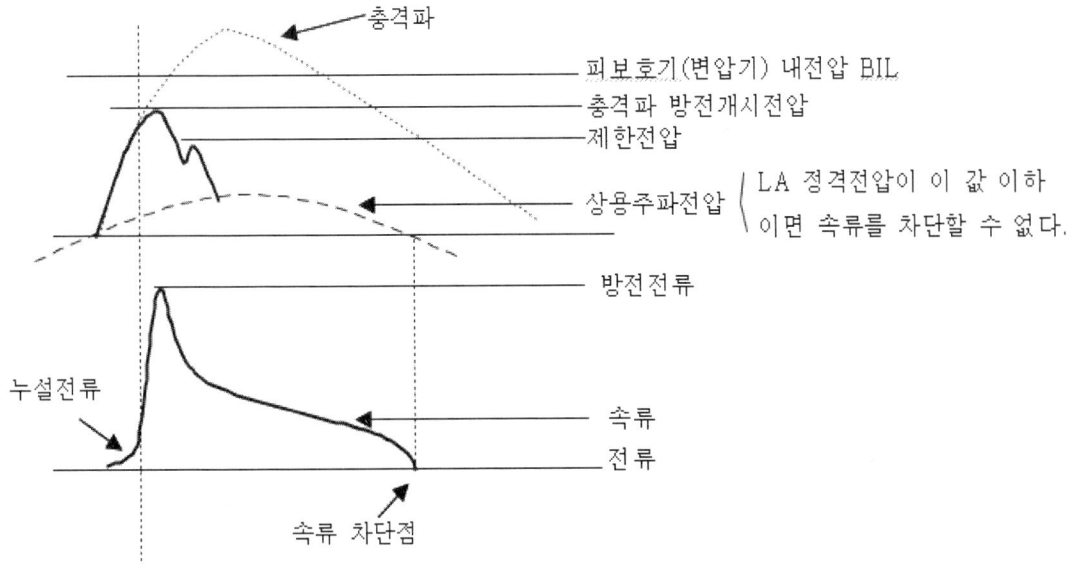

1.5 전력기술관리법에서 설계 감리 대상이 되는 전력시설물의 설계도서와 설계 감리 업무 범위를 설명하시오.

## 1. 관련법령
1) 전력기술관리법 제11조 4항
2) 전력기술관리법 시행령 제18조

## 2. 설계 감리 업무 범위 ( 전력기술관리법 시행령 제18조 )
1) 용량 80만 킬로와트 이상의 발전설비
2) 전압 30만 볼트 이상의 송전·변전설비
3) 전압 10만 볼트 이상의 수전설비·구내배전설비·전력사용설비
4) 전기철도의 수전설비·철도신호설비·구내배전설비·전차선설비·전력사용설비
5) 국제공항의 수전설비·구내배전설비·전력사용설비
6) 21층 이상이거나 연면적 5만 제곱미터 이상인 건축물의 전력시설물. 다만, 「주택법」 제2조 제2호에 따른 공동주택의 전력시설물은 제외한다.

## 3. 설계 감리 업무 내용 ( 설계 감리 업무 수행지침 제4조 )
( 전력기술관리법 시행령 제18조 제6항에 의거 )
1. 주요 설계용역 업무에 대한 기술자문
2. 사업기획 및 타당성조사 등 전 단계 용역 수행 내용의 검토
3. 시공성 및 유지 관리의 용이성 검토
4. 설계도서의 누락, 오류, 불명확한 부분에 대한 추가 및 정정 지시 및 확인
5. 설계업무의 공정 및 기성관리의 검토·확인
6. 설계감리 결과보고서의 작성
7. 그 밖에 계약문서에 명시된 사항

## 4. 설계 감리 도서 ( 설계감리 업무 수행지침 제10조 )
① 설계 감리원은 설계자가 작성한 전력시설물공사의 설계 설명서가 다음 각 호의 사항이 적정하게 반영되어 작성되었는지 여부를 검토하여야 한다.
  1. 공사의 특수성, 지역여건 및 공사방법 등을 고려하여 설계도면에 구체적으로 표시할 수 없는 내용
  2. 자재의 성능·규격 및 공법, 품질시험 및 검사 등 품질관리, 안전관리 및 환경관리 등에 관한 사항
  3. 그 밖에 공사의 안전성 및 원활한 수행을 위하여 필요하다고 인정되는 사항

② 설계 감리원은 설계도면의 적정성을 검토함에 있어 다음 각 호의 사항을 확인하여야 한다.
  1. 도면작성이 의도하는 대로 경제성, 정확성 및 적정성 등을 가졌는지 여부
  2. 설계 입력 자료가 도면에 맞게 표시되었는지 여부
  3. 설계결과물(도면)이 입력 자료와 비교해서 합리적으로 되었는지 여부
  4. 관련 도면들과 다른 관련 문서들의 관계가 명확하게 표시되었는지 여부
  5. 도면이 적정하게, 해석 가능하게, 실시 가능하며 지속성 있게 표현되었는지 여부
  6. 도면상에 사업명을 부여 했는지 여부

③ 설계 감리원은 설계용역 성과 검토를 통한 검토 업무를 수행하기 위해 세부 검토 사항 및 근거를 포함한 설계 감리 검토 목록(Check List)을 작성하여 관리 하여야 한다.

④ 설계 감리원은 제1항부터 제3항까지의 검토 결과 설계 도서의 누락, 오류, 부적정한 부분에 대하여 설계자와 설계 감리원간에 이견이 발생하였을 경우에는 발주자에게 보고하여 승인을 받은 후 설계자에게 수정, 보완하도록 지시하고 그 이행 여부를 확인하여야 한다.

1.6 전기설비기술기준의 판단기준에서 특고압 또는 고압전로에 설치하는 변압기
2차 전로의 전압 및 결선 방식별 혼촉 방지 방법을 설명하시오.

1. 고저압 권선 중간에 혼촉 방지판 설치

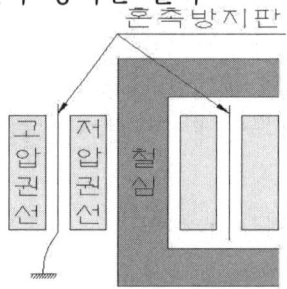

- 변압기 고, 저압 권선사이에 0.1~0.2㎜ 정도의 도전체로 정전 차폐를 하여 이것을 접지할 수 있도록 한 것을 혼촉방지판 내장 변압기라고 한다.
- 여기에 제2종 접지공사를 하면 다음과 같은 효과가 있다.
1) 변압기 내의 고, 저압 간에서 절연이 파괴되었을
때에 저압 회로의 전위 상승을 방지하므로 저압기기, 인축 등의 피해를 막을 수 있다.

2) 뇌 임펄스 전압 등의 이상 전압이 고압 측에서 침입했을 때에 그 전압은 철심을 통하여 전적으로 저압 권선에 전달되는데 혼촉 방지판에 의하여 양 권선간을 정전적으로 차폐하면 저압측의 이상 전압을 낮게 할 수 있다.
이같은 특징 때문에 혼촉방지판 내장 변압기는 반도체 전력 변환 장치용 변압기, 방폭 구조 변압기, 제어·정보기기 전원 변압기 및 접지할 수 없는 저압 회로의 전원 변압기로써 사용된다.

2. 2차측 1단자 접지

1차측이 고압 또는 특고압이고 2차측 전압이 저압인 경우 대지간 전압을 300V 이하로 낮추어 2차측 1단자를 접지하면 되나, 300V초과 때는 저압측 1단자를 직접 접지 시공하면 감전 또는 누전으로 인한 전기화재 등의 전기 재해가 가중되며 또한 선로의 대지 정전용량에 의한 영상 전류가 흐르는 일이 있어 위험이 더욱 증가하므로 금속재의 혼촉 방지판을 설치한다.

3. 변압기 2차 결선을 성형(Y)결선

   변압기 2차 결선을 성형(Y)결선하려면 대지 간 전압을 300V이하로 하고 그 중성선을 제2종 접지공사를 해야 한다.

4. 혼촉 방지판을 내장하기 어려운 경우

   변압기 1,2차 측이 공히 고압 또는 특 고압으로 이루어질 경우 1,2차간에 혼촉 방지판을 설치할 경우 상대적으로 절연을 강화해야 하므로 효율을 비롯한 제반 특성이 나빠질 뿐만 아니라 중요 절연 부위에 접지가 존재하므로 절연 파괴의 가능성이 증가하여 혼촉 방지판 설치를 않는 것이 좋다.

<참고.판단기준>

제23조 (고압 또는 특고압과 저압의 혼촉에 의한 위험방지 시설)

① 고압전로 또는 특고압전로와 저압전로를 결합하는 변압기(제24조에 규정하는 것 및 철도 또는 궤도의 신호용 변압기를 제외한다)의 저압측의 중성점에는 제2종 접지공사(사용전압이 35 kV 이하의 특고압전로로서 전로에 지락이 생겼을 때에 1초 이내에 자동적으로 이를 차단하는 장치가 되어 있는 것 및 제135조제1항 및 제4항에 규정하는 특고압 가공전선로의 전로 이외의 특고압전로와 저압전로를 결합하는 경우에 제18조제1항의 규정에 의하여 계산한 값이 10을 넘을 때에는 접지저항 값이 10 Ω 이하인 것에 한한다)를 하여야 한다. 다만, 저압전로의 사용전압이 300 V 이하인 경우에 그 접지공사를 변압기의 중성점에 하기 어려울 때에는 저압측의 1단자에 시행할 수 있다.

② 제1항의 접지공사는 변압기의 시설장소마다 시행하여야 한다. 다만, 토지의 상황에 의하여 변압기의 시설장소에서 제18조제1항에 규정하는 접지저항 값을 얻기 어려운 경우에 인장강도 5.26 kN 이상 또는 지름 4 mm 이상의 가공접지선을 제71조제2항, 제72조, 제73조, 제75조, 제79조부터 제84조까지 및 제87조의 저압가공전선에 관한 규정에 준하여 시설할 때에는 변압기의 시설장소로부터 200 m까지 떼어놓을 수 있다.

③ 제1항의 접지공사를 하는 경우에 토지의 상황에 의하여 제2항의 규정에 의하기 어려울 때에는 다음 각 호에 따라 가공공동지선을 설치하여 2 이상의 시설장소에 공통의 제2종 접지공사를 할 수 있다.

 1. 가공공동지선은 인장강도 5.26 kN 이상 또는 지름 4 mm 이상의 경동선을 사용하여 제71조제2항, 제72조, 제75조, 제79조부터 제84조까지 및 제87조의 저압가공전선에 관한 규정에 준하여 시설할 것.

 2. 접지공사는 각 변압기를 중심으로 하는 지름 400 m 이내의 지역으로서 그 변압기에 접속되는 전선로 바로 아래의 부분에서 각 변압기의 양쪽에 있도

록 할 것. 다만, 그 시설장소에서 접지공사를 한 변압기에 대하여는 그러하지 아니하다.
   3. 가공공동지선과 대지 사이의 합성 전기저항 값은 1 km를 지름으로 하는 지역 안마다 제18조제1항에 규정하는 제2종 접지공사의 접지저항 값을 가지는 것으로 하고 또한 각 접지선을 가공공동지선으로부터 분리하였을 경우의 각 접지선과 대지 사이의 전기저항 값은 300 Ω 이하로 할 것.
④ 제3항의 가공공동지선에는 인장강도 5.26 kN 이상 또는 지름 4 mm의 경동선을 사용하는 저압 가공전선의 1선을 겸용할 수 있다.
⑤ 직류단선식 전기철도용 회전변류기·전기로·전기보일러 기타 상시 전로의 일부를 대지로부터 절연하지 아니하고 사용하는 부하에 공급하는 전용의 변압기를 시설한 경우에는 제1항의 규정에 의하지 아니할 수 있다.

제 24 조 (혼촉방지판이 있는 변압기에 접속하는 저압 옥외전선의 시설 등)
   고압전로 또는 특고압전로와 비접지식의 저압전로를 결합하는 변압기(철도 또는 궤도의 신호용변압기를 제외한다)로서 그 고압권선 또는 특고압권선과 저압권선 간에 금속제의 혼촉방지판이 있고 또한 그 혼촉방지판에 제2종 접지공사(사용전압이 35 kV 이하의 특고압전로로서 전로에 지락이 생겼을 때 1초 이내에 자동적으로 이것을 차단하는 장치를 한 것과 제135조제1항 및 제4항에 규정하는 특고압 가공전선로의 전로 이외의 특고압전로와 저압전로를 결합하는 경우에 제18조제1항의 규정에 의하여 계산한 값이 10을 넘을 때에는 접지저항 값이 10 Ω 이하인 것에 한한다)를 한 것에 접속하는 저압전선을 옥외에 시설할 때에는 다음 각 호에 따라 시설하여야 한다.
   1. 저압전선은 1구내에만 시설할 것.
   2. 저압 가공전선로 또는 저압 옥상전선로의 전선은 케이블일 것.
   3. 저압 가공전선과 고압 또는 특고압의 가공전선을 동일 지지물에 시설하지 아니할 것. 다만, 고압 가공전선로 또는 특고압 가공전선로의 전선이 케이블인 경우에는 그러하지 아니하다.

제 25 조 (특고압과 고압의 혼촉 등에 의한 위험방지 시설)
① 변압기(제23조제5항에 규정하는 변압기를 제외한다)에 의하여 특고압전로(제135조제1항에 규정하는 특고압 가공전선로의 전로를 제외한다)에 결합되는 고압전로에는 사용전압의 3배 이하인 전압이 가하여진 경우에 방전하는 장치를 그 변압기의 단자에 가까운 1극에 설치하여야 한다. 다만, 사용전압의 3배 이하인 전압이 가하여진 경우에 방전하는 피뢰기를 고압전로의 모선의 각상에 시설하는 때에는 그러하지 아니하다.
② 제1항에서 규정하고 있는 장치의 접지는 제1종 접지공사에 의하여야 한다.

1.7 보호계전기의 동작상태 판정에 대하여 다음 용어를 설명하시오.
   1) 정동작   2) 오동작   3) 정부동작   4) 오부동작

1. 계통도

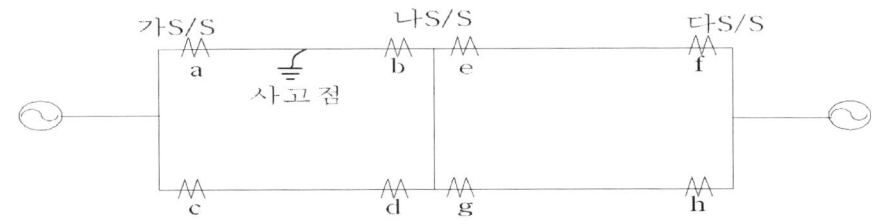

| No. | 호 칭 | 동작조건 | 동작 결과 |
|---|---|---|---|
| 1 | 정 동작 | 동작 | 동작 |
| 2 | 정 부동작 | 부 동작 | 부 동작 |
| 3 | 오 동작 | 부 동작 | 동작 |
| 4 | 오 부동작 | 동작 | 부 동작 |

2. 동작 설명
  1) 정 동작
    - 계전기가 동작하여야 할 경우에 동작
    - 위 그림에서 A지점 사고시 a계전기 및 b계전기가 동작
  2) 오 동작
    - 계전기가 동작하지 말아야 할 경우(부 동작)에 동작
    - 위 그림에서 a계전기 및 b계전기를 제외한 나머지 중에 어느 것이 동작했다면 오 동작
  3) 정 부동작
    - 계전기가 부 동작하여야 할 경우에 부 동작
    - 위 그림에서 a계전기 및 b계전기를 제외한 나머지가 부 동작하여야 함
  4) 오 부동작
    - 계전기가 동작하여야 할 경우에 동작하지 않는 것.
    - 위 그림에서 a계전기 및 b계전기가 동작하지 않으면 오 부동작

3. 오동작 및 오 부동작 대책
  1) 계전기의 적절한 값을 계산하여 Setting.
  2) 계전기의 신속한 동작
  3) 계통의 보호 협조
  4) 컴퓨터 시뮬레이션 등

1.8 전기설비기술기준의 판단기준에서 풀용 수중조명등에 전기를 공급하는 절연변압기에 대하여 설명하시오.

## 1. 개요
수중 조명은 사람이 헤엄치는 수영장 물속에 설치 하는 것과 사람이 들어가지 않는 분수나 연못에 설치하는 등 다양한 종류가 있는데 조명기구가 설치되는 곳이 물과 접하게 될 수 있어 감전사고가 일어날 가능성이 있다.
그러므로 특히 안전을 중요시하여 설계를 해야 될 필요성이 있다.

## 2. 수중 조명등 설계시 고려사항
1) 풀장의 수중 조명은 수직면 조도를 기준으로 해야 한다.
2) 조명 기구는 풀장의 측벽 투시창속에 설치한다.
3) 투시창에 칼라TV 카메라를 설치하는 경우 수직면의 조도가 750(lx) 이상이 되도록 한다.
4) 물속에서는 광속 투과율이 공기중보다 훨씬 작아지므로 물에 의한 광속의 감쇄를 고려해야 한다.

## 3. 절연 변압기
조명등에 전기를 공급할 목적으로 설치하는 절연 변압기는 다음에 의하여 시설하여야 한다.
1) 사용전압 및 절연 내력
   - 사용 전압 : 1차 400V 미만, 2차 150V 이하 일 것
   - 절연 내력 : AC 5000V 로 1분간 견딜 것(1, 2차 권선간. 철심과 외함 사이)
2) 과전류 차단기
   - 2차측에는 개폐기 및 과전류 차단기를 각 극에 설치 할 것
   - 2차측 전압이 30V 초과시에는 자동 지락 차단 장치 할 것
3) 접지
   - 2차측 전로는 접지하지 말 것
   - 2차측 전압이 30V 이하인 경우 : 1,2차 권선사이에 금속제 혼촉 방지판 설치하고 제1종 접지공사를 하고 접지선에 사람이 접촉할 우려가 있는 곳은 450/750 V 일반용 단심비닐절연전선, 캡타이어 케이블 또는 케이블을 사용한다.
   - 과전류 차단기 및 지락 차단 장치에는 금속제 외함을 설치하고 특별 제3종 접지를 할 것.
4) 배선
   - 2차측 배선은 금속관 공사로 할 것

- 이동전선은 접속점이 없는 2.5㎟이상의 0.6/1 kV EP 고무절연 클로로프렌캡타이어 케이블을 사용하여야 하며 손상의 우려가 있는 곳은 적당한 방호장치를 해야 한다.
5) 사람이 출입할 우려가 없고 대지 전압이 150V 이하 일 때에는 위의 조건들을 완화하여 시설할 수 있다.

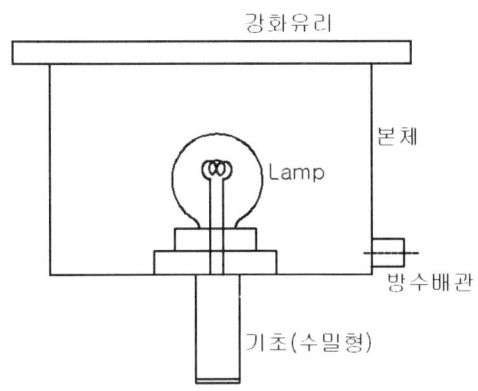

## 4. 수중 조명등

수중 조명등은 LED램프가 연색성 면에서 우수하며 빔형으로 투광 하는것이 좋고 전기 설비 판단기준에 의한 시설 기준은 다음과 같다.

1) 조명등은 다음에 적합한 용기에 넣어야 하고 손상 받을 우려가 있는 경우는 적당한 방호 장치를 해야 한다.
   - 조사용 창 : 유리 또는 렌즈
   - 기타 부분 : 녹슬지 아니하도록 아연도금 또는 녹 방지 도장등을 한 금속으로 견고히 제작 할 것.
2) 나사 접속기 및 소켓은 자기제 일 것
3) 외함은 특별 제3종 접지를 하고 접지 단자의 나사는 지름 4mm 이상 인 것 이어야 한다.
4) 절연내력 시험 : AC2000V 로 1분간 견딜 것(도전부분과 비 도전 부분간)
5) 완성품 시험 : 최대 수심에서(15Cm이하인 것은 15cm 이상)
    30분간 정격전압 인가 후 30분 중지를 6회 반복하여 물의 침입 등 이상이 없을 것
6) 배선 : 조명등에 전기를 공급하기 위한 이동전선에는 접속점이 없는 단면적 2.5 ㎟ 이상의 0.6/1 kV EP 고무절연 클로로프렌 캡타이어 케이블을 사용하여야 하며 또한 이를 손상 받을 우려가 있는 곳에 시설하는 경우에는 적당한 방호장치를 할 것.

1.9 전력시설물 공사감리에서 기성검사의 목적, 종류, 절차에 대하여 설명하시오.

## 1. 관련근거
1) 국가계약법 제14조(검사)
   각 중앙관서의 장 또는 계약담당공무원은 계약상대자가 계약의 전부 또는 일부를 이행하면 이를 확인하기 위하여 계약서, 설계서, 그 밖의 관계 서류에 의하여 검사하거나 소속 공무원에게 그 사무를 위임하여 필요한 검사를 하게 하여야 한다. 다만, 대통령령으로 정하는 계약의 경우에는 전문기관을 따로 지정하여 필요한 검사를 하게 할 수 있다.
2) 전력시설물 공사감리업무 수행지침 제57조(기성 및 준공검사)
   검사자는 해당 공사 검사시에 상주감리원 및 공사업자 또는 시공관리 책임자 등을 입회하게 하여 계약서, 설계설명서, 설계도서, 그 밖의 관계 서류에 따라 다음 각 호의 사항을 검사하여야 한다.

## 2. 기성 검사 목적
기성이란 발주자로 부터 도급을 받은 도급자가 일정한 공정율에 도달한 후 그 검사를 통하여 공사대금 또는 그 대가를 지급받는 것을 말한다.
기성 검사는 계약 상대자가 공사한 부분에 대해 실적을 확인하고 공사 대금을 적정하게 지급하기 위함이다.

## 3. 기성검사의 종류
1) 부분 기성 검사 : 일반적으로 기성 검사라는 용어로 사용되며 공정율에 따라 계약금액의 일부를 지급하는 것임.
2) 전체 기성 검사 : 준공 검사를 말하며 공사가 완료 경우 전체 공정에 대하여 검사를 실시하는 것을 말함.

## 4. 기성검사의 절차 (전력시설물 공사감리업무 수행지침 제55조)
① 감리원은 기성부분 검사원 또는 준공 검사원을 접수하였을 때에는 신속히 검토·확인하고, 기성부분 감리조서와 다음의 서류를 첨부하여 지체 없이 감리업자에게 제출하여야 한다.
  1. 주요기자재 검수 및 수불부
  2. 감리원의 검사기록 서류 및 시공 당시의 사진
  3. 품질시험 및 검사성과 총괄표
  4. 발생품 정리부
  5. 그 밖에 감리원이 필요하다고 인정하는 서류와 준공검사원에는 지급기자재 잉여분 조치현황과 공사의 사전검사·확인서류, 안전관리점검 총괄표

추가 첨부

② 감리업자는 기성부분 검사원 또는 준공 검사원을 접수하였을 때에는 3일 이내에 비상주 감리원을 임명하여 검사하도록 하고 이 사실을 즉시 검사자로 임명된 자에게 통보하고, 발주자에게 보고하여야 한다. 다만, 「국가를 당사자로 하는 계약에 관한 법률 시행령」 제55조 제7항 본문에 따른 약식 기성검사 시에는 책임감리원을 검사자로 임명하여 검사하도록 한다.

③ 감리업자는 기성부분검사 또는 장기계속공사의 년차별 예비준공검사를 함에 있어 현장이 원거리 또는 벽지에 위치하고 책임감리원으로도 검사가 가능하다고 인정되는 경우에는 발주자와 협의하여 책임감리원을 검사자로 임명할 수 있다.

④ 감리업자는 부득이한 사유로 소속 직원이 검사를 할 수 없다고 인정할 때에는 발주자와 협의하여 소속 직원 이외의 자 또는 전문검사기관에게 그 검사를 하게 할 수 있다. 이 경우 검사결과는 서면으로 작성하여야 한다.

⑤ 감리업자는 각종설비, 복합공사 등 특수공종이 포함된 공사의 준공검사를 할 때 필요한 경우에는 발주자와 협의하여 전문기술자를 포함한 합동 준공검사반을 구성할 수 있다.

⑥ 발주자는 필요한 경우에는 소속 직원에게 기성검사 과정에 입회하도록 하고, 준공검사 과정에는 소속 직원을 입회시켜 준공검사자가 계약서, 설계설명서, 설계도서 등 관계 서류에 따라 준공검사를 실시하는지 여부를 확인하여야 하며, 필요시 완공된 시설물 인수기관 또는 유지관리기관의 직원에게 검사에 입회·확인할 수 있도록 조치하여야 한다.

⑦ 발주자는 제6항에 따른 준공검사에 입회할 경우에는 해당 공사가 복합공종인 경우에는 공종별로 팀을 구성하여 공동 입회하도록 할 수 있으며, 준공검사 실시여부를 확인하여야 한다.

⑧ 감리업자는 기성부분검사 및 준공검사 전에 검사에 필요한 전문기술자의 참여, 필수적인 검사공종, 검사를 위한 시험장비 등 체계적으로 작성한 검사계획서를 발주자에게 제출하여 승인을 받고, 승인을 받은 계획서에 따라 다음과 같은 검사절차에 따라 검사를 실시하여야 한다.

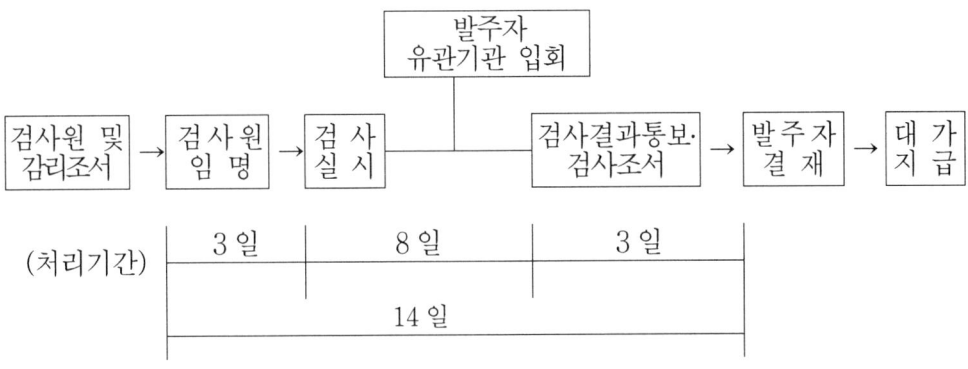

## 5. 기성 검사 내용 (전력시설물 공사감리업무 수행지침제57조)

① 검사자는 해당 공사 검사시에 상주감리원 및 공사업자 또는 시공관리책임자 등을 입회하게 하여 계약서, 설계설명서, 설계도서, 그 밖의 관계 서류에 따라 다음 각 호의 사항을 검사하여야 한다.

가. 기성부분 내역이 설계도서대로 시공되었는지 여부
나. 사용된 가자재의 규격 및 품질에 대한 실험의 실시여부
다. 시험기구의 비치와 그 활용도의 판단
라. 지급기자재의 수불 실태
마. 주요 시공과정을 촬영한 사진의 확인
바. 감리원의 기성검사원에 대한 사전검토 의견서
사. 품질시험·검사성과 총괄표 내용
아. 그 밖에 검사자가 필요하다고 인정하는 사항

② 검사자는 시공된 부분이 수중 또는 지하에 매몰되어 사후검사가 곤란한 부분과 주요 시설물에 중대한 영향을 주거나 대량의 파손 및 재시공 행위를 요하는 검사는 검사조서와 사전검사 등을 근거로 하여 검사를 시행할 수 있다.

1.10 교류회로에서의 공진에 대하여 설명하시오.
  1) 정의 2) 직렬 및 병렬공진 3) 공진주파수

1. 공진 정의
   어떤 물체에 주기적인 힘을 가할 경우 그 힘의 주기와 물체가 진동하는 주기가 일치하면 작은 힘으로도 큰 진동을 일으키는 현상.

2. 직렬공진과 병렬공진 비교

| 구 분 | 직 렬 공 진 | 병 렬 공 진 |
|---|---|---|
| 1. 회로도 | R-L-C 직렬회로 | R-L-C 병렬회로 |
| 2. 임피던스 어드미턴스 | $Z = R + j(\omega L - \dfrac{1}{\omega C})$ | $Y = \dfrac{1}{R} + j(\omega C - \dfrac{1}{\omega L})$ |
| 3. 공진 조건 | $\omega L = \dfrac{1}{\omega C}$ | $\omega C = \dfrac{1}{\omega L}$ |
| 4. 공진 주파수 | $f = \dfrac{1}{2\pi\sqrt{LC}}$ | $f = \dfrac{1}{2\pi\sqrt{LC}}$ |
| 5. 공진시 Z | Z = R (최소) | Z = R (최대) |
| 5. 공진시 전류, 전력 | 최대 | 최소 |

3. 공진주파수
 1) 직렬 공진

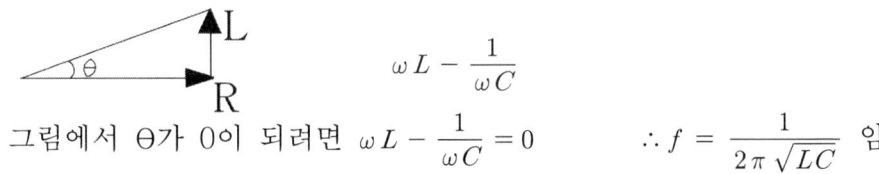

그림에서 θ가 0이 되려면 $\omega L - \dfrac{1}{\omega C} = 0$    ∴ $f = \dfrac{1}{2\pi\sqrt{LC}}$ 임

   즉, 직렬공진이란
   ① 회로의 리액턴스 성분이 "0" 이 되어 전압과 전류가 동상이고
      그 결과 임피던스가 최소가 됨.
   ② 회로전류는 최대가 되는 상태이며 이때의 주파수를 공진 주파수라 함

2) 병렬 공진

$$Y = \frac{1}{R} + j(\omega C - \frac{1}{\omega L}) \quad \text{에서} \quad Z = \frac{1}{\frac{1}{R} + j(\omega C - \frac{1}{\omega L})} \quad \text{임}$$

병렬공진이 되려면 $\omega C = \frac{1}{\omega L}$ ∴ $f = \frac{1}{2\pi\sqrt{LC}}$ 임

이때 임피던스는 최대가 되고 전류는 최소가 되어 직렬공진과 반대가 됨.

1.11 전력용변압기 최대효율조건에 대하여 설명하시오.
(η : 효율, P : 변압기용량, cosθ : 역률, m : 부하율, Pi : 철손, Pc : 동손)

1. 변압기 효율

$$\eta = \frac{출력}{입력} = \frac{출력}{출력 + 손실}$$

$$= \frac{mP\cos\theta}{mP\cos\theta + Pi + m^2 Pc}$$ 에서 분자 분모를 $m$으로 나누면

$$= \frac{P\cos\theta}{P\cos\theta + \frac{Pi}{m} + mPc}$$ 이 된다.

2. 최대 효율 조건

1) 최대 효율이 되기 위하여는 분모가 최소가 되어야 하며
   $\frac{P_i}{m} + mPc$ 가 최소가 되는 조건을 찾는다.

2) 위 식을 미분 $\frac{d}{dm}(\frac{P_i}{m} + mPc) = 0$

3) $-\frac{Pi}{m^2} + Pc = 0$ 이 되므로 $P_i = m^2 Pc$ 가 된다.
   즉, 철손과 동손이 같을 때 효율은 최대가 된다.

4) 최대 효율을 내는 부하율
   $m = \sqrt{\frac{Pi}{Pc}}$ 가 된다.

4) 손실과 부하전류 관계 그래프

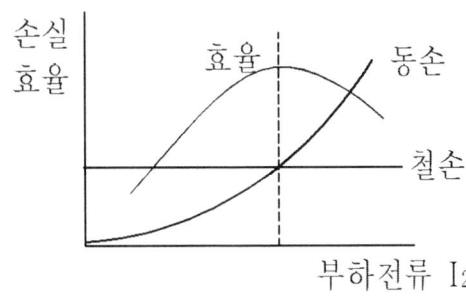

1.12 IEC 529에서 외함의 보호등급(IP : international protection)중 물의 침입에 대하여 설명하시오.

## 1. 표기 방법

IP-○○의 첫 글자는 고형 물체의 침투 및 접촉에 대한 보호 등급이고 두 번째 글자는 물의 침투에 대한 보호등급이다.

보호 등급 중 한가지 만 규제하려고 할 때는 빈자리는 X로 표시한다.

예, 외부 물질의 규제만 할 때는 IP-2X, 물에 대한 규제만 할 때는 IP-X5 등으로 표시한다.

## 2. 보호 등급

1) 제1숫자 : 고형 물체의 침투 및 접촉에 대한 보호등급

| 첫숫자 | 보호등급 | |
|---|---|---|
| | 개 요 | 설 명 |
| 0 | 무보호 | 무보호 |
| 1 | 직경 50mm이상 물체보호 | 손과 같이 큰 물체, 직경 50mm이상 물체에 대한 보호 |
| 2 | 직경 12.5mm이상 물체보호 | 손가락, 또는 이와 유사한 물체, 직경 12.5mm 이상 물체에 대한 보호 |
| 3 | 직경 2.5mm이상 물체보호 | 전선, 공구 또는 이와 유사한 물체, 직경 2.5mm 이상 물체에 대한 보호 |
| 4 | 직경 1.0mm이상 물체보호 | 가는 전선 또는 이와 유사한 물체, 직경 1.0mm 이상 물체에 대한 보호 |
| 5 | 방진 구조 | 먼지의 침입을 완전히 방지하지는 못하나 기기의 운전에 영향을 줄 양의 먼지가 침입하지 않을 것 |
| 6 | 내진 구조 | 먼지의 침입이 없을 것 |

2) 제2숫자 : 물의 침투에 대한 보호등급

| 첫숫자 | 보호등급 ||
| --- | --- | --- |
| | 개 요 | 설 명 |
| 0 | 무보호 | 무보호 |
| 1 | 물방울에 대한 보호 | 수직으로 떨어지는 물방울의 영향을 받지 말 것 |
| 2 | 15°각도에서 떨어지는 물방울에 대한 보호 | 외함을 어떤 방향이라도 15° 각도로 기울여 수직으로 떨어지는 물방울의 영향을 받지 말 것 |
| 3 | 물 분사에 대한 보호 | 수직으로부터 60° 각도에서 분사하는 물의 영향을 받지 말 것 |
| 4 | | 외함의 어느 방향에서 분사하는 물에 대하여 영향을 받지 말 것 |
| 5 | | 외함의 어느 방향에서 노즐로 뿜어지는 물에 대하여 영향을 받지 말 것 |
| 6 | 넘치는 바닷물에 대한 보호 | 넘치는 바닷물 또는 강력한 Water Jet로 뿜어대는 물에 대하여 영향을 받지 말 것 |
| 7 | 침수 보호 | 외함이 침수 되었을 때 규정된 수압과 시간 조건 하에서 물의 침입이 없을 것 |
| 8 | 수중 보호 | 수중에서 연속사용에 적합 할 것 |

1.13 피뢰시스템 구성 요소의 용어에 대하여 설명하시오.
  1) 피뢰침 (air termination rod)
  2) 인하 도선 (down conductor)
  3) 접지극 (earth electrode)
  4) 서지보호장치 (SPD : surge protective device)

1. 피뢰침 (수뢰부 시스템)
  1) 수뢰부의 종류
    - 돌침 방식
    - 수평도체
    - 메쉬 방식(케이지 방식)
  2) 배치 방법
    - 보호각법 : 간단한 형상의 건물에 적용
    - 회전 구체법 : 모든 경우에 적용 가능
    - 메쉬법 : 보호 대상 구조물의 표면이 평평한 경우에 적합

2. 인하도선
  뇌격 전류에 의한 손상을 줄이기 위하여 뇌격점과 대지 사이의 인하도선은 다음과 같이 설치한다.
  - 여러개의 병렬 전류 통로를 형성 할 것
  - 전류 통로의 길이를 최소로 할 것
  - 구조물의 도전성 부분에 등전위 본딩을 실시할 것
  - 지표면과 매 10~20m 높이 마다 측면에서 인하도선($16mm^2$ 이상)을 서로 접속.
  - 수뢰부가 분리된 피뢰 시스템의 인하도선은 돌침인 경우 1조 이상 분리되지 않은 피뢰 시스템은 2조 이상의 인하도선이 필요하다.
  - 인하도선은 가능한한 구조물의 모퉁이마다 설치한다.
  - 인하도선이 절연재료로 피복되어 있어도 처마 또는 수직 홈통안에 설치하면 안 된다.
  - 벽이 불연성 재료인 경우 인하도선을 벽의 표면이나 내부에 설치 가능하나, 가연성인 경우 뇌격 전류에 의한 온도 상승이 벽에 위험을 주지 않는다면 인하도선을 벽에 설치할 수 있다.
  - 벽이 가연성 재료이며 온도 상승이 벽에 위험을 주는 경우에는 벽에서 0.1m 이상 이격하여 인하도선을 설치해야 한다.
  - 인하도선과 가연성 재료 사이의 거리를 충분히 확보할 수 없는 경우에는 인하도선의 단면적을 $100mm^2$ 이상으로 한다.

- 자연적 부재이용 : 철골등 자연부재의 상단부와 하단부의 전기저항이 0.2Ω 이하인 경우 인하도선으로 사용할 수 있으며 이때에 접속부는 땜질, 용접, 압착, 나사 조임 등의 방법으로 확실하게 해야 한다.

가. 인하도선 및 수평 환도체 간격

단위 : m

| 보호 수준 | 인하 도선 간격 | 수평 도체 간격 |
|---|---|---|
| I | 10 | 10 |
| II | 10 | 10 |
| III | 15 | 15 |
| IV | 20 | 20 |

나. 전선 최소 굵기

단위 : ㎟

| 보호 수준 | 인 하 도 선 | 수 뢰 부 |
|---|---|---|
| I ~ IV (동) | 50 | 50 |

## 3. 접지 시스템

접지 시스템에서 접지극은 다음의 두 종류가 있다.

1) A형 접지극

판상 접지극, 수직 접지극, 방사형 접지극 등

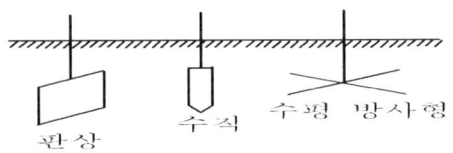

2) B형 접지극

환상 접지극, 망상 접지극, 또는 기초 접지극

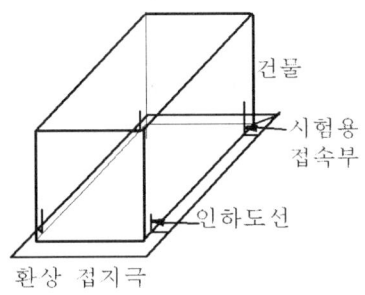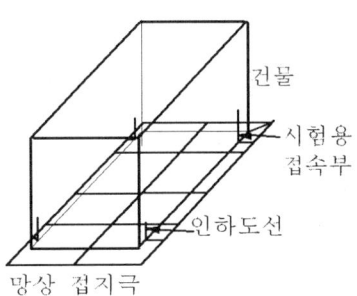

## 4. SPD

### 1) 설치 목적
- 배전 계통으로부터 전달되는 대기현성으로 인한 과도 전압 및 기기 개폐과 전압에 대한 전기설비 보호를 목적으로 한다.
- 전력 공급점에 나타날 수 있는 과전압, 년간 뇌우일수, 서지보호장치의 위치 및 특성 등을 고려하여 보호 장치를 결정한다.

### 2) SPD 형식

| 형 식 | 설치 위치 및 보호대상 | 시험 항목 |
|---|---|---|
| Class I | 인입구 부근, 직격뢰 보호 | $I_{imp}$ |
| Class II | 인입구 부근, 유도뢰 보호 | $I_{MAX}$ |
| Class III | 기기 부근, 유도뢰 보호 | $U_{oc}$ |

### 3) SPD 구조 및 기능
(1) 전압 스위칭형
  서지가 인가되지 않은 경우는 높은 임피던스 상태에 있다가, 서지가 유입되면 급격히 임피던스가 낮아져 이상전압을 방전시키는 것
(2) 전압 제한(LIMIT)형
  서지가 인가되지 않은 경우는 높은 임피던스 상태에 있다가, 서지가 유입되면 연속적으로 임피던스가 낮아져 이상전압을 방전시키는 것.
(3) 복합형
  전압 스위칭 소자 및 전압 제한형 소자 모두를 갖는 TYPE으로 가스 방전관과 배리스터를 조합것이 대표적이다.

### 4) SPD의 구비조건
- 상시에는 전압강하와 손실이 적고 정상 신호에 영향을 주지 말아야 한다.
- 이상 전압 유입시에는 가능한 낮은 동작 전압과 빠른 시간에 응답하여 이를 차단한 후
- 이상 전압이 해소된 후에는 즉각 원래 상태로 회복되는 능력을 가지고 있어야 한다.

2.1 건축물의 전반조명 설계순서 및 주요 항목별 검토사항에 대하여 설명하시오.

1. 전반조명 설계순서
    옥내 조명의 전반 조명 설계는 설계 지침서에 의거 계획 및 기본설계, 시공을 위한 실시설계 순으로 진행되며 설계순서는 아래와 같다.
    < 대. 광. 조. 소 / 간. 방. 크개. 발 >
    1) 대상물의 조사
    2) 광원의 선정
    3) 조명기구 선택
    4) 소요 조도 결정
    5) 조명기구 간격 및 배치
    6) 방지수, 보수율, 조명율 결정
    7) 광원의 크기, 개수 및 조도 재 계산
    8) 광속 발산도 계산으로 이루어지나 설계 기법에 따라 순서가 바뀌거나 일부는 동시에 수행되기도 한다.

2. 주요 항목별 검토사항
   1) 대상물의 조사
      건축물의 종류, 사용 목적, 용도, 기능, 건축주의 의도 및 예산의 정도, 법적인 규제 또는 적용 사항 등을 조사

   2) 광원의 선정
      연색성, 눈부심, 광속, 유지보수, 수명, 효율 등을 고려하고 건축물의 목적, 용도, 기능에 적합한 광원 선택
      - 옥내 조명용 : 형광등, 3파장 형광등, 메탈 할라이드(고천장) 사용
      - 옥외 조명용 : 나트륨등, 고압 수은등, 메탈 하라이드등 사용
      - 색채를 중요시하는 조명 : 연색성을 고려한 조명 기구 선택

   3) 조명기구 선택
      - 기구 모양, 눈부심, 반사율, 그림자, 유지보수, 경제성 등을 검토하여 선정
      - 형광등 : 높이가 5m이하의 천장에 유리함
      - HID 램프 : 높이 5m 이상 고천장에 유리

<반사갓에 따른 기구 간격, 광원 높이>

| 광원 높이 | 5m 이하 | 5~10m | 10m 이상 |
|---|---|---|---|
| 배광의향 | | | |
| 반사갓의형태 | 광 조 형 | 중 조 형 | 협 조 형 |

4) 소요 조도 (E) 결정

대상물의 소요 조도는 아래와 같이 KSA 3011 조도기준에 의해 결정되며 A ~ K 까지 11단계로 세분화하여 나눈다.
- 공간의 전반 조명 (A~E.5단계)      :  3 ~ 150 (lx)
- 작업면 조명    (F~H.3단계)        : 150 ~ 1500 (lx)
- 전반조명+국부조명 작업면(I~K.3단계) : 1500 ~ 15000 (lx)

5) 조명기구 간격 및 배치

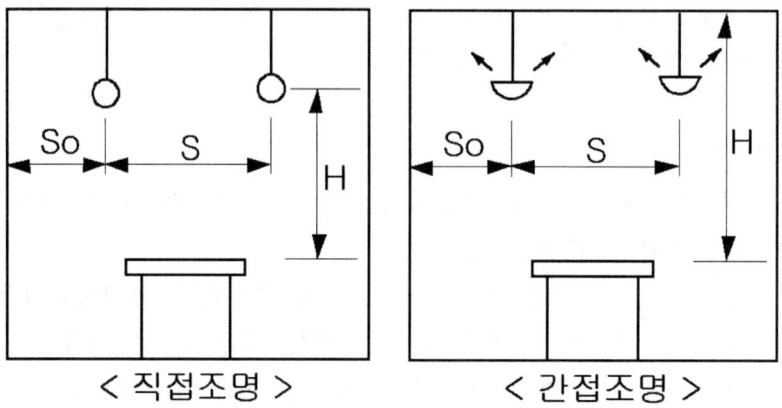

< 직접조명 >       < 간접조명 >

- 균일한 조도 분포를 얻기 위해 조명기구 간격 및 배치가 적절해야 함.
- 일반적인 등기구 최대 간격(S)과 작업면과 광원의 높이(H)는 다음과 같이 배치한다.

* 등기구 최대 간격
  직접조명   : $S \leq H$
  간접 조명  : $S \leq 1.5 H$

\* 등과 벽과의 간격

　　벽면을 이용하지 않을 때: $S_0 \leq H/2$

　　벽면을 이용 할 때　　: $S_0 \leq H/3$

6) 방지수, 감광 보상율, 조명율 결정

　(1) 방지수(실지수) : 방의 형태 및 천정 높이에 따라 조명율에 영향을 줌.

$$방지수(K) = \frac{바닥면적 + 천정면적}{벽면적} = \frac{2(X \times Y)}{2H(X+Y)} = \frac{(X \times Y)}{H(X+Y)}$$

　　여기서 H : 피조면에서 광원까지의 높이
　　　　　X : 방의 너비
　　　　　Y : 방의 길이

　(2) 감광 보상율 (D)
　　- 사용기간의 경과에 따라 평균조도가 저하될것을 미리 설계시에 반영
　　- 조도의 감소 요인 : 램프자신의 광속감소(필라멘트 증발, 흑화현상)
　　　등기구 노화, 등기구, 천장, 벽 등의 색상변화, 먼지 등

　　- 감광보상율$(D) = \dfrac{초기작업면의 설계조도}{램프교체직전의 조도}$

　(3) 조명율 (U)

$$조명율 = \frac{피조면에 입사한 광속(lm)}{램프의 전 광속(lm)} \times 100(\%)$$

7) 광원의 크기, 수 및 조도 계산

　조도 계산에는 우리나라에서 주로 사용하는 3배광법(평균광속법), 미국에서 주로 사용하는 ZCM법(구역 공간법), 국제 조명 위원회의 CIE법 등이 있다.
 - 3 배광법 (평균 광속법) : F U N = A E D 에서

　　평균조도 $E = \dfrac{FUN}{AD}(lx)$

　　소요 등기구수 $N = \dfrac{AED}{FU}$ (개)

8) 광속 발산도 계산
　시야내가 균일하게 밝을수록 좋으나 실제로는 밝기 분포를 고르게 할 수 없으므로 광속 발산도 허용한도로 결정한다.

2.2 간선의 고조파 전류에 대하여 다음 항목별로 설명하시오.
   1) 발생원인 및 파형형태
   2) 영향 및 저감대책
   3) 간선 설계 시 검토사항

## 1. 개요
최근 전력 전자 기술의 발달로 많은 반도체 소자(비선형 부하)가 급증하는 추세에 따라 정현파 이외의 비 정현파가 전원에 영향을 주어 여러 부하들에 이상 전압 발생, 과열 및 소손, 소음 및 진동, 전력손실, 오동작 등의 원인이 되고 있어 특별한 대책이 강구되고 있다.

## 2. 고조파 발생 원인
1) 변환장치에 의한 고조파
   변환장치 (정류기, 인버터, 컨버터, VVVF등) 내의 Power Electronics 에 의한 고조파는 2차측의 AC/DC 변환에 따른 구형파의 잔량이 1차 전원측에 유입되는 현상임.
   - 6펄스 변환 장치의 고조파 전류 : 기본파 전류의 약 50~60%임.
   - 12펄스 변환 장치의 고조파 전류 : 기본파 전류의 약 15~20%임.

2) 아크로 및 전기로에 의한 고조파
   아크로는 용해시 3상 단락 또는 2선 단락 또는 아크 끊김과 같은 현상을 반복하기 때문에 고조파가 많이 발생한다.
   특히 제3고조파가 많다.
   이 아크로는 실제 고조파보다 플리커 문제가 더 커서 플리커에 대한 대책이 필요하다.

3) 회전기에 의한 고조파
   발전기, 전동기 등 회전기는 구조상 슬롯이 있어 어쩔 수 없이 고조파가 발생하고 있으며 특히 기동 시 많은 고조파가 발생한다.
   특히 제5고조파가 많다.

4) 변압기에 의한 고조파
   변압기의 자화 특성은 직선적이 아니고 히스테리 현상 등에 의해 왜곡 파형이 되어 고조파의 원인이 된다.
   그러나 제일 많이 발생하는 제3고조파는 Δ결선을 통해 내부에서 해결되고 제5고조파 이상은 많이 나타나지 않아 크게 문제 되지 않는다.

5) 기타 원인
 - 역율 개선용 콘덴서와 그 부속기기
 - 형광등 및 방전등

## 3. 고조파 파형

고조파는 기본주파수에 대해 2배, 3배, 4배와 같이 정수의 배에 해당하는 물리적 전기량을 말한다.

고조파 주파수는 다음 표와 같다.

| 기본파 | 제2고조파 | 제3고조파 | 제4고조파 | 제5고조파 | 제6고조파 | 제7고조파 |
|---|---|---|---|---|---|---|
| 50 Hz | 100 Hz | 150 Hz | 200 Hz | 250 Hz | 300 Hz | 350 Hz |
| 60 Hz | 120 Hz | 180 Hz | 240 Hz | 300 Hz | 360 Hz | 420 Hz |

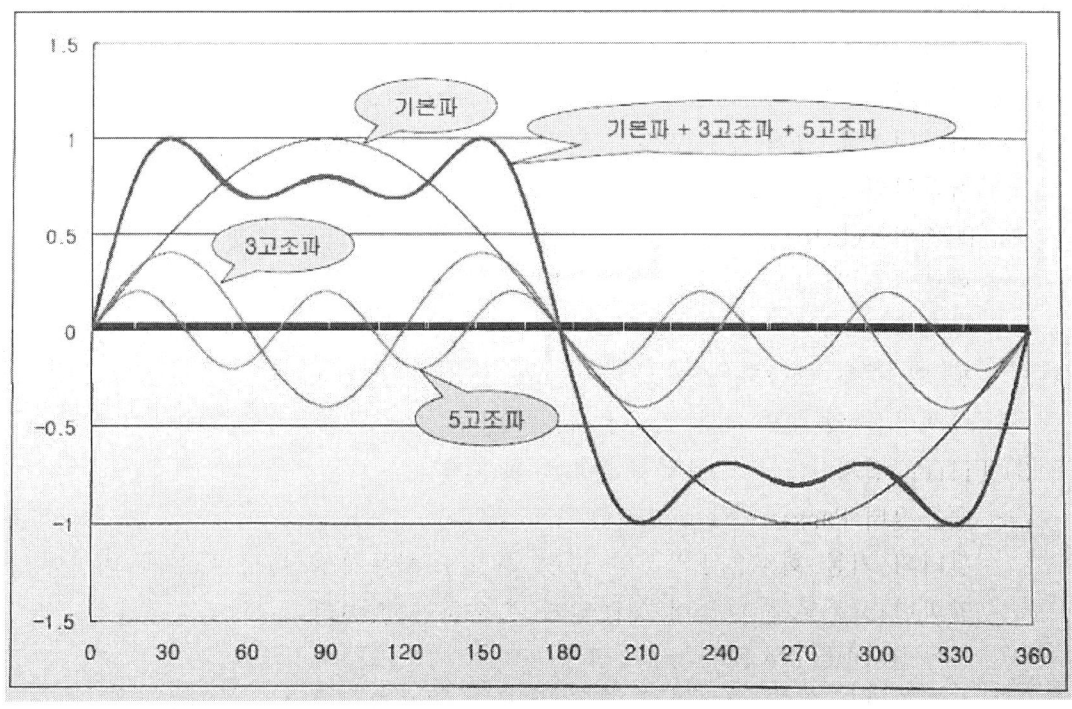

## 4. 고조파 영향

고조파가 전력 계통에 유입 되었을 때 미치는 영향은 크게 유도장해, 기기에의 영향, 계통 공진으로 구분 할 수 있다.
1) 유도 장해
 (1) 정전 유도 : 전력선과 통신선의 정전 용량에 의한 장해(고전압 원인)
 (2) 전자 유도 : 전력선의 시스 전류와 통신선과의 상호 인덕턴스에 의해
   발생하는 전자 유도 장해 중 전자 유도 장해의 영향이

더 큰 통신 장해 및 잡음의 원인이 된다. (대전류 원인)
  2) 전압 파형 왜곡 현상
  3) 고조파에 의한 과전류 발생
  4) 계통 공진에 따른 고조파 전류 증폭
     가공선 및 케이블의 대지 정전 용량, 진상용 콘덴서등과 같은 용량성 리액턴스와 변압기 및 회전기의 유도성 리액턴스가 병렬 공진을 일으켜 고조파 전류의 증폭 현상을 일으킨다.

5. 고조파 저감 대책
  1) 정류기의 다 펄스화
     정류 펄스가 크면 고조파 차수는 높아지고 고조파 전류의 크기는 감소된다.
  2) 리액터 (ACL, DCL 설치)
     - 인버터 전원측의 ACL(Alternating current reacter)은 전원의 Total 임피던스를 크게 함으로써 전원전류 내에 포함되어 있는 저차 고조파를 저감한다
     - DC측의 DCL(Direct current reacler)은 고조파 발생 부하 장치의 직류 회로에 삽입하여 직류 파형의 리플을 작게 하고 리액터의 한류작용으로 고조파를 개선하게 된다,
     - ACL의 경우 고조파 발생량을 약 50% 저감하고, DCL의 경우 고조파 발생량을 약 55% 이상 저감한다.
  3) Filter 설치
     - 수동필터(Passive Filter)
       필터의 기본 회로는 L과 C의 공진 현상을 이용하여 특정 차수에 대하여 저 임피던스 분로를 만들어 고조파를 흡수하는 것이다.
     - 능동필터(Active Filter)
       수동필터는 특정 고조파의 공진 특성을 이용하지만 Active Filter는 인버터 응용 기술에 의하여 발생 고조파와 반대 위상의 고조파를 발생시켜 고조파를 상쇄하는 이상적인 Filter이다.
  4) 계통분리(공급 배전선의 전용화)
     고조파 부하를 일반부하와 계통 분리하여 고조파 부하의 공급 배선을 전용화 한다.
  5) 전원 단락 용량의 증대
     - 고조파 전류는 선로의 용량성 및 유도성 임피던스로 인하여 공진 현상이 발생되면 고조파 전류는 증폭되어 전기 기기(변압기, 발전기, 진상용

콘덴서, 전동기, 각종 조명 설비)등에 과대한 전류가 흘러 기기의 과열, 소손이 발생할 우려가 있다.
- 전원의 단락용량을 크게 하면 ($X_L$ 이 커짐) 공진주파수(차수)가 커져 부하의 고조파 발생량은 작아지고, 반대로 콘덴서 용량이 증가하면 공진주파수가 작아져 고조파 발생량이 증가 한다.

6) 기기의 고조파 내량 강화
   (1) 변압기 용량
      계통에서 고조파 부하가 많을 경우 고조파 전류 중첩, 표피효과에 의한 저항 증가에 따라 주울열이 크게 증가 하므로 용량을 크게 하거나 (2~2.5배) 발주시 K-Factor를 고려한다.
   (2) 발전기 용량
      발전기에 고조파 전류가 흐르면 댐퍼 권선등의 손실 증가로 출력이 감소하므로 등가 역상전류에 대한 내량을 고려하여 용량을 산정한다.
   (3) 콘덴서. 직렬리액터
      콘덴서는 허용 최대 사용전류(합성 전류의 실효값)가 정격전류의 135%가 되도록 하고 리액터도 콘덴서와 동일하게 한다.

## 6. 간선 설계 시 검토사항

1) 중성선이 상전선의 부하와 같은 전류가 흐를 경우는 중성선도 부하 전선수에 포함하여야 한다. 이러한 전류는 삼상회로에 고조파 전류가 원인이 될 수 있다.
   고조파전류의 크기가 15% 이상인 경우 그 중성선은 상전선 굵기 이상 이어야 한다.
   고조파 전류에 의한 감소계수는 아래표와 같다

<4심 및 5심 케이블 고조파 전류의 환산계수>

| 상전류의 제3고조파성분(%) | 환산계수 | |
|---|---|---|
| | 상전류를 고려한 규격결정 | 중성전류를 고려한 규격결정 |
| 0-15 | 1.0 | - |
| 15-33 | 0.86 | - |
| 33-45 | - | 0.86 |
| 〉45 | - | 1.0 |

2) 고조파에 의한 표피효과와 근접효과를 고려하여 케이블의 굵기와 배선시 배치를 고려하여야 한다.

$$I = \sqrt{I_1^2 + I_2^2 + \cdots + I_n^2} \ [A]$$

고조파 전류를 고려한 고조파 감소계수를 적용하여 충분한 굵기를 선정하여야 한다.

3) 4심 및 5심 케이블에서 고조파 전류에 대한 감소계수
   - 중성도체에 고조파 전류가 흐르는 경우에는 회로의 허용전류 결정시 이 전류를 고려해야 한다.
   - 중성전류가 흐르는 것은 고조파 성분을 가지는 상전류 때문이다.
   - 중성전류에서 상쇄되지 않는 가장 큰 고조파 성분은 제3고조파 성분이다.
   - 3상중 2상에만 부하가 걸린 경우에는 부담이 더 커지게 된다.
     이 경우 중성 도체에는 비평형 전류와 더불어 고조파 전류가 흐르게 되며 이로 인해 중성 도체에 과부하가 걸릴 수 있다.
4) 결론적으로 고조파 전류를 고려하여 케이블의 규격을 정해야 한다.

2.3 지능형 건축물 인증제도의 전기설비 평가항목 및 기준, 도입 시 기대효과에 대하여 설명하시오.

1. 목적
   1) 건축물의 건축 환경, 기계·전기·정보통신설비, 시스템 및 시설경영관리에 지능형 설비를 도입하므로
   2) 설비운영의 효율성을 높여 쾌적하고 생산적인 거주환경 조성 및 체계적인 유지관리를 유도하기 위함임.

2. 인증대상

| 인증대상 | 공동주택, 숙박시설, 문화 및 집회시설, 판매시설, 교육연구시설, 업무시설, 방송통신시설(현재까지 업무시설 대상) |
|---|---|
| 인증구분 | 건축허가단계에서 신청하는 예비인증과 사용승인 단계에서 신청하는 본인증으로 구분 |
| 인증등급 | 1등급 ~ 5등급(현재까지 1 ~ 3등급 3단계) |
| 평가항목 | 건축, 기계, 전기, 정보통신, 시스템통합, 시설경영(6개 분야) |

3. 인증 등급

| 등급 | 심사점수 | 문화 및 집회시설, 판매시설 교육연구시설, 업무시설 600점(100%) 만점 | 공동주택, 숙박시설 300점(100%) 만점 |
|---|---|---|---|
| 1등급 | 90% 이상 득점 | 1등급 : 540점(90%) 이상 | 1등급 : 270점(90%) 이상 |
| 2등급 | 85%이상 90%미만 득점 | 2등급 : 510점(85%) 이상 | 2등급 : 255점(85%) 이상 |
| 3등급 | 80%이상 85%미만 득점 | 3등급 : 480점(80%) 이상 | 3등급 : 240점(80%) 이상 |
| 4등급 | 75%이상 80%미만 득점 | 4등급 : 450점(75%) 이상 | 4등급 : 225점(75%) 이상 |
| 5등급 | 70%이상 75%미만 득점 | 5등급 : 420점(70%) 이상 | 5등급 : 210점(70%) 이상 |

## 4. 평가항목 및 기준 (전기부문)

1) 문화 및 집회시설, 판매시설, 교육연구시설, 업무시설, 방송통신시설

| 부 문 | 지 표 수 | 배점 |
|---|---|---|
| 건축계획 및 환경 | 18 | 100 |
| 기계설비 | 22 | 100 |
| 전기설비 | 22 | 100 |
| 정보통신 | 25 | 100 |
| 시스템통합 | 21 | 100 |
| 시설경영관리 | 17 | 100 |
| 가산항목 | 34 | 60 |
| 합 계 | 125 | 660 |

| 부문 | 범주 | 평가 항목 | 평 가 기 준 | 배점 |
|---|---|---|---|---|
| 필수항목 | 전기설비 (5개) | 비상전원 확보 | 비상전원을 확보하여야 하며, 그 공급용량은 총 수전 용량의 20%이상이어야 한다. | - |
| | | 배선공간 확보 | 적정한 크기의 EPS 실을 확보하여야 한다. | - |
| | | 쾌적한 조명환경 구축 | 사무실 조명은 균일조도이어야 하며 눈부심을 최소화하여야 한다. | - |
| | | 감시제어 | 전력설비와 조명설비는 감시제어가 가능하도록 하여야 한다. | - |
| | | 건물내 등전위 구성 | 민감한 장비의 안정적 운전환경을 확보하기 위하여 업무공간은 등전위로 하여야 한다. | - |
| 평가항목 | 전기설비 (11개) | 전기 관련실 | 전기실을 침수로부터 안전하도록 하기 위하여 전기관련실이 최하층 바닥면 보다 높게 설치되었는지 여부를 평가한다. | 15 |
| | | UPS 시설의 공급능력 | 중요 부하용 무정전 전원시스템 공급능력을 평가한다. | 10 |
| | | 전원설비구성 | 단선결선도 설계도면 및 시방서에 의하여 변압기 고장시 조치의 신속성을 평가한다. | 10 |
| | | 전력 간선설비 | 전력공급의 신뢰성과 부하증설에 대한 유연성을 평가한다. | 10 |
| | | 고조파 및 노이즈 저감설비 | 정보통신설비, 전자장비, 컴퓨터설비 등의 고장 및 소손을 방지하기 위한 고조파 및 노이즈 저감을 위한 프로텍터 설치여부를 평가한다. | 10 |
| | | 업무공간 자유 배선공간 (EPS) | 적절한 EPS(Electrical Pipe Shaft)의 크기확보여부를 평가한다.<br>적절한 EPS의 보호대책을 평가한다. | 10 |

| 부문 | 범주 | 평가항목 | 평가기준 | 배점 |
|---|---|---|---|---|
| | | 업무공간 소전력 공급설비 (콘센트) | 전기기기의 코드를 직접 연결할 수 있어야 하며 좌석이동에도 연장코드의 이용이나 몰드설치 등의 별도 공사가 불필요한 정도의 소전력 공급설비(콘센트)를 구비토록 한다. | 10 |
| | | 엘리베이터 설비 | 엘리베이터 군관리시스템 및 평균대기시간과 수송능력을 평가한다. 중앙감시실 또는 지정된 장소에서 집중감시, 제어 및 분산관리여부를 평가한다. | 5 |
| | | 전력/조명/ 주차관제/ 엘리베이터 | 주요 전기설비(전력설비, 조명설비, 엘리베이터설비, 방재설비, 주차관제 등)를 원격관리와 집중감시제어가 가능하도록 하여 관련 설비를 효율적으로 관리하도록 한다. | 10 |
| | | 피뢰 및 접지 시스템 | 뇌 보호시스템 보호등급적용 여부를 평가한다. 공통접지 및 등 전위 본딩 여부를 평가한다. | 5 |
| | | 소방설비 | 동별, 층별, 세부적인 평면도를 표시하고 주며, 고장, 경보 등 각종 정보표시, 저장, 출력이 가능한 CRT 일체형 수신기 적용여부를 확인한다. | 5 |

| 부문 | 범주 | 평가항목 | 평가기준 | 배점 |
|---|---|---|---|---|
| 가산 항목 | 전기 설비 (6개) | 수전설비 | 이중 모선 또는 Spot Network 설치 | 2 |
| | | 침수대책 | 침수대비 배수 펌프용 전용발전기 지상설치 시 | 1 |
| | | 에너지 이용의 합리화 | 열병합 발전설비 시설 또는 발전기 상용운전 Peak-Cut System 채택 | 2 |
| | | 신·재생에너지 | 태양광 발전설비, 풍력발전설비 등(수전용량의 3% 이상) | 2 |
| | | 전자차폐시설 | 전산실, 교환기계실, 중앙감시실 등에 전자차폐시설 설치 시 | 2 |
| | | 누수감지 설비 | 전산실, 교환기계실, 중앙감시실 등에 누수감지설비 설치 시 | 1 |

2) 공동주택, 숙박시설

| 부문 | 지표수 | 배점 |
|---|---|---|
| 건축 및 기계 | 22 | 100 |
| 전기 및 정보통신 | 24 | 100 |
| SI 및 시설경영 | 20 | 100 |
| 가산항목 | 18 | 30 |
| 합계 | | 330 |

| 부문 | 범주 | 평가 항목 | 평가 기준 | 배점 |
|---|---|---|---|---|
| 필수 항목 | 전기 및 정보통신 (6개) | 전기 및 정보통신 관련실의 합리적인 배치 | ・부하의 중심에 배치, 관련실의 공간확보 및 간선의 인출입의 용이성 검토<br>・전기실의 침수 및 누수방지 계획 반영 여부 | - |
| | | 비상전원 공급 및 소방계획 | ・전력계통의 비상전원 공급체계 구성의 적정성 여부<br>・정전용 및 비상용 발전기 용량 확보 여부<br>・화재 탐지설비 등 소방시설계획의 적정성 여부 | - |
| | | 단위세대의 부하설비 | ・관련법 적용여부와 장래부하 증가에 대응한 융통성 확보여부<br>・배선기구의 합리적 선택과 적정 수량의 설치여부 | - |
| | | 통합배선 시스템 규격 | 방송통신위원회 고시 초고속통신건물 인증제도 1등급 이상의 규격이어야 한다. | - |
| | | 감시기능 | 법적인 설치 기준(예. 지하주차장)이외 거주자의 안전을 위하여 필요한 곳에 감시기능이 있어야 한다. | - |
| | | 홈 네트워크 | 방송통신위원회 고시 '초고속정보통신건물 인증제도' 홈네트워크 A등급 이상의 규격이어야 한다. | - |
| 평가 항목 | 전기 및 정보통신 (11개) | 단위세대의 부하계획 | ・거주자의 사용 편리성과 쾌적성을 평가한다. | 10 |
| | | 수변전설비의 계획 | ・전력공급의 신뢰성과 부하 증가에 대한 융통성을 평가한다. | 10 |
| | | 전력간선설비 계획 | ・전력공급의 신뢰성 제고와 부하증가에 대한 유연성을 평가한다 | 10 |
| | | 승강기설비 | ・승강기 제어방식과 승강기 기종의 우수성을 평가 | 5 |
| | | 피뢰 및 접지 시스템 | ・뇌보호등급의 적용 및 접지 시스템 구성의 안전성과 유지관리성을 평가한다 | 5 |
| | | 신기술 우수자재 | ・유지관리의 효율성 제고를 위한 시스템 채택 방식과 우수한 자재 적용여부를 평가한다 | 10 |
| | | 통합배선시스템의 배선규격 | 방송통신위원회 초고속정보통신건물인증제도 평가 기준에 따라 평가한다. | 15 |
| | | CCTV적용 대상 | 법적인 설치기준(예:지하주차장)이외 거주자의 안전을 위한 필요한 곳의 감시기능을 평가한다. | 5 |
| | | 출입통제감시장소 및 저장방식 | 출입을 감시하기 위한 장소와 데이터 저장기록 녹화 방법에 대한 합리성을 평가한다. | 5 |
| | | 지능형홈네트워크 설비설치 수준 | 홈 오토메이션으로 거주자의 안정성과 편의성의 수준을 평가한다. | 20 |
| | | 커뮤니티 | 거주자들의 생활 편의성을 위한 세대간 커뮤니티, 관리사무소와의 커뮤니티, 시공사와의 커뮤니티가 가능한지를 평가한다. | 5 |

| 가산항목 | 전기 및 정보통신 (7개) | 전력계통의 안정화 | • 수전방식의 2회선 및 변압기 2차모선 2중화 계획 여부 | 2 |
|---|---|---|---|---|
| | | 세대용 비상전원 공급 | 정전시 세대 비상등과 중요 전원 공급 여부 | 1 |
| | | 신·재생에너지 적용 | 태양광, 풍력 등 친환경 에너지 적용여부 | 1 |
| | | 에너지절약 | 에너지절약을 위한 고효율 기자재 적용 여부 | 1 |
| | | 출동경비 서비스 | 출동경비 시스템 제공 여부 | 1 |
| | | 출입관리시스템 | 공동출입구에 근접식RF 또는 생체인식 센서설비 도입 여부 | 2 |
| | | 통합운영관리, 연동 | 통합관리운영 및 연동서비스를 위한 시스템 통합 도입 여부 | 2 |

## 5. 도입시 기대효과
1) 건축물의 신뢰성을 높임.
2) 쾌적하고 생산적인 거주환경 조성
3) 체계적인 유지관리
4) 빌딩 관리의 자동화 실현
5) 에너지 절감등

2.4 건축물의 전기설비 방폭원리 및 방폭구조에 대하여 설명하시오.

## 1. 전기설비의 방폭 원리
1) 점화원의 방폭 격리
   점화원이 되는 부분을 가연성 물질과 격리하여 서로 접촉을 못하게 하는
   방법과 전기 설비 내부에서 발생한 폭발이 설비 주변에 존재하는
   가연물질로 파급되지 않도록 격리하는 방법이 있다.
   그 종류로는 내압 방폭 구조, 압력 방폭 구조, 유입 방폭 구조등이 있다.
2) 전기 설비의 안전도 증가
   전기 불꽃의 발생부 및 고온부가 존재하지 않도록 전기 설비에 대하여
   특히, 안전도를 증가시켜 고장이 발생될 확률을 0에 가깝게 하는 방법으로
   안전증 방폭 구조가 있다.
3) 점화능력을 본질적 억제
   특히 위험이 접점등이 있어 위험도가 큰 전기설비를 설치할 때 접점 등에서
   발생한 불꽃이 최소 착화 에너지 이하의 값으로 되어 가연물에 착화할
   위험이 없는 것으로 본질 안전 방폭 구조가 있다.

## 2. 전기 설비의 방폭구조
1) 내압 방폭 구조 ( 기호 : d ) Flame Proof

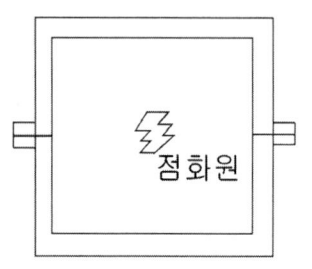

- 전기기기 내부 폭발이 주위 폭발성 가스에 파급하지 않도록 격리하는 것
- 전기기기 및 배선을 완전한 Casing 또는 Tube와 같은 전폐구조의 기구에 넣어 만든 구조
- 전동기, 변압기, 개폐기, 분전반등에 적용

2) 압력 방폭 구조 ( 기호 : f ) Pressurization

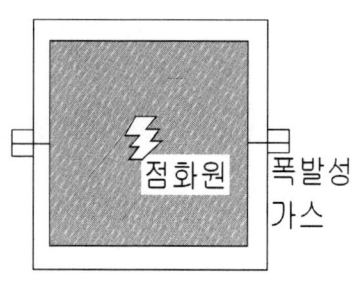

- 점화원이 될 우려가 있는 부분을 용기 내에 넣고 용기 내부에 공기 또는 불활성성 기체를 압입하여 내부 압력을 유지 함으로써 폭발성 가스나 증기의 침입을 방지하는 구조.
- 운전중 기체의 압력이 저하 될 때는 자동 경보 또는 운전 정지
- 아크가 발생 할 수 있는 접점, 개폐기, 스위치, 배선용 차단기등

3) 유입 방폭 구조 ( 기호 : o ) Oil Immersion

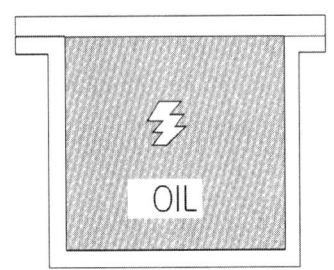

- 전기기기의 점화원이 되는 부분을 기름 속에 넣어 주위의 폭발성 가스와 격리함으로서 접촉하지 않도록 하는 방법.
- 주의 사항 : 기름누설, 발화, 폭발, 사용중 유량유지, 온도상승 주의
- 변압기, 개폐기, 제동기등

4) 안전증 방폭 구조 ( 기호 : e ) Increased Safety
 - 정상 운전중에 과열 또는 전기 불꽃을 일으키기 쉬운 부분의 구조를 일반적인 기구보다 절연등으로 안전도를 증가 시킨 구조.
 - 단자함, 접속함, 조명기구등
 - 전기기구의 고장이나 파손시 폭발할 수도 있다.

5) 본질 안전 방폭 구조 ( 기호 : i ) Intrinsic Safety
 - 본질적으로 폭발성 물질이 점화 되지 않는다는 것이 점화 시험, 내전압 시험등에 의해 확인된 구조.

6) 특수 방폭 구조 ( 기호 : s )
 - 용기 내부에 모래등을 채우는 사입 방폭(Sand-Filled) 구조와 협극 방폭 구조가 있다.

## 3. 위험 장소에 따른 방폭 구조 적용

| 위험장소 | 위험 분위기 정도 | 구체적인 장소 | 적용 방폭 구조 |
|---|---|---|---|
| 0종장소 ZONE0 | 정상상태에서 지속적인 위험 분위기 존재 장소 (연간 1000시간 이상) | -탱크내의 상부 공간층 -인화성 용기 및 가연성 가스 용기 | 본질 안전 방폭구조 |
| 1종장소 ZONE1 | 정상상태에서 간헐적 위험 분위기 우려장소 (연간 10~1000 시간) | -용기의 개구부 부근 -Relief Valve부근 -Pit처럼 가스가 축적 하는 장소 | 상기 외 내압,압력,유입방폭구조 |
| 2종장소 ZONE2 | 이상상태에서의 위험분위기 우려장소 (연간 10 시간 이하) | -가연성 가스의 용기류가 부식, 노화등으로 누출 할 경우 -운전원의 오 조작 -강제환기장치의 고장 -고온, 고압에 의해 기기의 파손 | 상기 외 안전증 방폭 구조 |

2.5 자가용 수변전설비 설계 시 에너지 절약방안에 대하여 설명하시오.

## 1. 개요
1) 수변전 설비의 에너지 절약이란 전기설비중 수변전 설비 분야에서의 전기 에너지를 효율적, 합리적으로 이용하여 손실을 줄이는 것으로
2) 고효율 변압기 사용, 콘덴서 설치 등 아래와 같은 방법이 있다.

## 2. 수 변전 설비의 에너지 절약 방안
1) 변압기의 효율적 운용
    (1) 고효율 변압기의 채택
        - 철심에 방향성 규소강판을 사용한 변압기를 사용하여 철손 감소
        - 몰드형 변압기 사용
        - 비결정형의 아몰퍼스 금속을 재료로 한 변압기 사용
        - 자구 미세화 변압기 채택
    (2) 직접강압방식을 채택
        일반적으로 특고->저압 직강압 방식 채택
    (3) 변압기의 대수제어가 가능하도록 뱅크 구성
        부하 종류, 계절 부하등 고려(전등, 전열, 동력, 비상용등 분리)
    (4) 변압기 용량의 적정 설계
        부하율이 75%에서 최대 효율임.
    (5) 최대 효율에서 운전
        동손과 철손이 같을 때 최고 효율임.
    (6) 변압기 적정 탭 선정으로 적정 전압 유지
    (7) 부하시 탭 변환 변압기(OLTC) 사용

2) 전력용 콘덴서로 역율 개선
    (1) 변압기 동손은 전류의 제곱에 비례 ( $P_c = I^2 R$ )
    (2) 전류는 역율에 반비례 ( $I = \dfrac{P}{\sqrt{3}\, E \cos\theta}$ )
    (3) 따라서 동손은 역율의 제곱에 반비례함.
    (4) 콘덴서 설치 방법
        - 2 Step : 집중 설치하여 자동 역율 제어
        - 1 Step : 분산식 개별 설치가 바람직 함.
    (5) 최근에는 역율을 자동제어하기 위하여 SVC 설치를 많이 하고 있음
    (6) 자동 제어 방식에는 무효전력제어, 역율제어, 프로그램제어등
        여러 방법이 있지만 무효 전력 제어 방식을 일반적으로 사용함.

3) 피크 부하관리

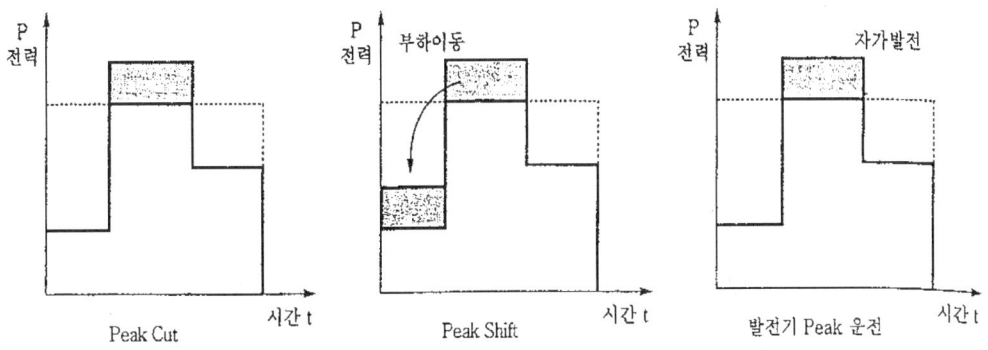

   (1) Peak Cut : 피크시 중요도가 적은 부하를 자동 차단
   (2) Peak Shift : 피크 부하를 경부하 시간대로 이전 운영
   (3) 발전기 Peak운전 : 피크 부분을 발전기 운전
4) Demand Control
   (1) 연산 표시 기능
      최대전력을 목표전력에 맞추기 위해 부하의 조정량을 연산하여 디지털 표시.
   (2) 경보 및 차단 기능
      디멘드값이 목표값을 초과할 경우 경보 또는 차단
5) 분산 전원 이용
   (1) 열병합 발전 시스템 채용
      - 전력이용과 원동기 폐열을 동시에 이용하여 종합 효율 향상
   (2) 태양광 및 태양열 이용
   (3) 풍력 이용
   (4) 지열 이용등
6) 중앙 감시 제어 장치
   BAS를 설치하여 전력, 조명, 승강기, 공조 설비, 방재설비, 주차관리등을 적정하게 운영
7) 전자화 배전반 채택으로 고효율 운전
8) 변압기별 전력량계 설치하여 부하율 관리등
9) 기타 고려사항
   - 수변전 설비를 부하중심에 배치하여 배전손실을 경감한다.
   - 변압기에서 발생하는 폐열을 공조설비의 열원으로 이용

2.6 다음과 같은 특성을 가지고 있는 수전용 주변압기 보호에 사용하는 비율차동계전기의 부정합 비율을 줄이기 위한 보조 CT의 변환 비율 탭값을 구하고, 비율차동계전기의 적정한 비율 탭 값을 정정(Setting) 하시오.
(단, 오차의 적용은 변압기 Tap 절환 10 %, CT 오차 5 %, 여유 5 %를 고려하고, 보조 CT의 turn 수는 0~100 turn으로 한다.)

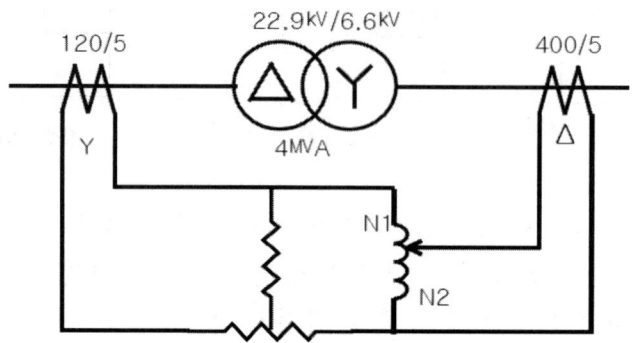

| Relay Current Tap(A) | 2.9-3.2-3.8-4.2-4.6-5.0-8.7 |
|---|---|
| 비율 탭(%) | 25-40-70 |

단, 부정합 비율을 줄이고자 보조 CT를 사용하는 경우 2:1을 적용한다)

1. 전류 계산

| No. | 항 목 | 1차측 | 2차측 |
|---|---|---|---|
| 1 | 정격 전류 (A) | $In_1 = \dfrac{4,000}{\sqrt{3}\times 22.9} = 100.85$ | $In_2 = \dfrac{4,000}{\sqrt{3}\times 6.6} = 350$ |
| 2 | C T(A) | 120/5 | 400/5 |
| 3 | CT 2차 전류(A) | $100.85 \times \dfrac{5}{120} = 4.2$ | $350 \times \dfrac{5}{400} = 4.37$ |
| 4 | TR 결선 | △ | Y |
| 5 | CT 결선 | Y | △ |
| 6 | Ry 유입전류(A) | 4.2 | $4.37 \times \sqrt{3} = 7.57$ |
| 7 | 정정 Tap | 4.2 | 8.7 |

2. 부정합 검토

   1) 유입 전류비 = $\dfrac{4.2}{7.57} = 0.55$

   2) 정정 Tap비 = $\dfrac{4.2}{8.7} = 0.48$

   3) 부정합비 = $\dfrac{0.55 - 0.48}{0.48} \times 100 = 14.5(\%)$

   4) 일반적으로 부정합비는 5% 이내이어야 하므로 보조 CT를 이용하여 재 계산한다.

| No. | 항 목 | 1차측 | 2차측 |
|---|---|---|---|
| 1 | Ry 유입전류(A) | 4.2 | $4.37 \times \sqrt{3} = 7.57$ |
| 2 | 보조 CT비 | 1.0 | 0.55 |
| 3 | 보조 CT 2차측 전류 | 4.2 | 4.16 |
| 6 | 정정 Tap | 4.2 | 4.2 |

   5) 재 부정합비 검토

   ① Ry 유입전류비 = $\dfrac{4.2}{4.16} = 1.01$

   ② 정정탭비 = $\dfrac{2.9}{2.9} = 1$

   ③ 부정합비 = $\dfrac{1.01 - 1}{1} \fallingdotseq 1(\%)$

3. 비율 Tap 정정

   1) 변압기 Tap 절환 : 10(%)
   2) CT 오차 : 5%
   3) 여유도 : 5%
   4) 부 정합비 : 1%
   5) 비율 Tap > 10 + 5 + 5 + 1 = 21(%)

4. 정답 : 25%에 정정하면 됨.

3.1 건축전기설비의 전력계통에서 순시전압강하에 대하여 설명하시오.
　　1) 발생원인　2) 영향　3) 억제대책　4) 개선기기

## 1. 개요
낙뢰, 중부하의 개폐, 대형 전동기의 기동, 계통의 순간적 부하급증, 선로 사고 등에 의해 순간적으로 전압이 강하하는 현상을 순간 전압강하라 하며, 그 원인으로는 수용가 자체의 원인도 있지만 전기 공급자측의 원인도 있다. 최근에는 특히 컴퓨터 등의 무정전 요구 부하들이 급증함에 따라 그 중요성은 더욱 커지고 있다.

## 2. 순간 전압 강하 원인
1) 전기 공급자측 원인
　(1) 선로에 고장이 발생하여 차단기가 개로되는 시간동안 발생
　(2) 차단기 동작 책무로 재폐로 동작(O-0.3S-CO-3Min-CO)
　(3) 배전 선로에서의 재폐로 동작
　(4) 사고 : 낙뢰, 단락, 지락, 서지
　　　　　계통의 기기 소손
　　　　　계전기 오동작

2) 수용가측 원인
　(1) 전압 강하 : 부하 과중, 대용량 부하 돌입 전류
　　　　　　　 전선 규격 미달, 장거리 선로
　　　　　　　 고압 전동기의 역전 제동(Plugging)
　(2) 상간 전압 불평형
　(3) Flicker : 유도 전동기, 용접기 등의 사용
　(4) 고조파 : Thyristor응용 기기 사용

## 3. 순간 전압 강하 영향
1) 컴퓨터 설비 : CPU의 정지 및 저장 데이터 손실
2) 전동기 설비 : SCR을 이용한 가변속 전동기의 제어 능력 상실
3) HID램프 : 재 기동에 수분의 시간이 소요
4) 전자 접촉기 : 회로 개로에 의해 부하 전원 차단
5) 부족 전압 계전기 동작

## 4. 순간 전압 강하 억제 대책
1) 가공 전선로의 절연화 또는 지중화

2) 가공 지선 및 피뢰기 설치
3) 선로 길이 단축
4) 배전 자동화

4. 순간 전압 강하 개선 기기
   1) 무정전 전원 장치

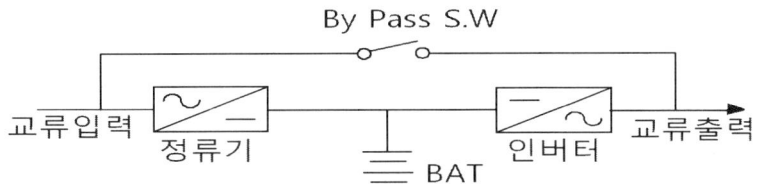

   2) DPI(Voltage Dip Proofing Inverters) 설치
      DPI는 순간적인 전원 장애로 인한 전력 공급 중단을 방지하는 순간 전압 강하 보상기이다.
      ① 구성도

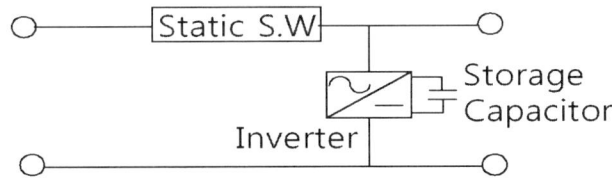

      - 부하와 직렬로 Static Switch, 병렬로 Inverter 연결
      - Inverter를 통하여 콘덴서에 에너지를 충전하고 순간 정전시 방전 되도록 연결한다.
      ② 동작 원리
      - 정상적일 때는 Static Switch를 통하여 부하에 직접 전력 공급
        ( Inverter는 Off됨 )
      - 순간 전압 강하가 일어나면 Static Switch는 Off되고, 600μS 이내에 Inverter가 구형파 전력을 공급한다.
      - 전압이 회복되고 Inverter를 통한 전압과 전원이 동기 되면 Inverter는 Off되고, Static Switch를 통하여 전력이 공급되고, 이때 콘덴서는 1초 이내에 재충전이 된다.

3.2 배선용차단기의 규격에서 산업용과 주택용에 대하여 비교 설명하시오.

인용 : 전기설비 판단기준 제 38 조 (저압전로 중의 과전류차단기의 시설)

③ 과전류차단기로 저압전로에 사용하는 배선용차단기는 다음 각 호에 적합한 것이어야 한다.
  1. 정격전류에 1배의 전류로 자동적으로 동작하지 아니할 것.
  2. 정격전류의 1.25배 및 2배의 전류를 통한 경우에 표 38-3에서 정한 시간 내에 자동적으로 동작할 것.

[표 38-3]

| 정격전류의 구분 | 시 간 | |
|---|---|---|
| | 정격전류의 1.25배의 전류를 통한 경우 | 정격전류의 2배의 전류를 통한 경우 |
| 30 A 이하 | 60분 | 2분 |
| 30 A 초과   50 A 이하 | 60분 | 4분 |
| 50 A 초과  100 A 이하 | 120분 | 6분 |
| 100 A 초과  225 A 이하 | 120분 | 8분 |
| 225 A 초과  400 A 이하 | 120분 | 10분 |
| 400 A 초과  600 A 이하 | 120분 | 12분 |
| 600 A 초과  800 A 이하 | 120분 | 14분 |
| 800 A 초과 1,000 A 이하 | 120분 | 16분 |
| 1,000 A 초과 1,200 A 이하 | 120분 | 18분 |
| 1,200 A 초과 1,600 A 이하 | 120분 | 20분 |
| 1,600 A 초과 2,000 A 이하 | 120분 | 22분 |
| 2,000 A 초과 | 120분 | 24분 |

④ 제3항 이외의 IEC 표준을 도입한 과전류차단기로 저압전로에 사용하는 산업용 배선차단기는 표 38-4에, 주택용 배선차단기는 표 38-5 및 표 38-6에 적합한 것이어야 한다.

[표 38-4]  산업용 배선차단기

| 정격전류의 구분 | 시 간 | 정격전류의 배수 (모든 극에 통전) | |
|---|---|---|---|
| | | 부동작 전류 | 동작 전류 |
| 63 A 이하 | 60분 | 1.05배 | 1.3배 |
| 63 A 초과 | 120분 | 1.05배 | 1.3배 |

[표 38-5] 주택용 배선차단기 순시 트립

| 형 | 순시트립범위 |
|---|---|
| B | $3I_n$ 초과 ~ $5I_n$ 이하 |
| C | $5I_n$ 초과 ~ $10I_n$ 이하 |
| D | $10I_n$ 초과 ~ $20I_n$ 이하 |

비고 1. B, C, D : 순시 트립 전류에 따른 차단기 분류
    2. In : 차단기 정격전류

[표 38-6] 주택용 배선차단기 한시 트립

| 정격전류의 구분 | 시 간 | 정격전류의 배수 (모든 극에 통전) | |
|---|---|---|---|
| | | 부동작 전류 | 동작 전류 |
| 63 A 이하 | 60분 | 1.13배 | 1.45배 |
| 63 A 초과 | 120분 | 1.13배 | 1.45배 |

3.3 연료전지설비에서 보호장치, 비상정지장치, 모니터링 설비에 대하여 설명하시오.

## 1. 연료 전지 설비의 보호 장치
1) 기술기준 제111조 (안전밸브)
   - 연료전지설비의 압력을 받는 부분에는 과도한 압력을 방지하기 위한 적당한 안전밸브를 설치하여야 한다.
   - 이 경우 해당 안전밸브는 작동시 안전밸브로부터 방출되는 가스에 의한 위험이 발생하지 않도록 시설하여야 한다.
   - 다만, 최고사용압력이 0.1MPa 미만의 것에 있어서는 그 압력을 낮추기 위한 적당한 과압 방지장치로 대신할 수 있다.
2) 기술기준 제112조 (가스의 누설 대책)
   연료가스를 통하는 연료전지 설비에는 해당 설비로부터의 연료 가스 누설시 위험을 방지하기 위한 적절한 조치를 강구하여야 한다.
3) 판단기준 제126조 (안전밸브)
   ① 기술기준 제111조에서 규정하는 "과압"이란 통상의 상태에서 최고사용압력을 초과하는 압력을 말한다.
   ② 기술기준 제111조에서 규정하는 "적당한 안전밸브"는 제3항의 요건 외에 제35조부터 제40조까지(보일러 등과 관련되는 부분을 제외) 및 제82조의 규정을 준용할 수 있다.
   ③ 안전밸브의 분출압력은 아래와 같이 설정하여야 한다.
      1. 안전밸브가 1개인 경우는 그 배관의 최고사용압력 이하의 압력으로 한다. 다만, 배관의 최고사용압력 이하의 압력에서 자동적으로 가스의 유입을 정지하는 장치가 있는 경우에는 최고사용압력의 1.03배 이하의 압력으로 할 수 있다.
      2. 안전밸브가 2개 이상인 경우에는 1개는 제1호 규정에 준하는 압력으로 하고 그 이외의 것은 그 배관의 최고사용압력의 1.03배 이하의 압력이어야 한다.
4) 판단기준 제127조 (가스의 누설 대책)
   "연료가스가 누설 하였을 경우의 위해를 방지하기 위한 적절한 조치"란 다음에 열거하는 것을 말한다.
      1. 연료가스를 통하는 부분은 최고사용 압력에 대하여 기밀성을 가지는 것이어야 한다.
      2. 연료전지 설비를 설치하는 장소는 연료가스가 누설 되었을 때 체류하지 않는 구조의 것이어야 한다.
      3. 연료전지 설비로부터 누설되는 가스가 체류 할 우려가 있는 장소에 해

당 가스의 누설을 감지하고 경보하기 위한 설비를 설치하여야 한다.
5) 판단 기준 제47조(발전기 등의 보호장치)
연료전지는 다음 각 호의 경우에 자동적으로 이를 전로에서 차단하고 연료전지에 연료가스 공급을 자동적으로 차단하며 연료전지내의 연료가스를 자동적으로 배제하는 장치를 시설하여야 한다.
1. 연료전지에 과전류가 생긴 경우
2. 발전요소의 발전전압에 이상이 생겼을 경우 또는 연료가스 출구에서의 산소농도 또는 공기 출구에서의 연료가스 농도가 현저히 상승한 경우
3. 연료전지의 온도가 현저하게 상승한 경우

6) 전기적 보호 장치
   - 직류 과전압 검출 기능
   - 교류 순시 과전압 검출기능
   - 주파수 상승 검출 기능
   - 주파수 저하 검출 기능
   - 순시전압 저하 및 상승 검출 기능
   - 교류/직류 과전류 검출 기능

2. 비상 정지 장치
   1) 기술기준 113조
   연료전지 설비에는 운전 중에 일어나는 이상에 의한 위험의 발생을 방지하기 위해 해당 설비를 자동적이고 신속하게 정지하는 장치를 설치하여야 한다.
   2) 판단기준 제128조 비상정지장치
   기술기준 제113조에서 규정하는 "운전 중에 일어나는 이상"이란 다음에 열거하는 경우를 말한다.
   - 연료 계통 설비내의 연료가스의 압력 또는 온도가 현저하게 상승하는 경우.
   - 증기계통 설비내의 증기의 압력 또는 온도가 현저하게 상승하는 경우
   - 실내에 설치되는 것에서는 연료가스가 누설 하는 경우

3. 모니터링 설비
   1) 판단기준 제114조
   기술기준 제99조에 규정하는 "운전 상태를 계측하는 장치"란 다음에 열거하는 것을 계측하는 것을 말한다.
   - 내연기관의 회전속도 또는 주파수

- 내연기관 출구의 냉각수 온도
- 내연기관 입구의 윤활유 압력
- 내연기관 출구의 윤활유 온도

2) 제조사 자료

| No | 항목 | 기기 제어 및 표시항목 |
|---|---|---|
| 1 | 시스템 운전상태 | 운전/정지 등 |
| 2 | 시스템 현재 발전량 | 0~5.5kW |
| 3 | 시스템 현재 열 생산량 | 0~6,500kcal |
| 4 | 시스템 누적발전량 | 0~수 kW |
| 5 | 시스템 누적열생산량 | 0~수 kcal |
| 6 | 시스템 발전량제어 | 부하에 따른 발전량 제어 ( 100%, 75%, 50% ) |
| 7 | 시스템 가스제어 | 개별제어 |
| 8 | 시스템 화재예방 | 가스누출 경보 및 알람, 차단 기능 |
| 9 | 시스템 순환펌프 제어 | 순환펌프 운전 ON/OFF 제어 |
| 10 | Error 메세지 | 스택모듈 이상<br>인버터 이상<br>도시가스 공급 이상<br>City Water 공급이상, 정전등 |

3.4 임피던스전압의 정의 및 변압기 특성에 미치는 영향에 대하여 종류별로 설명하시오.

1. 임피던스 전압 정의
   1) 그림과 같이 임피던스 Z(Ω)가 접속되고, V(V)의 정격전압이 인가된 회로에 정격전류 I(A)가 흐르면 Z I의 전압강하가 발생하며, 이를 임피던스 전압이라 함.

   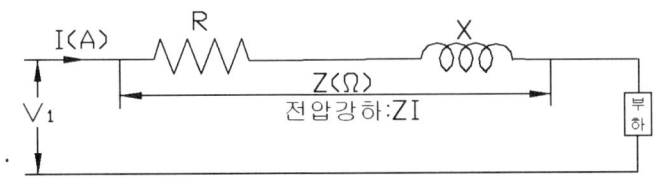

   2) 이 임피던스 전압과 1차 정격전압의 백분율을 %임피던스(%Z) 라 함.

   $$\%임피던스(\%Z) = \frac{임피던스\ 전압(V_s)}{1차\ 정격전압(V_1)} \times 100 = \frac{Z I_1}{V_1} \times 100(\%)$$

   3) 단락 시험 접속도

   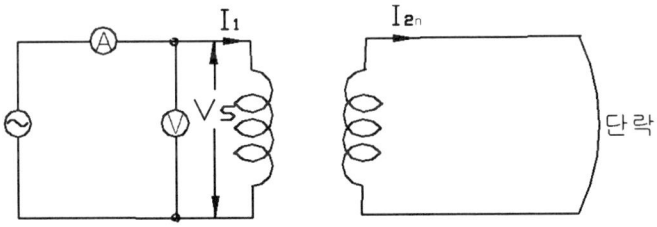

   위 그림과 같이 2차측(저압측)을 단락하고 1차측에 정격 주파수의 저 전압을 서서히 인가하여 정격전류가 흐를 때의 1차 인가 전압 ($V_s$)을 임피던스 전압이라 함

2. 임피던스 전압이 변압기 특성에 미치는 영향

| 특　　성 | %Z 전압이 커지면 |
|---|---|
| 1. 전압변동율 | 커진다.(불리) |
| 2. 손실. 무부하손과 부하손의 손실비 | |
| 3. 계통의 단락 용량 및 사고시 사고전류 | 작아진다.(유리) |
| 4. 단락시 권선에 미치는 전자 기계력 | |
| 5. 병렬 운전시 부하 분담 | 반비례 |

1) 전압 변동율

%Z가 커질수록 변압기 내부 임피던스가 커져 내부 전압가하가 커지므로 변압기 전압 변동율이 커진다.

전압변동율 $\varepsilon = p \cos \theta + q \sin \theta$ (%)

$$\%Z = \sqrt{p^2 + q^2}$$

여기서 p : % 저항 강하
       q : % 리액턴스 강하

즉, 위식에서 %Z가 커지면 p와 q가 커지고, 따라서 ε도 커진다.

2) 손실 및 무부하손과 부하손의 손실비
   - TR내부 임피던스가 커지면 내부 손실이 커지고 이는 주로 동손이다.
   - 무부하손은 %Z에 무관하지만 부하손은 %Z에 비례하여 커지므로 무부하손과 부하손의 손실비도 커진다.

3) 사고 전류 및 단락 용량
   - 변압기의 단락용량(차단용량)은 다음 식으로 구해지며 그 값은 %Z에 반비례한다.

   - 단락 전류 $I_s = I_n \times \dfrac{100}{\%Z}$ (KA)

   단락 용량 $P_s = P_n \times \dfrac{100}{\%Z}$ (MVA)

   여기서 $I_s$ : 사고 전류
          $P_s$ : 단락 용량 (MVA)
          $I_n$ : 정격 전류
          $P_n$ : 기준 용량 (MVA)
          %Z : % 임피던스

   이 공식에서 %Z 가 커지면 단락용량 $P_s$는 작아진다.

4) 전자 기계력
   - 위 3)식에서 %Z 전압이 커지면 단락용량이 작아진다.
     따라서 사고시 사고전류가 줄어들고 권선에 미치는 전자력도 작아진다.

   $$F = 2.04 \times 10^{-8} \times \dfrac{I_1 I_2}{D}$$

   여기서 F : 도체에 작용하는 힘 (kg/m)

$I_1, I_2$ : 각 도체의 전류 순시값
D : 도체 간격 (m)

5) 병렬 운전시 부하 분담

변압기 여러 대를 병렬로 접속하여 사용 할 때 변압기의 부하분담은 %Z가 큰 쪽이 아래 식에서와 같이 더 적은 부하를 부담하게 된다.

$$Pa = P \times \frac{\%Z_b}{\%Z_a + \%Z_b} \qquad Pb = P \times \frac{\%Z_a}{\%Z_a + \%Z_b}$$

3.5 인텔리전트 빌딩(IB : Intelligent Building) 설계 시 정전기 장해의 발생원인과 방지대책에 대하여 설명하시오.

1. 정의
   정전기란 공간에서 전하의 이동이 없는 즉, 주파수가 "0"인 전기임.

2. 정전기 발생 원인
   <마. 박. 충 / 분. 유. 파 / 진. 비. 적. 유>

   1) 물체의 마찰
      필름, 종이 등과 같이 고체 물질끼리의 마찰 또는 액체를 파이프 등에 흘렸을때의 마찰에 의해 정전기 발생

   2) 박리
      서로 밀착 되어 있던 물체가 분리 되었을 때 전하 분리에 의해 발생하며 접촉 압력이나 박리 속도에 의해 발생량이 변화 한다.

      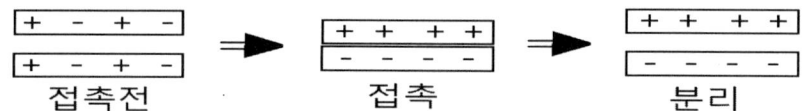

   3) 충돌
      분체 도장과 같이 입자 상호간이나 입자와 고체가 충돌할 때 정전기 발생

      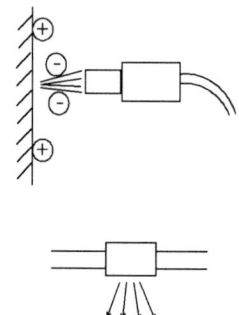

   4) 분출
      작은 분출구를 통해 분체 액체 기체등이 공기중으로 분출할 때 분출 물질의 상호간 또는 분출 물질과 분출구와의 마찰에 의해 정전기 발생

   5) 유동
      액체등이 파이프등을 유동할 때 발생하는 정전기로 유동 속도에 의해 정전기 발생량이 달라진다.
      고체와 액체의 경계면에서 전기 이중층 -> 전하 일부 유동 -> 정전기

      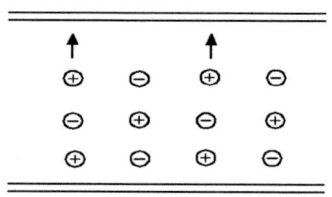

6) 파괴

물체가 파괴될 때 전하가 분리 되면서
+ - 의 전하가 균형을 잃으면서
정전기 발생

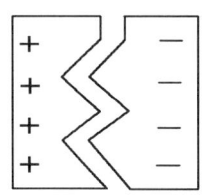

7) 기타 대전
- 진동(교반) : 탱크로리등에서 액체가 진동할 때
- 비말 대전 : 액체류가 비산할 때
- 적하 대전 : 고체 표면 액체가 -> 물방울 -> 낙하할 때
- 유도 대전 : 대전체 근처에서 정전유도에 의해

## 3. 정전기 영향(재해 종류)

1) 인체에의 전격
   - 충전된 인체로부터 대지로의 방전
   - 대전된 물체로부터 인체로의 방전시 전격 발생

2) 화재 폭발 점화원으로 동작
   충전 되어 있던 정전 에너지가 어떤 물질의 최소 착화 에너지보다 크게 되면 화재 폭발이 일어난다.

3) 설비의 오동작, 파괴
   - 방전 전류에 의해 OA 기기, 전자 장비 오동작
   - 소자 파괴, 절연 파괴, 데이터 손실, 프로그램 손실 등

4) ESD(정전기 방전)에 의한 반도체 파괴
   ① 열파괴 (Thermal Breakdown)
      정전기 발생시 열의 집중에 의해 Short 발생
   ② 절연 파괴 (Dielectric Breakdown)
      유전체의 절연내력 이상의 전압이 걸릴 때
   ③ 금속층 용융
      Metal이 녹거나 Bond Wire가 이완될 때

## 4. 정전기 방지 대책

1) 발생 억제
   접촉 압력 경감, 접촉 면적 경감, 박리 속도 경감, 표면 청결 유지 등

2) 설비 기기
 (1) 접지 : 발생 정전기를 대지로 방류
 (2) 본딩 : 물체간을 도체로 연결,
            전위차를 제거하여 등전위화
 (3) 차폐
    - 정전 유도 방지
    - 실드 케이블 사용

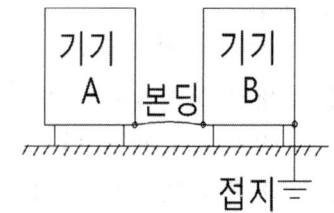

3) 작업자 대전 방지
 (1) 정전화 착용
 (2) 정전 작업복 착용
 (3) 손목 띠 착용(Wrist Strap)
 (4) 도전성 매트
 (5) 바닥에 도전성 타일 시공

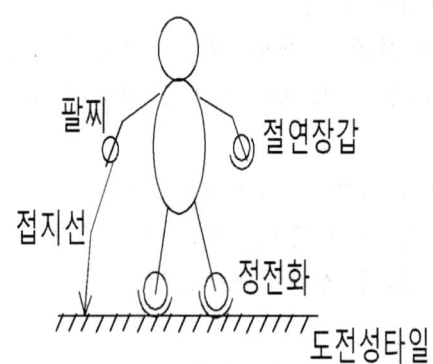

4) 습도 조절
    - 물분무, 습기분무, 증발법 등
    - 습도를 50% 이상 유지

5) 전자 장비 : 정전기 내성이 강한 제품 개발

6) 제전기 사용
 (1) 전압인가식 제전기
     금속제 침 또는 세선등을 전극으로 하는 제전 전극에 고전압을 인가하여 전극의 선단에 코로나 방전을 일으켜 제전에 필요한 이온을 발생시키는 것

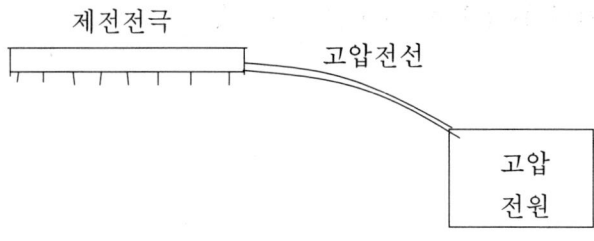

(2) 자기방전식 제전기
   - 대전물체에서 생기는 전계를 이용하는 방식
   - 별도 전원이 필요 하지 않아 설치와 사용이 아주 편리하고
   - 점화원이 될 염려도 없어 안전성이 높은 이점이 있다.


(3) 방사선식 제전기
   방사선을 이용하여 제전에 필요한 이온을 만들어 내는 것으로 방사선 동위원소를 사용하기 때문에 사용상의 많은 주의가 필요

3.6 할로겐전구에 대하여 다음 항목을 설명하시오.
   1) 원리 및 구조  2) 특성  3) 용도  4) 특징

## 1. 원리
1) 할로겐 화합물(요드, 브롬, 염소 등으로 구성)을 유리구내에 봉입
2) 할로겐의 재생 사이클 원리를 이용하여 흑화 방지 및 수명 연장
3) 재생 사이클 원리

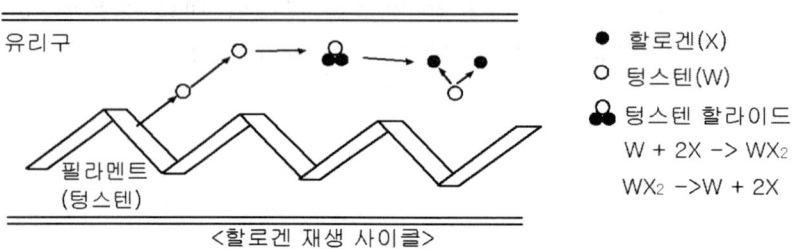

(1) 증발한 텅스텐과 낮은 온도에서 결합
(2) 고온에서 분해
(3) 텅스텐은 다시 필라멘트에 부착되고 할로겐 화합물은 유리구내로 확산
(4) 위의 과정을 반복

## 2. 구조

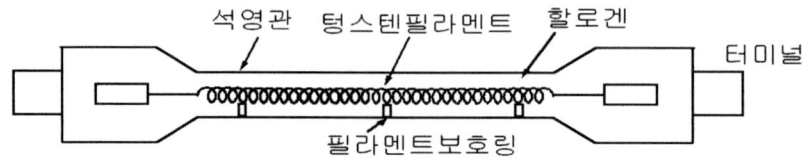

1) 유리구 : 석영이나 경질유리, 관벽온도 : 250 ~ 850 (°C)
2) 유리구 내부 금속 : 고 순도의 텅스텐 또는 몰리브덴
3) 할로겐 가스 : $CH_3 Br$, $CH_2 Br_2$, $CH_2 Cl_2$, $I_2$, $Cl_2$, $Br_2$

## 3. 특성
1) 분광 분포 특성

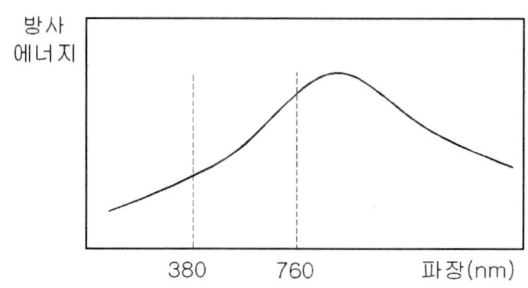

(1) 가시광선 영역에서는 방사 에너지가 선형적으로 변화하여 안정적임.
(2) 적외선 영역에서는 방사가 많기 때문에 히터, 복사기 등의 열원으로 사용함

2) 전압 특성

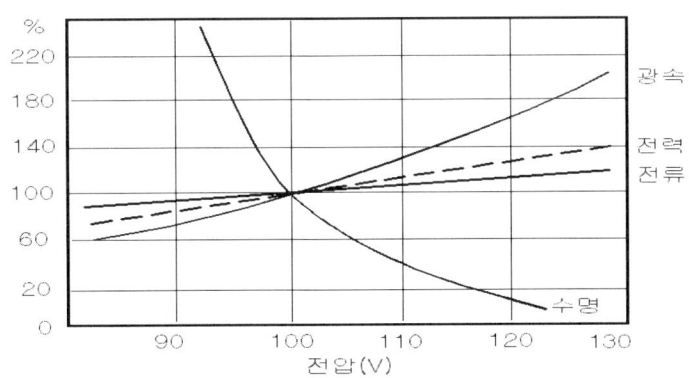

전압이 상승하면 광속과 전력은 상승하지만 수명 감소

3) 기타 특성
용량 : 500~1,500 (W)
효율 : 20~22 (lm/w)
수명 : 2,000~3,000 (h)
색온도 : 3,000 (K)
연색성(Ra) : 100

## 4. 용도
1) 옥외 투광 조명, 고천장 조명, 광학용, 비행장 활주로, 자동차용, 복사기용, 히터용
2) 백화점 등 상점의 Spot light
3) Studio Spot light
4) 점멸이 잦은 장소
5) 연색성을 요구하는 장소

## 5. 특징
1) 장점
- 초소형 경량의 전구를 제작할 수 있다.
- 효율이 높다(할로겐 사이클에 의함. 백열전구의 약2배)
- 수명이 길다(백열전구에 비해 약2배)

- 수명의 말기까지 밝기 및 온도가 일정하다.
- 설치 및 광원의 교체가 간편하다.
- 열 충격에 강하다.
- 정확한 빔을 가지고 있다.
- 조광이 원활하다.
- 연색성이 우수하다
- 건축화 조명에 유리하다
- 매우 경제적이다

2) 단점
- 관벽 온도가 높다
- 방사열이 많아 냉방공조부하의 증가를 초래한다.
- 휘도가 높다(눈부심에 주의)
- 유리부분의 오염으로 수명이 짧아진다.

4.1 수전 전력계통에서 보호계전시스템을 보호방식별로 분류하고 설명하시오.

## 1. 보호 계전기의 설치 목적
  1) 계통의 사고에 대하여 보호 대상물을 보호하고 각종 기기의 손상을 최소화
  2) 사고 구간을 신속히 선택 차단하여 사고의 파급을 최소화
  3) 불필요한 정전을 방지하여 전력 계통의 안정도 향상

## 2. 보호 방식
  1) 주보호 : 보호 시스템을 계통 구분 개수마다 설치하여 사고 발생시 사고 지점에서 가장 가까운 위치에서 동작하여 이상 부분을 최소한으로 분리하는 시스템.
  2) 후비보호 : 주보호가 오동작 또는 부동작 하였을 때 백업으로 동작하는 것
  3) 구간 보호 방식 : 보호 구간 양단에 CT와 CB를 설치하여 차 전류로 동작하고 보호 구간이 중첩되도록 설치 (차동 계전기, 거리 계전기 등)
  4) 한시차 계전 방식: 계전기의 시간차로 사고 구간을 구별하는 방식으로 자가용 설비의 계통 단락 보호에 적당하다.
    보호 시간이 길어지는 단점이 있지만 주보호, 후비보호를 동시에 할 수 있어 경제적임.

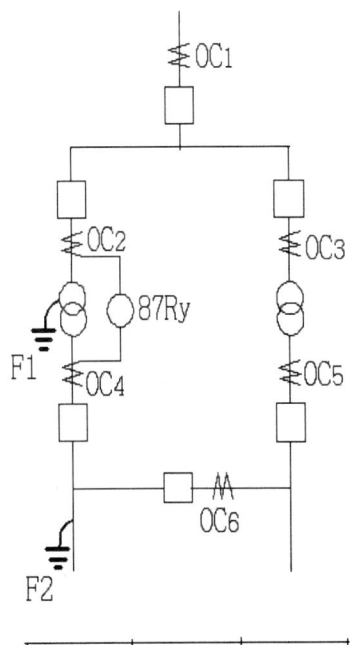

| 사고점 | 주보호 | 후비보호 |
|---|---|---|
| F1 | OC2 | OC1 |
| F2 | OC4,OC6 | OC2,OC5 |

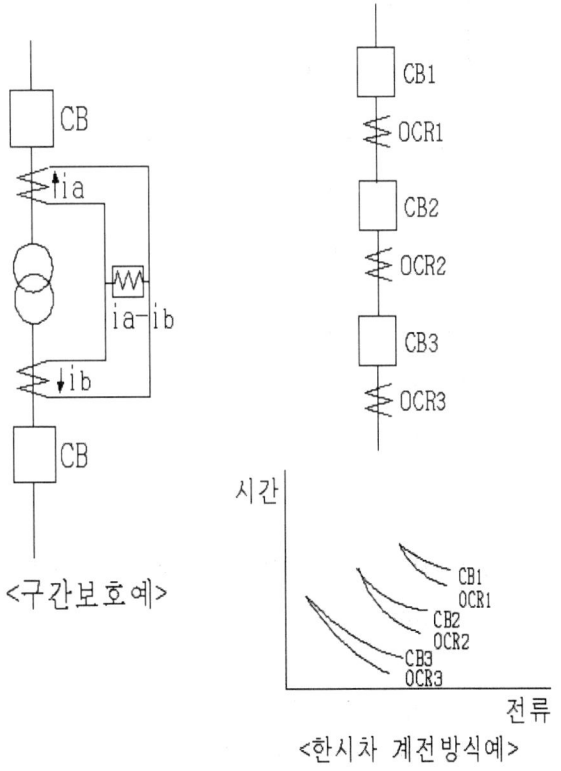

<구간보호예>

<한시차 계전방식예>

## 3. 기능별 분류
- 전류 계전기 : 과전류 계전기( OCR)  지락 과전류 계전기( OCGR )
- 전압 계전기 : 과전압 계전기( OVR )  부족 전압 계전기 ( UVR )
- 지락 계전기 : GR. OVGR. SGR. DGR
- 차동 계전기, 비율 차동 계전기 ( RDR )
- 전력 계전기 : 과전력(OPR), 역전력(RPR)
- 기타 : 역상 계전기, 결상 계전기, 거리 계전기, 주파수 계전기, 온도 계전기, 압력 계전기 등

### 1) 과전류 계전기(OCR. 51)
과전류 계전기는 변류기 2차측의 전류가 예정값(정정 전류치) 이상으로 되었을 때 동작하는 것으로 선로의 단락, 지락, 과부하용으로 사용된다.

< 과전류 계전기의 사용 예 >

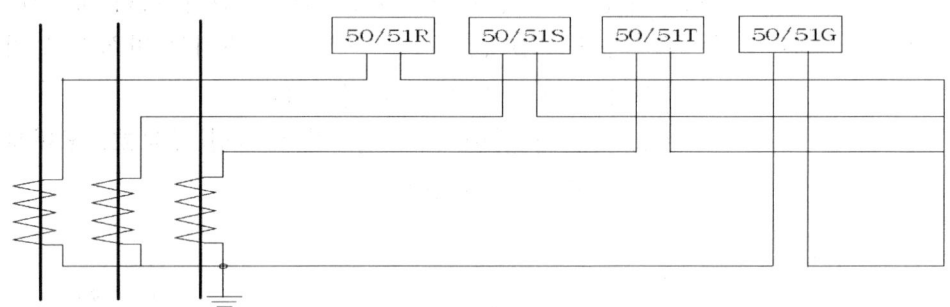

### 2) 지락 과전류 계전기 ( OCGR. 51G )
과전류 과전류 계전기는 위 그림의 50/51G와 같이 중성선의 지락 전류에 의해 동작하며 배전선이나 기기의 지락 보호에 사용된다.

### 3) 과전압 계전기 ( OVR. 59 )
PT2차의 과전압에 의해 동작하며 보통 사용 전압의 130%에서 동작하도록 Setting 한다.

### 4) 부족전압 계전기 ( UVR. 27 )
PT2차의 부족전압에 의해 동작하며 보통 사용 전압의 80%에서 동작하도록 Setting 한다.

### 5) 지락 계전기 ( GR )
지락 계전기는 회로 또는 기기 내부에 지락이 발생하는 경우 영상 전류를 검출하여 동작하게 하는 계전기로 잔류 회로 이용방식과 영상 전류를 검출하는 영상 변류기(ZCT) 와 조합하여 사용방식이 있다.

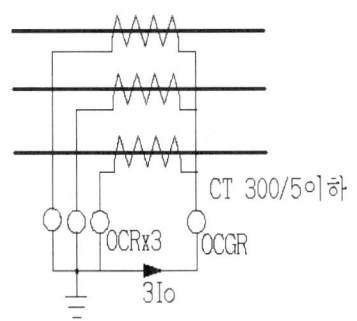 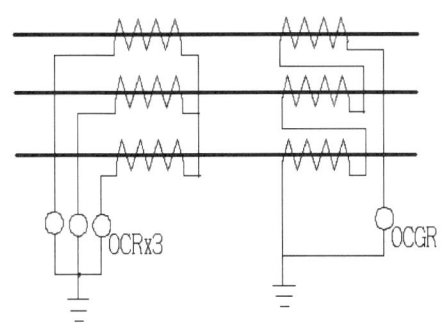 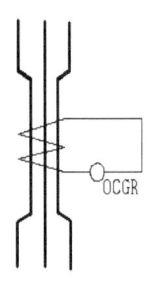

2차 회로(정상분, 역상분)   3차회로(영상분)

< 지락 전류 검출 방법 >

6) 방향성 지락 계전기 ( SGR. DGR )

영상전압, 영상 전류의 벡터량으로 동작하며, 영상 전류가 어느 방향으로 흐르고 있는가를 판정하는 것인데, 주로 비 접지 계통의 지락 보호에 사용하고 선로가 여러 개 있는 경우 어느 한 선로에 지락사고가 발생시 그 선로만 계전기를 동작시켜 분리하는 방식이다.

7) 비율 차동 계전기 ( RDR )

보호 구간내 유입되는 전류와 유출되는 전류의 차에 의해 동작하는 것으로 발전기, 변압기, 모선 등의 보호에 주로 사용된다.
계전기의 기본 동작은 동작력이 억제력보다 클 경우에 동작한다.

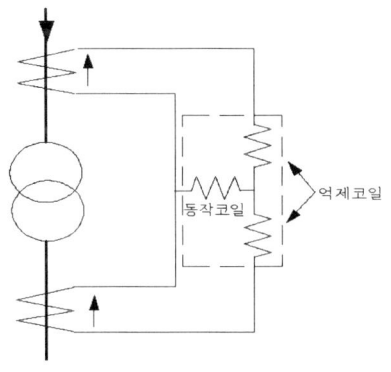

8) 전력 계전기

발전기 보호 목적으로 사용되며 정격 용량보다 과 전력시 작동하여 발전기를 보호하는 과전력 계전기(OPR), 역상 전력시 작동하는 역전력 계전기 (RPR)가 있다.

## 4. 한시 특성

1) 고속도형

일정 입력(보통200%)에서 일정 시간 보통 40ms 이내에서 동작하는 계전기를 고속도형 계전기라 한다.

2) 순시형

일정 입력(보통200%)에서 일정 시간(보통 0.2초) 이내에 동작

3) 한시형
- 정한시 : 입력의 크기에 관계없이 정해진 시간에 동작
- 반한시 : 입력과 시간과 반비례하여 동작
- 정반한시 : 입력이 커질수록 짧은 시간에 동작하나(반한시성) 입력이 어떤 범위를 넘으면 일정한 시간에 동작(정 한시성)
- 단한시 : 동작 시간이 다른 정한시의 계전기를 조합해서 입력전류가 일정한 범위마다 정한시 특성을 갖게 한 것

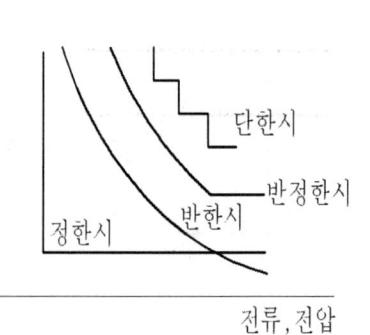

4.2 자연채광과 인공조명의 설계개념에 대하여 설명하시오.

## 1. 자연채광과 인공조명의 설계개념
- 조도를 높여주는 기능만으로 따진다면, 자연채광을 이용하는 것보다 인공조명을 이용하는 것이 더 낫다.
- 하지만 사람들이 태양광을 이용하려고 한다.
- 태양광의 유입은 심리적 측면에서는 안정감을 주고, 생리적인 측면에서는 혈액의 양과 헤모글로빈의 농도를 증가시키며, 말초 순환을 촉진하여 긴장의 부담을 경감시켜 줄 뿐 아니라 에너지 절감측면에서도 태양광의 이용이 유리하다.
- 시대의 트랜드가 웰빙이기 때문에 사람들이 더욱 태양광을 이용하려고 한다.
- 따라서 태양광 이용하는 방법은 크게 분류하면 자연채광과 설비형 자연채광 등이 있고 자세한 방법들은 다음과 같은 종류들이 있다.

## 2. 자연 채광 방법
1) 일반천창

  (장점)
   - 비교적 적은 비용이 든다.
   - 날이 맑을 경우 어두운 공간에 가장 효과적인 조명을 제공한다.
   - 태양고도가 높은 적도지방에 효과적이다.

  (단점)
   - 온도 변화의 영향이 크며, 특히 추운 기후에 문제가 있다.
   - 눈부심의 문제를 일으킬 수 있다.
   - 수평 유리창은 수직유리창보다 파손의 위험성이 크다.

  (고려사항)
   - 가능한한 경사지고 동쪽으로 향하는 천창을 계획하는 것이 좋다.
   - 투명한 유리를 사용한 작은 천창이 바람직하다.
   - 작업 면을 간접적으로 조명
   - 눈부심을 제어하고 빛을 넓은 지역으로 반사하기 위한 조절장치를 계획한다.
   - 원하지 않는 빛을 외부로 다시 반사하여 빛의 양을 조절하는 것이 바람직하다.
   - 빛을 정확히 원하는 곳으로 보내기 위하여 루버나 반사경을 사용하는 것이 바람직하다.

2) 광정
- 경사진 면으로 형성된 광정은 하늘과 천장 부분의 휘도차를 완화시키는데 효과적임.
- 우물 형태의 측면은 반사율이 높아야 하며, 무광택성 마감이 바람직하다.

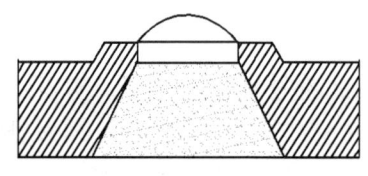

3) 모니터형과 톱날형 천창(Monitor Roof, Sawtooth Roof)
- 모니터형은 반사율이 높은 지붕표면을 사용하면 내부조도를 향상시킬 수 있다.
- 톱날형 천창은 하늘을 향하여 창을 기울이면 주광의 도입을 증가시킬 수 있으나 유리 위에 먼지가 많이 쌓이므로 장점이 상쇄한다.

4) 빛 선반장치
창으로 유입된 태양광을 실내 천장면으로 반사 시켜 자연채광을 실 안쪽 부분까지 깊숙이 장치 경사 각도를 알맞게 하여 실 깊숙한 부분까지 자연채광을 도달시켜 조명에너지의 절감을 도모.

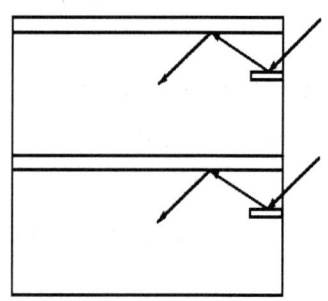

5) 프리즘 윈도우
자연채광을 적극적으로 실 안쪽 깊숙이 도입

6) 추미방식 채광장치 (반사경 방식)
① 태양광 자동추미방식 채광장치
마이크로 컴퓨터를 이용하여 태양광을 자동적으로 추미하는 방식
② 태양광 수동 추미방식 채광장치
태양광의 위치변화를 미리 컴퓨터로 계산하고, 최적 반사각도에 적합하도록 반사거울을 설정

7) 덕트방식
곡면경이나 평면경으로 모은 태양광을 반사율이 높은 거울면으로 원하는 곳에 빛을 비추는 방법 인공조명과 함께 쓰일 수 있어 야간이나 모든 기상조건에서도 시스템이 작용한다는 장점이 있다.
- 수직형 덕트 방식
- 수평형 덕트 방식

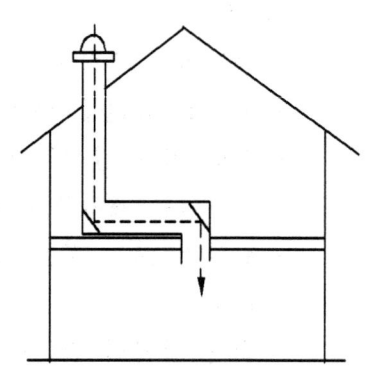

- 수직, 수평 병용형 덕트 방식

8) 광섬유 케이블 방식
광섬유 케이블은 구부릴 수 있고 기존건물에도
작은 덕트를 통해 쉽게 설치될 수 있는 우수한
장치이지만 전달되는 빛의 양에 비해 가격이
비싼 단점이 있음

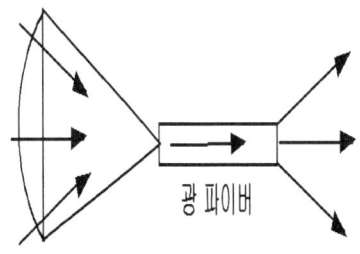

4.3 전력시설물 설계, 시공, 유지보수 시 케이블(Cable)의 화재방지대책에 대하여 설명하시오.

## 1. 개요
최근에는 건축물의 대형화, 고층화로 화재시 대형 사고가 발생할 수 있다.
또한 전기에 의한 화재시 그 피해는 상당히 크고 건물 전체에 파급이 되며, 복구시 장시간이 걸릴 뿐 아니라 복구 비용도 대단히 커질 수 있다.
이런 사고가 EPS의 층간 방화 격벽 처리를 잘못 하였을 경우 굴뚝 효과가 일어나 사고 파급이 커질 수 있다.

## 2. 케이블의 화재 발생 원인
1) 전기적 현상에 의한 발화
   - 단락 및 과전류
   - 지락 및 누전
   - 도체 접속부 과열

2) 절연물 노화현상에 의한 발화
   전선을 장기간 사용하면 절연체가 갱년기 현상에 의해 노화된다.
   따라서 이런 전선은 전기적, 기계적으로 열화가 쉽게 일어나 발화가 될 수 있다.

3) 화학적 현상에 의한 절연 파괴
   부식성 가스, 기름, 습기 등에 절연 파괴

4) 기계적 손상에 의한 발화
   케이블이 개미, 쥐 등에 의한 파괴가 일어나거나 기계적 장력 또는 진동, 충격, 굴곡 등에 의한 절연 파괴가 될 수 있다.

5) 외적인 현상에 의한 발화
   - 공사중 용접 불똥
   - 케이블에 접속된 기기의 과열
   - 기름등 가연성 물질의 발화
   - 방화 등

6) 부실 시공
- 케이블을 무리하게 구부리면 어느 정도의 시간이 경과 후 절연 파괴 원인이 됨.
  (곡율반경. Nonshield Cable:지름의 8배 이상 Shield Cable : 지름의 12배 이상
- 연결부의 볼트 조임 불량
- 시공시 절연체 피복에 흠집
- 케이블 피복 제거시 내부 절연체에 칼집 등

3. 케이블 방화 대책 < 설계. 열. 방 / 소. 관. 시. 정 >
  1) 선로 설계의 적정화
  - 보호 계통의 검토
  - 접지 계통의 검토
  - 케이블 품종 사이즈 검토
  - 배선 방법 검토

  2) 열에 강한 케이블 채택
  - 내열 또는 난연 케이블 : MI CABLE, FR-8, FR-3, FR-CV
  - 저독성 난연 케이블    : NFR-8, NFR-3

  3) 방염 처리
    (1) 방염 테이프 처리
    (2) 방화 도포
        화염 방지 컴파운드를 스프레이, 솔질, 흙 손질로 케이블 트레이, 트랜치 등에 화염 확산을 못하도록 방화 조치
    (3) 불활성 물질의 사용
        트레이와 Junction Box의 전선 주위 공간을 모래, 석면, 기타 불연 재료로 충진 하는 방법으로 전선의 온도 상승 원인이 될 수도 있으므로 주의해야 한다.

  4) 소방 시설 설치
    (1) $CO_2$ , 할론
    (2) 스프링 쿨러는 소화 능력은 좋으나 물에 의한 전기 재료의 절연 파괴가 되므로 전기 기기의 소화 시설로는 부 적합함.

  5) 관통부의 FIRE STOP(방화 SEAL) 설치
    (1) 관통벽
        불연성 내화판을 벽 양쪽에 대고 내부를 내화 충진재로 충진
    (2) 바닥 관통부 및 입상 관통부
    (3) 방화 구획 구간 통과 PIPE내 등

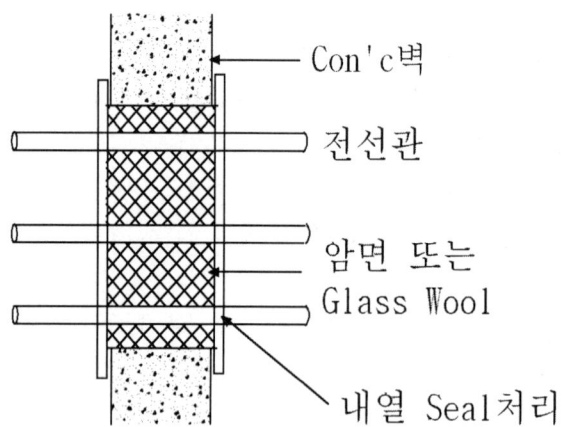

6) 시공 철저 및 정기적인 점검 보수
 - 곡율 반경, 볼트 조임, 흠집 등 주의 시공
 - 소동물 침입 방지 시설
 - 이상 점검(수시)
 - 유압, 온도 감지

## 4. 맺는 말

상기와 같이 전기에 의한 화재는 여러 종류가 있으며 전기에 따른 대책도 다양하다. 특히 케이블의 과열로 인한 화재시 EPS 등에서는 굴뚝 현상으로 급속히 전체 건물로 확산 될 수 있으므로 각층간 또는 방화 구획 구역마다 방화 SEAL을 설치하여 피해를 최소화 해야 한다.

4.4 내선규정에 의한 전동기용 과전류차단기 및 전선의 굵기 선정기준에 대하여 설명하시오.


1. **전동기의 과부하 보호 장치의 시설** (내선규정 3115-5)
   1) 전동기는 소손 방지를 위하여 전동기용 퓨즈, 열동계전기(Thermal Relay), 전동기 보호용 배선용 차단기, 유도형 계전기, 정지형 계전기, 전자식 계전기, 디지털 계전기등의 전동기용 과부하 보호장치를 사용하여 자동적으로 회로를 차단하거나 과부하시에 경보를 내는 장치를 사용하여야 한다.
      다만, 다음 각 호에 해당할 경우는 적용하지 않는다 (판단기준174)
      ① 전동기 자체에 유효한 과부하 소손 방지 장치가 있는 경우
      ② 전동기 권선의 임피던스가 높고 기동 불능시에도 전동기가 소손 될 우려가 없을 경우
         [주] 일반적으로 35W 정도 이하의 교류 전동기가 이에 상당한다.
      ③ 전동기의 출력이 4 kW 이하이고 그 운전 상태를 취급자가 전류계 등으로 상시 감시할 수 있을 경우
      ④ 일반 공작기계용 전동기 또는 호이스트 등과 같이 취급자가 상주하여 운전 할 경우
      ⑤ 부하의 성질상 전동기가 과부하 될 우려가 없을 경우
      ⑥ 단상 전동기로 15 A 분기회로 (배선용 차단기는 20 A)에서 사용할 경우
      ⑦ 전동기의 출력이 0.2 kW 이하 일 경우
         [주1] 전동기용 퓨즈는 전동기의 정격출력 또는 정격전류에 적합한 것을 사용 할 것. 다만 전동기의 정격과 퓨즈 용량이 일치하지 않는 경우는 전동기의 정격에 가장 가까운 차상위의 퓨즈를 선정하여도 된다.
         [주2] 전동기용 퓨즈는 각극에 시설하는 것을 원칙으로 한다.
         [주3] 전동기의 과부하 보호장치는 가급적 전동기와 가까운 장소에 시설 할 것.

   2) 3상 4선식 저압전로에 연결되어 사용하는 3상 전동기의 과부하 보호용으로 전자개폐기의 전압측 단자 각 극에 과부하 보호용 열동 계전기 (Thermal Relay), 디지털 또는 전자식 과전류계전기 등이 설치되어 있는 것을 사용하는 것이 바람직하다.

   3) 전원의 결상으로 인하여 현저하게 기능에 지장을 초래 할 우려가 있거나 또는 손상을 받을 우려가 있는 전동기에는 원칙적으로 결상에 의한 손상을

방지하기 위하여 결상에 대한 보호 장치 경보로 지장이 없는 경우는
경보장치를 시설하여야 한다.

## 2. 전동기용 분기회로의 전선 굵기 (내선규정 3115-4)

전동기에 공급하는 분기회로의 전선은 과전류차단기의 정격전류의 1/2.5 (40
%) 이상의 허용전류인 것으로 다음 각 호에 적합한 것이어야 한다.
1) 연속 운전하는 전동기에 대한 전선은 다음에 표시하는 굵기의 어느 하나를
   사용하여야 한다.
   (1) 단독의 전동기 등에 전기를 공급하는 부분은 다음에 의할 것.
      ① 전동기 등의 정격전류가 50 A 이하 일 경우는 그 정격전류의 1.25배
         이상의 허용전류를 가지는 것.
      ② 전동기등의 정격전류가 50 A를 초과 할 경우는 그 정격전류의 1.1배
         이상의 허용전류를 갖는 것
   (2) 2대 이상의 전동기 등에 전기를 공급하는 부분은 3115-6(전동기용
       간선의 굵기 제1항의 규정에 따를 것.
2) 단시간 사용, 단속사용, 주기적사용 또는 변동부하에 사용하는 전동기에
   대한 전선의 굵기는 전동기의 정격전류에 따르지 않고 배선의 온도상승을
   허용값 이하로 하는 열적으로 등가(等價)한 전류 값으로 결정할 수 있다.

## 3. 전동기용 간선의 굵기 (3115-6)

1) 전동기에 공급하는 간선의 굵기는제1415절 전압강하 및 제1435절
   허용전류의 규정에 따르고 또한 다음의 값 이상의 허용전류를 갖는 전선을
   사용하여야한다.
   ① 그 간선에 접속하는 전동기의 정격전류의 합계가 50 A 이하일 경우는 그
      정격전류 합계의 1.25배
   ② 그 간선에 접속하는 전동기의 정격전류의 합계가 50A를 초과하는 경우는
      그 정격전류합계의 1.1배
2) 전 항에서 말하는 전동기의 정격전류 합계로 380V 3상 유도전동기에
   대하여는 정격출력 1 kW당 2.1 A로 할 수 있다.
   회로전압이 상이할 경우 전류는 회로전압에 역 비례하여 변화하는 것으로
   취급한다.
3) 제1항의 경우에서 수용률, 역률 등을 추정 할 수 있는 경우는 이들에
   의하여 적절히 산출된 부하전류값 이상의 허용전류를 가지는 전선을 사용
   할 수 있다

4.5 CV케이블의 열화 원인과 그 대책을 설명하시오.

1. 열화 형태

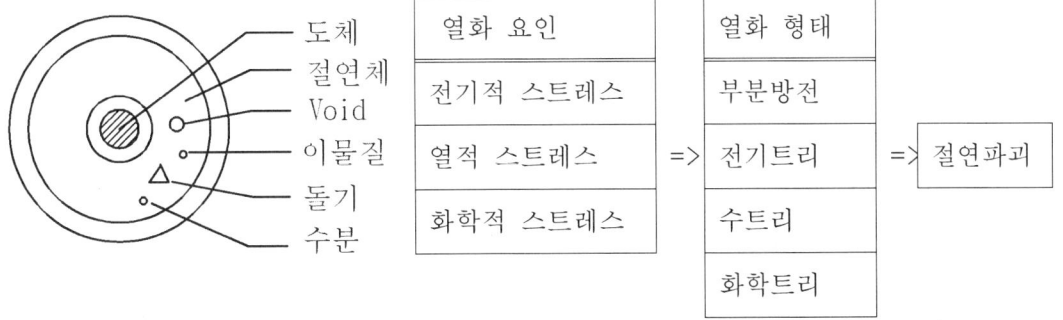

2. 열화의 원인

| 열화 요인 | 원 인 | 형 태 |
|---|---|---|
| 1.전기적 요인 | 과부하, 단락전류, 지락전류<br>이상전압 (뇌서지, 개폐서지)<br>열사이클 : 경부하 중부하 반복 | 전기적 트리 발생<br>절연 성능 저하 |
| 2.열적 요인 | 직사광선<br>고온에서의 사용 | 길이 방향의 열 신축에 의한 균열<br>반경 방향의 팽창, 신축 |
| 3.화학적 요인 | 화학약품, 용제, 기름<br>자외선, 오존, 물 | 변색, 경화, 용해, 분해, 균열<br>화학트리 발생 |
| 4.기계적 요인 | 굴곡, 충격, 진동, 압축, 인장 | 균열, 상처, 변형 |
| 5.생물적 요인 | 쥐, 개미, 곰팡이 등 | 상처, 오손 |

3. Tree 현상

1) 정의

TREE현상이란 전기적 화학적 또는 수분에 의해 절연이 파괴되는 현상으로 그 진행이 나뭇가지 모양으로 형성해 간다.
도체 계면의 불량, VOID, 이물질, 화학약품 등에 의해 부분 방전이 발생되어 열이 발생하여 케이블이 열화하게 된다.

2) TREE의 종류

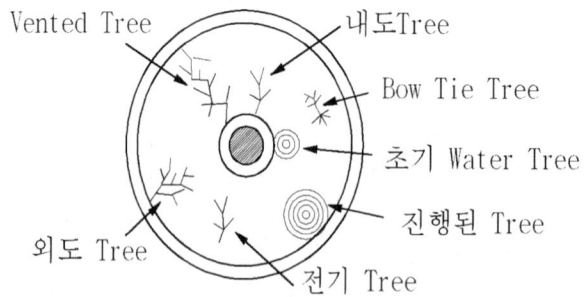

(1) 전기 TREE
    케이블 절연체내의 국소 고전계부에서 수지형으로 열화되어 간다.
    케이블에 인가되는 전압이 낮더라도 국소 고 전계를 발생하는 부분이 있으면 전기 트리는 진전되어간다.

(2) 수 TREE
  - 수트리(WATER TREE)는 물과 전계의 공존 상태로 발생하는데 전기 트리에 비해 저 전계에서 발생하고 건조하면 트리 부분이 사라진다.
  - 수트리 특성
    ① 고압 이상의 케이블에서 주로 발생한다,
    ② 전기 트리를 유도한다.
    ③ 직류에서는 보기 어렵고
       교류에서 주로 발생하며 특히 고주파에서 심하게 발생한다.
    ④ 수트리 발생부에는 고분자 사슬이 풀려 기계적인 왜형이 생긴다.
    ⑤ 온도가 높으면 열화가 촉진된다.

(3) 화학 트리
    폴리에틸렌, 가교 폴리에틸렌, 비닐 등의 고분자 물질이 기름이나 약품에 의해서 용해, 화학적 분해, 변질 등의 발생으로 절연재의 성능이 저하되게 된다.
    특히 유황과 동이 만나 절연체 중에 발생하는 화학트리는 케이블의 절연성능을 저하시키는 원인이 된다.

(4) 모양에 따른 종류
  ① 내도 트리
     케이블의 내부에서 외부로 발전되어가는 트리
  ② 외도 트리
     케이블의 외부에서 내부로 발전되어가는 트리
  ③ BOW TIE 트리

절연층 내부에서 시작되며, 절연층 내부의 Void나 불순물에 의해 발생한다. 도체와 외부 양쪽으로 성장해 나가며 케이블 수명에는 큰 영향을 주지는 않는다.

내도트리 > 외도트리 > BOW TIE 트리순으로 영향이 크다.

④ Vented Tree

절연층과 반도전층의 계면에서 발생하는 트리로 외부 반도전층에서 생기는 외도 트리와 내부 반도전층에서 생기는 내도트리가 있다.

주로 돌출물등에 의해 발생되며 절연층 내부로 성장한다.

이 트리는 국부적인 전계를 집중 시키므로 수명에 매우 나쁜 영향을 미친다.

## 4. 케이블 열화 방지 대책

1) 케이블 제작시
   - 도체와 반 도전층 사이에 돌기가 발생하지 않도록 한다.
   - 내외 반 도전층과 절연체에 공극이 생기지 않도록 3층 압출방식으로 제조한다.
   - 절연체 내부에 수분이 들어가지 않도록 습식 가교방식을 배제하고 건식 가교 방식으로 제조한다.
   - 절연체에 첨가제를 혼입하여 전계의 집중을 방지한다.
   - 절연체와 도체 사이에 계면을 매끄럽게 한다.
   - 도체 사이에 콤파운드를 충진하여 수분의 침입을 막는다.
   - 케이블의 반 도전층을 균일하게 하여 전계를 서서히 낮춘다.

2) 자재 선정시
   - 케이블을 수밀형 사용(TR CNCV-W)한다.
   - 방충 케이블 사용한다.

3) 시공 및 보관시
   - 말단을 통해 습기가 침투하지 못하도록 한다.
   - 보관 : 습기나 화학물질이 적은 곳 선정한다.
   - 포설시 기계적인 스트레스를 받지 않도록 한다.
   - 화학물질이 있는곳에 포설을 피하고 부득이한 경우는 오염물질 대상에 따라 아연 시스, 알루미늄 시스 등을 사용하는등 시스 구조의 변경으로 내화학성을 만든다.

4.6 전기차 전원설비에 대하여 설명하시오.

1. 전기자동차 충전설비의 종류

전기자동차 충전인프라는 충전장소에 따라 구성과 기능이 다르며, 현재 언급되고 있는 충전설비는 <그림1>과 같이 크게 주택용 충전설비, 주차장용 충전스탠드, 충전소용 충전설비, 배터리교환소의 4가지 정도로 구분할 수 있다.

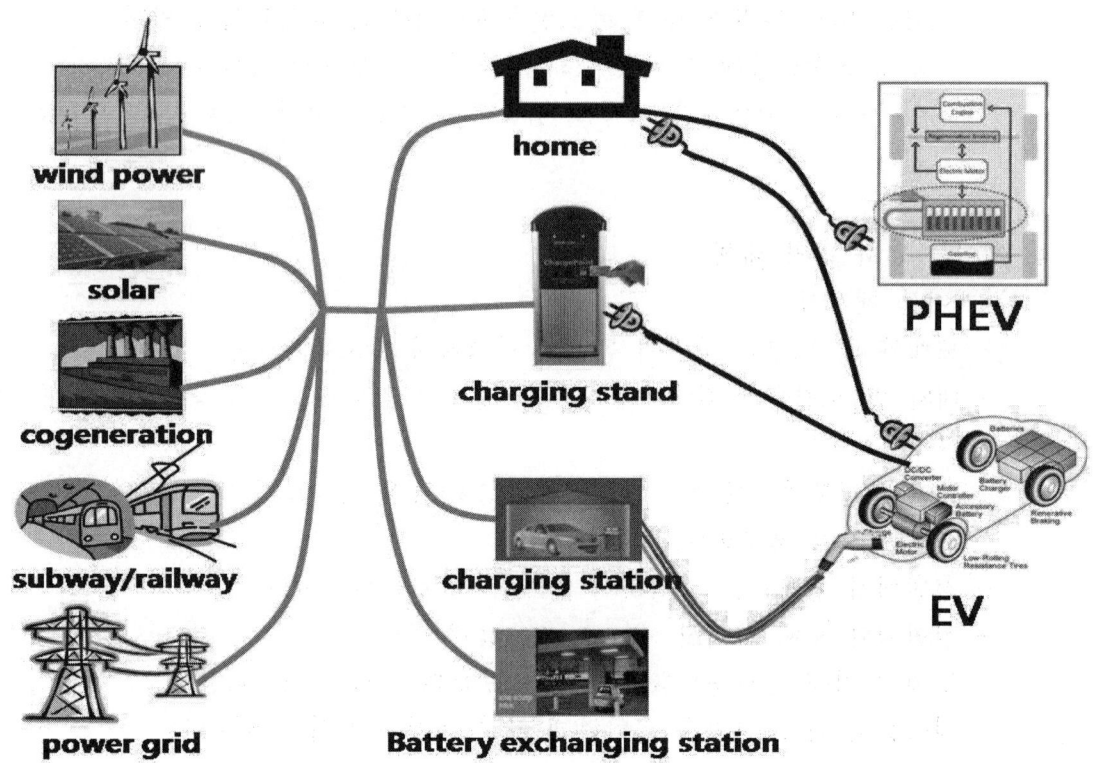

1) 주택용 충전설비
   차고에서 직접 충 방전
2) 주차장용 충전설비 (공동 주택용 포함)
   주차장에 충전스탠드의 충전설비를 갖추고 교류전원을 EV 차량에 공급하면 차량내의 On-board charger에서 AC/DC변환하여 배터리에 전원을 공급하는 시스템 안전장치, 통신, 과금 등을 위한 장치 필요
3) 충전소용 급속충전설비
   단시간에 대전력을 차량에 공급하기 때문에 차량과의 통신이 필수적 이며, 주로 급속충전설비에서 AC/DC 변환하여 차량에 DC로 공급하는 방식을 채택
4) 배터리교환소
   배터리 부착위치와 형상 및 크기를 표준화하고 배터리를 임대 또는 공유한다는 개념으로서 EV 차량운전자는 주행거리에 따라 요금을 지불하는 시스템이다.
   차량제조회사, 운영회사, 표준화 등의 이해관계와 배터리 열화에 대한 책임

문제 등 현실적인 어려움이 많다.

## 2. 전기자동차 전원공급설비 시설
1) 전기설비기술기준 제53조의 2
  전기자동차(도로 운행용 자동차로서 재충전이 가능한 축전지, 연료전지, 광전지 또는 그 밖의 전원장치에서 전류를 공급받는 전동기에 의해 구동되는 것을 말한다.)에 전기를 공급하기 위한 전기설비는 감전, 화재 그 밖에 사람에게 위해를 주거나 물건에 손상을 줄 우려가 없도록 시설하여야 한다.

2) 전기설비 판단기준 개정 (제286조)
 ① 전기자동차를 충전하기 위한 저압전로는 다음 각 호에 따라 시설하여야 한다.
   - 전용의 개폐기 및 과전류차단기를 각 극(과전류차단기는 다선식 전로의 중성극을 제외한다.)에 시설하고 또한 전로에 지락이 생겼을 때 자동적으로 그 전로를 차단하는 장치를 시설할 것.
   - 배선기구는 제170조 및 제221조에 따라 시설할 것.

 ② 전기자동차 충전장치는 다음 각 호에서 정하는 바에 따라 시설하여야 한다.
   - 충전부분이 노출되지 않도록 시설하고, 외함은 제33조에 따라 접지공사를 할 것.
   - 외부 기계적 충격에 대한 충분한 기계적 강도(IK 07 이상)를 갖는 구조일 것.
   - 침수 등의 위험이 있는 곳에 시설하지 말아야 하며, 옥외에 설치 시 강우, 강설에 대하여 충분한 방수 보호등급(IP X4 이상)을 갖는 것일 것.
   - 분진이 많은 장소, 가연성 가스나 부식성 가스 또는 위험물 등이 있는 장소에 시설하는 경우에는 통상의 사용상태에서 부식이나 감전, 화재, 폭발의 위험이 없도록 제199조부터 제202조까지의 규정에 따라 시설할 것.
   - 충전장치에는 전기자동차 전용임을 나타내는 표지를 쉽게 보이는 곳에 설치할 것.

 ③ 충전 케이블 및 부속품(플러그와 커플러를 말한다.)은 다음 각 호에 따라 시설하여야 한다.
   - 충전장치와 전기자동차의 접속에는 연장코드를 사용하지 말 것.
   - 충전 케이블은 유연성이 있는 것으로서 통상의 충전전류를 흘릴 수 있는 충분한 굵기의 것일 것.

④ 커플러는 다음 각 목에 적합할 것.
  - 다른 배선기구와 대체 불가능한 구조로서 극성의 구분이 되고 접지극이 있는 것일 것.
  - 접지극은 투입 시 먼저 접속되고, 차단 시 나중에 분리되는 구조일 것.
  - 의도하지 않은 부하의 차단을 방지하기 위해 잠금 또는 탈부착을 위한 기계적 장치가 있는 것일 것.
  - 커넥터(충전 케이블에 부착되어 있으며, 전기자동차 접속구에 접속하기 위한 장치를 말한다)가 전기자동차 접속구로부터 분리될 때 충전 케이블의 전원공급을 중단시키는 인터록 기능이 있는 것일 것.

⑤ 커넥터 및 플러그(충전 케이블에 부착되어 있으며, 전원측에 접속하기 위한 장치를 말한다.)는 낙하 충격 및 눌림에 대한 충분한 기계적 강도를 가진 것일 것.

⑥ 충전장치의 부대설비는 다음 각 호에 따라 시설하여야 한다.
  - 충전 중 차량의 유동을 방지하기 위한 장치를 갖추어야 하며, 자동차 등에 의한 물리적 충격의 우려가 있는 경우에는 이를 방호하는 장치를 시설할 것.
  - 충전 중 환기가 필요한 경우에는 충분한 환기설비를 갖추어야 하며, 환기설비임을 나타내는 표지를 쉽게 보이는 곳에 설치할 것.
  - 충전 중에는 충전상태를 확인할 수 있는 표시장치를 쉽게 보이는 곳에 설치할 것.
  - 충전 중 안전과 편리를 위하여 적절한 밝기의 조명설비를 설치할 것.

⑦ 그 밖에 전기자동차 전원공급설비와 관련된 사항은 KSC IEC 61851-1, KS C IEC 61851-21 및 KS C IEC 61851-22 (전기자동차 충전 시스템)표준을 참조한다.

## 2장

제112회 (2017.05)
기출문제

건축전기설비
기술사
기출문제

# 국가기술 자격검정 시험문제

기술사 제 112 회    제 1 교시 (시험시간: 100분)

| 분야 | 전기전자 | 자격종목 | 건축전기설비기술사 | 수험번호 | | 성명 | |

※ 다음 문제 중 10문제를 선택하여 설명하시오. (각10점)

1. 건축물 설계에서 건축설계자와 협의하여 평면계획에 포함되어야 할 전기설계내용에 대하여 설명하시오.
2. 보호계전기의 동작시간 특성에 대하여 설명하시오.
3. 변압기 용량 5,000 kVA, 변압기의 효율은 100 % 부하시에 99.08 %, 75 % 부하시에 99.18 %, 50 % 부하시에 99.20 %라 한다. 이와 같은 조건에서 변압기의 부하율 65 % 일 때의 전력손실을 구하시오.
   (단, 답은 소숫점 첫째자리에서 절상)
4. OLED 조명과 LED 조명을 비교 설명하시오.
5. 변압기의 소음발생 원인 및 대책에 대하여 설명하시오.
6. 가스절연개폐장치의 장·단점을 설명하시오.
7. 전력산업에 적용이 가능한 에너지 하베스팅(Harvesting) 기술에 대하여 설명하시오.
8. 규약표준 충격전압파형에 대하여 설명하시오.
9. 수요자원(DR) 거래시장에 대하여 설명하시오.
10. 단락고장시 역률이 저하되는 이유에 대하여 설명하시오.
11. 차단기 트립시 이상전압이 발생하는 이유에 대하여 설명하시오.
12. 조명설계에서 조명 시뮬레이션의 입력 데이터와 출력 결과물에 대하여 설명하시오.
13. 배전선로의 전압강하율과 전압변동율에 대하여 설명하시오.

# 국가기술 자격검정 시험문제

기술사 제 112 회　　　　　　　제 2 교시 (시험시간: 100분)

| 분야 | 전기전자 | 자격종목 | 건축전기설비기술사 | 수험번호 | | 성명 | |
|---|---|---|---|---|---|---|---|

---

## ※ 다음 문제 중 4문제를 선택하여 설명하시오. (각10점)

1. 변압기 2차측의 모선방식에 대하여 설명하시오.

2. 단락전류의 종류와 계산방법에 대하여 설명하시오.

3. 전력용 콘덴서의 절연열화 원인과 대책에 대하여 설명하시오.

4. 분산형 전원을 배전계통에 연계시 고려사항에 대하여 설명하시오.

5. 우리나라는 빛공해(Light pollution)에 많이 노출된 국가로 분류되고 있다. 「인공조명에 의한 빛공해 방지법」의 주요 내용에 대하여 설명하시오.

6. 철근콘크리트 구조물에서 KS C IEC 62305 피뢰시스템의 자연적 구성부재를 사용하는 요건에 대하여 다음 내용을 설명하시오.
   1) 자연적 수뢰부  2) 자연적 인하도선  3) 자연적 접지극

# 국가기술 자격검정 시험문제

기술사 제 112 회 　　　　　　　제 3 교시 (시험시간: 100분)

| 분야 | 전기전자 | 자격종목 | 건축전기설비기술사 | 수험번호 | | 성명 | |

---

※ 다음 문제 중 4문제를 선택하여 설명하시오. (각10점)

1. 노이즈방지용 변압기에 대하여 설명하시오.

2. 축전지의 용량산정시 고려사항에 대하여 설명하시오.

3. 에너지저장장치(ESS)의 출력과 용량을 구분하고 전력계통의 활용분야를 설명하시오.

4. 병원설비의 매크로쇼크(Macro Shock) 및 마이크로쇼크(Micro Shock)에 대한 방지대책과 개정된 전기설비기술기준의 판단기준 249조의 절연감시장치에 대하여 설명하시오.

5. 케이블의 수트리(Water tree)에 대하여 다음 내용을 설명하시오.
   1) 수트리 발생원인 2) 수트리 종류 및 특징 3) 수트리 발생 억제 대책

6. 건설공사의 효율성을 높이기 위하여 적용되고 있는 BIM(Building Information Modeling)에 대하여 설명하시오.

# 국가기술 자격검정 시험문제

기술사 제 112 회          제 4 교시 (시험시간: 100분)

| 분야 | 전기전자 | 자격종목 | 건축전기설비기술사 | 수험번호 | | 성명 | |
|---|---|---|---|---|---|---|---|

---

※ 다음 문제 중 4문제를 선택하여 설명하시오. (각10점)

1. 눈부심(Glare)에 대하여 다음 내용을 설명하시오.
    1) 눈부심의 원인 및 영향
    2) 눈부심에 의한 빛의 손실
    3) 눈부심의 종류 및 대책

2. 전력품질(Power Quality)에 대하여 설명하시오.

3. 직류차단기의 종류와 소호방식에 대하여 설명하시오.

4. 변압기 병렬운전 조건 및 붕괴현상에 대하여 설명하시오.

5. KSC IEC 60364-4-41의 감전 보호 체계에 대하여 설명하시오.

6. 접지전극 부식형태를 구분하고 이종(異種) 금속 결합에 의한 부식원인 및 방지대책을 설명하시오.

# 2장

제112회 (2017.05)

문제해설

건축전기설비 기술사 기출문제

1.1 건축물 설계에서 건축설계자와 협의하여 평면계획에 포함되어야 할 전기설계
　　내용에 대하여 설명하시오.

1. 설계도서의 구성
　1) 공사시방서
　　- 공사시방서는 설계도면에서 표현이 곤란한 설계내용 및 공사방법에 관해 문장으로 표현한다. 그 내용은 공사개요, 지시사항, 주의사항, 사용자재의 지정, 공사범위 등이다. 공사비 견적을 정확히 할 수 있고, 공사에 대한 의심, 도급계약상 문제점이 생기지 않도록 작성해야 한다.
　　- 공사시방서는 표준시방서를 기본으로 하고, 공사의 특수성·지역여건·공사방법 등을 고려하여 설계도면에 구체적으로 표시할 수 없는 내용과 공사수행을 위한 공사방법, 자재의 성능, 규격 및 공법, 품질 시험 및 검사 등 품질관리, 등에 관한 사항을 기술해야 한다.
　2) 기기 시방서
　　기기 명칭, 정격, 동작설명, 개략도, 마무리, 재질 등을 표시하고, 기기 주변의 배선은 필요에 따라 상세도, 설치도 등으로 표현한다.

　3) 도면
　　(1) 표 지
　　　설계도서의 체계상 작성하는 것으로 공사명칭, 설계자명 및 도면 매수 등을 기재한다.
　　(2) 목 록
　　　설계 도서를 철한 순서대로 도면번호와 도면명칭을 기재한다.
　　　규모에 따라 생략 하거나 표지에 기재하는 경우도 있다.
　　(3) 배치도
　　　설계대상 건축물, 대지상황, 인접건물, 통로, 구내도로를 기입하며, 전력 인입 선로, 전화 인입선로, 외등 등의 구내배선도 포함하여 기입한다.
　　(4) 건물 단면도
　　　단면도에는 기준 지반면, 각층 바닥면, 천장높이, 처마높이 등을 기입하며, 피뢰침, TV안테나 등도 포함하여 기입하는 것이 일반적이다.
　　(5) 단선접속도
　　　분전반, 동력 제어반, 수변전, 자가발전설비 등의 주회로 전기적 접속도를 단선으로 표시해 중요 기기의 전기적 위치와 계통을 명확하게 한다.

(6) 계통도

건축전기설비 종목별로 기능을 계통적으로 도시하며 건축전기설비의 개요를 이해할 수 있도록 한다.

(7) 배선도

조명, 콘센트, 동력, 약전 및 구내통신, 전기방재설비 등으로 구분하여 각 층마다 평면도로 표시한다.

## 2. 평면계획에 포함되는 전기설계 내용
1) 전력 인입 평면도
2) 전기실 장비 평면도
3) 동력 설비 평면도
4) 조명 설비 평면도
5) 전열 설비 평면도
6) 접지 설비 평면도
7) 통신 설비(전화, LAN, 방송, CCTV등) 평면도등

1.2 보호계전기의 동작시간 특성에 대하여 설명하시오.

## 1. 보호 계전기의 정정시 고려할 사항
 1) 오동작 하지 않는 범위내에서 가장 예민한 검출 감도를 가질 것.
  - 일반으로 보호 계전기의 검출 감도를 너무 예민하게 하면 계통 사고가 아닌 작은 동요에도 오 동작 할 수 있다.
  - 보호 계전기의 오동작은 최소한으로 줄여야 하므로 이런 경우 외부사고를 상정하여 최대 통과 전류가 흘러도 오동작 하지 않도록 정정해야 한다.

 2) 가장 빠른 속도로 동작할 것
  - 사고가 생겼을 때 전기 기기의 피해를 최소로 하고 또 계통 안정도 등에 미치는 영향을 최소로 하기 위해서 사고는 최단 시간내에 제거되어야 한다.

 3) 계통 전체로서 보호 협조가 되어야 한다.
  (1) 주보호와 후비 보호간의 보호 협조
     주 보호 장치는 가장 예민한 감도로 가장 신속하게 동작하도록 정정하나 후비 보호 계전기는 주 보호 장치의 동작 실패 시에만 동작되도록 해야 한다.
  (2) 검출 감도 면에서의 보호 협조
     후비보호 계전기 보다는 주 보호 계전기의 검출감도가 더 예민해야 한다.
  (3) 전기 설비의 강도에 대한 보호 협조
     전류-시간 곡선에서와 같이 계전기의 보호 범위는 설비의 위험 한계선보다 아래에 있어야 한다.
  (4) 차단 범위 국한을 위한 보호 협조(선택성)
     계통에 고장이 발생한 경우 계통 전체에 영향이 파급되지 않도록 제한적으로 최소 부분만을 차단해야 하는데, 이는 주로 보호 계전기간의 검출 감도와 동작 시간을 상호 협조 되도록 정정함으로써 가능해 진다.
  (5) 보호 구간별 보호 협조
     설비 단위별로 보호 계전기가 설치된 경우 그 보호 구간이 일부 서로 중첩되도록 보호 범위를 설정해서 보호 맹점이 생기지 않도록 한다.

## 2. 정정치
 1) OCR
  (1) 변압기 1차 한시탭
   - 정격전류의 150%에 Setting(부하에 따라 100% - 250%)
   - Lever : 0.6Sec 이내에 동작하도록 선정
  (2) 변압기 2차 한시탭

- 정격전류의 130%에 Setting(부하에 따라 100% - 250%)
- 1차 계전기보다 0.3~0.4Sec이상 먼저 동작하도록 선정

2) 순시 TAP
- TR 2차 단락전류를 1차로 환산한 값의 1.5배에 선정
- Lever : 0.15~0.25 Sec에 동작하도록 선정

2) OCGR
 (1) 한시 TAP
  ① 직접접지의 경우
   - 최대부하전류의 30%이하로 상시 부하 불평형율의 1.5배 정도에 정정
   - 수전보호구간 최대 1선 지락전류에서 0.2Sec이하

 (2) 순시 TAP
   - FEEDER는 최소, MAIN은 FEEDER와 협조가 가능하도록 정정

3) OVGR
 - 수전모선 1선 지락 사고시 계전기에 인가되는 최대영상전압의 30%이하에 정정
 - 수전모선 1선 완전지락시 2~3SEC

4) OVR
 - 정정치의 130% 전압에서 2.0Sec 정도로 조정

5) UVR
 - 정정치 70% 전압에서 2.0Sec 정도로 조정

1.3 변압기 용량 5,000 kVA, 변압기의 효율은 100 % 부하시에 99.08 %, 75 %
    부하시에 99.18 %, 50 % 부하시에 99.20 %라 한다. 이와 같은 조건에서
    변압기의 부하율 65 % 일 때의 전력손실을 구하시오.
    (단, 답은 소숫점 첫째자리에서 절상)


1. 65%의 상,하 2개를 비교 계산
   1) 변압기 손실
      위 주어진 데이터 3개중 한다.
      75(%) 일 때  5000 × 0.75 × (1 - 0.9918) = 30.75 (kW)
      50(%) 일 때  5000 × 0.5 × (1 - 0.992) = 20 (kW)

   2) 동손과 철손 계산
      변압기 손실 $P = m^2 P_c + P_i$ 이므로
      75(%) 일 때   $30.75 = 0.75^2 P_c + P_i$   ---------- ①
      50(%) 일 때   $20 = 0.5^2 P_c + P_i$       ---------- ②
      ① - ② 하면
      $30.75 - 20 = 0.3125 P_c$      ∴ $P_c = 34.4 (kW)$  ------- ③

   3) ③을 ①에 대입
      $30.75 = 0.75^2 × 34.4 + P_i$    ∴ $P_i = 11.4$ (kW)

   4) 65(%) 부하율 일 때 손실
      $P_{65} = 0.65^2 × P_c + P_i$
           $= 0.65^2 × 34.4 + 11.4 = 25.9$ (kW)


2. 100%와 50% 2개를 비교 계산
   1) 변압기 손실
      100(%) 일 때 5000 × 1 × (1 - 0.9908) = 46 (kW)
      50(%) 일 때  5000 × 0.5 × (1 - 0.992) = 20 (kW)

   2) 동손과 철손 계산
      변압기 손실 $P = m^2 P_c + P_i$ 이므로
      100(%) 일 때   $46 = 1^2 P_c + P_i$      ---------- ①
      50(%) 일 때   $20 = 0.5^2 P_c + P_i$     ---------- ②

① - ② 하면
46 - 20 = 0.75 Pc        ∴ Pc = 34.7(kW)  ------- ③

3) ③을 ①에 대입
46 = $1^2$ × 34.7 + Pi    ∴ Pi = 11.3 (kW)

4) 65(%) 부하율 일 때 손실
$P_{65}$ = $0.65^2$ x Pc + Pi
     = $0.65^2$ x 34.7 + 11.3 = 25.9 (kW)

## 3. 100%와 75% 2개를 비교 계산

1) 변압기 손실
100(%) 일 때 5000 × 1 × (1 - 0.9908) = 46 (kW)
75(%) 일 때 5000 × 0.75 × (1 - 0.9918) = 30.75 (kW)

2) 동손과 철손 계산
변압기 손실 P = $m^2$ Pc + Pi 이므로
100(%) 일 때  46 = $1^2$ Pc + Pi          ------------ ①
75(%) 일 때   30.75 = $0.75^2$ Pc + Pi    ------------ ②
① - ② 하면
46 - 30.75 = 0.4375 Pc    ∴ Pc = 34.86(kW) ------- ③

3) ③을 ①에 대입
46 = $1^2$ × 34.86 + Pi    ∴Pi = 11.14 (kW)

4) 65(%) 부하율 일 때 손실
$P_{65}$ = $0.65^2$ x Pc + Pi
     = $0.65^2$ x 34.86 + 11.14 = 25.9 (kW)

## 4. 결론
어느 데이터를 적용해 계산해도 65% 때의 손실은 25.9kW로 결과는 같다.

1.4 OLED 조명과 LED 조명을 비교 설명하시오.

1. LED 발광 원리 및 구조

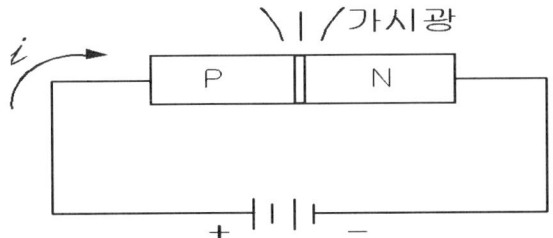

1) LED램프는 갈륨(Ga), 알루미늄(Al), 인(P), 비소(As)등을 화합시킨 반도체로 구성된다.
2) 기본원소 화학 결정에 특별한 화학적 불순물(Dopant)을 첨가할 경우 발광 스펙트럼이 좁은 특성을 갖는 다양한 발광 다이오드를 얻을 수 있다.
3) LED발광은 다이오드의 P-N접합부에 적당히 도포된 크리스탈내에 직류 전류가 흐르면 전자 발광 현상에 의하여 빛을 발한다.

2. OLED 발광 원리 및 구조

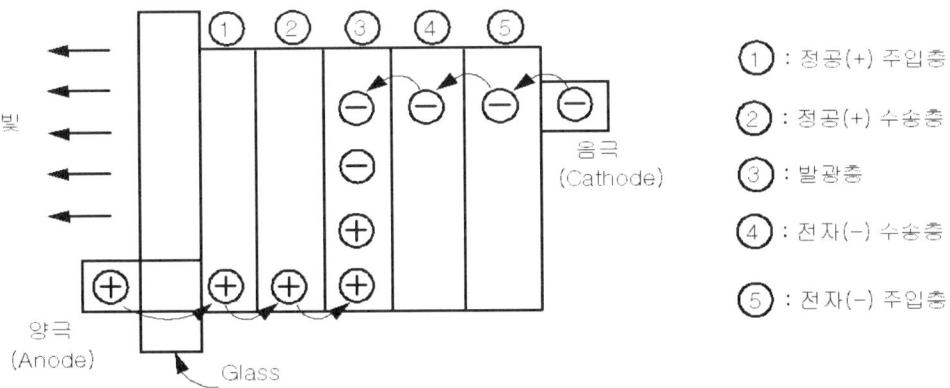

1) 유리 기판상에 양극, 홀 주입층, 홀 수송층, 발광층, 전자 수송층, 전자 주입층, 음극 순서로 적층
2) 형광성 유기 화합물을 양극과 음극사이에 박막형태로 넣고 여기에 의한 발광현상을 이용한 Display임.
3) OLED 소자에 전원을 가했을 때 음극에는 전자(-)가 양극에는 정공(+)이 주입됨.
4) 이들이 주입층, 수송층을 거쳐 발광층으로 이동한 후 전자와 정공이 재결합하는 경로를 통하여 발광함.

## 3. OLED, LED 비교

OLED, LED를 비교하는 방법은 여러 방법이 있겠지만 가장 쉽게 비교하는 방법이 백라이트 유무 및 백라이트 기술 방법이다.

1) OLED
   - OLED는 LED 백라이트 없이 자체적으로 빛을 내기 때문에 매우 높은 명암비로 완벽한 블랙 색상을 표현할 수 있으며, 이로 인해 매우 높은 색 재현율로 QLED와 LED 대비 매우 좋은 화질을 제공한다.
   - 그리고 응답속도와 시야각 역시 매우 좋으므로 가족 또는 친구들과 함께 게임을 하거나 스포츠 경기를 감상할 때 가장 높은 성능을 보여준다.
   - 또한 LED 백라이트가 없기 때문에 TV 두께도 매우 얇게 제조할 수 있을 뿐 아니라 플렉시블 디스플레이 제조에도 매우 용이하다.

2) LED
   - LED는 LCD 패널에 LED 백라이트 광원을 이용하여 적색, 녹색, 청색 3가지 색을 혼합하여 색을 만드는 방식이므로 OLED, QLED 대비 색 재현율은 가장 낮다.
   - 하지만 이로 인해 셋 중 가장 낮은 소비전력으로 최대한의 밝기를 유지할 수 있으며, 저렴한 가격에 우수한 화질을 감상할 수 있다.

## 4. 패널별 기본 특성

| 화면 종류 | LED | OLED | QLED |
|---|---|---|---|
| 패널 | LCD | OLED | LCD+메탈퀀텀닷 필름 |
| 광원 | LED 백라이트 | 자체발광 | LED 백라이트 |
| 색재현율 | 보통 | 매우 높음 | 높음 |
| 응답속도 | 보통 | 매우 빠름 | 빠름 |
| 두께 | 얇음 | 매우 얇음 | 얇음 |
| 가격(65″) | 약 2백5십만원 | 약 6백만원 | 약 4백만원 |
| 장점 | 대화면의 저렴한 가격 | 시야각, 명암비 등 화질 | 긴 수명, LED 대비 밝기, 화질 |
| 단점 | 시야각, 밝기/명암비 등 화질 | 높은 가격 | 색상 표현의 한계 |

## 5. 결론

- 현재 OLED 관련한 디스플레이가 시중에 나오고 있지만, 아직 완벽한 상황은 아니다.
- 실례로 애플에서 나온 아이폰은 LCD 디스플레이 이며, 삼성에서 나오는 갤럭시는 OLED 디스플레이 이다.
- 현재 단순한 픽셀(화소)로만 비교 했을 때는 LCD 디스플레이가 앞선다 라고 볼 수 있습니다.
- 그러나 두개를 장단점을 비교하여 어느것이 무조건 좋다 라고 할 수는 없다.
- 왜냐하면 현재의 LCD 디스플레이 기술은 성숙기이고, OLED 디스플레이는 아직 기초 성장기 이기 때문이다.
- 그렇지만 시간이 지날 수록 OLED의 기술적 결함이 해결 된다면 차세대 디스플레이는 OLED 디스플레이가 될 것 이다.

<참고 : QLED (Quantum dot light-emitting diodes)>

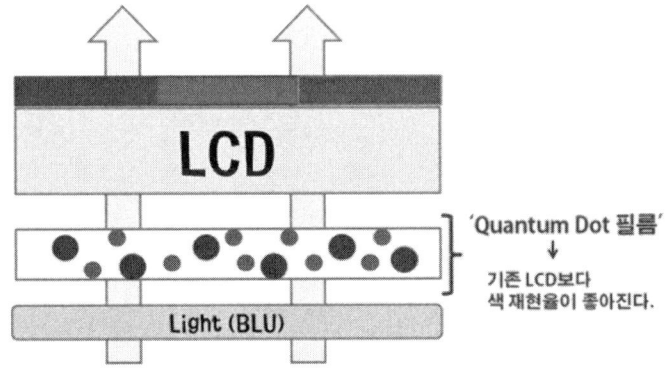

- QLED는 LCD 패널과 LED 백라이트 광원 사이에 메탈 퀀텀닷 필름을 추가한 것이다.
- 기존 LED의 적색, 녹색, 청색 3가지 색을 혼합하여 색을 만들었던 방식 대비 퀀텀닷 필름을 추가할 경우 색의 혼합 없이 퀀텀닷 입자를 통해 다양한 색을 구현할 수 있어 색 재현율이 높아 OLED 대비 저렴한 가격에 좋은 화질을 제공한다.
- 다만 LCD 패널로 시야각과 응답속도가 OLED 보다 좋지 않다.

1.5 변압기의 소음발생 원인 및 대책에 대하여 설명하시오.

## 1. 변압기 소음발생 원인별 대책

1) 원인
   - 철심의 자왜현상에 의한 진동
   - 권선의 전자력에 의한 진동
   - 철심의 이음새 및 성층간에 작용하는 자기력에 의한 진동.
   - 냉각용 휀, 송유펌프 등에 의한 소음.

2) 대책
   - 저 자속밀도 변압기 채택(CSP형, 권 철심형 변압기) 2~3dB 저감.
   - 철심과 탱크 사이에 방진 고무를 넣는다.
   - 탱크 주위에 방은 차폐판 설치 : 10dB 저감.
   - 변압기 둘레와 위 부분에 콘크리트 방음벽 설치 : 30dB 저감.
   - 큐비클에 내장.

## 2. 소음 측정기 및 측정 방법

1) 소음 측정기
   - 지시 소음계
   - 간이 소음계

2) 측정 방법

   소음 발생 시설 부지 경계선상의 장애물이 없는 지점에 측정기를 지상고 1.5m 내외에 설치하고 수회 측정 후 최고값 선정.

3) 소음기준 (ISC기구의 기준) : 국내 40폰 이하

4) 소음에 따른 영향

| PHON | 영 향 |
|---|---|
| 40이하 | 불평은 없다 |
| 40~50 | 산발적 불평이 있다. |
| 45~55 | 광범위한 불평이 있다. |
| 50~60 | 사회적 행동의 초기단계 |
| 65이상 | 사회적행동이 심하게 일어난다 |

1.6 가스절연개폐장치의 장·단점을 설명하시오.

## 1. GIS 구성

1) 가스 차단기 (C.B)
   $SF_6$를 이용하여 차단 성능이 우수하다.

2) 단로기 (D.S)
   금속 용기내에 절연 Spacer로 지지하는 고정 도체와 절연 막대에 의하여 움직이는 이동 도체로 구성됨

3) 접지 개폐기 (E.S)
   GIS의 접지 상태를 유지하는 개폐기로서 절연 Spacer로 지지하는 도체인 고정 접촉자와 스프링 조작으로 움직이는 가동 접촉자로 구성 됨.

4) 피뢰기 (L.A)
   SiC소자를 이용한 Gap형과 ZnO를 이용한 Gapless방식이 있음

5) 기타
   - 계기용 변압기 (P.T)
   - 계기용 변류기 (C.T)
   - Bus Bar
   - Cable Bushing등

## 2. GIS의 특징

1) 장점

   (1) 설치 면적의 축소
      절연 내력이 우수한 가스를 이용하여 설비를 대폭 축소하여 종래의 변전 설비에 비하여 면적이 1/10~1/20까지 축소되었고 특히 옥내 설치도 가능하다.

   (2) 안전성
      모든 충전부를 접지된 탱크 안에 내장하여 $SF_6$ Gas로 격리하여 감전의 위험이 없다. 또한 $SF_6$ Gas는 불연성이므로 화재의 위험성도 적다.

   (3) 신뢰성
      염해, 먼지 등에 의한 오손이 적고, 내부 사고시 격실간 구획이 되어있어

사고 확대가 방지되므로 그만큼 신뢰성이 높아진다.

(4) 친 환경
- 개폐기 등 기기가 거의 밀폐되어 있으므로 조작 중에 소음이 적다.
- 기름을 사용하지 않아 화재의 염려가 적어진다.

(5) 공기 단축
조립 및 시험이 완료된 상태에서 수송, 반입 되므로 현장에서 설치가 간단하고 공기 단축이 가능하다.

(6) 유지 보수 간단
기기가 밀폐 용기 내에 내장 되므로 열화나 마모가 적어 보수가 거의 필요 없다.

(7) 종합적인 경제성
GIS 기기는 비싸지만 용지의 고가 및 환경 대책 비용 등을 고려하면 오히려 경제적이다.

2) 단점
(1) 내부를 들여다 볼 수 없어 육안 점검이 불가능
(2) $SF_6$ 가스의 압력, 수분 함량 등에 세심한 주의가 필요
(3) 사고의 대응이 부 적절할 경우 대형사고 유발 염려가 있음.
(4) 고장 발생시 조기 복구가 어려움
(5) 한냉지에서는 가스 액화 방지 장치가 필요함. (-60℃에서 액화)
(6) $SF_6$ 가스는 지구 온난화 물질이므로 절대 누기가 되지 않도록 주의해야 한다.

1.7 전력산업에 적용이 가능한 에너지 하베스팅(Harvesting) 기술에 대하여 설명하시오.

1. 에너지 하베스팅이란?

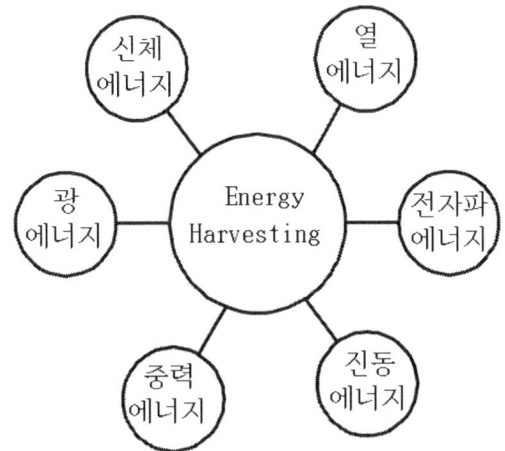

- 에너지 하베스팅(Energy Harvesting)이란 태양광 발전처럼 개별 장치들이 태양광, 진동, 열, 바람 등과 같이 자연적인 에너지원으로부터 발생하는 에너지를 모아서 유용한 전기에너지로 바꾸어 사용할 수 있도록 하는 기술을 말한다.
- 에너지를 얻기 위해 사용되는 방법에는 크게 태양광(Photovoltaic) 발전, 압전(Piezoelectric)발전, 전자기(Electromagnetic)발전, 열전(Thermoelectric) 발전 등이 있다.
- 이들은 광전효과, 압전효과, 유도현상, 열전효과를 이용해서 전기를 생산하게 된다.

2. 에너지 하베스팅의 유형
   1) 광전효과에 의한 에너지 하베스팅

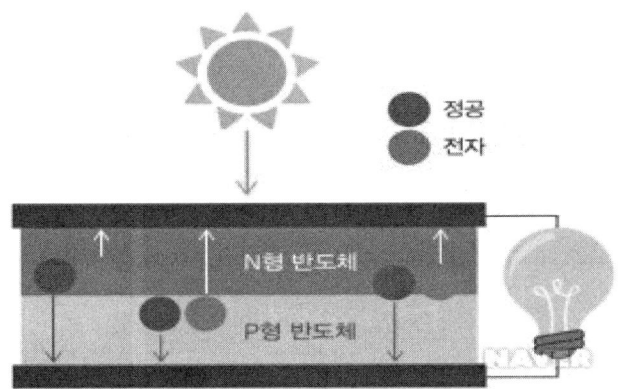

- 광전효과는 금속 등의 물질이 고유의 특정 파장보다 짧은 파장을 가진 전자기파를 흡수했을 때 전자를 내보내는 현상이다.
- 어떤 물질 내의 전자는 일함수(work function) 이상의 광자 에너지를 흡수하면 전자를 방출하게 되는데, 높은 에너지를 갖는 파장이 짧은 에너지를 받게 되면 그 물질 내의 전자가 방출되며 에너지를 생성하게 된다.

2) 압전효과에 의한 에너지 하베스팅

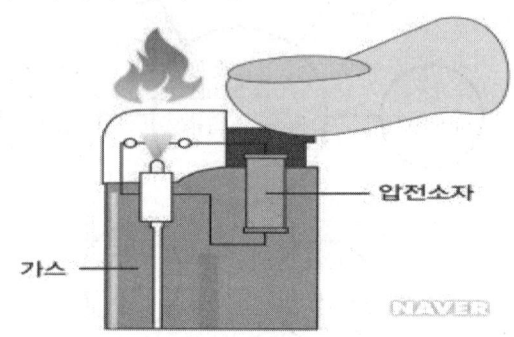

- 압전효과란 압전 소재를 매개로 기계적 에너지와 전기적 에너지가 상호 변환되는 현상을 말한다.
- 다시 말해, 압전 특성이 있는 물질에 압력이나 진동을 가하면 전기가 생기고, 반대로 전기를 가하면 진동이 생기는 현상이다.
- 압전 소재로 많이 사용되는 것은 납, 질콘 티타늄으로 만든 PZT라는 무기 화합물이다. 그러나 최근 환경 문제에 대한 규제가 늘어남에 따라 납을 사용하지 않는 압전 소재나 폴리머 계열 소자에 대한 개발이 활발히 진행되고 있다.
- 가스레인지나 라이터에서 압력을 가하면 전기 스파크를 발생시키는 장치가 압전효과를 이용하는 대표적인 장치에 해당한다.

3) 열전효과에 의한 에너지 하베스팅

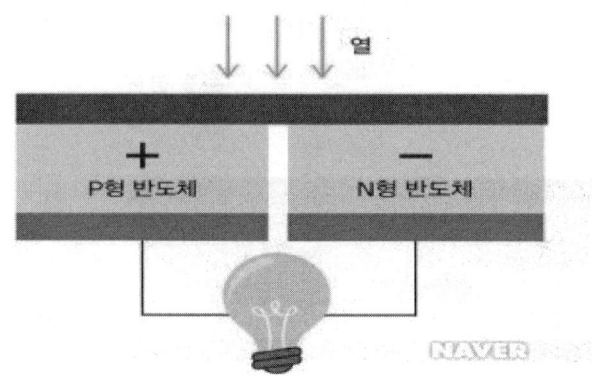

- 열전효과는 물체의 온도 차를 전위차로 혹은 전위차를 온도 차로 직접 전환되는 현상을 말한다.
- 온도가 높은 물체의 전자들은 온도가 낮은 물체의 전자들보다 더 높은 운동에너지를 갖게 되며, 두 물체가 연결되는 경우 고온부의 전자들이 저온부로 퍼지며 전위차가 발생하는 현상을 이용하여 전기를 발생시키게 된다.
- 열전효과를 이용하면 우리 몸의 체온을 이용해서 전기를 생산하는 것도 가능해진다.
- 피부에 부착된 부분과 공기 부분의 온도 차를 이용해서 전기를 발전시킬 수 있기 때문이다.
- 이렇게 되면, 충전을 위해 스마트밴드를 풀었다가 다시 착용해야 하는 불편함 없이 편리하게 스마트 밴드를 이용하는 것이 가능해진다.

## 1.8 규약표준 충격전압파형에 대하여 설명하시오.

### 1. 충격파 정의
전력설비가 직격뢰를 받게 될 때 나타나는 뇌전압 또는 뇌전류로서, Surge라고도 부르며, 이 파형은 극히 짧은 시간에 파고값에 달하고, 또한 극히 짧은 시간에 소멸하는 Impulse Wave를 말한다.

### 2. 규약 표준 파형
1) 정의
   - 과도적으로 단시간 내에 나타나는 충격전압과 충격 전류 중 진동파가 겹치지 않는 단극성의 파형을 말하며
   - 각종 전기기기의 절연강도, 절연협조에 이용하는 파형이다.
   - 우리나라는 파두장(파두시간) X 파미장(파미시간) 1.2 X 50(µs)을 표준 충격파로 사용하고 있다.

2) 충격파 파형

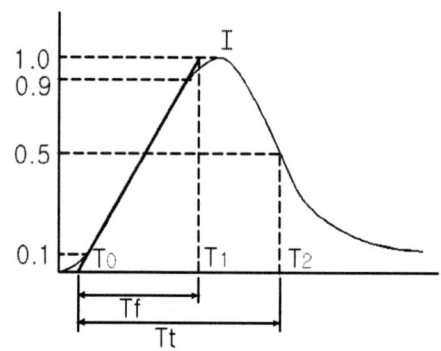

여기서 E : 전압 파고치
: 전류 파고치
$t_0$ : 규약 원점

Tf : 규약 파두장($t_1-t_0$)
Tt : 규약 파미장($t_2-t_0$)
E/Tf : 규약 파두준도

### 3. 용어 설명
1) 규약 파두장(규약 파두 시간) Tf
   파두의 계속시간을 규약으로 정한 값
   (1) 전압파 규약 파두장
   - 파고값 30%에서 파고값 90%까지 직선을 그을 때 가로축과 만나는 기점~ 파고값과 만나는 교점까지의 파형을 그리는 시간으로
   - 파고치 30%에서 90%까지 순시치가 상승하는데 필요한 시간을 1.67배 한 값임.

(2) 전류파 규약 파두장
- 파고값 10%에서 파고값 90%까지 직선을 그을 때 가로축과 만나는 기점~ 파고값과 만나는 교점까지의 파형을 그리는 시간으로
- 파고치 10%에서 90%까지 순시치가 상승하는데 필요한 시간을 1.25배한 값임.

2) 규약 원점 $t_0$
 (1) 전압파 규약원점
  - 파고값 30%에서 파고값 90%까지 직선을 그을 때 가로축과 만나는 점

 (2) 전류파 규약원점
  - 파고값 10%에서 파고값 90%까지 직선을 그을 때 가로축과 만나는 점

3) 규약 파두준도
  파고치를 규약파두시간으로 나눈 값 ($E/T_f$)
  즉. 그래프의 기울기로 그 값이 클수록 전압이 급 상승함을 의미함.

참고.
뇌임펄스(BIL) = LIWL(Lightning Impulse Withstand Level)   1.2x50 μS
개폐임펄스    = SIWL(Swiching Impulse Withstand Level) 250x2500 μS

1.9 수요자원(DR) 거래시장에 대하여 설명하시오.

1. 수요자원 거래시장 (DR:Demand Side Resources) 개요
   1) 개념
      전기사용자가 일상 속에서 전기를 아낀 만큼 전력시장에 판매하고 금전으로 보상받는 수요반응 제도
   2) 등장배경 : 공급위주 정책의 한계와 전력기반 신시장 창출 목적
      - 발전소 및 송변전 시설 등 전력공급설비 확충의 어려움 등으로 인해 수요관리를 통해 효율적인 전력수급을 위한 정책으로 전환 필요
      - 전력에 ICT 기술을 융합한 에너지 신산업 육성으로 새로운 부가가치 창출
      - 비용과 효율성 측면에서 기존의 수요관리제도 운영 한계 노출
   3) 기대효과 : 대규모 전력공급설비 회피 및 탄소배출 저감 등 기대
      - 전력공급비용 절감 : 발전연료비 및 온실가스 배출감소, 전력구입비용 감소
      - 용량가격 인하 : 중·장기 발전설비 투자회피로 용량가격 인하 효과
      - 계통운영 기여 : 발전기고장 및 수요예측오차에 신속한 대응 및 기여

2. 수요자원 거래시장 개념도

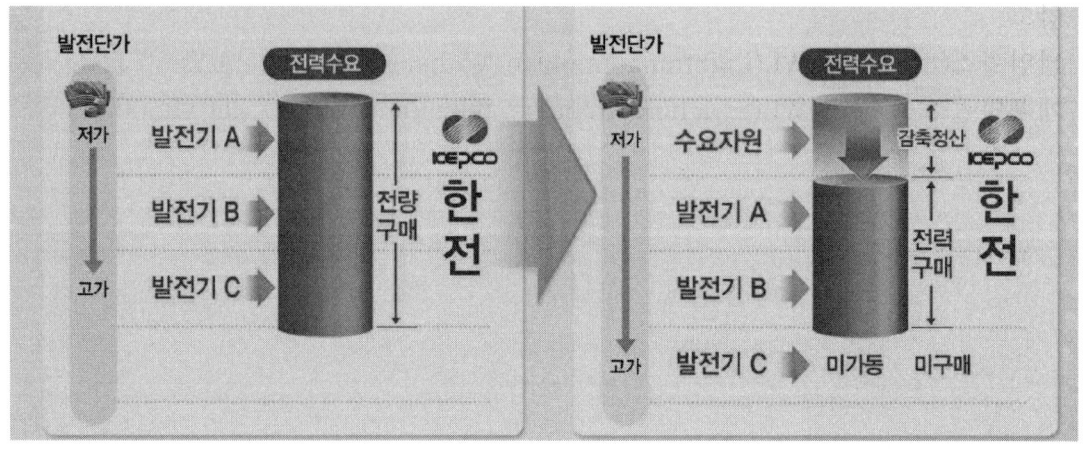

3. 운영방법
   1) 피크감축 DR
      감축지시에 1시간 이내에 감축, 수급상황이 급변할 때 긴급하게 가동되는 비싼 발전기 대체 효과 )
   2) 요금절감 DR
      하루 전 전력시장에 입찰, 일반발전기 입찰가격보다 수요 감축 가격이 저렴할 경우 감축 시행

4. 참여대상
  1) 사업자
     빌딩·아파트·공장 등에서 고객이 아낀 전기를 모아 시장에 판매하고
     판매수익을 고객과 공유
  2) 전력거래소
     발전사의 전기공급 가격과 수요자원의 입찰가격을 비교하여 가격이 낮은
     쪽으로 공급되도록 시장 운영
  3) KEPCO
     발전자원과 수요자원 중 가격이 낮은 쪽을 구매, 수요와 공급을 맞추고
     비용을 지불
  4) 고 객
     수요자원 참여고객은 아낀 전기를 수요관리 사업자에게 제공하고 아낀 양
     만큼의 수익 발생
  5) 기 타
     수요 자원 시장 미 참여 소비자는 수요자원이 전력시장에서 거래되어
     전력공급비용이 낮아지면 전기요금 인상을 억제하는 혜택

5. 운영 현황

| 구 분 | '14.12월 기준 | '15.12월 기준 | '16.1월 기준 |
|---|---|---|---|
| 등록용량 | 1,480MW | 2,417MW | 2,889MW |
| 참여고객 | 950개 | 1,329개 | 1,519개 |
| 사 업 자 | 11개 | 15개 | 14개 |

| 구 분 ('15.10월 기준) | 일반용 | 산업용 | 농사용 | 합계 |
|---|---|---|---|---|
| 참여고객(개) | 532개(40%) | 634개(48%) | 157개(12%) | 1,323개 |
| 감축용량(MW) | 95(4%) | 2,297(94%) | 51(2%) | 2,444MW |
| 고객당 감축용량(MW/개) | 0.18 | 3.62 | 0.33 | 1.85 |

* 출처 : 산업부, '수요자원 거래시장 중·장기 발전방안' (2015.10)

6. 중·장기 발전방안
   '30년 최대 사용전력의 5%를 수요자원으로 대체

1.10 단락 고장시 역률이 저하되는 이유에 대하여 설명하시오.

1. 단락전류산출에 이용하는 임피던스

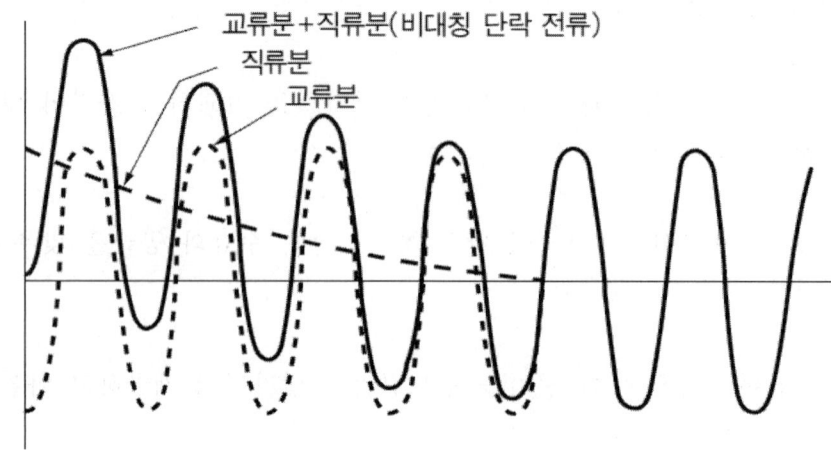

   1) 수전변압기 1차측 임피던스
      전력 공급자로부터 제시된 단락전류로부터 산출하여 사용하며, 구해진 값은 리액턴스로 생각하여도 좋다.
   2) 수전변압기 임피던스
      변압기 임피던스는 주로 1차 전압 및 변압기 용량에 따라 결정된다.
      일반적으로 변압기 임피던스는 리액터던스로 생각하여도 되며, 변압기 임피던스는 제조사의 카다록을 참조하면 된다.
   3) 전동기 리액턴스
      회로에 사고가 발생하면 수 Cycle 동안 전동기는 발전기로서 동작하여 단락전류를 공급된다.
      전동기의 임피던스는 그 출력에 따라 달라진다.
   4) 배선의 임피던스
      저압계통에서는 Cable, Bus duct의 임피던스가 단락전류 억제에 큰 역할을 하기 때문에 Cable, Bus duct의 리액턴스 저항을 고려해야 한다

2. 단락 고장 전류 계산 공식

   단락 전류 $Is = \dfrac{V}{Z} = \dfrac{V}{R+jX} = \left|\dfrac{V}{Z}\right| \angle (\tan^{-1}\dfrac{X}{R})$

3. 단락시 역률이 저하되는 이유
   위에서 보듯이 단락시 선로는 $R \ll X$ 가 되므로 역률이 0에 가까운 전류가 흐르게 된다.

1.11 차단기 트립시 이상전압이 발생하는 이유에 대하여 설명하시오.

1. 개 요
   1) 회로차단은 역률이 나쁠수록(전압과 전류의 위상이 클수록) 어려워지며, 이것은 전류 "0" 일 때 접점간 전압이 높기 때문이다.
   2) 충전전류(무부하 선로의 개폐), 진상 전류(전력용 콘덴서 개폐) 여자전류 (무부하 변압기 개폐)의 개폐가 주로 문제된다.

2. 개폐시 현상
   1) 충전전류 개폐서지
      충전전류는 앞선 전류로서 차단하기는 쉽지만 재 점호를 일으키는 경우가 있고, 그때마다 서지에 의한 이상 전압이 발생한다.
      (1) 투입시
         - 과도전압 : 교류 전압 최대값의 2배 까지 나타난다.
         - 돌입전류 : $I_{max} = I_c \left( 1 + \sqrt{\dfrac{X_c}{X_l}} \right)$. 약 5 ~ 6배 정도임.
      (2) 차단시 : 재점호
         차단과정 중 회복전압에 이르는 과정에서 과도전압 (재기전압)이 나타나게 되며, 재기 전압이 크면 차단기 접촉자 사이에 절연이 파괴되어 아크가 발생 하는 재 점호가 일어난다.

   2) 여자전류 차단서지
      유도성(지연전류) 소전류 차단시 발생하는 서지로서 다음과 같은 2종류의 서지가 있다.
      (1) 전류 재단(절단) 서지
         변압기나 전동기가 소용량인 경우 서지가 더 심하며 진공 차단기 등 소호력이 강한 차단기로 차단시 전류가 자연 "0" 점 전에 강제적으로 소호되는 현상 이상전압 $e = L \cdot \dfrac{di}{dt}$ (V)
      (2) 반복 재점호 서지
         전류 절단으로 서지 발생시 차단기의 극간 절연이 충분히 회복되지 않으면 재발호 현상이 나타나고 조건에 따라 발호, 소호가 짧은 시간에 여러번 반복되는 현상을 반복 재 점호라 한다.

3) 기타
   - 고장전류 차단서지
   - 3상 비동기 투입서지
   - 고속 재 폐로 서지
   - 무부하 선로투입

## 3. 차단기 트립시 이상전압이 발생하는 이유

차단기 트립시는 전류보다는 전압이 주로 문제가 되며 그 중에서도 역률이 나쁜 충전 전류 회로를 차단하는 경우 가장 높은 이상전압이 발생하게 되는데 그 발생 메카니즘에 대하여 설명하기로 한다.

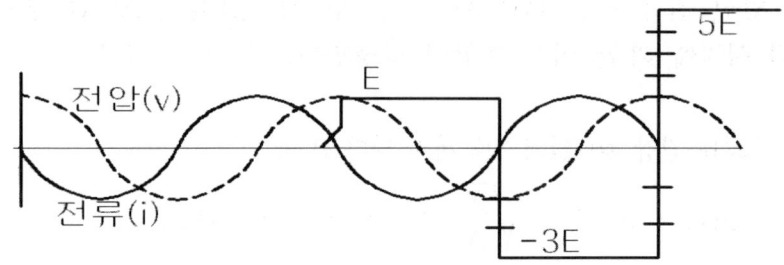

1) 충전전류는 전압보다 90°앞선 진상전류로 아크전압과 회복전압의 위상이 동상이므로 재기전압은 낮아서 아크는 쉽게 꺼진다.
   그러나 전류가 "0"점이 되는 순간 차단기를 개방하면 선로(부하)측 전극은 Em으로 충전된 상태의 잔류전하가 존재하고 있다.

2) 한편 전원 측 전압도 차단된 순간은 Em이나 $\frac{1}{2}$Cy 후에는 전원전압이
   - Em이 되어 개폐기 전극간 전압은 2 Em이 된다.
   이때 개폐기 전극간 절연내력이 2 Em에 견디지 못하면 절연이 파괴되어 Arc가 발생하는데 이것을 재점호(Reignition)라 한다.

3) 이때 - Em을 중심으로 2Em을 진폭으로 하는 고주파진동($f=\frac{1}{2\pi\sqrt{LC}}$)이 일어나 -3Em의 이상 전압이 된다.

4) 다음 $\frac{1}{2}$Cy 후에 전극간 절연이 불충분하면 4Em을 중심으로 고주파 진동이 일어나 5Em의 이상 전압이 발생하고

5) 이 현상이 이론적으로 -7Em, 9Em으로 계속되나 실제 회로에서는 선로정수(R,L,C) 및 중성점 접지에 의하여 제한되기 때문에 대지 전압의 3.5배 이하의 이상전압이 발생하고 그 시간도 0.5Cy 이내에서 종료된다.

1.12 조명 설계에서 조명 시뮬레이션의 입력 데이터와 출력 결과물에 대하여
　　 설명하시오.

1. 개요
　　최근의 에너지절약과 환경문제에 대한 이슈가 크게 대두되면서 LED조명을
　　중심으로 한 새로운 광원의 기술수요가 증가되고 각 기업에서는 조명에 대한
　　기술 경쟁력 향상을 위한 조명 시뮬레이션을 적용하고 있다.

2. 조명 시뮬레이션 프로그램 종류
　　- 조명 시뮬레이션은 소프트웨어를 활용하여 조명의 창의적인 설계가
　　　가능해졌으며, 설계자가 조명 시설을 최적화하여 설계할 수 있도록 한다.
　　- 또한 눈부심 방지등 다양한 방법을 통해 에너지 절감을 실현할 수 있다.
　　- 조명설계 프로그램은 크게 아래 프로그램이 사용되고 있다.
　　　1) Relux
　　　2) Dialx
　　- 조명 설계 시뮬레이션을 통해 배광곡선, 조도 (최대, 평균, 최소 등),
　　　균제도 등 여러 가지 정보를 확인할 수 있다.

3. 조명설계 입력 데이터와 출력 결과물
　　1) 입력데이터의 종류
　　　- 건축물의 면적 (가로, 세로, 높이)
　　　- 광원의 종류, 효율, 반사율, 조명율
　　　- 광속, 설계조도

　　2) 출력 결과물
　　　- 조도 (최대조도, 평균조도, 최소조도)
　　　- 구간별 조도 (컬러로 표기)
　　　- 균제도 (U1, U2)
　　　- 3D 입체 조도 시뮬레이션등

## 4. 조명 시뮬레이션 결과 예

### 2.3.1 Table, Reference plane 1.1 (E)

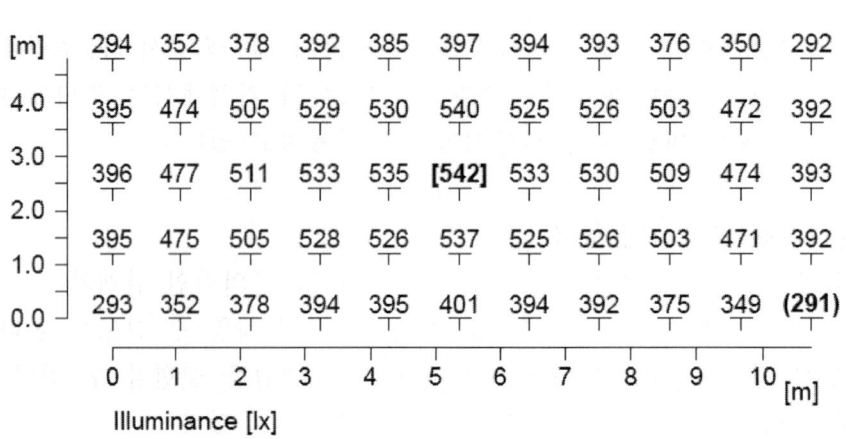

### 2.2.1 Result overview, Evaluation area 1

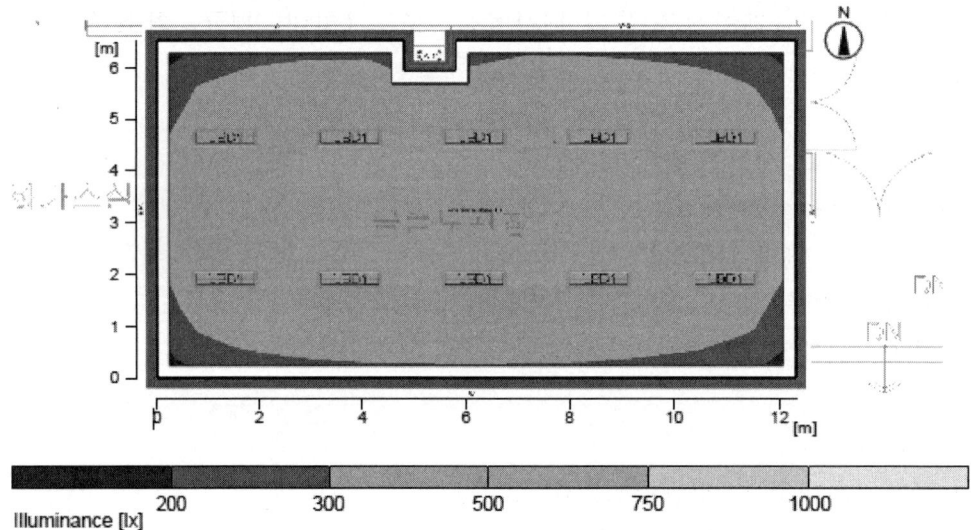

**General**
Calculation algorithm used             Average indirect fraction
Height of luminaire plane              3.30 m
Maintenance factor                     0.80

Total luminous flux of all lamps       51200 lm
Total power                            400.0 W
Total power per area (79.74 m²)        5.02 W/m² (1.14 W/m²/100lx)

**Evaluation area 1**        **Reference plane 1.1**
                             Horizontal
Em                           440 lx
Emin                         291 lx
Emin/Eav (Uo)                0.66
Emin/Emax (Ud)               0.54
UGR (3.1H 5.9H)              <=21.1
Position                     0.75 m

1.13 배전선로의 전압강하율과 전압변동율에 대하여 설명하시오.

1. 전압 변동율

임의의 기간내 부하의 변동에 따라 전압의 변동을 백분율로 나타낸 것

전압변동율 $\epsilon = \dfrac{E_0 - Er}{Er} \times 100(\%)$

여기서 $E_0$ : 무부하시의 수전단 전압 (V)
     $Er$ : 전부하시의 수전단 전압 (V)

2. 전압강하율

수전단 전압이 송전단 전압에 비해서 얼마나 강하되는지에 대한 백분율로서 다음과 같이 나타낸다.

전압강하율 $e = \dfrac{Es - Er}{Er} \times 100(\%)$

여기서 $Es$ : 송전단 전압 (V)
     $Er$ : 수전단 전압 (V)

3. 전압강하

1) 등가도 및 벡터도

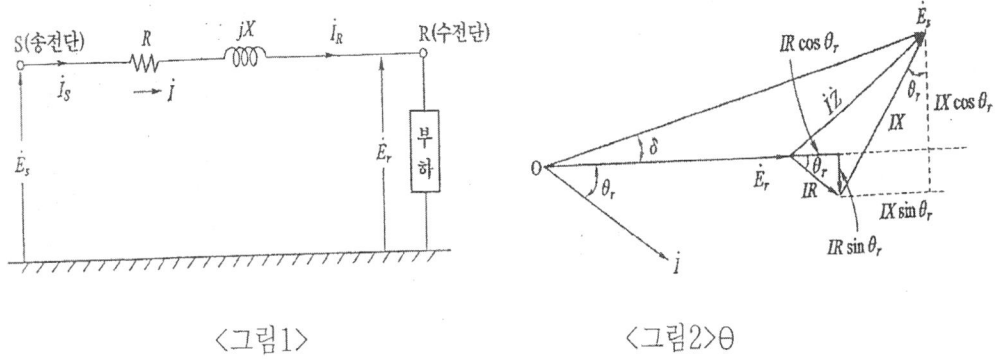

&lt;그림1&gt;    &lt;그림2&gt;θ

2) 전압 강하 계산

Es =( Er + IR cosθ + IX sinθ ) + j(IXcosθ - IRsinθ)

위에서 제2항은 제1항에 비해 훨씬 작기 때문에 무시하면

Es = Er +I (R cosθ + X sinθ) 가 된다.

전압강하 ΔV = Es - Er =I (R cosθ + X sinθ) (V)

## 2.1 변압기 2차측의 모선방식에 대하여 설명하시오.

### 1. 모선 방식

1) 단모선
   - 단로기, 차단기, 변압기등이 일렬로 배치된 방식으로
   - 경제적으로 유리하나, 신뢰도가 낮다.

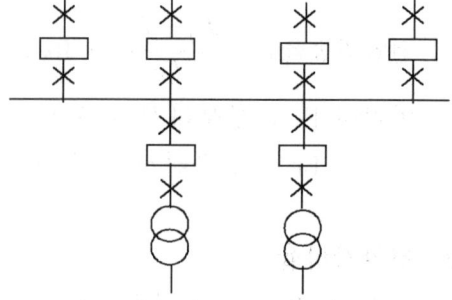

2) 환상 모선 방식
   - 항상 2계통 이상에서 수전하는 경우 사용하며 Ring 모선이라고 함.
   - 제어 및 보호회로가 복잡하고
   - 직렬기기의 전류용량이 크게 되는 결점이 있어 거의 사용안 함.

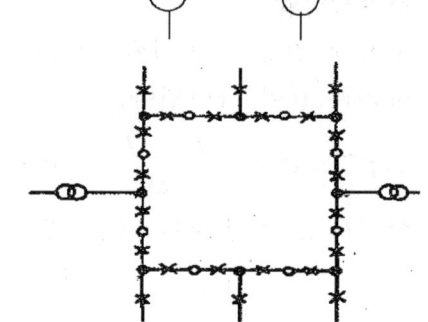

3) 복 모선 방식
   - 단모선에 비해 소요 면적은 증가 하지만 사고를 국한 시킬 수 있어 신뢰도가 높아 중요 변전소에 적용
   - 1회선당 2개씩의 차단기를 갖게 하는 것

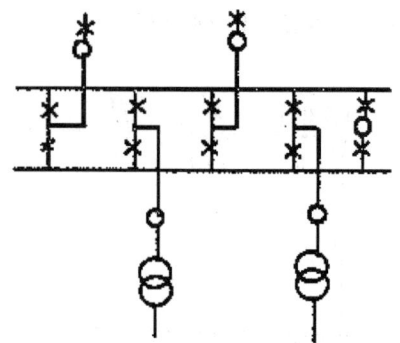

### 2. 모선 보호 방식

1) 전류 차동 방식
   (1) 과 전류 차동 방식
   - 차동 회로의 과전류를 검출하는 방식
   - CT의 불평형 전류에 의한 오동작이 우려되어 중요한 변전소에서는 적용치 않음.

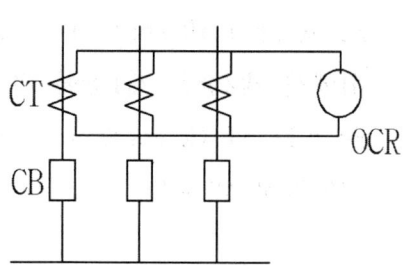

(2) 비율 차동 방식
 - 선로 양단의 전류값을 비교하여
   내부고장과 외부 고장을 판단.
 - 억제 코일과 동작코일에 의해 동작

(3) 공심 변류기 방식
   철심이 없는 공심변류기를 사용하여
   CT 포화 문제를 해결

2) 전압차동 방식
   (주 보호 방식에 많이 사용)
   - 고 임피던스형 전압계전기를 사용
   - 각 회선의 변류기 2차회로를 병렬
     로 접속하여 모선에 출입하는
     전류의 Vector합으로 동작

3) 위상 비교 방식
   - Pilot 계전방식중 하나로
   - 보호구간 양단의 고장전류 위상이
     내부 고장시는 동상이고,
     외부 고장시는 역 위상임을 이용함.

4) 방향 (전류) 계전 방식
   - 선로 각단에 설치된 방향성 계전기
     에 의해 얻어진 정보를 상대단에
     보내 비교하여 내부사고 유무를
     판단

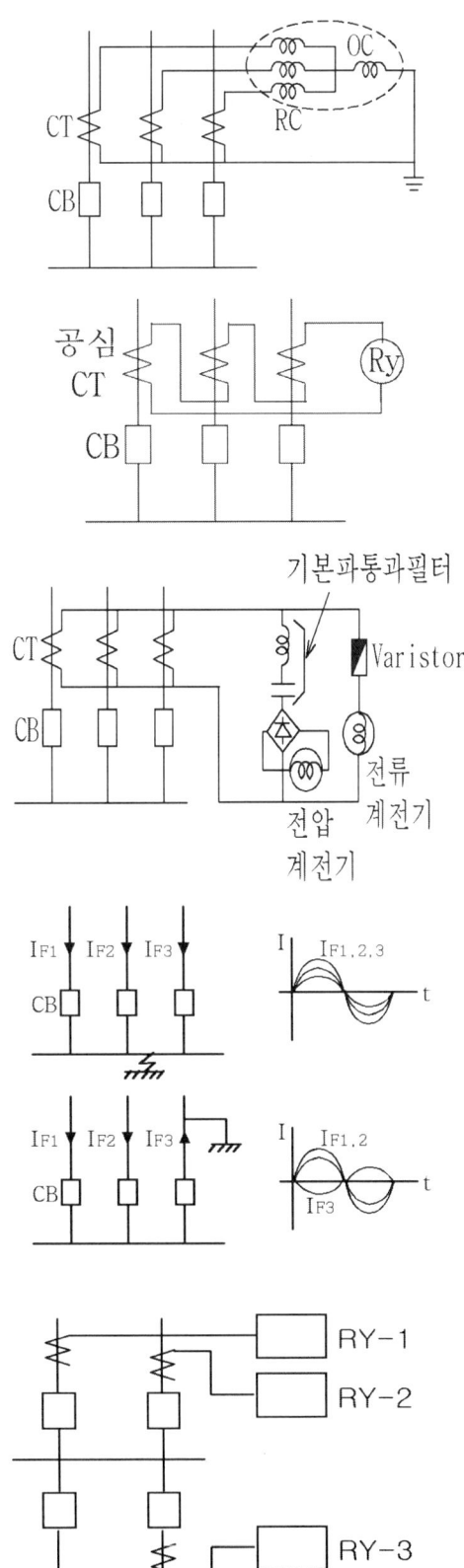

5) 방향 거리 계전 방식( 후비보호용 )
   - 각 회선에 CT 2차측을 병렬로 하여 합전류를 만들고 이것에 의하여 방향거리 RY 동작

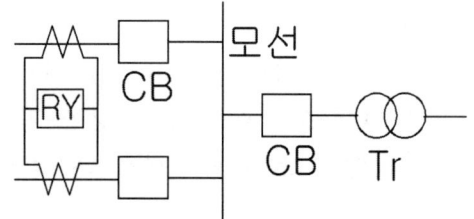

## 2.2 단락전류의 종류와 계산방법에 대하여 설명하시오.

### 1. 단락전류 종류
단락 전류를 분석하는 방법으로 IEEE-141과 IEC-60909가 다르며 세계 추세를 볼 때 IEC를 적용하여 계산하는 것이 더 바람직하다고 할 수 있다.
1) IEC-60909 에 의한 단락전류 분류
 (1) Ik" (Initial Symmetrical Short-Circuit Current. 초기대칭 단락전류)
  - 초기 대칭 단락 전류로 단락 순간에 적용 할 수 있는 유효분 단락 전류 실효치
  - 여기에서 구한 Ik" 는 기타 계산의 기초가 되고
  - 저압 Fuse, MCB, RY 순시 탭 등에 적용

 (2) Ip ( Peak Short-Circuit Current. 피크 단락 전류)
  - 최대 단락 전류 순시치
  - Ip = $\sqrt{2} \; k \; I_k^{''}$
    여기에서 k : 고장 상태에서 X/R의 함수임
  - Bus 기계적 강도에 적용

 (3) Ib(Symmetrical Short-Circuit Breaking Current. 대칭단락 차단전류)
  - 스위치 첫 번째 극의 접촉 분리 순간의 유효 대칭 교류분
  - Ib는 발전기와 전동기의 기여전류를 계산하여 합산해야 한다.
    Ib = μ Ik" 여기에서 μ : 기여 전류 계수이고 전동기의 기여 전류가 계통에 비해 현저히 작을 경우는 Ib = Ik"로 해도 실용적으로는 문제가 없다.
  - 차단기의 차단 용량 결정시 적용

 (4) Ik (Steady-State Short-Circuit Current. 정상 상태 단락전류)
  - 과도 상태 소멸 후 실효치
  - 발전기의 기여를 고려한 전류로서
  - Ik = λ · Ig
    여기에서 λ : 발전기의 여기전압 함수
         Ig : 발전기의 정격 전류임
  - 한시 탭 정정에 적용

2) IEEE-141에 의한 단락전류 분류
 (1) First cycle fault current
  - 계통의 고장전류 발생시 1/2 cycle 시점의 고장전류

- 케이블, CT, MCB, RY 순시 탭 선정시 적용

(2) Interrupting fault current
- 차단기가 동작 할 수 있는 3~5 cycle 후의 고장전류
- 고압 및 특고 차단기 선정시 적용

(3) Steady state fault current
- 회전기에 의한 영향이 없어지는 안정된 시간(30cycle)후의 전류
- 보호 계전기 한시 탭 정정에 적용

## 2. 단락전류 계산 방법

1) 평형 고장(3상단락)
 (1) %Z 법

$$\%Z = \frac{전압강하}{계통전압} = \frac{IZ}{V} \times 100 = \frac{P^{(VA)} Z}{V^{(V)2}} \times 100 = \frac{P^{(kVA)} \cdot Z^{(\Omega)}}{10 \cdot V^{(kV)2}} (\%)$$

단락전류 $Is = \frac{100}{\%Z} \times In$ $\quad (In = \frac{Pn}{\sqrt{3}\, V})$

단락용량 $Ps = \frac{100}{\%Z} \times Pn$

(2) P U 법
- 계산 용량이 큰 전력회사에서 많이 사용
- 단락전류 $= \frac{1}{Z(pu)} \times In$
- %Z 법의 100대신 1을 사용하여 계산을 단순화 함.

(3) Ohm 법
- 임피던스를 (Ω)로 나타내고 Ohm의 법칙에 의해 계산
- 단락전류 Is $= \frac{E}{Zg + Zt + Zl}$ ($E$: 회로상전압)

 여기서 Zg, Zt, Zℓ : 발전기, 변압기, 선로의 임피던스
- 전압을 변압비에 따라 환산해야 하므로 과정이 복잡함.

2) 불평형 단락(1선지락, 2선지락, 2선단락) : 대칭 좌표법

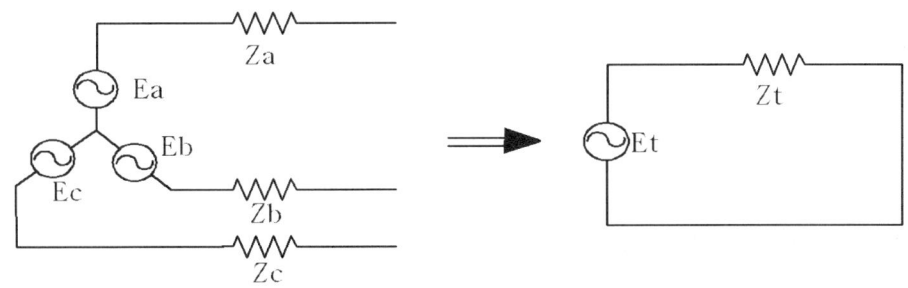

   (1) 직류분을 포함한 비대칭 3Φ 계산은 복잡하여 대칭회로
      (영상분, 정상분, 역상분)로 분해하여 계산하는 방법.
   (2) 3Φ 교류 -> 각 상별로 즉, 단상 회로로 치환
      ① 영상분 → 3상에 흐르는 모든 전류의 방향이 같다.
      ② 정상분 → 전력계통의 상 회전 방향과 같은 방향으로 회전한다.
      ③ 역상분 → 정상전류와 그 상 회전 방향이 반대 방향으로 회전한다.
   (3) 대칭분 전압

      - 영상분  $V_0 = \dfrac{1}{3}(V_a + V_b + V_c)$

      - 정상분  $V_1 = \dfrac{1}{3}(V_a + aV_b + a^2 V_c)$

      - 역상분  $V_2 = \dfrac{1}{3}(V_a + a^2 V_b + a V_c)$

   (4) 각상 전압
      - a상 $V_a = V_0 + V_1 + V_2$
      - b상 $V_b = V_0 + a^2 V_1 + a V_2$
      - c상 $V_c = V_0 + a V_1 + a^2 V_2$

## 3. 단락 전류 계산순서
   1) 단선 결선도에 의해 계통 파악
   2) 선로 기기의 임피던스 조사 (전원측 : 전력회사에 문의)
   3) 기준 용량 결정 (통상 100 MVA로 함)
   4) Impedance Map 작성
   5) 고장 Point 선정
   6) 임피던스(Z) 합성(직병렬, △-Y 변환)
   7) 단락전류 계산
   8) 차단기 정격 결정

2.3 전력용 콘덴서의 절연열화 원인과 대책에 대하여 설명하시오.

## 1. 개요
전력용 콘덴서는 외부 환경에 의한 고장과 내부 사고에 의한 고장으로 분류 할 수 있으며 열화는 콘덴서의 유전체가 전기적, 화학적인 작용으로 발생한다.

## 2. 전력용 콘덴서의 절연 열화 원인
1) 주위 온도 영향
   콘덴서의 전해질은 통상 액체인 전해액을 이용하기 때문에 이 전해액의 소비로 인한 감소에 따라 특성 열화가 진행되어 수명이 다하게 되는 열화가 발생한다.
   이 콘덴서의 사용 환경에 따라 크게 달라지며 특히 주위 온도에 의한 영향이 크다.
2) 전압 영향
   전압이 상승됨에 따라 전압의 제곱에 비례하여 콘덴서 용량이 증가하고, 발열량이 증가되어 온도가 상승하게 된다.
   또한 콘덴서 개폐시 발생하는 과도전압에 의해서 콘덴서의 수명에 큰 영향을 주는 경우도 있다.
   허용 전압 : 110% 이하
3) 전류 영향
   전력용 콘덴서에 과전류가 흐르는 이유는 직렬리액터에 의한 전류 증가, 고조파 전류의 유입을 들 수 있다.
   고조파 전류가 클수록, 차수가 낮은 수록 발열량은 더욱 커지게 온도상승에 의한 열화가 발생한다.
   허용 고조파 전류 : 35% 이하

## 3. 열화 방지 대책
1) 온도 상승 방지
   - 발열기기와 200mm 이상 이격
   - 콘덴서 기기간 : 100mm 이상 이격
   - 상부 : 300mm 이상 공간 확보
   - 환기구 및 환기 장치 설치

2) 전압 대책
   - 진상 운전 방지(진상시 컨덴서 개방)
   - 유도 전동기의 자기 여자 용량 이하로 콘덴서 설치

- 완전 방전 후 재투입
- 개로시 재점호 발생하지 않는 차단기 선정(진공 개폐기, 가스차단기)
- 과전압 보호

    콘덴서의 연속 사용 전압은 정격 전압의 110% 정도이므로 그 이상의 전압에 대하여는 보호를 해야 한다.

    일반적으로 정격 전압의 130%에서 2초 내 동작하도록 하며 과거에는 유도형 한시 과전압 계전기를 많이 사용하였으나 최근에는 전자식 디지털 계전기가 많이 보급 되고 있다.

- 저전압 보호

    정격 전압의 70% 이하에서 2초 내 동작토록 한다.

3) 과전류 대책
   - 직렬 리액터 설치(투입시 돌입전류 및 고조파 전류 억제)
   - 직렬 리액터 용량 (제5고조파 : 6%, 제3고조파: 변압기 △결선)
   - 과전류 계전기(OCR) 설치

     투입시 투입전류(정격 전류의 약5배)에 동작하지 말아야 함.
     동작은 정격 전류의 150% 정도가 적당함.

4) 내부 단락 보호 (PF)
   - 소자 파괴에서 단락에 이르는 순간에 단락전류를 차단하여 회로를 개방
   - PF의 한류효과에 의하여 1/2 CYCLE정도로 차단
   - 선정시 고려사항
      ㄱ. 콘덴서 정격전류의 1.5배 정격전류를 통전 할 수 있을 것
      ㄴ. 콘덴서 정격전류의 7배 전류가 0.2초간 흘러도 용단하지 않을 것
      ㄷ. 돌입 전류에 동작하지 말 것
   - PF의 보호는 콘덴서 정격용량 50 KVA 이하가 적합하다.

5) 지락 보호 (OCGR, SGR)

    전력 계통의 중성점 접지방식, 대지 분포 용량 등에 따라 그 영향이 다르기 때문에 일괄적인 보호 방식은 곤란함.
    모선에 접속된 타 Feeder와 선택 차단방식 적용

## 4. 기기내부 사고 검출 방식

콘덴서 내부 소자가 절연 파괴 되면 과전류로 소자가 소손, 탄화하여 내부 아아크열로 인한 절연유가 분해 가스화 되어 내압이 상승하고 용기나 부싱이

파괴되며 내부 고장시 회로로부터 신속히 분리되어야 한다.
1) 중성점 전류 검출 방식( Neutral Current Sensing)
   Y결선한 콘덴서 2조를 병렬로 결선하여 콘덴서 1개 소자 고장시 중선점에 불평형 전류를 감지하여 고장회로를 제거하는 방식

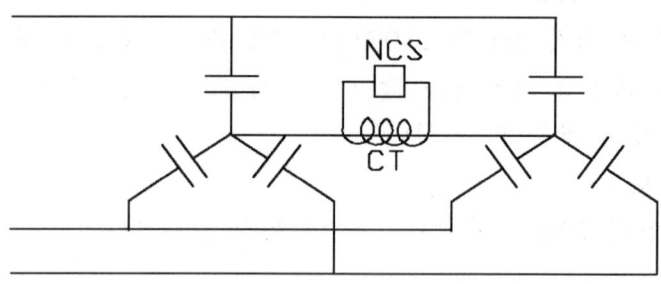

< 특징 >
- 검출 속도가 빠르고 동작이 확실함.
- 회로 전압의 변동, 직렬 리액터의 유무, 고조파의 영향을 받지 않는다.
- 콘덴서 회로 투입시 돌입전류에 의한 오동작이 없다.

2) 중성점 전압 검출 방식 ( Neutral Voltage Sensing )
   단일 스타 결선에 보조 저항을 단자에 설치하여 보조 중성점을 만들어 중성점의 불평형 전압을 검출하는 방식

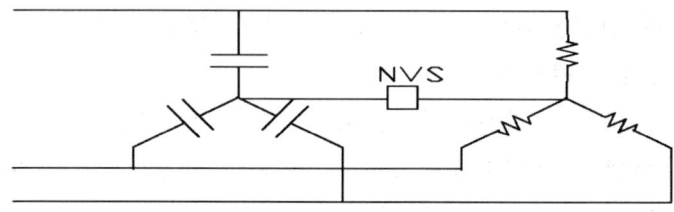

3) Open Delta 보호 방식

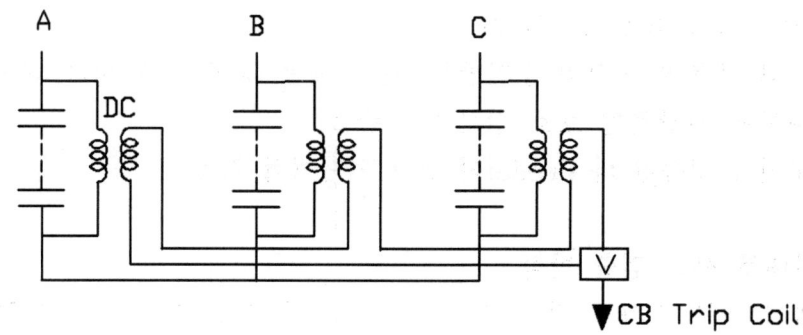

각상의 방전 코일 2차측에 그림과 같이 Open Delta로 결선한 것으로 평형

상태에서는 V의 전압이 0 Volt 이나 사고시에는 이상 전압이 검출된다.
(22.9 kV 계통에 적용)

4) 전압 차동 보호 방식

Open Delta 보호 방식과 같은 전압 검출 방식이나 절연 처리의 잇점으로 고압에서 특고압 까지 적용(6.6kV~22.9kV)

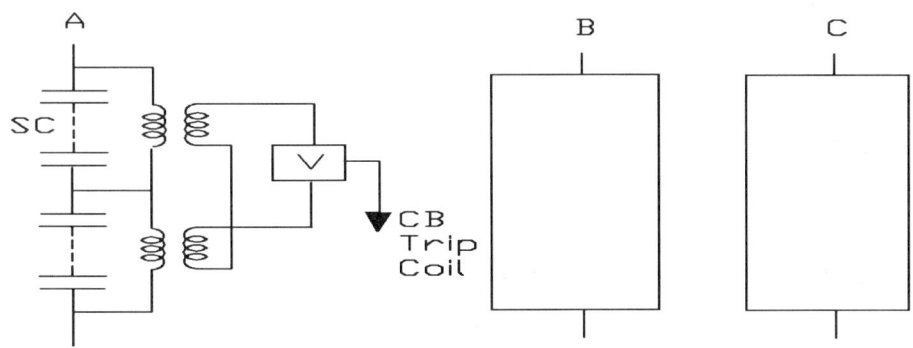

5) 보호용 접점 방식

콘덴서내 일부 소자 절연 파괴시 내압상승에 따른 용기 변형을 압력 스위치 또는 마이크로 스위치로 검출하여 차단기 개방

① 내압식 보호 접점 방식
   내압 검출용 압력 스위치와 보호용 접점 구성

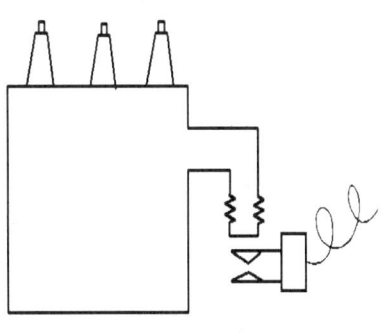

② 암 스위치 방식
   - 용기의 팽창 부위를 검출하는 방식
   - (마이크로 스위치 등)Arm Switch 보호 방식
   - 콘덴서 외함의 팽창 변위를 검출하여 고장을 판별하는 방식.
     75 kVAR 이하 : 10mm정도
     75 kVAR 이상 : 15mm정도에서
     Arm에 연결된 Limit SW 동작

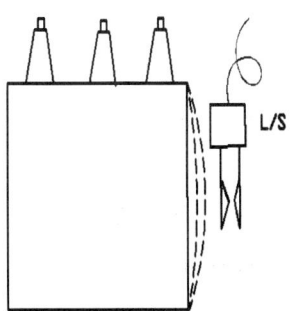

2.4 분산형 전원을 배전계통에 연계시 고려사항에 대하여 설명하시오.

1. 개요
   태양광 발전을 비롯한 신 재생 에너지 및 분산형 전원이 전력회사측과 계통을 연계하여 병렬운전하기 위하여는 다음과 같은 점을 검토하여야 함.
   - 계통 검토 (배전선로, 단락 용량, 보호 협조)
   - 전원 상태 확인 (전압, 주파수, 역율)
   - 전력 품질 확인 (고조파, 고주파, 상 불평형)

2. 계통 연계시 고려할 점
   1) 계통 검토
      (1) 배전선로
         - 분산형 전원을 전력회사의 배전선로 중간에 연계시 배전선로의 용량이 부족할 수 있어 여기에 대한 검토가 필요함.
      (2) 단락 용량
         - 계통 연계시 사고가 발생하면 발전기의 단락전류 증대로 단락용량이 증가함.
         - 이로 인한 기존 차단기 용량등 계통 전체의 구성을 검토해야 함.
         - 대책 : 한류 리액터 설치, 발전기 리액턴스등 검토
      (3) 보호 협조
         - 계통 사고시 분산형 전원이 입을 수 있는 사고는 단락, 지락, 낙뢰등이 있음.
         - 대책 : 계통 사고(단락, 지락, 낙뢰등)로 인한 전력 계통의 사고 파급을 사전 예측 계산에 의한 보호 시스템 구성

   2) 전원 상태 확인
      (1) 전압 변동
         - 태양광 발전은 출력이 기후, 구름 속도등에 따라서도 변함.
         - 배전 선로에 분산형 전원을 연계시 연계 지점의 전압상승이 발생함.
         - 대책
            * 전압 변동율이 상용 전압의 규정치 이내에 들도록 설계
            * 배전선로 1 Feeder에 연계하지 말고 분산하여 접속
      (2) 주파수
         - 분산형 전원의 주파수가 상용 전원의 주파수와 일치하도록 해야 함
         - 대책 : 주파수 계전기 설치

(3) 역율
- 역율은 진상 및 지상이 발생할 수 있음.
- 대책
  지상시 : 동기 조상기 진상 운전, 전력용 콘덴서 투입
  진상시 : 동기 조상기 지상 운전, 전력용 콘덴서 분리

3) 전력 품질
(1) 고조파
- 주로 인버터 사용으로 발생함
- 대책 : Filter 설치
  PWM방식의 인버터 사용(고조파 5% 미만 발생)
(2) 고주파
- 주로 인버터의 Switching에 의해 발생함.
- 대책 : Active Filter 설치
(3) 상 불평형
- 연계 운전시 상 불평형이 되면 중성선의 전압이 상승하고 불평형 전류가 흐르게 된다.
- 대책 : 연가, 편단 접지, 크로스 본딩등

## 3. 단독 발전 운전 방지
1) 단독 발전 운전이란

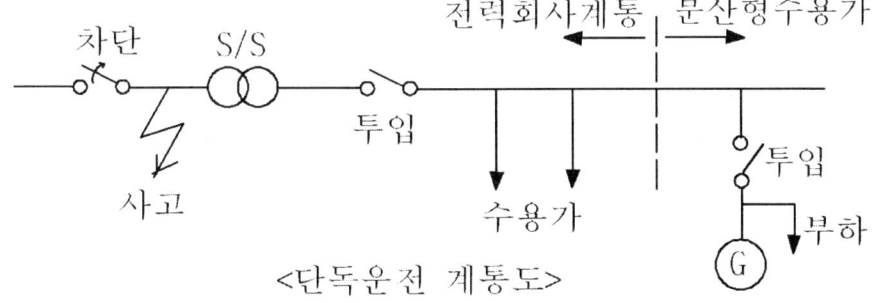

<단독운전 계통도>

(1) 위 그림처럼 계통측의 사고나 단전으로 계통측의 모선에 전압이 인가되지 않더라도, 그 계통의 부하와 그에 연계된 분산형 전원의 수급이 균형을 이룬다면 분산형 전원의 단독 운전이 이루어 진다.
(2) 이렇게 단독운전이 계속 된다면 계통측의 전원이 복전 되었을 때 여러가지 문제가 발생된다.

2) 단독 발전 운전 문제점
   (1) 단독 운전이 계속되고 있을 때 계통측의 전원이 복전 된다면 전력회사 전원과 분산형 전원의 위상차로 인하여 단락사고나 탈조가 일어나 계통에 악 영향을 끼치게 된다.
   (2) 전력 회사측에서 이 계통이 정전일거라 생각하고 작업을 하게 되는 작업원에게 감전의 우려가 발생함

3) 방지 대책
   (1) 수동(Passive) 방식의 검출 장치
       분산형 전원이 단독 운전으로 이행할 때 다음 요소들을 검출
       - 과 부족 전압 신속 검출 차단
       - 과전류 차단
       - 주파수 변동 차단
       위의 방법은 부하가 분산형 전원과 균형을 이룬다면 단독 운전의 검출이 불가능할 수도 있다는 단점이 있어 이를 보완한 다음 방법이 있음
   (2) 능동(Active) 방식의 검출 방식
       - 설비의 유효전력 및 무효전력등을 상시 변동을 주어
       - 분산형 전원이 단독운전으로 이행할 때 나타나는 주파수등을 검출하여 단독 운전을 판단하는 방식임.

**<참고 : 판단기준 제8장 제1절 분산형 전원 계통연계설비의 시설>**

제281조(저압 계통연계시 직류유출방지 변압기의 시설)

　분산형전원을 인버터를 이용하여 배전사업자의 저압 전력계통에 연계하는 경우 인버터로부터 직류가 계통으로 유출되는 것을 방지하기 위하여 접속점(접속설비와 분산형 전원 설치자측 전기설비의 접속점을 말한다)과 인버터 사이에 상용주파수 변압기(단권변압기를 제외한다)를 시설하여야 한다.

　다만, 다음 각 호를 모두 충족하는 경우에는 예외로 한다.
   1. 인버터의 직류 측 회로가 비접지인 경우 또는 고주파 변압기를 사용하는 경우
   2. 인버터의 교류출력 측에 직류 검출기를 구비하고, 직류 검출시에 교류출력을 정지하는 기능을 갖춘 경우

제282조(단락전류 제한장치의 시설)

　분산형전원을 계통연계하는 경우 전력계통의 단락용량이 다른 자의 차단기의 차단용량 또는 전선의 순시허용전류 등을 상회할 우려가 있을 때에는 그 분산형전원 설치자가 한류리액터 등 단락전류를 제한하는 장치를 시설하여야 하며, 이러한 장치로도 대

응할 수 없는 경우에는 그 밖에 단락전류를 제한하는 대책을 강구하여야 한다.

제283조(계통연계용 보호장치의 시설)

① 계통연계하는 분산형전원을 설치하는 경우 다음 각 호의 1에 해당하는 이상 또는 고장 발생시 자동적으로 분산형전원을 전력계통으로부터 분리하기 위한 장치 시설 및 해당 계통과의 보호협조를 실시하여야 한다.
 1. 분산형전원의 이상 또는 고장
 2. 연계한 전력계통의 이상 또는 고장
 3. 단독운전 상태

② 제1항제2호에 따라 연계한 전력계통의 이상 또는 고장 발생시 분산형전원의 분리시점은 해당 계통의 재폐로 시점 이전이어야 하며, 이상 발생 후 해당 계통의 전압 및 주파수가 정상 범위 내에 들어올 때까지 계통과의 분리상태를 유지하는 등 연계한 계통의 재폐로방식과 협조를 이루어야 한다.

③ 단순 병렬운전 분산형전원의 경우에는 역전력 계전기를 설치한다. 단, 신에너지 및 재생에너지 개발·이용·보급촉진법 제2조 제1호 및 제2호의 규정에 의한 신·재생에너지를 이용하여 동일 전기사용장소에서 전기를 생산하는 합계 용량이 50kW 이하의 소규모 분산형 전원(단, 해당 구내계통 내의 전기사용 부하의 수전계약전력이 분산형전원 용량을 초과하는 경우에 한한다)으로서 제1항 제3호에 의한 단독운전 방지기능을 가진 것을 단순 병렬로 연계하는 경우에는 역전력계전기 설치를 생략할 수 있다.

제284조(특고압 송전 계통연계시 분산형전원 운전제어 장치의 시설)

분산형전원을 송전사업자의 특고압 전력계통에 연계하는 경우 계통안정화 또는 조류억제 등의 이유로 운전제어가 필요할 때에는 그 분산형전원에 필요한 운전제어 장치를 시설하여야 한다.

제285조(연계용 변압기 중성점의 접지)

분산형전원을 특고압 전력계통에 계통연계하는 경우 연계용 변압기 중성점의 접지는 전력계통에 연결되어 있는 다른 전기설비의 정격을 초과하는 과전압을 유발하거나 전력계통의 지락고장 보호협조를 방해하지 않도록 시설하여야 한다.

2.5 우리나라는 빛공해(Light pollution)에 많이 노출된 국가로 분류되고 있다. 「인공조명에 의한 빛공해 방지법」의 주요 내용에 대하여 설명하시오.

### 제1조(목적)

이 법은 인공조명으로부터 발생하는 과도한 빛 방사 등으로 인한 국민 건강 또는 환경에 대한 위해(危害)를 방지하고 인공조명을 환경친화적으로 관리하여 모든 국민이 건강하고 쾌적한 환경에서 생활할 수 있게 함을 목적으로 한다.

### 제2조(정의)

1. "인공조명에 의한 빛공해"(이하 "빛공해"라 한다)란 인공조명의 부적절한 사용으로 인한 과도한 빛 또는 비추고자 하는 조명 영역 밖으로 누출되는 빛이 국민의 건강하고 쾌적한 생활을 방해하거나 환경에 피해를 주는 상태를 말한다.
2. "조명기구"란 공간을 밝게 하거나 광고, 장식 등을 위하여 설치된 발광기구 및 부속장치로서 대통령령으로 정하는 것을 말한다.

### 제9조(조명환경 관리구역)

① 시·도지사는 빛공해가 발생하거나 발생할 우려가 있는 지역을 다음 각 호와 같이 구분하여 조명환경 관리구역으로 지정할 수 있다.
1. 제1종 조명환경관리구역: 과도한 인공조명이 자연환경에 부정적인 영향을 미치거나 미칠 우려가 있는 구역
2. 제2종 조명환경관리구역: 과도한 인공조명이 농림수산업의 영위 및 동물·식물의 생장에 부정적인 영향을 미치거나 미칠 우려가 있는 구역
3. 제3종 조명환경관리구역: 국민의 안전과 편의를 위하여 인공조명이 필요한 구역으로서 과도한 인공조명이 국민의 주거생활에 부정적인 영향을 미치거나 미칠 우려가 있는 구역
4. 제4종 조명환경관리구역: 상업활동을 위하여 일정 수준 이상의 인공조명이 필요한 구역으로서 과도한 인공조명이 국민의 쾌적하고 건강한 생활에 부정적인 영향을 미치거나 미칠 우려가 있는 구역

### 시행령 제2조(조명기구의 범위)

「인공조명에 의한 빛공해 방지법」(이하 "법"이라 한다) 제2조제2호에 따른 조명기구는 다음 각 호의 어느 하나에 해당하는 것으로 한다.

1. 안전하고 원활한 야간활동을 위하여 다음 각 목의 어느 하나에 해당하는 공간을 비추는 발광기구 및 부속장치

가. 도로　　　　　　　나. 보행자길
　　　다. 공원녹지　　　　　라. 옥외 공간
　2. 옥외광고물에 비추는 발광기구 및 부속장치
　3. 다음 각 목의 건축물, 시설물, 조형물 또는 자연환경 등을 장식할 목적으로 그 외관에 설치 하는 발광기구 및 부속장치
　　　가. 건축물 중 연면적이 2,000㎡ 이상이거나 5층 이상인 것
　　　나. 숙박시설 및 위락시설
　　　다. 교량
　　　라. 그 밖에 해당 시·도의 조례로 정하는 것

## 빛방사허용기준 (제6조제1항 관련)

1. 영 제2조제1호의 조명기구

| 구분<br>측정기준 | 적용시간 | 기준값 | 조명환경관리구역 | | | | 단위 |
|---|---|---|---|---|---|---|---|
| | | | 제1종 | 제2종 | 제3종 | 제4종 | |
| 주거지<br>연직면 조도 | 해진 후 60분<br>~ 해뜨기 전 60분 | 최대값 | 10 이하 | | | 25 이하 | lx<br>(lm/㎡) |

2. 영 제2조제2호의 조명기구

　가. 점멸 또는 동영상 변화가 있는 전광류 광고물

| 구분<br>측정기준 | 적용시간 | 기준값 | 조명환경관리구역 | | | | 단위 |
|---|---|---|---|---|---|---|---|
| | | | 제1종 | 제2종 | 제3종 | 제4종 | |
| 주거지<br>연직면 조도 | 해진 후 60분<br>~ 해뜨기 전 60분 | 최대값 | 10 이하 | | | 25 이하 | lx<br>(lm/㎡) |

3. 영 제2조제3호의 조명기구

| 구분<br>측정기준 | 적용시간 | 기준값 | 조명환경관리구역 | | | | 단위 |
|---|---|---|---|---|---|---|---|
| | | | 제1종 | 제2종 | 제3종 | 제4종 | |
| 발광표면 휘도 | 해진 후 60분<br>~ 해뜨기 전 60분 | 평균값 | 5 이하 | | 15 이하 | 25 이하 | cd/㎡ |
| | | 최대값 | 20 이하 | 60 이하 | 180 이하 | 300 이하 | |

2.6 철근콘크리트 구조물에서 KS C IEC 62305 피뢰시스템의 자연적 구성부재를 사용하는 요건에 대하여 다음 내용을 설명하시오.
1) 자연적 수뢰부    2) 자연적 인하도선    3) 자연적 접지극

1. 자연적 수뢰부 (KSC IEC 62305 5.2.5 자연적 구성부재)
   1) 구조물의 다음 부분은 피뢰시스템의 일부이며, 자연적 구성부재의 수뢰도체로 간주할 수 있다.
   (1) 다음의 조건을 만족시키는 보호대상 구조물을 덮는 금속판
   - 납땜, 용접, 주름이음, 봉합이음, 나사 조임 등으로 각 부분 사이의 전기적 연속성이 견고할 것
   - 천공에 대한 예방조치나 고온점의 문제를 고려할 필요가 있는 경우 금속판의 두께는 표 3의 1) 값 이상일 것
   - 금속판의 천공을 방지하거나 판의 하부에 있는 높은 가연성 물질의 발화를 고려할 필요가 없는 경우 금속판 두께는 표 3의 2)값 이상일 것
   - 절연재로 피복하지 말 것

표 3 - 수뢰부시스템용 금속판 또는 금속배관의 최소 두께

| 피뢰시스템 레벨 | 재료 | 두께 [1] (mm) | 두께 [2] (mm) |
|---|---|---|---|
| I ~ IV | 납 | - | 2.0 |
| | 강철 (스테인리스, 아연도금강) | 4 | 0.5 |
| | 티타늄 | 4 | 0.5 |
| | 동 | 5 | 0.5 |
| | 알루미늄 | 7 | 0.65 |
| | 아연 | - | 0.7 |

[1] 는 관통, 고온점 또는 발화를 방지한다.
[2] 는 관통, 고온점 또는 발화의 방지가 중요하지 않은 경우의 금속판에 한정된다.

   (2) 보호대상 구조물에서 제외할 수 있는 비금속성 지붕마감재 하부의 지붕을 구성하는 금속제 부품(트러스, 상호 접속된 철근 등)
   (3) 단면적이 표준수뢰도체의 규격 이상인 장식재, 난간, 배관, 파라페트의 뚜껑 등 금속 부분
   (4) 지붕에 있는 표 6에 주어진 두께와 단면적의 재료로 제작된 금속제 배관과 용기
   (5) 뇌격점의 내표면 온도상승이 위험의 원인이 되지 않고, 표 3의값 이상의 두께의 재료로 제작된 높은 가연성 또는 폭발성 혼합물을 수송하는 금속

배관과 용기
2) 만약 두께의 요건을 충족시키지 못할 경우 배관과 용기는 보호대상 구조물에 내장되어야 한다.
플렌지접속용 가스켓이 비금속제이거나 양측 플렌지가 전기적으로 접속되지 않은 높은 가연성 또는 폭발성 혼합물을 수송하는 배관은 자연적 구성부재 수뢰도체로 사용하면 안 된다.

---

### 해 설

고층 건축물의 상층부 외벽을 메시법으로 수뢰부시스템을 설치하는 경우 금속제 창틀이 외벽면보다 내측에 설치된 경우 창틀 외주의 벽에 낙뢰가 입사할 수 있기 때문에 아래의 그림에 나타낸 바와 같이 외벽면보다 내측에 설치된 금속제 창틀은 자연적 구성부재 수뢰부로 사용할 수 없다. 그러나 외벽과 동일한 면 또는 외벽에서 돌출되어 시설된 금속제 창틀은 수뢰부로 사용해도 된다.

---

비고 보호페인트, 약 1 mm 아스팔트 또는 0.5 mm PVC의 피막은 절연재료로 간주하지 않으며, 상세한 사항은 부속서 E에 기술되어 있다.

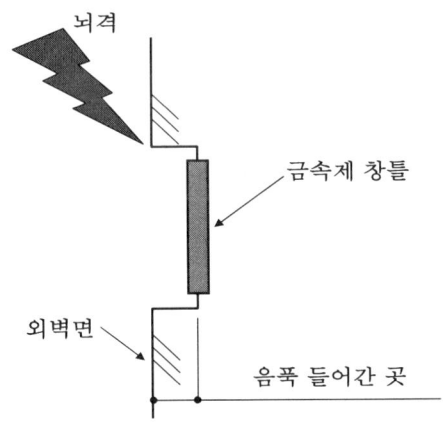

## 2. 자연적 인하도선
1) 구조물의 다음 부분은 자연적 구성부재의 인하도선으로 보아도 된다.
   (1) 다음의 요건을 갖춘 금속제 설비
      - 각 부분간의 전기적 연속성은 내구성이 있을 것
      - 표준 인하도선으로 50㎟ 이상의 크기일 것
        플랜지접속에서 금속가스켓이 아니거나 플랜지측이 적절히 본딩되어 있지 않으면 가연성이거나 폭발성 혼합물을 수송하는 배관은 자연적 구성부재의 인하도선으로 사용하면 안 된다.
      - 금속제 설비는 절연재료로 피복하여도 된다.
   (2) 건축물의 전기적 연속성을 가지는 철근콘크리트 구조체의 금속
      - 조립식 철근콘크리트의 경우 철근사이의 상호접속이 중요하다.

- 또한 철근콘크리트에서도 도전성이 유지되는 상호접속이 중요하며, 개별 부품은 조립기간 동안 현장에서 접속해도 된다

(3) 건축물의 상호 접속된 강재 구조체

강철제 구조물 또는 서로 접속된 철근구조물을 인하도선으로 사용한다면 환상도체를 시설할 필요는 없다.

(4) 다음의 요건을 갖춘 정면 부재, 측면 레일 및 금속제 정면 벽의 보조 구조재
- 크기가 인하도선에 대한 요구사항에 부합하고(5.6.2절 참조) 또한 두께가 0.5 mm 이상인 금속판 또는 금속관
- 수직방향의 전기적 연속성이 있을 것

**<자연적 구성부재 인하도선(기둥)을 이용한 구조체 피뢰시스템에 접지단자의 접속 예>**

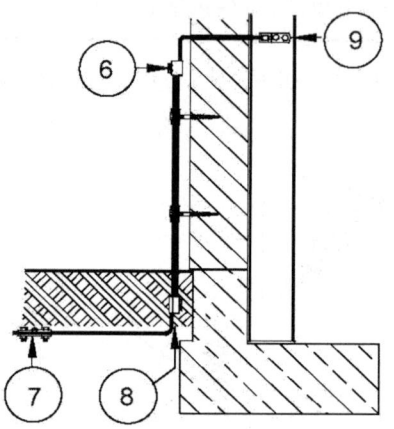

### 3. 자연적 접지극

1) 콘크리트기초 내부의 상호 접속된 철근이나 기타 적당한 금속제 지하구조물을 접지극으로서 사용할 수 있다.
2) 콘크리트 내부의 철근을 접지극으로서 사용하는 경우 콘크리트의 기계적 파열을 방지하기 위해 상호 접속에 특별히 주의해야 한다.
3) PS콘크리트인 경우, 허용 기계적 응력을 초과하는 뇌격전류가 흐를 수도 있음을 고려한다.
4) 기초 접지극이 사용되는 경우, 접지저항이 장기적으로 증가할 수 있다.
5) 자연적 구성부재의 접지극(구조체 접지극)는 요건을 만족하는 콘크리트 기초 내부의 상호 접속된 철근이나 기타 적당한 금속제 지하구조물의 접지극이다.

즉, 건축물 구조체를 목적으로 시설한 철근 혹은 철근콘크리트제의 지하부분 및 기초를 접지극으로 이용하는 것이다.

6) 기초접지극과 구조체 접지극의 차이점은 기초접지극은 구조물 기초의 내부에 접지극을 매설하는 것이며, 구조체 접지극은 건축물의 지하 구조체를 그대로 접지극 대용으로 이용하는 것으로 지하층이 있는 건축물에서는 기초만이 아니라 지하층 부분 모두를 접지극으로 이용할 수 있다.

3.1 노이즈방지용 변압기에 대하여 설명하시오.

1. 노이즈 종류
   1) 정전 유도 노이즈

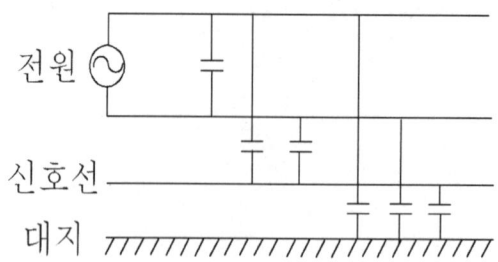

   상용 주파 전원선과 신호선과 사이에 정전용량 때문에 발생하고 유입량은 전압에 비례하고 거리에 반비례한다.

   2) 전자 유도 노이즈
   대형 모터등에 전류가 흐르면 자계가 발생하고 그 주위에 누설
   자계가 생겨 신호선에 전류의 크기에 비례하는 노이즈를 발생 시킨다.

   3) Spark 노이즈
   - 모터등 유도성 부하를 Off하는 순간에 고 전압의 역기전력 발생
   - 콘덴서 투입시 큰 돌입 전류 발생하여 Noise원이 됨.

   4) 접지에 의한 노이즈
   접지 단자에 접지 전류가 흐르면 접지 저항에 의해 접지 단자에 전압이 발생하여 노이즈원이 된다.

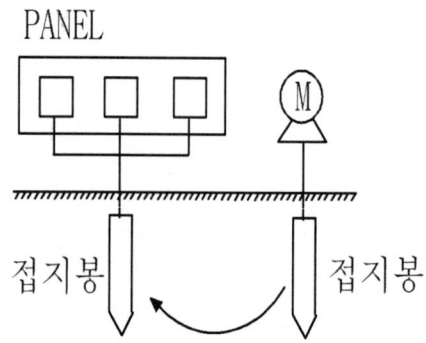

## 2. 노이즈 경감대책

1) 노이즈 필터 사용

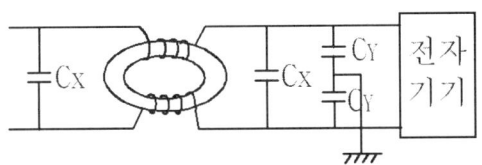

Cx : 노말모드용
Cy : Common Mode용

전도성 노이즈 경감 대책으로 주로 사용되는 방법으로 선로를 타고 들어오는 노이즈를 필터로 분리하여 접지를 통해 방전 시킴.

2) Shield 차폐 및 접지
   제어 케이블에 실드 차폐 케이블을 사용하고 실드를 접지한다.
   접지에는 편단 접지와 양단 접지가 있는데
   - 편단 접지는 정전유도에 의한 노이즈 침입 방지에 효과적이고
   - 양단 접지는 전자유도에 의한 노이즈 방지에 효과가 크다.

3) 외함 차폐
   도전성이 좋은 금속제 외함을 사용하거나 합성수지 외함이면 표면에 도전성물질을 도금하는 등의 방법으로 도전성을 부여하여 외함을 접지.

4) 제어 케이블의 분리포설, 이격

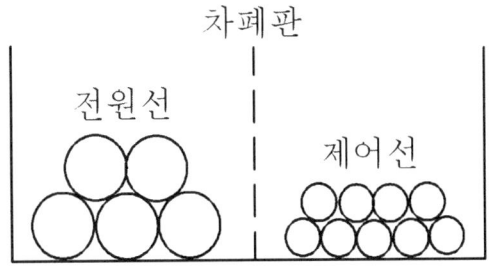

자동화 설비에 연결되는 신호선, 제어선에는 가까이 병행되는 전력 케이블이 없도록 다른 선로와 분리하여 포설한다.

5) Twist Pair선 사용
   신호선에 Twist Pair선을 사용하여 신호선의 불균형에 의한 노이즈의 침입을 막고 평형도를 높여서 Normal Mode에 의한 노이즈의 발생 및 침입을 억제한다.

6) 설비의 접지
   복수 접지를 하면 외부 노이즈 전류가 접지점의 한쪽으로 흘러 들어와 다른 접지점으로 흘러나가기 때문에 자동화 설비가 노이즈에 노출되어 노이즈에

극히 취약한 시스템이 되므로 자동화 설비는 어떤 경우에도 1점 접지를 해야 한다.

7) 서지 흡수기 사용
   회로에 제너 다이오드(Zener Diode) 등을 넣어서 서지 흡수기로 동작하도록 한다.

8) NOISE CUT TR 사용
   - 외부의 노이즈로부터 기기를 보호함과 동시에 기기에서 발생하는 노이즈를 전원측에 전달되지 않도록 하는 가능을 가짐.
   - 1,2차가 완전히 분리되어 접지측의 임피던스에 의한 영향을 받지 않는다.
   - 절연이 강화되어 있어 기본파의 누설 전류가 거의 없다.
   - 결점 : 절연 변압기와 실드 변압기에 비해 고가
           온도 상승이 약간 크고 부피가 커짐.

## 3. Noise 대책용 변압기 분류
1) 절연변압기(Insulating Transformer)
   - 권선비가 1:1인 복권 변압기
   - 1,2차코일 사이가 절연되어 있어 1차측의 전압, 전류가 2차측에 직접적으로 전도되는 것을 방지하고 있다.
   - EMC 용품으로는 부적합한 변압기임.

2) 실드변압기(Shielded Transformer)
   - 절연변압기의 구조에 추가로 코일사이와 변압기 외부에 정전 차폐판을 감아서 1차측의 전압,전류에 포함되어있는 고주파 노이즈가 분포 정전용량을 통해 2차측에 전달되는 것을 방지하고 있다.
   - Pulse 성의 Normal mode line noise에 대해서는 차폐능력이 없어, 노이즈 입력시 후단의 기기에 치명적일 수 있다.
   - EMC 용품으로는 부적합한 변압기임
   - 1,2차간의 전도 및 정전결합이 없다.

3) 노이즈 차폐 변압기(Noise Cut Transformer)
   - 처음부터 노이즈 방지용으로 개발된 EMC용 변압기
   - 절연변압기의 구조에 추가로 코일과 변압기 외부에 다중의 정전 차폐판을 설치하고 특히 코아와 코일의 재질과 형상을 고주파의 자속이 코일 상호적으로 쇄교하지 않도록 만들어 분포 정전용량 및 전자 유도에 의한

노이즈의 전달을 방지하고 있다.
- 정전, 전자결합 및 전자유도 현상에 대한 대책을 고려한 다중 실드 구조로써 VLF ~ VHF까지의 넓은 범위에서 Noise 감쇠특성을 나타낸다.
- 1,2차간의 전도, 정전결합, 고주파의 전자 유도가 없다.

참고. 절연 변압기 종류

| 종 류 | 구 조 | 특 징 |
|---|---|---|
| 절연변압기<br>Insulating Transformer | 1차코일과 2차코일이 완전 분리된 것 | - Normal Mode와 Common Mode 모두 통과되나 1차와 2차가 완전 분리되어 안전 확보 |
| 차폐변압기<br>Shield Transformer | 1차코일과 2차코일 사이에 정전용량 차폐판을 설치하여 노이즈가 2차측에 유도되는 것을 방지함 | - Normal Mode는 통과<br>Common Mode의 주파수는<br>저주파부분은 방지되나<br>고주파부분은 통과 |
| 방해파차단 변압기<br>Noise Cut Transformer | 코일, 코어, 변압기 외부에 전자차폐판을 설치하여 정전용량 및 전자유도에 의한 Noise를 방지함 | - Normal Mode와 Common Mode 모두 방지 |

3.2 축전지의 용량 산정시 고려사항에 대하여 설명하시오.

1. 개요

축전지 설비는 정전시 또는 비상비 신뢰할 수 있는 예비 전원이며 건축법이나 소방법의 규정에 의하여 예비 전원이나 비상 전원으로 사용되고 있다.
예를 들면 비상용 조명, 유도등의 전원뿐만 아니라 수변전 기기의 조작 및 제어용 전원으로도 사용된다.
구성은 축전지, 충전 장치, 제어 장치 등으로 구성된다.

2. 축전지 용량 산정시 고려사항

1) 축전지 부하 용량 산출

축전지용 부하는 일반적으로 단시간 부하 및 연속 부하로 나눌 수 있으며, 단시간 부하의 경우에는 전체의 시설 용량에서 동시에 소비 가능량의 최대치를 필요 부하용량으로 산정해야한다.
(예, 차단기가 동시 투입은 불가하므로 동시에 투입되는 수량을 확인하여 필요 부하 용량으로 산정한다)

가. 순시 부하
 - 차단기 조작 전원
 - 소방 설비용 부하 등

나. 상시 부하
 - 배전반 및 감시반의 표시 등
 - 비상 조명등 및 연속 여자 코일 등

2) 축전지 종류 및 특성

(1) 내부 구조에 따른 종류

| 구 분 | 연(납) 축 전 지 | 알 칼 리 축 전 지 |
|---|---|---|
| 1. 공칭 전압 | 2.0 V | 1.2 V |
| 2. 구조 | +극:$PbO_2$<br>-극:Pb<br>전해질 : $H_2SO_4$ | +극:NiOOH(수산화니켈)<br>-극:Cd(카드뮴)<br>전해질 : KOH(수산화칼륨) |
| 3. 충전시간 | 길다 | 짧다 (장점) |
| 4. 과충전 과방전 | 약함 | 강함 (장점) |

| 구 분 | 연(납)축전지 | | 알칼리축전지 | |
|---|---|---|---|---|
| 5. 수명 | 10~20년 | | 30년 이상 (장점) | |
| 6. 정격 용량 | 10시간 | | 5시간 (약점) | |
| 7. 용도 | 장시간, 일정 전류 부하에 적합 | | 단시간, 대전류 부하에 적합(전류 변화 큰 부하) | |
| 8. 가격 | 싸다 | | 비싸다 | |
| 9. 온도특성 | 열등 | | 우수(장점) | |
| 10. 형식 | CS 클래드식 | HS 페이스트식 | 포켓식 | 소결식 |
| | 완방전식 | 급방전식 단시간대전류 자동차기동 엔진기동등 | AL:완방전식 AM:표준형 AH:급방전식 | AHS급방전식 AHH급방전식 |

(2) 외함의 구조에 따른 종류

  가. 개방형(Open Type) : 가스 제거 장치가 없는 것

  나. 밀폐형(Bended Type) : 배기 마개에 필터를 설치하여 산무가 나오지 못하게 한 구조

  다. Gel Type : 전해액을 액으로 사용하지 않고 Gel을 주입한 구조

3) 방전 전류 및 방전 시간 결정

  (1) 방전 전류    $I = \dfrac{부하용량}{정격전압}(A)$

  (2) 방전 시간 결정

    - 단시간 부하 : 통상 1분을 기준

    - 연속 부하 : 통상 30분을 기준

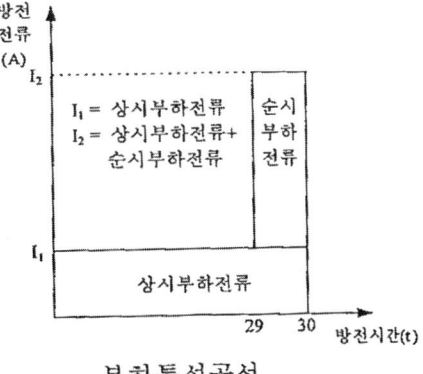

부하특성곡선

4) 축전지 부하 특성 곡선 작성

- 방전 전류와 방전 시간이 결정되면 우측 그림과 같은 특성 곡선을 그리되 최악의 조건을 고려하여 방전의 종기에 큰 방전 전류가 오도록 작성한다.

5) 축전지 셀 수 결정

축전지 셀 수는 계통 정격전압과 단위 축전지의 공칭전압이 결정되면 다음 식에 의해 산출한다.

$$축전지 셀수 = \frac{계통정격전압}{1셀당 공칭전압}$$

| 종 류 | 계통 정격전압 | 셀의 공칭전압 | 셀 수 |
|---|---|---|---|
| 연 축전지 | 110v | 2.0 | 110/2=55 |

6) 셀 당 허용 최저 전압 ( 방전 종지 전압 )

축전지의 최저 전압은 각종 부하로부터 요구되는 허용 최저 전압에 축전지와 부하사이의 선로 전압강하를 더한 값이다.

예를 들어 부하의 최저 허용 전압이 95v이고 선로의 전압 강하가 5v이라면 축전지 단자에서의 허용 최저 전압은 100v이다.

축전지 구성을 55로 할 때 셀 당 허용 최저 전압은 1.8v이다.

$$V = \frac{Va + Vc}{n} \ (V/Cell)$$

여기서 Va : 부하의 허용 최저 전압 (V)

Vc : 축전지와 부하 사이의 전압강하 (V)

n : 축전지의 Cell 수

7) 보수율(L) 및 용량 환산 계수 결정(K)

(1) 보수율

축전지에는 수명이 있어 그 말기에 있어서도 부하를 만족하는 용량을 결정하기 위한 계수로 보통 0.8로 선정한다.

(2) 용량 환산 계수

위에서 축전지 종류, 방전시간, 방전 종지 전압을 결정하고 최저 축전지 사용 온도(보통 5℃ 기준)를 고려하여 다음 표에 의해 용량 환산 계수 K를 결정한다.

| 형식 | 온도 (℃) | 방전시간 10분 허용최저전압 (V/셀) | | | 방전시간 30분 허용최저전압 (V/셀) | | |
|---|---|---|---|---|---|---|---|
| | | 1.6 | 1.7 | 1.8 | 1.6 | 1.7 | 1.8 |
| CS | 25 | 0.90<br>0.80 | 1.15<br>1.06 | 1.60<br>1.42 | 1.41<br>1.34 | 1.60<br>1.55 | 2.00<br>1.88 |
| | 5 | 1.15<br>1.10 | 1.35<br>1.25 | 2.0<br>1.8 | 1.75<br>1.75 | 1.85<br>1.80 | 2.45<br>2.35 |
| | −5 | 1.35<br>1.25 | 1.60<br>1.50 | 2.65<br>2.25 | 2.05<br>2.05 | 2.20<br>2.20 | 3.10<br>3.00 |
| HS | 25 | 0.58 | 0.70 | 0.93 | 1.03 | 1.14 | 1.38 |
| | 5 | 0.62 | 0.74 | 1.05 | 1.11 | 1.22 | 1.54 |
| | −5 | 0.68 | 0.82 | 1.15 | 1.20 | 1.35 | 1.68 |

비 고 : 상단은 900Ah를 넘고 2000Ah이하인 것, 하단은 900Ah이하인 것

8) 축전지 용량 결정

축전지용량 $C = \dfrac{1}{L}(K_1 I_1 + K_2(I_2 - I_1) + K_3(I_3 - I_2) \cdots)$

L : 보수율 (보통 0.8)

$I_1$, $I_2$, $I_3$ : 방전 전류

$K_1$, $K_2$, $K_3$ : 용량 환산 계수

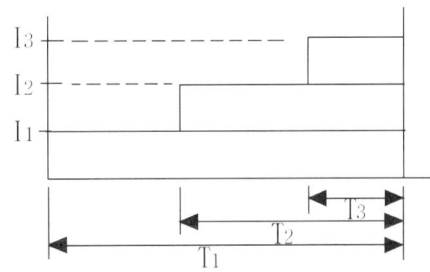

축전지용량 $C = \dfrac{1}{L}(K_1 I_1 + K_2 I_2 + K_3 I_3 \cdots)(Ah)$

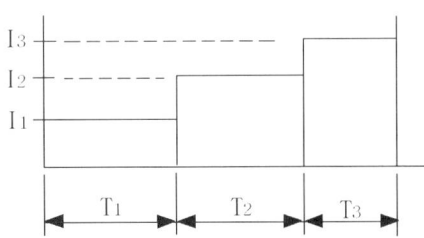

## 3.3 에너지저장장치(ESS)의 출력과 용량을 구분하고 전력계통의 활용분야를 설명하시오.

### 1. ESS 개념
1) 에너지 저장시스템(ESS)은 저장장치와 연계(PCS), 관리(PMS) 장치를 포괄하는 시스템임
2) 에너지 저장장치는 전기를 저장해 두었다 필요한 시간에 사용하게 하는 설비로 에너지산업 진흥과 에너지, 타산업(ICT·수송 등)의 융합에 중추적 역할을 수행함.
3) 에너지 저장장치 외에도 원활한 연계를 위한 전력변환시스템(PCS1), 전력관리시스템(PMS2) 이 필요하고 이를 에너지저장시스템(ESS; Energy Storage System) 이라 정의함
4) 화학적 작용으로 전기를 저장·공급할 수 있는 저장장치는 1차, 2차, 3차로 구분함.

<1, 2, 3차 전지의 정의와 개념>

| 1차 전지 (건전지) | 2차 전지 (축전지) | 3차 전지 (연료전지) |
|---|---|---|
| ▪ 한 번 방전되면 재충전이 불가능한 전지<br>▪ 예) 일회용 건전지 | ▪ 전기를 가하여 충전이 가능한 전지<br>▪ 충·방전 싸이클 필요<br>▪ 예) 차량/스마트폰 배터리 | ▪ 발전기와 같이 외부 연료 공급을 통해 전기 생산<br>▪ 충·방전 없이 연속 사용<br>▪ 예) 수소 연료전지 |

5) 에너지저장장치는 화학적 작용의 2차 전지와 유사하지만 더 광범위한 개념으로, 물리·화학·자기적 작용을 이용하여 충·방전 수행이 가능한 장치임.
6) 2차 전지(배터리)와 에너지저장시스템(ESS)은 의미상으로는 유사하나 엄밀하게는 다른 개념임.

### 2. 에너지저장장치(ESS)의 출력과 용량
1) 출력(kW)과 용량(kWh)은 ESS의 설비규모를 명시하기 위해 병기하여 사용되는 속성임.
2) 출력은 ESS가 순간적으로 낼 수 있는 최대 출력 전력으로 ESS의 출력규모는 전극에서 수용할 수 있는 전압과 전류의 크기에 의해 결정됨.
   (출력 = 전류 × 전압)
3) 에너지저장장치의 정격출력 규모에 따라 ESS 연계설비(PCS 등) 용량 결정됨
4) 용량은 에너지저장장치 내 최대로 저장할 수 있는 전기에너지의 총량을 의미하며, 2차 전지의 경우 전해질의 부피가 용량을 결정함.

5) ESS 용량은 전해질(2차 전지), 저수량(양수발전) 등 에너지가 저장되는 매개체의 부피에 의해 결정됨.
   동일한 저장방식과 기술이 적용 시 ESS 용량은 부피/무게와 비례적 관계에 있음
6) 가동 지속시간은 정상상태의 ESS가 100% 완전 충전된 상태에서 최대출력으로 운전 시 완전방전 상태까지 연속 가동이 가능한 시간으로 정의함.

$$ESS 가동 지속시간(h) = \frac{완전충전시 저장에너지량(kWh)}{최대출력(kW)}$$

<ESS 활용분야 별 출력/용량/가동지속시간의 의미>

| 활용 분야 | 출력 | 용량 | 가동 지속시간 |
|---|---|---|---|
| 전기차 | 차량 주행성능<br>(최고출력, 가속도) | 차량 주행가능 거리 | (급속) 충전시간 |
| 전력계통 | 순간적 전력공급 능력<br>(발전기 정격용량 대응) | 에너지 지속공급 가능시간 | |

7) 일반적으로 ESS의 가동 지속시간이 2시간 이상일 경우 장(長)주기, 2시간 미만일 경우 단(短)주기 ESS로 분류함.
8) ESS의 가동지속(방전)에 소요되는 시간이 짧을수록, 충전소요 시간 역시 짧아짐

3. ESS 용도

<ESS 용도별 분류와 요구특성>

| 용 도 | 분 류 | 주요 요구특성 | 용 량 |
|---|---|---|---|
| 모바일IT<br>(전자/통신기기) | 이동식<br>장치 | - **소형/경량화**, 안정성(폭발 방지) | mWh ~ Wh 급 |
| 수송시스템<br>(전기차/전기선박) | | - **소형/경량화**, 안정성(가동중단 방지),<br>외관(원통/육면체), 충전시간 | kWh 급 |
| 전력계통<br>(계통운영 보조) | 고정식<br>장치 | - **고출력, 대용량** | kWh ~ GWh 급 |

1) ESS의 용도는 크게 모바일디바이스, 수송시스템, 전력계통 등 세 가지로 분류되는데, 활용 분야별로 요구되는 특성이 각기 상이함.
2) 모바일IT에 국한되었던 에너지 저장장치의 활용영역이 최근 수송·계통으로 확대됨.
3) 전기차 등 친환경 전기수송 수단에 동력을 제공하고, 전력계통 운영을 보조하는 새로운 활용처가 등장하면서 ESS 개발 수요는 양적, 질적으로

지속적인 성장이 전망됨.
4) 모바일IT/수송용 ESS는 사용자에게 편리하고 안전한 휴대사용 기능을 제공하기 위해 경량화(IT용 : g 단위 / 수송용 : kg 단위)와 안정성이 중요함.
5) 전력계통용 ESS는 대규모 계통설비에 대한 대응이 필요하여 고출력과 대용량(kWh 급 이상) 특성이 중요

## 4. ESS의 전력계통 활용분야와 사례
1) 전력계통에서 ESS는 신재생 운영보조, 예비력제공, 주파수조정, 부하평준화, 비상용발전, E-프로슈머 등의 용도로 활용함.
2) '신재생 운영보조' 기능은 신재생에너지 저장, 출력변동성 완화로 구분되며, 신재생 보급이 활성화된 선진국에서는 풍력, PV 설비에 ESS를 직·간접적으로 연계하여 운영을 추진함.
3) '주파수 조정' 기능은 계통신뢰도에 직접적 영향을 미치기 위해 높은 순간 출력과 정교한 응동 특성이 요구되며, 미국 등 주요 선진국에서는 주파수 조정, 유지에 ESS를 적극 활용함.
4) 미개척 분야라 할 수 있는 'E-프로슈머' 기능은 수용가의 효율적 에너지 소비와 생산을 도모하기 위한 용도로, 상업·가정의 경제적 효용성 증가 (전기 요금 절감)를 목적으로 설치되어 이용함.

## 5. ESS 주요 저장기술의 특징과 전망
1) 전기에너지를 저장하는 형태 및 방식에 따라 물리, 화학, 전자기적 방식으로 분류함.
2) 과거에는 주로 수력발전을 변형한 양수발전을 이용해 전기에너지를 저장
3) 근래 배터리 제조/생산기술 발달로 화학(2차) 전지를 이용한 대용량 ESS 도입 확산됨.

&lt;ESS 저장방식에 따른 주요기술과 특징&gt;

| 분류 | 세부기술 | | 특장점 |
|---|---|---|---|
| 화학 (2차전지) | 리튬系 전지 | • 리튬이온, 리튬공기 | • 고밀도, 고효율, 빠른 반응, 중소형 규모 |
| | 나트륨系 전지 | • 나트륨황, 나트륨이온 | • 저비용(리튬 대비), 느린 충/방전, 중소형 규모 |
| | 水系 (흐름) 전지 | • 바나듐레독스, 아연/브롬 | • 잠재성, 반영구적, 저밀도, 중대형 규모 |
| 물리 | 양수 저장 | • 댐 방식, 인공섬 방식 | • 입지 제한, 경제적, 초대형 규모 |
| | 플라이 휠 | • 주철, 카본-파이버 (소재) | • 빠른 반응, 저밀도, 고비용, 대형 규모 |
| | 압축공기 저장 | • 지하 저장방식 | • 입지 제한, 화석연료 사용, 대형 규모 |
| 전자기 | 초전도자기저장 | • YBCO, BSCCO[5] (소재) | • 기술 장벽, 고비용, 빠른 반응, 소형 규모 |
| | 슈퍼 커패시터 | • 이중층, 하이브리드 | • 고효율, 빠른 충/방전, 고비용, 소형 규모 |

3.4 병원설비의 매크로쇼크(Macro Shock) 및 마이크로쇼크(Micro Shock)에 대한 방지대책과 개정된 전기설비기술기준의 판단기준 249조의 절연감시장치에 대하여 설명하시오.

## 1. 개요
- 최근 병원 설비는 대형화, 첨단화 되어가고 이에 따라 매크로 쇼크 및 마이크로 쇼크 사고가 많아지고 있다.
- 환자는 체력이 쇠약하고 마취등으로 대처가 어려우며 특히 심장 부근에 전류가 흐르면 미약한 전류에도 심신 세동이 되므로 의료용 기기 및 주변 전기 설비에 대한 감전 보호 대책이 매우 중요하다.
- 또한 정전기의 방전으로 인하여 환자의 경우는 정상인과 달리 작은 충격 전압에서도 위험한 상태에 빠질 수 있으며, 의료기기를 파괴 또는 오동작 시킬 우려가 있으므로 특별히 유의하여 이를 제거해야 한다.

## 2. 의료 쇼크 및 일반 감전

| 종류 | | 반응 및 전류치 |
|---|---|---|
| 의료 쇼크 및 감전 | 마이크로 쇼크 Micro Shock | - 최소감지전류 : 10 μA정도<br>- 전류 : 심장 또는 심장과 가까운 곳->신체일부->도전성 부분을 통하여 접지로 흐름.<br>- 발생원인 : 의료기기의 누설전류와 기기 외함에서 발생하는 전위차<br>- 대책 : 등전위 접지(전위차를 0 으로 만듦) |
| | 매크로 쇼크 Macro Shock | - 최소 감지 전류 : 100 μA<br>- 전류 : 도전성부분->팔->신체내부->다리를 통하여 접지로 흐름.<br>- 발생원인 : 누전 상태에 있는 기기에 접촉<br>- 대책 : 보호 접지(기기 외함 접지) |
| | 정전용량에 의한 감전 | - 전기기기와 외함간의 절연 임피던스에 의한 정전용량 발생으로 누설 전류가 발생(전기기기의 미 접지시 또는 접지선 단선시 감전 사고 발생) |
| | 정전기에 의한 감전 | - 수술대의 마찰등으로 정전기가 축적되면, 축적된 정전기가 인체를 통하여 방전 될 때 쇼크를 일으킨다. |
| 일반 감전 | 최소 감지 전류 | - 인체에 흐르는 전류가 1mA를 초과하면 자극을 느낌 |
| | 경련 전류 | - 도체를 잡은 상태에서 전류를 증가시키면 5 ~ 20mA 영역에서 경련이 일어나고 도체를 놓을 수 없는 상태가 됨.<br>- 가수전류:5~10mA, 불수전류: 15 ~ 20mA |
| | 심실 세동 전류 | - 인체의 통과 전류가 수십 mA 에 달하고 경과 시간이 길면 심장에 경련을 일으켜 심장이 멈추는 전류치.<br>- 50 mA : 수초    100 mA : 즉시 발생 |

## 3. 의료장소 전기설비의 시설 (판단기준 제249조)

1) 의료장소 구분
   - 그룹 0 : 일반병실, 진찰실, 검사실, 처치실, 재활치료실 등 장착부를 사용하지 않는 의료장소

   - 그룹 1 : 분만실, MRI실, X선 검사실, 회복실, 구급처치실, 인공투석실, 내시경실 등 장착부를 환자의 신체 외부 또는 <u>심장 부위를 제외한 환자의 신체 내부에 삽입</u>시켜 사용하는 의료장소

   - 그룹 2 : 관상동맥질환 처치실(심장카테터실), 심혈관조영실, 중환자실(집중치료실), 마취실, 수술실, 회복실 등 장착부를 환자의 <u>심장 부위에 삽입 또는 접촉</u>시켜 사용하는 의료장소

2) 의료장소의 안전 보호설비
   (1) 그룹 1 및 그룹 2의 의료 IT 계통
   ① 이중 또는 강화절연을 한 의료용 절연변압기를 설치

   ② 의료용 절연 변압기 설치 기준
      - 절연변압기 2차측 전로는 접지하지 말 것.
      - 절연변압기는 함 속에 설치하여 충전부가 노출되지 않도록 하고 의료장소의 내부 또는 가까운 외부에 설치할 것.
      - 2차측 정격전압 : 단상 2선식, 교류 250 V 이하, 10 kVA 이하,
      - 3상 전력공급이 요구되는 경우 : 의료용 3상 절연변압기를 사용
      - 절연변압기의 과부하 및 온도를 지속적으로 감시하는 장치 설치

   ③ 의료 IT 계통의 절연상태를 지속적으로 계측, 감시하는 장치
      - 절연저항이 50 k$\Omega$ 까지 감소하면 표시설비 및 음향설비로 경보
      - 누설전류를 계측, 지시하는 경우에는 누설전류가 5 mA에 도달하면 표시설비 및 음향설비로 경보를 발하도록 할 것
      - 수술실 등의 내부에 설치되는 음향설비가 의료행위에 지장을 줄 우려가 있는 경우에는 기능을 정지시킬 수 있는 구조일 것.

   ④ IT 계통의 분전반 : 의료장소의 내부 혹은 가까운 외부에 설치

   ⑤ IT 계통에 접속되는 콘센트 : TT 계통 또는 TN 계통에 접속되는 콘

센트와 혼용됨을 방지하기 위하여 적절하게 구분 표시할 것.

(2) 교류 125 V 이하 콘센트를 사용하는 경우에는 의료용 콘센트를 사용할 것. 다만, 플러그가 빠지지 않는 구조의 콘센트가 필요한 경우에는 잠금형을 사용한다.

(3) 무영등 등을 위한 특별저압(SELV 또는 PELV) 회로를 시설하는 경우, 사용전압은 교류 실효값 25 V 또는 직류 비맥동 60 V 이하로 할 것.

(4) 의료장소의 전로에는 정격 감도전류 30 mA 이하, 동작시간 0.03초 이내의 누전차단기를 설치할 것. 다만, 다음의 경우는 그러하지 아니하다.
 - 의료 IT 계통의 전로
 - TT 계통 또는 TN 계통에서 전원자동차단에 의한 보호가 중대한 지장을 초래할 우려가 있는 회로에 누전경보기를 시설하는 경우
 - 의료장소의 바닥으로부터 2.5 m를 초과하는 높이의 조명기구
 - 건조한 장소에 설치하는 의료용 전기기기

3) 노출도전부 및 계통외 도전부의 접지설비
 (1) 접지설비란 접지극, 접지도체, 기준접지 바, 보호도체, 등전위본딩도체를 말한다.

 (2) 의료장소마다 그 내부 또는 근처에 기준접지 바를 설치할 것.
  다만, 인접하는 의료장소와의 바닥 면적 합계가 50 ㎡ 이하인 경우에는 기준접지 바를 공용할 수 있다.

 (3) 그룹 2의 의료장소에서 환자환경(바닥으로부터 2.5 m 높이) 내에 있는 계통외 도전부와 의료용 전기기기의 노출도전부, 전자기장해(EMI) 차폐선, 도전성 바닥 등은 등전위 본딩을 시행할 것.

 (4) 접지도체는 다음과 같이 시설할 것.
  - 접지도체의 공칭단면적은 기준접지 바에 접속된 보호도체 중 가장 큰 것 이상으로 할 것.
  - 철골, 철근 콘크리트 건물에서는 철골 또는 2조 이상의 주철근을 접지도체의 일부분으로 활용할 수 있다.

3.5 케이블의 수트리(Water tree)에 대하여 다음 내용을 설명하시오.
1) 수트리 발생원인 2) 수트리 종류 및 특징 3) 수트리 발생 억제 대책

## 1. 수트리 현상 이란
- Tree현상이란 고체절연물 속에서 발생하는 수지상의 방전흔적을 남기는 절연열화 현상이다. 넓은 의미에서 코로나 방전열화의 일종으로 볼 수 있다.
- 케이블 절연체 내의 잔유수분이 가압 운전상태에서 이온화되고 이 이온에 전계가 가해져 진동하게 된다.
- 그 결과 절연체에 가하여 지는 물리적 힘으로 미소한 갭이 만들어 지고, 그 갭에 수분이 표면장력으로 계속 스며들게 되어 점차 성장, 발전하게 된다.

## 2. 열화 형태

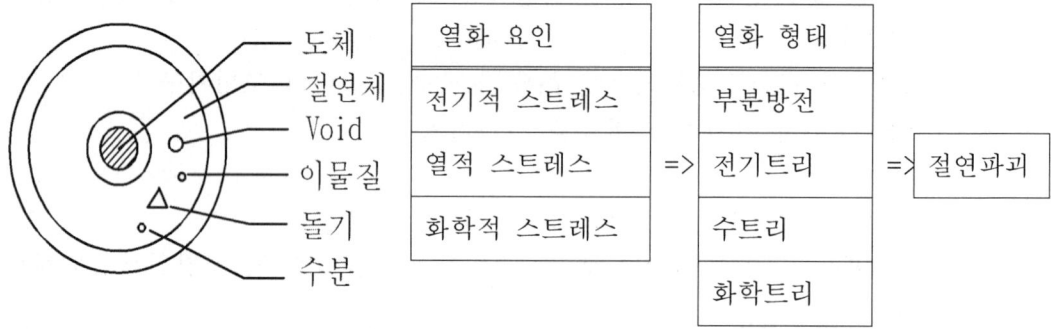

## 3. 수트리의 발생원인
케이블 수트리는 절연체 내에 잔유수분이 존재하는 경우 발생하게 되는데 주된 원인으로는 케이블 절연체의 제작 시 잔유수분이 남게 되는 경우와 지중선로 운영 중 외부에서 케이블 내부로 수분이 침투하는 경우가 있다.

1) 제작 과정의 원인

   CV 케이블의 경우 폴리에칠렌 절연체를 가교하는 방법이 고온의 증기를 이용하는 습식가교방법을 사용하는 경우 절연체의 내부에 잔유수분이 남게된다. 최근에는 건식가교방법을 사용 하므로서 이를 해결하고 있다.

2) 외부에서 수분의 침투

   케이블의 단말 처리가 잘못되어 케이블내부의 온도변화에 따른 호흡 작용시 외기의 수분이 케이블 심선을 통하여 장기간 침적되는 경우가 많이 발생한다.
   또한 케이블의 포설장소가 수분이 많은 경우 장기간 외부피복을 통하여 수분이 침적될 수 있다는 보고도 있다.

## 4. 수트리 종류

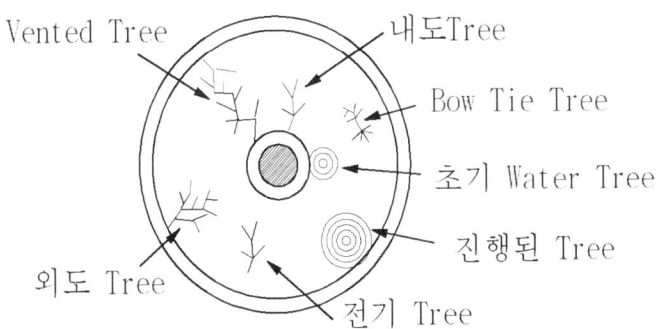

(1) 내도 트리
  케이블의 내부에서 외부로 발전되어가는 트리
(2) 외도 트리
  케이블의 외부에서 내부로 발전되어가는 트리
(3) BOW TIE 트리
  절연층 내부에서 시작되며, 절연층 내부의 Void나 불순물에 의해 발생한다. 도체와 외부 양쪽으로 성장해 나가며 케이블 수명에는 큰 영향을 주지는 않는다.
  내도트리 > 외도트리 > BOW TIE 트리순으로 영향이 크다.
(4) Vented Tree
  절연층과 반도전층의 계면에서 발생하는 트리로 외부 반도전층에서 생기는 외도 트리와 내부 반도전층에서 생기는 내도트리가 있다.
  주로 돌출물 등에 의해 발생되며 절연층 내부로 성장한다.

## 5. 수트리 특징
1) 고압 이상의 케이블에서 주로 발생한다.
2) 전기 트리를 유도한다.
3) 직류에서는 보기 어렵고 교류에서 주로 발생하며 특히 고주파에서 심하게 발생한다.
4) 수트리 발생부에는 고분자 사슬이 풀려 기계적인 왜형이 생긴다.
5) 온도가 높으면 열화가 촉진된다.

## 6. 수트리 현상에 대한 대책
1) 케이블 제작시
  - 건식 공법으로 제작 케이블 내에 기포, 불순물이 없도록 한다.
  - 절연체에 첨가제를 혼입하여 전계의 집중을 방지한다.
  - 절연체와 도체 사이에 계면을 매끄럽게 한다.

- 도체 사이에 콤파운드를 충진하여 수분의 침입을 막는다.
- 케이블의 반 도전층을 균일하게 하여 전계를 서서히 낮춘다.

2) 자재 선정시
- 케이블을 수밀형 사용(TR CNCV-W)
- 방충 케이블 사용

3) 시공 및 보관시
- 말단을 통해 습기가 침투하지 못하도록
- 보관 : 습기나 화학물질이 적은 곳
- 포설시 기계적인 스트레스를 받지 않도록 한다.

3.6 건설공사의 효율성을 높이기 위하여 적용되고 있는 BIM(Building Information Modeling)에 대하여 설명하시오.

## 1. 개요
1) 최근 컴퓨터 Hardware, 설계전용 Software발전에 따라
2) 설계업무가 전산화, 자동화로 가는 추세임.
3) B I M : Building Information Modelling의 약자이고 3차원 모델이며 도면 작성, 구조계산, 공정관리, 내역서 산출 등이 연계되어 있는 프로그램임.

## 2. BIM의 특징
1) 설계 품질 향상
   - 3차원 모델로부터 각 방향별 도면을 추출
   - 기하형상 정보로부터 수량을 산출하기 때문에 설계도면과 수량산출의 정확성이 높아짐

2) 설계 내용의 재활용
   - 3차원 모델과 도면, 수량이 모두 연동되어 있어 모델만 수정하면 도면, 수량이 일괄적으로 변경됨.
   - 유사한 사례에 쉽게 이용 가능함.

## 3. BIM 의 종류  < 가. 도 / 구. 공. 장 / 내역 >
1) 가상 현장 구축용 정보모델
   - 기존 입체 지형 정보 (GIS)를 활용하거나
   - Google Earth를 이용해 3차원 지형 좌표를 얻어 실제 현장을 가상의 공간에 설치가 가능함.
   - 주변 경관 View까지 고려가 가능
   - 지형이 3차원화되어 선형과 종단에 빠른 물량 산출이 가능.

2) 도면 작성용 기하 정보 모델
   - 현장 여건 및 공간을 고려한 기본계획 완료 후 기존 구축된 3차원 기하 정보모델을 이용
   - 상세한 부재 배치 계획을 수립하여 정면, 평면, 측면을 각각 투영시켜 도면을 작성하므로 오류의 발생소지가 적어짐.
   - 모델상의 수정이 이루어질 경우 자동으로 도면, 내역이 수정 반영됨.
   - 사전 부재 간섭의 검토가 가능함.
   - 내역 산출 자동화에 따라 손실율 감소

3) 구조 계산용 해석 프로그램
   기존 기하 정보 모델에 구조 요소와 재료 특성을 추가하여 하중등 구조 계산의 자동화가 가능함.

4) 공정관리 및 장비운영 정보모델
   - 3차원 기하 정보 모델에 공정표에 기반한 시간정보를 추가하여 공기의 최적화가 가능함.
   - 시뮬레이션에 의한 장비모델을 추가하여 시공 단계별 장비 운영이 가능함.

5) 내역서 산출 프로그램
   - 모델상의 사전 정보 입력에 따라 길이, 면적, 체적등에 따른 내역서 자동 산출
   - 단가 코드와 연계하여 자동 내역 산출서 작업이 가능함.

## 4. 향후 전망
1) 건축, 토목등의 설계에 전반적으로 적용될 전망이지만
2) 현재로서는 설계 Program 이용 기술자가 부족한 실정이어서 이에 대한 준비가 필요함.

4.1 눈부심(Glare)에 대하여 다음 내용을 설명하시오.
   1) 눈부심의 원인 및 영향
   2) 눈부심에 의한 빛의 손실
   3) 눈부심의 종류 및 대책

## 1. 눈부심의 원인 및 영향
 1) 눈부심의 원인
    눈부심의 대표적인 원인으로는 다음과 같은 것들이 있다.
   - 휘도가 높은 광원
   - 광원의 겉보기 면적이 작을 때
   - 광원이 시야의 중심에 가까울 때
   - 눈에 입사하는 광속이 많을 때
   - 눈부심을 주는 광원을 오래 주시할 때
   - 수직면 조도가 높을 때
   - 보려는 물체와 주변 사이에 휘도 차이가 심할 때
   - 순응 결핍 : 주위가 어두운 상태로 눈이 순응되어 있을 때에는
                낮은 휘도에서도 눈부심을 일으킨다.

 2) 눈부심의 영향
   - 장기간 눈부심에 노출되면 시력이 저하될 수 있으며
   - 피로와 권태감이 늘어나고
   - 작업 능율이 저하되고
   - 심할 경우 부상, 재해로까지 이어질 수 있다.

## 2. 눈부심에 의한 빛의 손실
   1) 현휘 광원과 시야간의 각도가 40일 때 눈부심에 의한 빛의 손실 : 40%
   2) 현휘 광원과 시야간의 각도가 20일 때 눈부심에 의한 빛의 손실 : 50%
   3) 현휘 광원과 시야간의 각도가 10일 때 눈부심에 의한 빛의 손실 : 70%
   4) 현휘 광원과 시야간의 각도가 5일 때 눈부심에 의한 빛의 손실 : 85%
      즉, 중심부와 가까울수록 눈부심이 심하다.

## 3. 눈부심의 종류 및 대책
 1) 눈부심의 종류
   (1) 감능 글래어
       보는 대상물 주위에 고 휘도 광원이 있는 경우 망막 앞에 어떤 휘도를 갖는 광막 커텐이 처지기 때문에 보는 대상물을 식별하는 능력을 저하 시키는 현상.

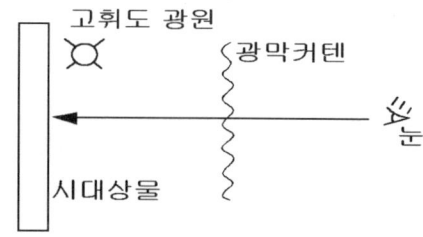

(2) 불쾌 글래어

눈부심 때문에 심리적으로 불쾌한 분위기를 느끼는 것을 말한다.
즉, 심한 휘도 차이로 눈의 피로, 불쾌감을 느껴서 시력에 장애를 받는 현상

(3) 직시 글래어

휘도가 높은 광원을 직시 하였을 때 나타나는
현상으로 눈부심을 일으키는 휘도의 한계는
다음과 같다.
- 항상 시야 내에 있는 광원 : 0.2 (Cd/㎠) 이하
- 때때로 시야 내에 있는 광원 : 0.5 (Cd/㎠) 이하

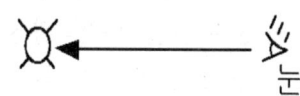

(4) 반사 글래어

고휘도 광원의 빛이 물질의 표면에서 반사하여
눈에 들어왔을 때 일어나는 현상으로, 반사면이
평평하고 광택이 있는 면의 경우
즉, 정반사율이 높은 면일수록 눈부심이
강하게 된다.

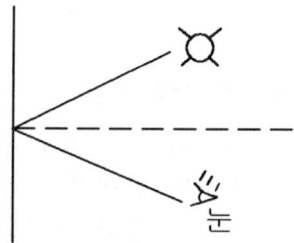

2) 눈부심 방지 대책

(1) 광원에 의한 대책

휘도가 낮은 광원 선택

(2) 조명 기구에 의한 대책

① 보호각 조절

직사광이 광원으로부터 나오는 범위, 즉 보호각의 대소를 조정하여 직사광을 차단하여 휘도를 줄인다.

② 아크릴 글러브 또는 아크릴 커버

우유빛 글러브 또는 아크릴 커버(PLATE)를 조명기구 하단에 부착하여 휘도를 낮추는 방법으로 눈부심은 적어지지만 조명율이 저하되는 단점이 있다.

③ 루버 설치

파라보릭 루버등을 조명기구 하단에 부착하여 휘도를 낮추는 방법으로

보호각에 따라 루버 간격을 결정하여야 한다.
아크릴 글러브나 아크릴 커버등에 비해 조명율이 낮아지지 않는 장점이 있어 최근의 사무실 조명은 거의 이 방법을 채택하고 있다.

(3) 조명 방식에 의한 대책
  ① Glare Zone을 피한다.

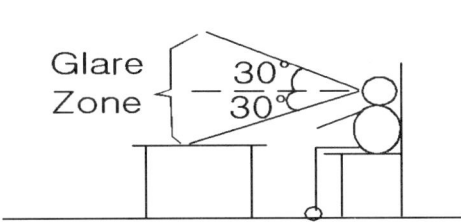

글래어는 시선에서 ± 30°이내에서 발생하기 쉬우며 이 범위를 글래어존 이라하고 등기구 높이를 조절하여 이 구간을 피한다.

  ② 등기구의 배치를 고려한다.
    형광등의 램프 방향과 시선 방향을 동일하게 하면 시선과 램프가 직각으로 배치시에 비해 눈부심을 훨씬 줄일 수 있다.

  ③ 직접 조명을 피하고 간접 또는 반 간접 조명을 한다.

  ④ 건축화 조명을 적용
    - 광천장 조명
    - 코오브 조명
    - 코오니스 조명
    - 코너 조명
    - 밸런스 조명등

## 4.2 전력품질(Power Quality)에 대하여 설명하시오.

### 1. 개요
전력 품질은 국가별로 관리항목이 약간씩 다르지만 우리나라는 전기사업법에 의해서 아래 표와 같이 전압 유지율, 주파수 유지율, 년간 정전 시간 및 정전 횟수로 관리하도록 되어 있으며, 현재 우리나라의 전력 품질의 수준은 선진국 수준으로 볼 수 있으며 여기에서는 주로 전력에서 문제가 되는 전원 외란에 대해 설명한다.

1) 전압, 주파수, 정전시간

| 항 목 | 표 준 | 허 용 오 차 | 우리 나라 현황 |
|---|---|---|---|
| 전압 | 110V<br>220V<br>380V | ± 6 V<br>± 13 V<br>± 38 V | 비교적 양호 |
| 주파수 | 60 Hz | ± 0.2Hz | 0.1Hz 정도 |
| 정전 시간 | 년간 호당 20분 미만으로 선진국 수준이다. | | |

2) 고조파

| 구 분 | 3고조파 | 5고조파 | 7고조파 | 종합고조파왜형율(THD) |
|---|---|---|---|---|
| 66kV 이상 | 1.5% | 1.8% | 1.5% | |
| 22.9kV 이하 | 3.1% | 3.8% | 3.1% | 배전선로:5% |

### 2. 전력 품질
1) 외란의 종류 및 원인

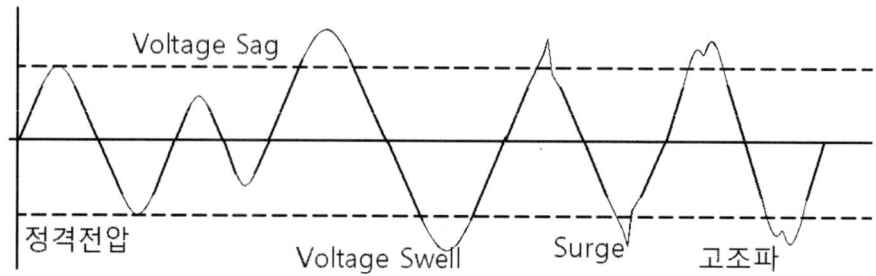

(1) 전압 이도. 순간 전압 강하 ( Voltage Sag or Dip)
낙뢰, 중부하 이상의 개폐, 대형 전동기의 기동, 계통의 순간적 부하 급증 등으로 나타나는 순간 전압 강하 현상을 말한다.
- 지속 시간 : 0.5~30Cycle

- 전압 저하 : 0.1~0.9 p.u.

(2) 전압 융기. 순간 전압 상승 (Voltage Sweel)
부하의 급감, 다른 상의 사고등에 의한 순간적인 전압 상승을 말함
- 지속 시간 : 0.5~30Cycle    전압 상승 : 1.1~1.4 p.u.

(3) 정전 (Interruption)
전력선 사고, 발전기나 변압기 고장, 퓨즈 단선, 차단기 작동 등으로 나타나며 순간 정전(0.07~2초), 단시간 정전(2초~10분), 장시간
정전(30분 이상)으로 구분한다.

(4) 전압 변동 (Flicker)
부하의 잦은 변동, 돌입 전류, 사고, 계통 절체 등에 기인하며 특히 무효전력과 고조파 부하가 많은 경우 더 심하다.

(5) 전압 불평형 ( Voltage Unbalance)
3상 전압의 평균치에 대한 편차로 나타내며, 단상부하의 심한 편중, 무효전력 및 고조파 전력 증가, 접촉 불량 등이 원인이다.

(6) 써지 (Surge)
낙뢰, 단락, 전력 간선의 개폐 등으로 발생하며 전압 상승이 수 μS~수 mS 동안 지속된다.

(7) 고조파에 의한 파형 왜곡 (Hamonics)
비선형 부하나 스위칭 소자로 인해 발생하며 정현파에 연속적인 왜형 현상을 나타낸다. 60 Hz ~ 3 KHz

## 2) 외란에 의한 영향 및 대책

| 외란의 종류 | 영 향 | 대 책 |
|---|---|---|
| 1. 순간 전압 강하<br>순간 정전 | - 전동기의 속도 변동 및 토오크 저하 또는 정지<br>- 고압 방전등 소등 및 재점등 시간 수분 소요<br>- 전자 접촉기 개방 및 생산 라인의 정지<br>- 제어 장비의 오 동작<br>- 컴퓨터 Down, 고장등 | - 예비 전원 설비 구축<br>  (UPS, 발전기, 축전지)<br>- 순간 정전 보상 콘덴서 설치<br>- 복전시 자동 재시동회로 구성 |
| 2. 전압상승<br>전압불평형 | - 전기 설비의 과열, 소손 또는 수명 단축<br>- 전자 장비의 과열, 소손 및 오 동작<br>- 설비의 이용율 저하 및 전력 품질 저하등 | - 피뢰기 설치<br>- 자동전압조정기 설치 또는 변압기 TAP조정<br>- 진상콘덴서 설치<br>- 기기 절연 내력 강화 |
| 3. 서지 | - 기기 절연파괴 및 소손<br>- 제어 장비의 오 동작<br>- 컴퓨터 시스템의 Down 또는 고장등 | - LA, SA등 서지 보호<br>- 기기 접지<br>- 기기 절연 레벨 향상 |
| 4. 고조파의 영향 | - 유도장해 발생<br>- 기기과열, 수명저하, 잡음<br>- 전력 손실 증대<br>- 계전기 오동작 및 계기 측정 오차등 | - 고조파 발생원 억제<br>- 필터 설치 및 차폐<br>- 접지 및 등전위 본딩<br>- NCT 설치<br>- 고조파 내량 기기 선정 |

4.3 직류차단기의 종류와 소호방식에 대하여 설명하시오.

## 1. 개요
- 직류차단기는 주로 전차에 직류전력을 공급하는 궤전선을 보호하기 위해 전철용 지상변전소에 설치된다.
- 전철용 직류 궤전회로에서의 사고전류는 회로조건에 따라 100kA 라는 매우 큰 값에 도달할 수 있기 때문에 직류차단기는 이 사고전류를 신속하게 차단하여 회로보호 및 사고의 파급확대를 방지하는 기능을 가지고 있다.

## 2. 직류 차단기의 종류 및 소호 방식
### 1) 기중 차단기
- 전철용 직류 기중 차단기는 오랜 역사를 갖고 있으며, 일본의 직류 철도 기술이 들어온 당초부터 현재에 이르기까지 가장 일반적으로 사용되고 있는 차단기다.
- 기중차단기는 전류 차단 시에 발생하는 아크 길이를 기중에서 늘리고 냉각하여 계통전압 이상으로 아크전압을 증가시키고, 한류(限流) 효과에 의해 전류를 감쇠·차단한다.
- 차단기 이외의 소자(비직선 저항기 및 콘덴서)를 필요로 하지 않는 매우 단순한 주회로 구성이지만 기중에 아크를 방출하기 때문에 차단기 외부에 스페이스를 설치할 필요가 있어 차단기반이 대형화된다.
- 소전류 차단 시에는 아크 길이를 늘리는 힘이 작아 한류효과가 충분히 얻어지지 않기 때문에 공기 분사 및 외부에서의 자계 인가 등 아크 길이를 늘리기 위한 대책이 필요하다.

### 2) 반도체 차단기
- 기존에는 기중차단기가 전철용 직류차단기로서 유일한 차단기였지만, 반도체 기술의 진보에 따라 차단 매체로 반도체를 이용한 반도체 차단기가 개발되기 시작했다.
- 개발 당초에는 사이리스터가 사용되고 있었는데 1980년대 중반에 자기소호 능력을 가진 GTO(게이트 턴오프 사이리스터)를 사용한 차단기가 실용화되면서 현재의 반도체 차단기에는 주로 GTO가 사용되고 있다.
- 반도체 차단기는 기계 접점을 전혀 사용하지 않고, 반도체 소자의 턴온·턴오프(turn on·turn off)로 주회로 전류를 제어하기 때문에 전기신호에 의한 고속응답·고속차단이 가능하고, 아크를 기중에 방출하지 않는 아크리스(Arcless) 차단기로서 아크에 기인하는 소음이 없다.

- 또 차단 시의 회로 에너지를 처리하기 위해 반도체와 병렬로 비직선 저항기(배리스터)를 가진다.
- 주회로에 반도체를 사용하고 있으므로 기계접점 외의 차단기와 비교 시 전력손실 및 발열이 큰 경향이 있고, 냉각장치의 적절한 배치 등을 통해 방열효과를 고려할 필요가 있다.

3) 진공차단기
- 1980년대 후반에는 교류차단기에서 실적이 있는 진공 차단기술을 이용한 직류 진공차단기가 개발되었다.
- 진공차단기는 진공밸브 내의 접촉자 사이에만 아크가 발생하여 아크를 기중에 방출하지 않는다.
- 진공차단기의 아크전압은 수 10~100V로 낮아 한류효과는 기대할 수 없다.
- 이 때문에 진공밸브와 병렬로 설치한 콘덴서를 방전시키고, 고주파 진동전류를 주회로 전류에 중첩시켜 영점을 발생시킨다.

## 3. 기중차단기, 반도체 차단기, 진공차단기의 특성 비교

| NO. | 항목 | 기중 차단기 | 반도체 차단기 | 진공 차단기 |
|---|---|---|---|---|
| 1 | 차단원리 | 아크의 연신(延伸)/냉각에 의한 소호 | 반도체 소자의 소호기능 | 역전류 주입에 의한 소호 |
| 2 | 차단 시의 에너지 처리 | 아크슈트(소호장치) | 비직선 저항기 | |
| 3 | 정격전압 | DC750/1500V | DC1500V | DC750/1500V |
| 4 | 정격전류 | 3000~6000A | 3000A | 3000/4000A |
| 5 | 개극시간 | 4~8ms | - | 1~2ms |
| 6 | 주회로 구성 (개략) | 접촉자 | 비직선 저항기, GTO | 전류 콘덴서, 비직선 저항기, 진공밸브, 전류 스위치 |

[표 1] 전철용 직류차단기의 특성 비교

4.4 변압기 병렬운전 조건 및 붕괴현상에 대하여 설명하시오.

1. 개요

　부하의 증대, 고장시 공급 능력 저하방지, 부하 변동에 대응한 경제 운전 등을 위해 2대 또는 그 이상의 변압기를 고압측과 저압측 각각의 기호 단자를 접속해서 운전하는 것을 병렬 운전이라 한다.
　이 병렬 운전은 각 변압기가 각각의 용량에 비례해서 부하를 분담하고, 횡류(순환전류)가 생기지 않는 조건이 필요하다.
　실제로 이들 조건이 약간 벗어나 있어도 부하 분담 및 온도 상승 등을 검토하여 이 값이 허용되는 범위에 있어서의 병렬 운전은 가능하다.

2. 병렬 운전 조건

| | 병렬 운전 조건 | 단상 | 3상 | 붕괴시 문제점 |
|---|---|---|---|---|
| 1 | 극성이 일치할 것 | O | | 등가적인 단락상태가 됨 |
| 2 | 상회전 방향이 맞을 것 | | O | |
| 3 | 각 변위가 같을 것 | | O | 순환전류가 흘러 TR 과열 |
| 4 | 정격 전압과 권수비가 같을 것 | O | O | |
| 5 | %임피던스가 같을 것<br>(%리액턴스와 %저항의 비가 같을 것) | O | O | %임피던스가 낮은 쪽이 더 많은 부하 분담 |
| 6 | 정격 용량비가 1:3 이내 일 것 | O | O | 소 용량 변압기의 과부하 |

3. 병렬 운전 조건의 붕괴 시 현상

　1) 극성(상회전)이 맞지 않을 경우

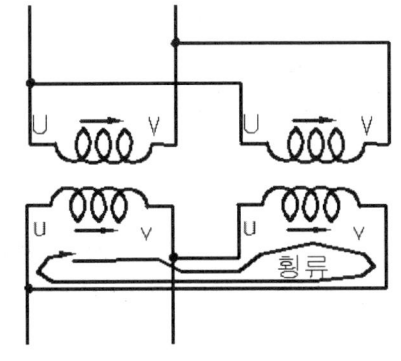
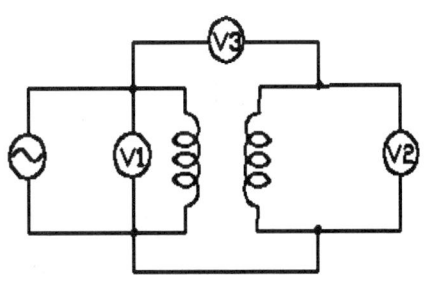

- 우리나라는 감극성이 표준으로 되어 있어 변압기 자체의 극성은 별 문제가 없으나
- 1차 또는 2차 단자를 그림과 같이 저압 권선 단자에서 극성을 상호 역 접속하면
- 저압 권선 단자의 폐회로에는 변압기 A와 변압기B의 유기전압의 합 $E_2a + E_2b$가 발생하여 $Ic = \dfrac{E_{2a} + E_{2b}}{Za + Zb}$의 과대 횡류가 흐르고 등가적인 단락 상태가 된다.
- 이 경우 저압측 환산 임피던스 Za+Zb는 상당히 작은 값이어서 과대한 횡류가 흘러 단락 상태가 되고 변압기를 소손시키게 된다.

2) 상회전 방향이 맞지 않는 경우

아래 벡터도와 같이 등가적인 단락상태가 된다.

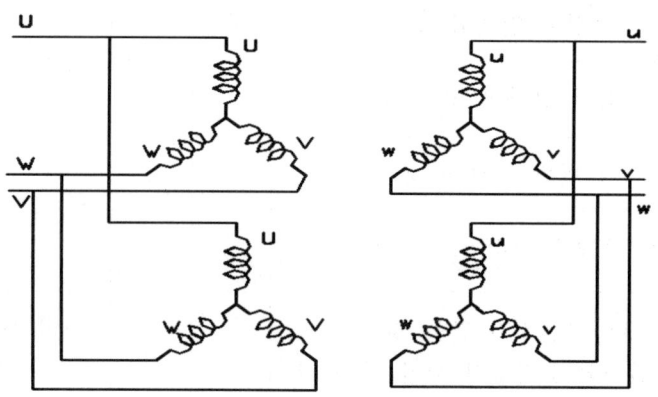

3) 각 변위가 맞지 않을 경우

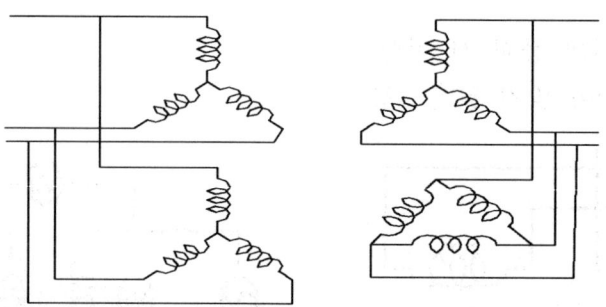

- Y-Y 결선의 변압기와 Y-Δ 결선의 3상 변압기 2대를 병렬 운전 하면 2차 Y결선의 변압기가 Δ변압기보다 30°의 위상이 빨라 $E_2a + E_2b$의 차전압이 발생하고 이것에 의한 횡류 Ic는

$$Ic = \frac{E_{2a} - E_{2b}}{Z_{2a} + Z_{2b}} \text{ 가 된다.}$$

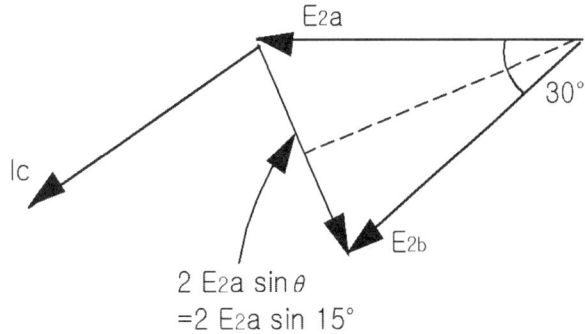

이 횡류의 크기는 $Ic = \frac{2\,E_2 \sin 15^0}{2\,Z_2} \fallingdotseq 0.26 \frac{100}{\%Z_2} I_2$

여기서 $E_2$ : 변압기 저압측 상 전압 (V)
$Z_2$ : 변압기 저압측 환산 임피던스 (Ω)
$\%Z_2$ : 변압기 % 임피던스 (%)
$I_2$ : 변압기 저압측 정격 전류 (A)

예를 들면 %임피던스가 각각 5.2%인 변압기의 경우 횡류는 저압측 정격 전류의 5배나 되어 병렬 운전이 불가능하게 된다.
- 결선 조합이 병렬운전 조건에 맞지 않을 경우 각 변위가 맞지 않는 경우처럼 횡류에 의해 과열

### 4) 정격 전압과 권수비가 같지 않을 경우

- 정격 전압이 맞지 않는 경우 소손의 원인이 될 수 있다.
  예. 3.3kV/110V 변압기를 6.6kV/220V 회로에 삽입시 권수비는 같다 해도 절연레벨이 낮아 소손이 될 수 있다.
- 또한 권수비가 상이하면 $E_2 a - E_2 b$ 의 차전압이 발생하고 이것에 의한 횡류 Ic는

$$Ic = \frac{E_{2a} - E_{2b}}{Z_a + Z_b} \text{ 가 된다.}$$

- 이 횡류는 동손을 증대시켜 변압기가 과열된다.
- 이 때문에 변압기의 횡류는 전부하 전류의 10% 이하로 제한함.
  그러기 위해서는 변압기의 권수비의 차가 1/2% 이내이어야 한다.

5) % 임피던스가 같지 않은 경우

   병렬 운전 중인 양 변압기의 저압측 권선의 부하 분담을 Pa, Pb 저압 권선측 % 임피던스를 %Za, %Zb라고 하면

   $$Pa = P \times \frac{\%Z_b}{\%Z_a + \%Z_b} \qquad Pb = P \times \frac{\%Z_a}{\%Z_a + \%Z_b}$$

   즉, 부하는 %임피던스에 반비례하여 %임피던스가 적은 변압기가 더 많은 부하를 분담하게 된다.

   %리액턴스와 %저항과의 비가 같지 않으면 양 변압기의 분담 전류 또는 분담 부하 용량간에 위상차가 생기므로, 최대 공급 부하 용량은 양 변압기 분담 부하 용량의 벡터합이 되고 동상시의 산술값 보다 작아진다.

6) 정격 용량비가 3:1 이상 클 경우

   정격용량이 작은 변압기가 과부하 되어 소손 원인이 됨.

## 4. 기타 주의사항

1) 변압기 2차 차단기 용량

   변압기를 병렬운전하게 되면 변압기의 2차 회로에서 전원측을 본 %임피던스의 합성치가 낮아진다.

2) 정격 차단 용량  $Ps = \sqrt{3} \, V \, Is = \sqrt{3} \, V \, \frac{100}{\%Z} \times In$

3) 여기서 변압기 병렬운전에 따라 %Z가 감소하면 Is와 Ps가 증가한다.

4) 따라서 차단기 차단용량을 높여 주어야 한다.

4.5 KSC IEC 60364-4-41의 감전 보호 체계에 대하여 설명하시오.

1. KSC IEC 60364의 감전 보호(안전보호) 체계

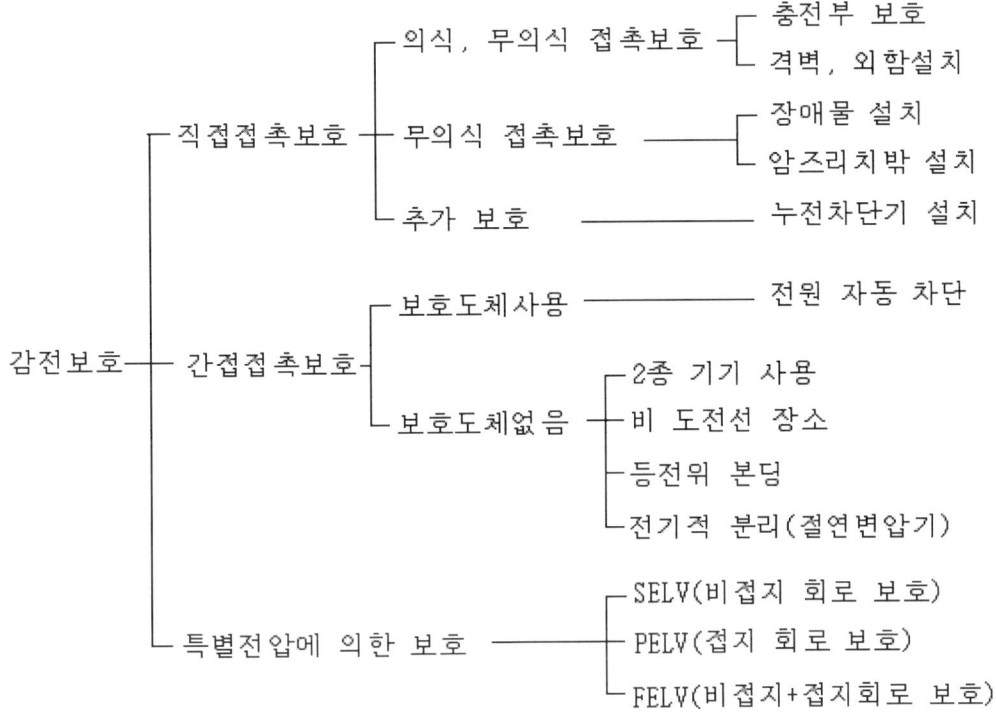

2. 직접 접촉보호(기본 보호)
전기 설비 충전부에 직접 접촉해서 발생하는 위험에 대하여 사람 또는 가축의 보호를 말한다.
1) 충전부 절연에 의한 보호
- 충전부를 제거할 수 없는 절연물로 완전히 피복
- 기타 절연은 사용기간 중에 가해질 전기적, 열적, 화학적, 기계적 응력에 충분히 견딜 수 있는 것이어야 하며, 단순한 도료, 바니스, 락카등은 절연 보호용으로 사용할 수 없다.

2) 격벽 또는 외함에 의한 보호
(1) 사람이나 동물이 쉽게 접촉할 수 없도록 시설하여야 한다.
(2) 다만, 램프홀더, 콘센트등 부품의 교환중에 개구부가 발생하는 경우 또는 기능상 개구부가 필요한 경우는 다음 조건을 만족시켜야 한다.
- 사람이나 동물이 무의식중에 충전부에 접촉할 수 없도록 조치를 하여야 한다.
- 사람이 개구부를 통해 충전부에 고의로 접촉하지 않을 정도로 조치를 하여야 한다.

(3) 격벽 또는 외함은 다음의 모든 조건을 갖추어야 한다.
- 보호 등급 IP 2X 이상(직경 12.5 mm 침입 방지)
- 쉽게 접근할 가능성이 있는 부분 : IP4X(직경 1mm 침입 방지)
(4) 격벽의 제거 또는 외함의 개방은 다음의 경우는 가능하다.
- 열쇄 또는 공구 사용
- 충전부의 전원을 차단한 후
- IP2X 이상의 중간격벽이 있는 경우

3) 장애물에 의한 보호
장애물이 무의식적으로 제거될 수 없도록 견고히 조정되어야 한다.

4) 손의 접근한계(암즈리치) 밖 시설에 의한 보호

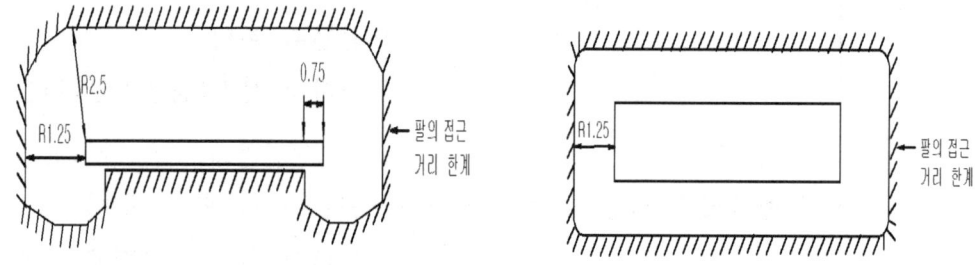

(1) 전기기기의 충전부는 보통상태에 사람이 점유하는 부분으로부터 소정의 거리 밖에 시설하여야 한다.
(2) 접근 가능한 다른 전압의 충전부 사이는 2.5m 이하로 해서는 안 된다.

5) 누전 차단기에 의한 추가 보호
- 누전 차단기에 의한 추가 보호는 상기 1) ~ 4)항의 어느 하나와 겸용 하여야 하며 누전 차단기 단독으로는 직접 접촉 보호 수단으로 사용 할 수 없다.
- 누전 차단기 정격 감도 전류는 30mA 이하로 한다.

3. 간접 접촉 보호(고장 보호)
고장시 노출 도전성 부분에 접촉해 생길지도 모르는 위험에 대한 사람 또는 가축의 보호를 말한다.
1) 전원의 자동 차단에 의한 보호
(1) 전원차단
- 충전부와 노출도전성 부분 또는 보호도체 사이에 교류 50V를 초과하는 접촉전압이 발생할 경우는 그 전원을 자동 차단해야 한다.
- 보호기의 종류 : 과전류 차단기, 누전 차단기등

(2) 보호 접지와 등전위 본딩
전원의 자동 차단에 의한 보호를 한 경우 보호 접지와 등전위 본딩은 다음에 의한다.
- 보호 접지
노출 도전성 부분은 보호 도체에 접속하여야 한다.
- 등전위 본딩
사람이 접촉할 경우 위험한 접촉전압이 발생할 우려가 있는 도전성 부분과 계통외 도전성 부분(철골, 수도관, 가스관, 금속배관등)은 전기적으로 상호 접속하는 등전위 본딩을 해야 한다.

2) 2종 기기사용에 의한 보호
- 이중 절연 또는 강화 절연 전기기기 사용

3) 비 도전성 장소에 의한 보호
- 노출 도전성 부분과 계통외 도전성 부분은 사람이 동시에 접촉하지 않도록 배치해야 한다.
- 보호 도체를 시설하지 않아야 한다.
- 전기 설비는 고정되어야 한다.
- 해당 장소에 외부의 전위가 인입되지 않도록 해야 한다.

4) 비 접지용 등전위 본딩에 의한 보호
비 접지용 등전위 본딩은 등전위 본딩용 도체에 의해 모두 접촉 가능한 노출 도전성 부분 및 계통외 도전성 부분을 상호 접속하여야 한다.

5) 전기적 분리에 의한 보호
절연 변압기 또는 그와 동등 이상의 안전 등급의 전원으로하고 전기를 공급하는 전로는 다음 조건을 만족해야 한다.
- 회로의 전압 : 500V 이하

4. 특별 저압에 의한 보호
특별 저압에 의한 보호는 교류 50V 이하, 직류 120V 이하의 보호이며 직접 접촉보호나 간접 접촉 보호 양쪽에 시행한다.
- SELV : Separated or Safety Extra Low Voltage (비접지 회로 보호)
- PELV : Protected Extra Low Voltage (접지 회로 보호)
- FELV : Functional Extra Low Voltage (비접지+접지 조합)

## 4.6 접지전극 부식형태를 구분하고 이종(異種) 금속 결합에 의한 부식원인 및 방지대책을 설명하시오.

### 1. 개요
1) 접지 : 접지극이 토양과 접촉되어 부식 발생
   대지 저항율, PH등 물리적인 성질, 주위환경등 영향
2) 전식 : 직류 전철 부근에 매설된 금속 배관에서 주로 발생하며
   전철에서 대지로 누설되는 누설전류에 의해 발생
3) 부식의 형태

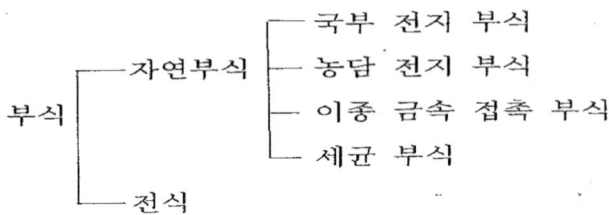

### 2. 부식의 종류
1) 국부 전지 부식 (마이크로 셀 부식)

   금속 표면은 불순물, 산화물, 기타피막, 결정구조등에 의해 매우 불균일하여 전극 전위는 동일 금속이라도 부분적으로 전위차가 존재하여 국부전지가 형성되어 부식이 진행된다.

2) 농담 전지 (濃淡 電池) 부식 (마이크로 셀 부식)

   동일 금속의 다른 부분에서 대지의 염류 농도나 용존 가스($O_2$)량이 다른 경우 금속 표면에 양극 부분과 음극부분을 형성하고 양극 부분의 부식이 촉진된다.

3) 세균부식

   매설 금속체의 부식은 토양중에 있는 세균 때문에 현저히 촉진된다.
   그중 대표적인 유산염, 환원 박테리아이고 산소 농도 PH 6~8의 점토질에 가장 번식하기 쉽다.

4) 이종 금속 접촉 부식(갈바닉 부식)

   이종 금속이 결합하여 부식되는 것으로 고전위 금속과 저전위 금속이 접촉할 경우, 전극전위가 낮은 금속이 양극화되어 양극부분이 부식한다.
   토양중에서 이 부식이 일어나는 사례로는 황동과 직결된 철판, 동제 접지체와 연결된 철 구조물 등이다.

- 자연 전위열

| 금속 종류 | 은 | 동 | 납 | 강, 주철 | 알루미늄 | 아연 |
|---|---|---|---|---|---|---|
| 전위(V) | -0.06 | -0.17 | -0.5 | -0.45 ~ 0.65 | -0.78 | -1.07 |

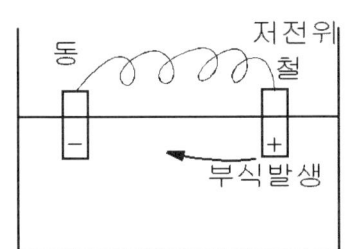 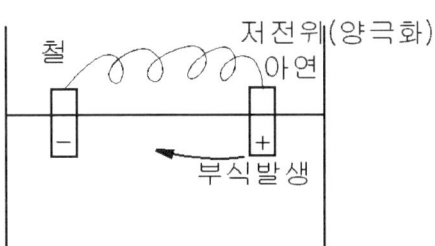

5) 전식(미주전류 부식)
   - 매설 금속체에 외부 전원의 누설 전류에 의해서 발생
   - 도시의 지하와 같이 여러 종류의 매설물이 혼합하여 있을 때 심함.
   - 전식에는 교류 전식과 직류 전식이 있으며, 직류 전식이 심함.
   - 자연부식은 금속표면이 전부 부식하는데 전식은 국부적으로 부식한다.

## 3. 이종 금속 결합에 의한 부식원인

1) 수분의 부착/ 온도의 영향

   이종 금속의 접촉 부식은 국부전지작용(일종의 전기분해작용)이기 때문에 수분이 없으면 절대 부식은 발생하지 않지만, 대기 중에 노출되어 있으므로 수분의 부착이나 온도에 영향을 받을 수 있다.

2) 부식 환경의 영향(염수 ; 해안지구. 아황산수 ; 공해지구)

   부착 수분의 성질, 예를 들면 염수(해안 지방). 아황산 수(공해 지대) 등에 따라 물의 도천성이 높게 되고, 그 농도에 따라 부식은 상당히 빨라진다.

3) 온도조건 (20 ℃ 가 넘으면 2 배가 빠르다)

   온도가 높으면 부식이 빨라지고, 온도가 20 [℃] 높아지면 부식 속도는 약 2 배가 된다.
   연간 기온이 높은 개소 또는 전류 등에 의하여 온도가 상승하는 개소는 주의가 필요하다.

4) 분진의 부착

   분진이 부착되면 습기를 먹고 또 분진의 성분이 습기에 용해된다.

## 4. 이종 금속 결합에 의한 부식 방지대책

1) 이종금속 접촉 부위에는 수분이 모이지 않는 구조로 한다.
2) 이종금속 간 절연한다.
   국부 전지의 전류를 차단시킴으로서 부식을 방지한다.
3) 중간 금속을 삽입한다.

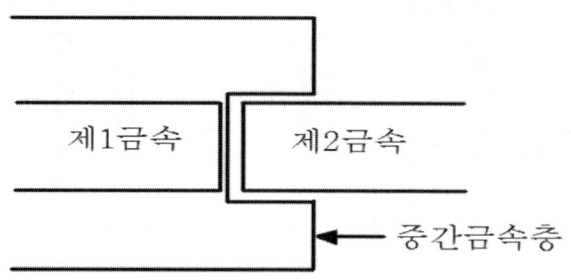

중간 금속을 삽입함으로써 이종금속 상호의 전위차를 감소시켜 부식을 감소시킨다

4) 전극 전위가 상호 접근된 것을 선정한다.
5) 접촉 면적을 적게 한다.

< 상대 전위와 부식 정도 >

| 상대전위차 | 부식측 금속의 부식 정도 |
|---|---|
| 0 ~ 0.2 | 거의 부식되지 않는다 |
| 0.2 ~ 0.8 | 약간의 부식이 진행 된다 |
| 0.8 ~ 1.2 | 심하게 부식 된다 |
| 1.2 이상 | 조합이 불가능 하다 |

## 3장

제113회 (2017.08)
기출문제

건축전기설비
기술사
기출문제

# 국가기술 자격검정 시험문제

기술사 제 113 회   제 1 교시 (시험시간: 100분)

| 분야 | 전기전자 | 자격종목 | 건축전기설비기술사 | 수험번호 | | 성명 | |
|---|---|---|---|---|---|---|---|

※ 다음 문제 중 10문제를 선택하여 설명하시오. (각10점)

1. 불평형 고장계산을 위한 대칭좌표법에 대하여 설명하시오.

2. 그림과 같이 3상 평형 부하인 경우 중성선 O'-O에는 전류가 흐르지 않음을 수식으로 설명하시오.

   단, $i_1 = I_m \sin wt$,  $i_2 = I_m \sin(wt - \frac{2\pi}{3})$,  $i_3 = I_m \sin(wt - \frac{4\pi}{3})$

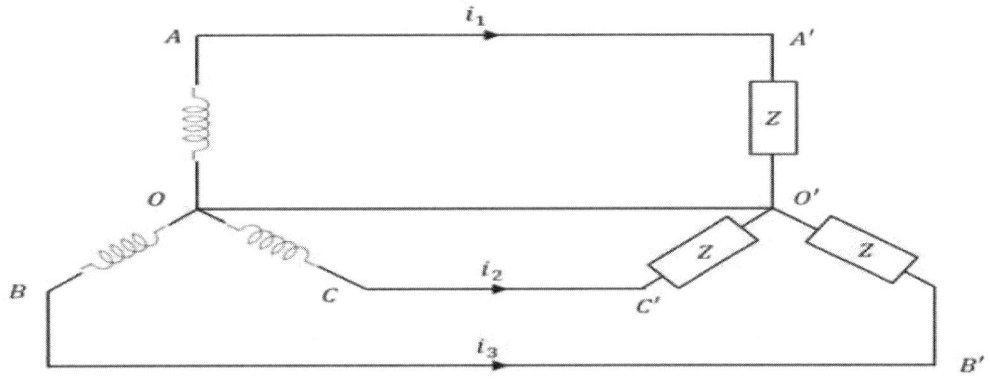

3. 건축물의 전기설비중 변압기의 용량 산정 및 효율적인 운영을 위한 수용률, 부등률, 부하율을 각각 설명하고, 상호관계를 기술하시오.

4. 전력기술관리법에 의한 설계감리를 받아야 하는 전력시설물의 대상을 쓰시오.

5. 전기사용장소의 시설 중 특수장소에 해당하는 장소에 대하여 설명하시오.

6. 도로조명의 기능과 운전자에 대한 휘도기준에 대하여 설명하시오.

7. 자가용 수전설비의 사용전검사에 시험성적서가 필요한 전기설비 대상기기에 대하여 설명하시오.

# 국가기술 자격검정 시험문제

기술사 제 113 회 제 1 교시 (시험시간: 100분)

| 분야 | 전기전자 | 자격종목 | 건축전기설비기술사 | 수험번호 | | 성명 | |

---

8. KS C IEC 60364-70710(의료장소)에 의한 비상전원에 대한 공급사항을 설명하시오.

9. 22.9kV, 주차단기 차단용량 520MVA일 경우 피뢰기의 접지선 굵기를 나동선과 GV전선으로 구분하여 각각 선정하시오.

10. 특고압(22.9kV-y) 가공선로 2회선으로 수전하는 경우 특고압 중성선의 가선(架線)방법에 대하여 설명하시오.

11. 공통, 통합접지의 접지저항 측정방법에 대하여 설명하시오.

12. 전력수요관리제도(DSM:Demand Side Management)에 대해서 설명하시오.

13. 소방 펌프용 3상 농형 유도전동기를 Y-△방식으로 기동하고자 한다. Y-△방식이 직입(전전압)기동 방식에 비해서 기동전류 및 기동토크가 1/3로 감소됨을 설명하시오.

# 국가기술 자격검정 시험문제

기술사 제 113 회 　　　　　　　　　제 2 교시 (시험시간: 100분)

| 분야 | 전기전자 | 자격종목 | 건축전기설비기술사 | 수험번호 | | 성명 | |
|---|---|---|---|---|---|---|---|

※ 다음 문제 중 4문제를 선택하여 설명하시오. (각10점)

1. 건축전기설비 공사에 주로 적용되는 합성수지관, 금속관, 가요전선관의 특징과 시공상 유의사항에 대하여 각각 설명하시오.

2. 건축전기설비 자동화시스템의 제어기로 많이 사용되고 있는 PLC(Programmable Logic Controller)에 대하여 구성요소, 설치시 유의사항에 대하여 설명하시오.

3. 그림과 같은 저압회로의 $F_1$ 지점에서 1선 지락전류와 3상 단락전류를 계산하시오.
(단, 전원측 용량 100MVA를 기준으로 하고 선로의 임피던스는 무시하며 1선 지락의 고장저항은 5Ω이다.)

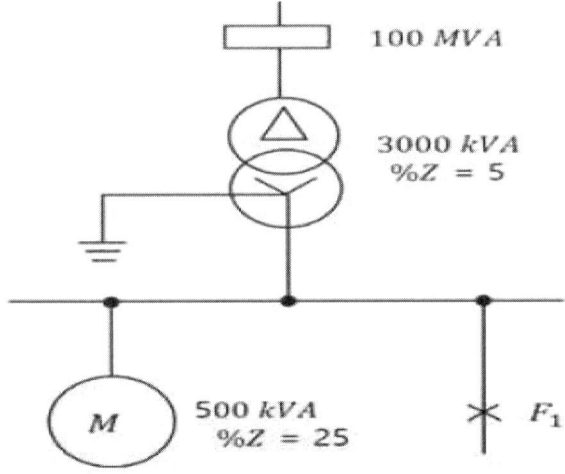

4. 3상 농형 유도전동기의 기동용, 속도제어용 및 전력절감용으로 인버터(Inverter) 시스템을 많이 사용하고 있다. 인버터 시스템 적용 시 고려사항을 인버터와 전동기로 구분하여 설명하시오.

# 국가기술 자격검정 시험문제

기술사 제 113 회    제 2 교시 (시험시간: 100분)

| 분야 | 전기전자 | 자격종목 | 건축전기설비기술사 | 수험번호 | | 성명 | |
|------|----------|----------|--------------------|----------|--|------|--|

---

5. 누전화재 경보기를 설명하고, 누전화재 경보기를 설치해야 할 건축물의 종류와 시설방법을 쓰시오.

6. 다음 조건을 적용하여 수전설비 단선결선도를 작성하고, 사용되는 주요기기를 설명하시오.

【조건】

| 전등·전열부하 500 kVA | 일반부하 400 kVA |
|---|---|
| | 비상부하 100 kVA |
| 동력부하 500 kVA | 일반부하 400 kVA |
| | 비상부하 100 kVA |

# 국가기술 자격검정 시험문제

기술사 제 113 회   제 3 교시 (시험시간: 100분)

| 분야 | 전기전자 | 자격종목 | 건축전기설비기술사 | 수험번호 | | 성명 | |

※ 다음 문제 중 4문제를 선택하여 설명하시오. (각10점)

1. 동력설비의 에너지 절감 방안을 전원공급, 전동기 부하 사용 측면에서 각각 설명하시오.

2. 그림과 같은 회로에서 지상 역률 0.75로 유효전력 10 kW를 소비하는 부하에 병렬로 콘덴서를 설치하여 부하에서 본 역률을 0.9로 개선하고자 한다. 콘덴서를 설치하여 역률을 0.9로 개선하였을 경우 부하전압을 220V로 유지하기 위하여 전원측에 인가해야 할 전압($V_S$)을 계산하시오.

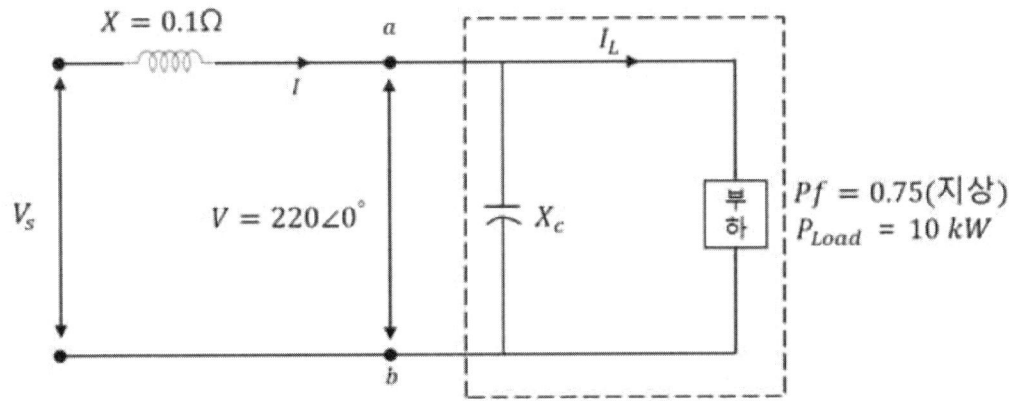

3. 3상 변압기 병렬운전을 하고자 한다. 다음 결선에 대하여 병렬운전의 가능, 불가능을 판단하고 그 이유를 설명하시오.
   1) △-Y 와 △-Y 결선    2) △-Y 와 Y-Y 결선

4. 고조파가 전력용 변압기와 회전기에 미치는 영향과 대책을 설명하시오.

5. 전력기술관리법에 의한 감리원 배치기준을 설명하시오.

6. 전기설비기술기준의 판단기준 제 177조(점멸장치와 타임스위치의 시설)의 시설기준에 대하여 설명하시오.

# 국가기술 자격검정 시험문제

기술사 제 113 회 　　　　　　　　　제 4 교시 (시험시간: 100분)

| 분야 | 전기전자 | 자격종목 | 건축전기설비기술사 | 수험번호 | | 성명 | |
|---|---|---|---|---|---|---|---|

---

※ 다음 문제 중 4문제를 선택하여 설명하시오. (각10점)

1. 비상발전기 용량 선정 시 PG방식과 RG방식에 대하여 설명하시오.

2. 1000병상 이상 대형병원의 조명설계에 대하여 설명하시오.

3. 변압기 보호용으로 비율차동계전기를 적용할 경우 고려사항을 설명하시오.

4. 전력 케이블의 화재 원인과 대책을 쓰시오.

5. 건물에너지관리시스템(Building Energy Management System)의 개념, 필요성, 공공기관 의무화, 설치 확인에 대하여 각각 설명하시오.

6. 저압 배전계통에서 SPD(Surge Protective Device)의 접속형식과 Ⅰ등급, Ⅱ등급 SPD의 보호모드별 공칭방전전류와 임펄스전류에 대하여 설명하시오.

## 3장

제113회 (2017.08)

문제해설

건축전기설비 기술사 기출문제

1.1 불평형 고장계산을 위한 대칭좌표법에 대하여 설명하시오.

1. **대칭 좌표법이란**

   대칭좌표법은 불평형 3상 전압이나 전류를 평형의 3성분(상순이 a-b-c인 정상분, 상순이 이와 반대인 역상분 및 각 상에 공통된 단상분인 영상분)의 대칭분으로 분해하여 해석한다.

   즉, 각 상마다 대칭분을 합성하면 불평형 3상 전압이나 전류가 얻어 진다

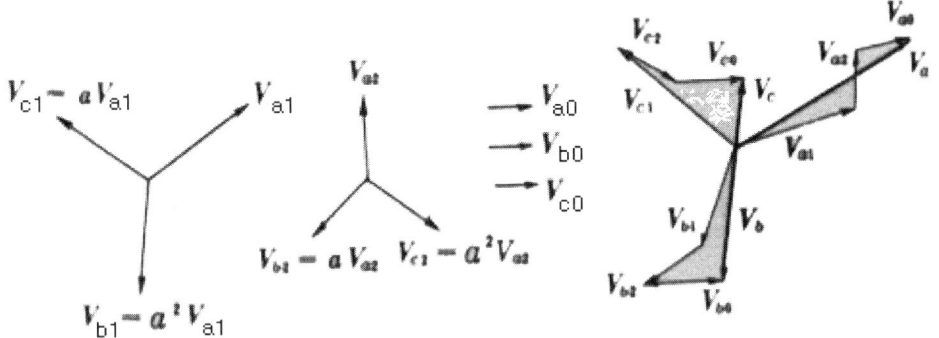

   정상분+역상분+영상분=불평형 3상전압($V_a$, $V_b$, $V_c$)
   **불평형 3상 전압의 합성 및 분해**

2. 각상전압
   - a상 : $V_a = V_0 + V_1 + V_2$
   - b상 : $V_b = V_0 + a^2 V_1 + a V_2$
   - c상 : $V_c = V_0 + a V_1 + a^2 V_2$

3. 대칭분 전압
   - 영상분 : $V_0 = \dfrac{1}{3}(V_a + V_b + V_c)$
   - 정상분 : $V_1 = \dfrac{1}{3}(V_a + a V_b + a^2 V_c)$
   - 역상분 : $V_2 = \dfrac{1}{3}(V_a + a^2 V_b + a V_c)$

1.2 그림과 같이 3상 평형 부하인 경우 중성선 0' - 0 에는 전류가 흐르지 않음을 수식으로 설명하시오.

단, $i_1 = I_m \sin\omega t$, $i_2 = I_m \sin(\omega t - \frac{2\pi}{3})$, $i_3 = I_m \sin(\omega t - \frac{4\pi}{3})$

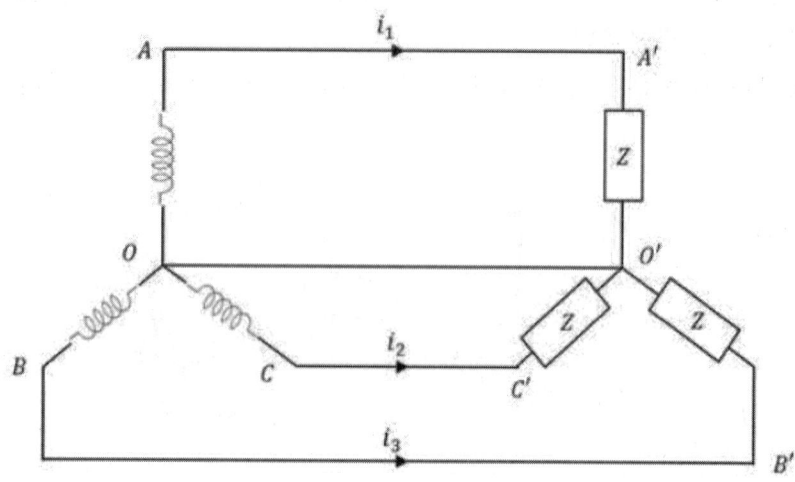

1. 각 상 전류

   - A 상 전류 : $i_1 = I_m \sin \omega t = \frac{Im}{\sqrt{2}} \angle 0°$

   - B 상 전류 : $i_2 = I_m \sin(\omega t - \frac{2\pi}{3}) = \frac{Im}{\sqrt{2}} \angle (-120°)$

   - C 상 전류 : $i_3 = I_m \sin(\omega t - \frac{4\pi}{3}) = \frac{Im}{\sqrt{2}} \angle (120°)$

2. 중성선 전류

   $I_N = i_1 + i_2 + i_3$

   $= I_m \sin \omega t + I_m \sin(\omega t - \frac{2\pi}{3}) + I_m \sin(\omega t - \frac{4\pi}{3})$

   $= \frac{Im}{\sqrt{2}} \angle 0° + \frac{Im}{\sqrt{2}} \angle (-120°) + \frac{Im}{\sqrt{2}} \angle (120°)$

   $= \frac{Im}{\sqrt{2}} (1 + a^2 + a) = 0$

   따라서 중성점에는 전류가 흐르지 않음

1.3 건축물의 전기설비중 변압기의 용량 산정 및 효율적인 운영을 위한 수용률, 부등률, 부하율을 각각 설명하고, 상호관계를 기술하시오.

1. 수용율

   수용가의 부하설비는 동시에 전부가 사용되는 일은 거의 없으므로 수용가의 부하설비 합계와 그것이 사용되고 있는 시점에서의 최대 전력과는 반드시 일치하지는 않는다.
   수용율이란 이 최대 수요 전력(KW)과 부하설비 용량의 합계(KW)와의 백분율(%)이다.

   $$수용율 = \frac{최대 수용 전력}{부하 설비용량 합계} \times 100 (\%)$$

2. 부등율

   부등율이란 수전방식에서 변압기를 2 STEP 방식 채택시 Main TR에만 적용하는 것으로서 다음식과 같이 나타낸다.

   $$부등율 = \frac{각 부하의 최대 전력의 합}{합성 최대 수용 전력} \times 100 (\%)$$

3. 부하율

   부하의 평균 전력(KW)과 최대 수요 전력(1시간 평균) (KW)의 백분율 (%)을 말하며 일 부하율, 월 부하율, 년 부하율 등이 있다.

   $$부하율 = \frac{부하의 평균 전력}{최대수요전력(1시간평균)} \times 100 (\%)$$

4. 상호 관계

   $$부등율 = \frac{부하설비용량 \times 수용율}{합성 최대 수용 전력} \times 100 (\%)$$

   $$부하율 = \frac{부하의 평균 전력}{부하설비용량} \times \frac{부등율}{수용율} \times 100 (\%)$$

1.4 전력기술관리법에 의한 설계감리를 받아야 하는 전력시설물의 대상을 쓰시오.

## 1. 관련법령
1) 전력기술관리법 제11조 4항
2) 전력기술관리법 시행령 제18조

## 2. 설계 감리를 받아야 하는 전력시설물 ( 전력기술관리법 시행령 제18조 )
1) 용량 80만 킬로와트 이상의 발전설비
2) 전압 30만 볼트 이상의 송전·변전설비
3) 전압 10만 볼트 이상의 수전설비·구내배전설비·전력사용설비
4) 전기철도의 수전설비·철도신호설비·구내배전설비·전차선설비·전력사용설비
5) 국제공항의 수전설비·구내배전설비·전력사용설비
6) 21층 이상이거나 연면적 5만 제곱미터 이상인 건축물의 전력시설물.
   다만, 「주택법」 제2조 제2호에 따른 공동주택의 전력시설물은 제외한다.

## 3. 설계 감리원의 업무 ( 설계 감리 업무 수행지침 제4조 )
( 전력기술관리법 시행령 제18조 제6항에 의거 )
1) 주요 설계용역 업무에 대한 기술자문
2) 사업기획 및 타당성조사 등 전 단계 용역 수행 내용의 검토
3) 시공성 및 유지 관리의 용이성 검토
4) 설계도서의 누락, 오류, 불명확한 부분에 대한 추가 및 정정 지시 및 확인
5) 설계업무의 공정 및 기성관리의 검토·확인
6) 설계감리 결과보고서의 작성
7) 그 밖에 계약문서에 명시된 사항

1.5 전기 사용 장소의 시설 중 특수 장소에 해당하는 장소에 대하여 설명하시오.

인용 : 내선 규정 제4부 특수 설비 및 특수 장소의 시설

1. 특수 장소 (내선규정 제4부 제42장)
   1) 방전등 공사 장소
   2) 가스증기 위험장소
   3) 분진 위험장소
   4) 화약고등의 위험장소
   5) 부식성가스 등이 있는 장소
   6) 위험물 등이 존재하는 장소
   7) 불연성 먼지가 많은 장소
   8) 습기가 많은 장소 또는 물기가 있는 장소
   9) 염해를 받을 우려가 있는 장소
   10) 흥행장
   11) 터널·갱도 기타 이와 유사한 장소

2. 특수 설비 (내선규정 제4부 제41장)
   1) 전기울타리
   2) 전기욕조
   3) 사우나탕등
   4) 은 이온 살균장치
   5) 전극식 온천 승온기
   6) 전기온상 등
   7) 전기온돌 등
   8) 주택용 계통연계형 태양광 발전설비의 시설
   9) 심야 전력기기
   10) 옥외 조명시설
   11) 엑스선 발생장치
   12) 의료장소의 접지시설 등
   13) 전격 살충기
   14) 유희용 전차
   15) 전기 집진장치 등
   16) 전기 도금조
   17) 예비전원
   18) 파이프라인 등의 전열장치

19) 콘크리트 양생선
20) 비행장 등화배선
21) 소세력 회로
22) 집전식 자주반송장치
23) 임시시설
24) 임시가공전식 시설
25) 전선 이상온도 검지장치
26) 전기방식
27) 축사·양축장 등

## 1.6 도로조명의 기능과 운전자에 대한 휘도기준에 대하여 설명하시오.

### 1. 도로 조명의 기능
1) 교통 안전의 도모
2) 도로 이용 효율의 향상
3) 차량 운전자의 불안감 제거와 피로감 경감
4) 보행자의 불안감 제거
5) 범죄의 예방과 감소
6) 도시 미관

### 2. 조명 설계 기준(KSA 3701)
1) 운전자에 대한 휘도 기준

| 도로 조명 | 교 통 량 | 등급 | 평균노면 휘도($Cd/m^2$) |
|---|---|---|---|
| 1. 고속도로 자동차 전용도로 | 교통량 많고 도로선형 복잡한 곳 | M1 | 2.0 |
| | 교통량이 많거나 도로 선형이 복잡한 곳 | M2 | 1.5 |
| | 교통량이 적고 도로 선형이 단순한 곳 | M3 | 1.0 |
| 2. 도시도로 국도 | 신호등등 교통제어가 부족한 곳 | M2 | 1.5 |
| | 신호등등 교통제어가 잘되어 있는 곳 | M3 | 1.0 |
| 3. 지방도로 주택지역도로 | 신호등등 교통제어가 부족한 곳 | M4 | 0.75 |
| | 신호등등 교통제어가 잘되어 있는 곳 | M5 | 0.5 |

2) 보행자에 대한 기준

| 야간 보행자 교통량 | 지 역 | 수평면조도(lx) | 수직면조도(lx) |
|---|---|---|---|
| 보행자 많은 도로 | 상업 | 20 | 4 |
| | 주택 | 5 | 1 |
| 보행자 적은 도로 | 상업 | 10 | 2 |
| | 주택 | 3 | 0.5 |

1.7 자가용 수전설비의 사용전 검사에 시험성적서가 필요한 전기설비 대상기기에 대하여 설명하시오.

인용 : 한국전기안전공사 사용전검사 지침서

## 1. 시험성적서 확인대상 기기 및 종류

1) 사용 전 검사시 실시하는 고압이상 전기기기에 대한 시험성적서 확인대상 기기는 고압이상 전기 기계기구와 고압 이상의 전기설비를 보호하는 보호 장치 및 설비로서 다음 표와 같다

| 기 기 명 | 종 류 명 |
|---|---|
| ① 변압기 | 유입식변압기, 몰드식변압기, 기타 |
| ② 차단기 | 가스절연개폐장치(GIS), 가스차단기(GCB), 유입차단기(OCB), 진공차단기(VCB), 기타 |
| ③ 보호계전기 | 과전류계전기(OCR), 과전류접지계전기(OCGR), 선택접지계전기(SGR), 방향성접지계전기(DGR), 접지계전기(GR), 과전압접지계전기(OVGR), 과전압계전기(OVR), 부족전압계전기(UVR), 비율차동계전기(RDR), 결상계전기(POR), 복합형계전기, 기타 |
| ④ 보호설비 | 파워퓨즈(PF), 컷아웃스위치(COS), 퓨즈부착단로기(FDS), 퓨즈부착부하개폐기(LBS) |
| ⑤ 피뢰기 | LA(갭형, 갭레스형), SA(서지흡수기), SA(서지어레스터), 기타 |
| ⑥ 변성기 | 전압변성기(PT), 전류변성기(CT), 접지전압변성기(GPT), 영상변류기(ZCT), 계기용변성기(MOF), 기타 |
| ⑦ 개폐기 | 자동구간개폐기(ASS), 자동부하절체스위치(ALTS), 인터럽터스위치(Int'S/W), 부하개폐기(LBS퓨즈없음), SF6가스개폐기, 단로기(DS), 라인스위치(LS), 유입개폐기(OS), 리클로우저, 색숀어라이저, 기타 |
| ⑧ 케이블접속재 | 고압이상 케이블종단접속재 |
| ⑨ 케이블 | CNCV케이블, CVCN케이블, CV케이블, OF케이블, 기타 |
| ⑩ 콘덴사 | 접지콘덴사(GSC), 진상용콘덴사(SC) |

2) 이 기기 외의 설비 즉 지지애자, 절연전선 및 접속금구류, 수배전반 자체함 등은 시험성적서 확인대상이 아니며 수배전반에 부착되는 각종 지시계기나

셀렉트스위치, 파일롯트램프, 레코드, 경보용벨 및 디멘드콘트롤러 등의 표시, 제어설비도 시험성적서 확인대상이 아님.

보호계전기의 동작을 지연시키거나 보조하는 타이머, 리미트스위치, 마그네트스위치, 릴레이류 등과 AC/DC 정류기 및 축전지 등도 사용전 검사시에 시험 성적서를 제시할 필요가 없다.

## 2. 시험성적서의 종류 및 확인범위

1) 고압이상 전기기기의 시험성적서는 공인기관의 시험성적서를 확인함을 원칙으로 한다. 다만, 다음과 같은 경우에는 제작회사 자체시험 성적서를 인정한다.

2) 제작회사 자체시험성적서 인정품목

　제작회사의 대표자 또는 단위사업장의 장(공장장 등) 명의로 발행된 것에 한한다.

　(1) KS표시품, 케이블

　(2) 중전 기기시험기준 및 방법에 관한 요령에 의한 공인 시험기관의 인증 시험이 면제된 제품

　(3) 수전용 변압기 2차측 및 발전설비 중 사용전압 1만 볼트 미만의 변성기, 개폐기, 피뢰기

　(4) 공인시험기관의 개발시험을 받은 제품으로서 전기적 특성시험설비가 있는 업체의 케이블 접속재

　(5) 개발시험 합격제품 중 ISO인증 공장에서 생산되는 품질보증 체제 인증서에 표시된 제품의 경우

　(6) "품"자 표시제품

1.8 KS C IEC 60364-70710(의료장소)에 의한 비상전원에 대한 공급사항을 설명하시오.

1. 개요
   의료장소에는 전원의 공급정지로 인하여 생명의 위협이 유발되는 장소로서 다음과 같은 비상전원이 확보되어야 한다.

2. 의료장소 구분

| 구 분 | 내 용 | 적 용 |
|---|---|---|
| GROUP 0 | 의료기기와 접촉발생이 없는 장소 | 마사지실 |
| GROUP 1 | 의료기기와 접촉발생이 있는 장소 | 일반병실, 물리치료실 검사처치실, 핵의학 |
| GROUP 2 | 의료기기와 접촉발생이 심한 장소 | 수술실, 중환자실 |

3. 비상 전원 분류

| 등 급 | 분 류 |
|---|---|
| 0 등급 (차단 없음) | 차단없이 공급가능한 자동 전원 |
| 0.15 등급 (극소시간 차단) | 0.15초 이내에 공급 가능한 자동 전원 |
| 0.5 등급 (순간 차단) | 0.5초 이내에 공급 가능한 자동 전원 |
| 15 등급 (중간 차단) | 15초 이내에 공급 가능한 자동 전원 |
| >15 등급 (장시간 차단) | 15초 이상에서 공급 가능한 자동 전원 |

4. 비상 전원 공급

| 비상전원 절체시간 | 유지시간 | 요구실 또는 기기 |
|---|---|---|
| 0.5초 이하 | 3시간 | 수술실, 내시경, 필수조명 |
| 15초 이하 | 24시간 | 배연설비, 소방용승강기 호출시스템, 비상조명 |
| 15초 이상 | 24시간(권장) | 소독기기, 냉각기기, 폐기물처리, 축전지 |

   1) 절환주기가 0.5초 이하인 전원
      ① 배전반에서 하나 또는 여러 개의 상도체 전압 결함이 발생할 경우, 특수

안전전원은 수술실 테이블과 내시경과 같은 기타 필수 조명의 조명을 최소 3시간동안 유지하여야 하고, 0.5초를 넘지 않는 절환 주기 내에 전원을 복원하여야 한다.

2) 절환주기가 15초 이하인 전원
   ① 안전조명, 소방에 따르는 기기는
   비상전원용 주배전반에서 하나 또는 그 이상의 선도체의 전압이 전원전압 공칭값의 10% 이상 감소하였을 때, 최소 24시간 동안 기기를 유지할 수 있는 안전전원에 15초 안에 접속해야한다.

3) 절환시간이 15초 이상인 전원
   ① 상기 1), 2)에서 취급하는 것을 제외한 병원 서비스의 유지를 위해 요구되는 기기는 자동으로 또는 수동으로 최소 24시간 동안 유지 가능한 안전 전원에 접속될 수 있다.
   ② 기기의 예는 소독기기, 건축물 관련설비( 냉. 난방, 환기 시스템 등) 냉각기기, 조리기기 등.

## 5. 15초 이하에 공급하는 설비
1) 비상 조명
   ① 탈출로
   ② 비상구 표시등
   ③ 비상 발전기실 및 수변전실
   ④ 필수 서비스를 위한 방의 각방에 최소 한등이상.
   ⑤ 그룹1 의료장소의 방은 각방에 최소 한등이상.
   ⑥ 그룹2 의료장소의 방은 각방의 전등의 50% 이상 전등

2) 소방 설비
   ① 소방관을 위해 선정된 승강기
   ② 연기 추출을 위한 환기 시스템
   ③ 호출 시스템
   ④ 화재 감지, 화재경보와 소화 시스템.

3) 의료 기기
   ① 압축공기 및 산소공급 설비
   ② 혼수(마취)피로 및 그 모니터링 장치

1.9 22.9kV, 주차단기 차단용량 520MVA일 경우 피뢰기의 접지선 굵기를 나동선과 GV전선으로 구분하여 각각 선정하시오.

1. 접지선 굵기 산정시 고려사항
   1) 고장시 안전하게 흐를 수 있는 통전 전류
   2) 접지선의 온도 상승, 열축적
   3) 전원측 차단기와의 협조
   4) 기계적 강도, 내구성, 내식성등

2. 접지선 굵기 산정
   1) 고장 전류 계산
   $$Is = \frac{Pa}{\sqrt{3} \times V} = \frac{520\,[MVA]}{\sqrt{3} \times 22.9\,[kV]} = 13,110\,[A]$$

   2) 나동선 굵기 (IEEE std 80 적용)
   $$A = \sqrt{\frac{8.5 \times 10^{-6} \times t}{\log_{10}(\frac{T}{274}+1)}} \times Is\ (mm^2)$$

   T : 최대허용온도 [850℃]
   $Is$ : 고장전류 [A]
   $t$ : 22.9kV에서 1.1초 정도 (한전 설계기준 2601)

   $$= \sqrt{\frac{8.5 \times 10^{-6} \times 1.1}{\log_{10}(\frac{850}{274}+1)}} \times 13,110 = 51.2\,[mm^2]$$

   따라서 IEC 규격품 나동선 70㎟ 를 사용하면 됨.

   3) GV 전선 굵기 (IEC 60364 적용)
   $$A = \frac{\sqrt{Is^2 \cdot t}}{k} = \frac{\sqrt{13110^2 \times 1.1}}{143} = 96.15\,[mm^2]$$

   $k$ : 절연도체 초기온도와 최종온도로 정해지는 계수
      (KS C IEC 60364-5-54 : k = 143)
   따라서 IEC 규격품 GV 전선 120㎟ 를 사용하면 됨.

* 참고(IEC 전선 규격) : 1.5, 2.5, 4, 6, 10, 16, 25, 35, 50, 70, 95, 120, 150, 185, 240, 300[㎟]

1.10 특고압(22.9kV-y) 가공선로 2회선으로 수전하는 경우 특고압 중성선의 가선(架線)방법에 대하여 설명하시오.

## 1. 수전 방식

| 수전방식 | | 정전시간 | 경제성 | 공급신뢰도 | 특징(장·단점) |
|---|---|---|---|---|---|
| 1회선 방식 | CB — CB — TR<br>전력회사 / 수용가 | 길다 | 가장 경제적 | 나쁘다 | 소규모 |
| 평행2회선 수전 | | 짧다 | 조금 비싸다 | 좋다 | 중규모 |
| 본선+예비선수전 | | 단시간 | 비싸다 | 좋다 | 대규모 |
| Loop 수전 | | 순시 | 비싸다 | 좋다 | 인근에 Loop 수용가가 있어야 함 |
| Spot-Network 수전 | | 무정전 | 가장 비싸다 | 가장 좋다 | 중요한 시설에 설치 |

## 2. 특 고압 중성선의 가선 방법 (인용 : 내선규정 2155-4)

1) 동일변전소에서 인출된 특 고압 배전선의 중성선은 서로 공용하며, 서로 다른 변전소에서 인출된 특 고압 배전선의 중성선은 공용하여서는 안 된다
2) 전원이 서로 다른 배전선을 동일 지지물에 병가할 때 중성선은 별도로 가선하여야 한다.
3) 한 전주에서 서로 다른 배전선의 중성선은 함께 접지할 수 없으며 접지는 격주 교대로 시설하여야 한다.
4) 공급전원이 다른 선로에서 전환하여 수전하는 경우 중성선도 같이 전환되도록 시설하여야 한다.
5) 중성선은 나전선을 사용하여야 하며, 저압애자로 지지한다.
   다만, 인류 개소, 장 경간 등 저압애자를 사용할 수 없는 경우는 적용하지 않는다.
6) 중성선의 최소 굵기는 ACSR 32 ㎟ 이상으로서 전압선과 같은 굵기의 전선을 사용하여야 하며, 최대 굵기는 ACSR 95 ㎟ 로 한다.
   단, 통신선의 유도장애 경감 대책으로 중성선을 굵게 할 경우는 적용하지 않는다.
7) 장 경간 또는 특수지역에서 기계적 강도가 필요할 경우는 적용하지 않는다.
8) 중성선의 접지는 매 지지물마다 접지하여야 한다.

1.11 공통, 통합접지의 접지저항 측정방법에 대하여 설명하시오.

인용 : 안전공사 **공통통합접지 검사업무처리방법**

1. 공통·통합 접지저항 측정방법
   1) 보조극을 일직선으로 배치하여 측정하는 방법

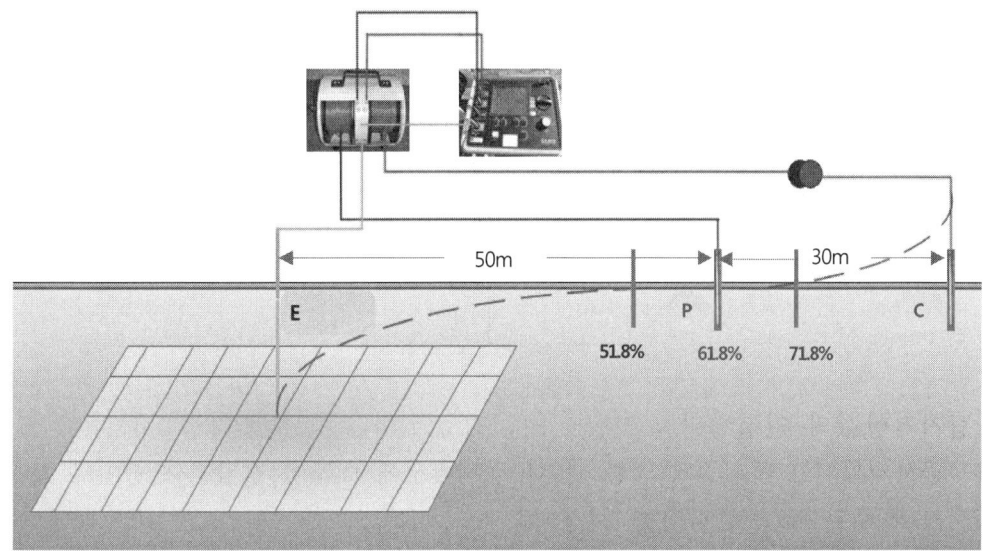

   ① 보조극은 저항구역이 중첩되지 않도록 접지극 규모의 6.5배 이격하거나, 접지극과 전류보조극간 80m이상 이격하여 측정
   ② P위치는 전위변화가 적은 E, C간 일직선상 61.8%지점에 설치
   ③ 접지극의 저항이 참값인가를 확인하기 위해서는 P를 C의 61.8%지점, 71.8%지점 및 51.8%지점에 설치하여 세 측정값을 취함
   ④ 세 측정값의 오차가 ±5%이하이면 세 측정값의 평균을 E의 접지 저항값으로 함
   ⑤ 세 측정값의 오차가 ±5% 초과하면 E와 C간의 거리를 늘려 시험을 반복함

   2) 보조극을 90° ~ 180° 배치하여 측정하는 방법
   ① 300ft×300ft(91.44m×91.44m) 규모의 접지극은 보조극과의 이격거리가 750~1000ft(228.6~304.8m)로 약 2.5배 이상 되어야 함
   ② C와 P를 연결하여 측정한 값과 결선을 반대로 하여 측정한 두 측정값을 취함
   ③ 각각의 방법으로 측정한 저항값의 차이가 15[%]이하이면 두 측정값의 평균을 E의 접지 저항값으로 함
   ④ 두 측정값의 오차가 ±15% 초과하면 E와 C간의 거리를 늘려 시험을 반복함

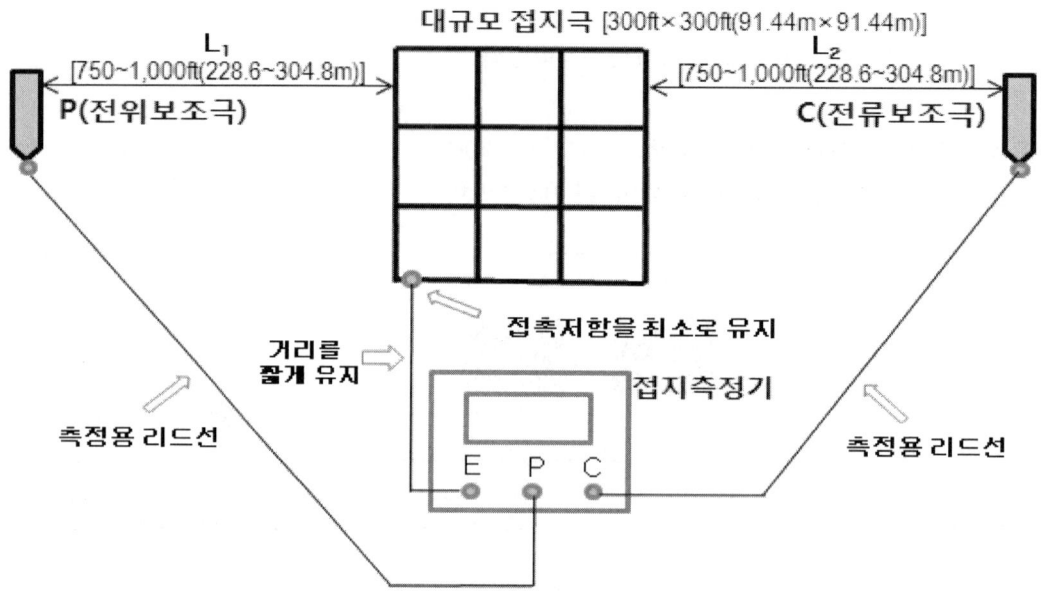

## 2. 접지저항값의 인정범위

1) 공사계획신고 확인증에 공통·통합 접지공사에 대하여 접지공사 중이나 접지공사가 완료된 때 부분검사를 신청하도록 안내
2) 부분검사(공통·통합 접지공사에 대한 중간검사)는 접지저항을 측정하고 공통·통합 접지공사가 신고한 공사계획에 적합한 지 확인
3) 부분검사를 받지 않고 전기수용설비 전체 공사가 완료된 후에 사용전검사를 신청하여 주변여건으로 접지저항 측정이 어려운 경우에는 **감리자료**(접지저항 측정값, 대지저항률 측정값, 접지 극 재료, 형상, 접속방법, 깊이 등)와 사진 등 증빙자료를 제출받아 **접지저항 측정검사 갈음**
4) 공사계획신고 설계도서(접지계산서 및 설계도)의 접지저항 값이 다음 중 어느 하나에 해당되는 경우에는 공통·통합 접지저항 값으로 인정
    - 특 고압 계통 지락 사고시 발생하는 고장전압이 저압기기에 인가되어도 인체 안전에 영향을 미치지 않는 인체 허용접촉 전압 값 이하가 되도록 한 접지저항 값인 경우
    - 통합접지방식으로 모든 도전부가 등 전위를 형성하고 접지 저항 값이 10Ω이하인 경우

## 1.12 전력수요관리제도(DSM:Demand Side Management)에 대해서 설명하시오.

### 1. 개요
부하관리는 크게 공급관리(SSM)와 수요관리(DSM)의 두 가지 측면을 들 수가 있는데, 종래의 수요증대에 대응하기 위한 전력공급설비 확충에 중점을 두어온 공급관리는 전원입지 확보의 어려움 가중, 막대한 투자재원의 조달문제, 환경규제 강화 등으로 인하여 적절한 공급설비를 제때 준비하기가 어려워지고 있는데 비하여, 최근 최소비용의 일환으로 공급측 대안과 수요측 대안의 최적 조합을 찾는 통합자원계획 측면에서 전력수급 계획시에 수요관리의 중요성이 더욱 강조되고 있다.

### 2. 수요관리(DSM : Demand Side Management)
1) 정의
   최소의 비용으로 소비자의 전기에너지 서비스 욕구를 충족시키기 위하여 소비자의 전기사용 패턴을 합리적인 방향으로 유도하기 위한 전력회사의 제반 활동

2) 목적
   전력수요를 합리적으로 조절하여 전력공급을 위한 과도한 투자를 억제하거나 지연시켜서 최소의 비용으로 전력수요 증가에 대응함과 동시에 부하율 향상을 통한 원가절감과 전력수급안정을 도모하고 국가적인 에너지자원 절약에 기여하며, 나아가서는 화석연료 사용에 따른 환경오염문제에 대응하는 환경 친화적인 에너지정책 대안이 되는 것을 목적으로 한다.

### 3. DSM을 수행하기위한 구체적 방안과 효과
자발적인 측면에 중점이 두어진 간접부하제어와 어느 정도 강제성을 띤 직접부하제어로 나눌 수 있다.

1) 간접부하제어(ILC : Indirect Load Control)
   요금제도를 이용하여 소비자들이 스스로 경제적이면서 합리적인 전력소비 패턴을 갖도록 유도하는 것

   ① 요금제도의 양상
   · 주택용 : 누진제로 저소득층 보호와 에너지 절약을 유도
   · 산업용 : 계절별·시간대별 차등요금제, 기본요금 12개월 피크연동제, 하계 휴가·보수기간 조정제도, 심야전력 요금제도, 부하이전 지원제도, 자율절전 지원제도, 비상절전제도, 원격 제어 에어컨 보급지원제도 등

- 업무용 : 누진제
- 농사용 : 농수산업 진흥을 위한 저렴한 단가제도, 경부하 시간대의 부하증가를 포함하여 전반적인 수요증대

② 최대부하 억제, 최대부하 이동, 전략적 소비전략, 전략적 부하증대 등

③ 연료대체
- 전기에너지를 사용하는 설비나 기기를 경쟁력이 있는 여타 에너지원을 사용하는 것으로 유도하는 것
- 가스, 지열, 태양열 이용 등이 있다.
- 특히 심야전기를 이용하는 빙축열 냉방기나 전기를 사용하는 터보 냉동기 대신 도시가스를 이용하는 흡수식 냉동기의 사용이 많이 권장되고 있는데, 전력 사용의 피크가 여름철에 발생하는데 반하여 도시가스의 수요는 겨울철에 크기 때문에 전기와 가스 에너지 양측에 모두 유리하게 작용한다.

2) 직접부하제어(DLC : Direct Load Control)
① **방법**
마이크로프로세서와 프로그램을 이용한 중앙제어장치와 무선(Radio), Ripple, 전력선반송(PLC), 전화 등을 이용해서 미리 계약한 수용가의 부하를 직접 제어한다.

② **대상부하**
- 계약전력 5,000[kW] 이상인 일반용 및 산업용 전력 중에서 최대전력을 10[%]이상 줄일 수 있고, 줄이는 전력이 300[kW] 이상인 고객 또는 줄이는 전력이 500[kW] 이상인 경우에는 10[%] 미만이라 하더라도 가능하다.
- 주로 냉방기기, 온수기, 대용량 세탁기, 건조기, 관개용 펌프 등을 대상으로 한다.

③ **단점**
소비자의 생활양식 변화, 사생활 침해 우려, 제어시스템의 악용 우려, 서비스의 제한 등

3) 간접부하제어와 직접부하제어의 비교

| 구분 | 간접부하제어 | 직접부하제어 |
|---|---|---|
| 장점 | · 특별한 설비가 필요치 않다.<br>· 자발적 참여로 이익을 창출한다.<br>· 개인의 사생활 침해나 권리의 제한이 없다. | · 피크 초과시 대책이 용이하다.<br>· 공급자측 입장에서 안정적인 전력공급이 가능하다.<br>· 공급예비율을 낮출 수 있다. |
| 단점 | · 소비자가 호응하지 않으면 효과가 없다.<br>· 피크 초과시 특별한 대책이 없다. | · 별도의 제어장치가 필요하다.<br>· 사생활 침해나 권리 제한 문제가 대두될 수 있다.<br>· 제어시스템 악용 우려가 있다. |

1.13 소방 펌프용 3상 농형 유도전동기를 Y-△방식으로 기동하고자 한다. Y-△방식이 직입(전전압)기동 방식에 비해서 기동전류 및 기동토크가 1/3로 감소됨을 설명하시오.

1. Y-△ 기동 방식 기동전류

   1) Y 결선시 상 전압은 △ 결선시 상 전압의 $\frac{1}{\sqrt{3}}$배

   2) Y 결선시 상 전류

   소비전력 $P = \frac{V^2}{R} = I^2 R$ 공식에서 전동기의 내부 저항은 일정하므로 전압과 전류는 비례하여 Y 결선시 전동기 내부의 전류(상전류)도 △결선시 전동기 내부 전류(상전류)의 $\frac{1}{\sqrt{3}}$배가 된다.

   3) △결선시 전동기 외부 전류(선전류)는 전동기 내부 전류의 $\sqrt{3}$배 이므로

   4) Y 결선시 전동기 회로 전류(선전류)는 △ 결선시 전동기 회로전류(선전류)의 $\frac{1}{3}$ 배가 된다.

2. Y-△ 기동 방식 기동토크

$$T = \frac{V_1^2}{\omega} \cdot \frac{\frac{r_2'}{s}}{(r_1 + \frac{r_2'}{s})^2 + (x_1 + x_2')^2}$$

위 공식에서 보듯이 토크는 전압의 제곱에 비례하므로 기동시 기동 토크는 전전압 운전(△결선)시 토크의 $\frac{1}{3}$배가 된다.

2.1 건축전기설비 공사에 주로 적용되는 합성수지관, 금속관, 가요전선관의 특징과 시공상 유의사항에 대하여 각각 설명하시오.

1. 개요
배선 시공 방식은 여러 가지가 있으나 일반적으로 다음 것을 많이 사용하되 경제성과 장단점을 비교하여야 한다.
1) 경제성 비교

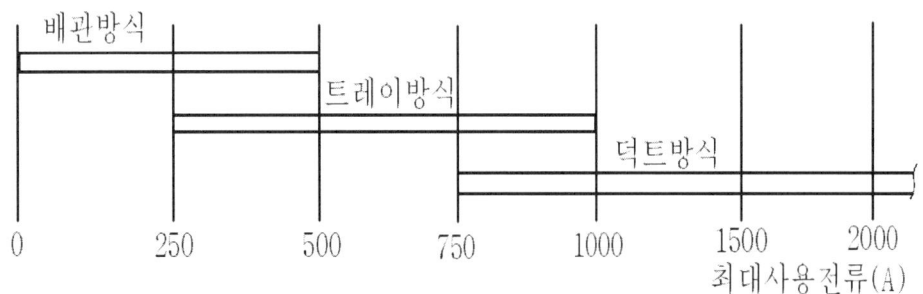

2) 장단점 비교

| 방 식 | 장 점 | 단 점 |
|---|---|---|
| 배관 방식 | - 전선이 배관으로 보호되어 있어 화재 위험이 적다.<br>- 방화구획관통처리 불필요 | - 수직계통시 전선 지지가 어려워 과대한 장력이 가해지기 쉽다. |
| 케이블 트레이 | - 방열특성 우수 허용전류 크다.<br>- 장래 부하증가시 대비가 용이 | - 시공면적이 크고<br>- 방화구획 관통처리 필요 |
| 버스덕트방식 | - 대용량 간선에 유리 | - 접촉개소가 많아 정기점검 필요 |

2. 전선관 방식
1) 합성 수지관 방식
(1) 장점
- 전기 절연성이 우수하고 누전 위험성이 없다.
- 가볍고 가공이 용이하며 공사비가 저렴하다.
- 내식성이 좋아 부식성, 가스등이 있는 화학공장에 적합

(2) 단점
- 금속관에 비해 기계적 강도가 약하고 허용전류가 적다.
- 온도 변화에 따른 신축성이 크므로 배관 접속시 유의

(3) 시공시 유의사항
- 중량물의 압력이나 기계적 충격을 받는 장소에 시설하여서는 안된다.
- 사용전선이 굵은 경우는 연선을 사용해야한다.
- 관의 굴곡 반경을 관의 반지름의 6배 이상으로 한다.
- 콘크리트내 시공시 건물의 강도를 감소시키지 않도록 집중 배관을 피한다.
- 온도 변화에 따른 신축 고려

2) 금속관 방식
 (1) 장점
  - 기계적 강도 강하고 화재에도 강하다.
  - 차폐 효과 및 접지 효과 있다
  - 방폭 공사를 겸할 수 있으며 모든 장소에 적용이 가능하다.

 (2) 단점
  - 습기, 산, 부식성 가스에 약하다.
  - 가격이 비싸다.
  - 시공이 어렵고 시간이 많이 소요된다.

 (3) 시공시 유의사항
  - 물기가 많은 장소에 사용시 방청에 대한 별도 대책 필요
  - 관의 굴곡 반경을 관의 반지름의 6배 이상으로 한다.
  - 굴곡 부분을 3개소 이상 만들지 않는다.
    (굴곡부분이 많으면 전선 입선시 문제 발생)
  - 관내에서는 접속점을 만들지 않는다.

3) 가요 전선관
 (1) 장점
  - 굴곡이 자유롭다
  - 가볍고 시공성이 우수하다.
  - 내산, 내식성, 내수성, 내진성이 우수

 (2) 단점
  - 습기, 산, 부식성 가스에 약하다.

(3) 시공시 유의사항
  - 물기가 많은 장소에 사용시 방청에 대한 별도 대책 필요
  - 관의 굴곡 반경을 관의 반지름의 6배 이상으로 한다.
  - 관내에서는 접속점을 만들지 않는다.

## 3. 기타 방식

1) CABLE TRAY 방식
  - CABLE TRAY는 구조가 간단하고 대규모 간선 회로의 CABLE을 수용 할 수 있고, 시공 후 Flexibility가 좋으며 타 배관 시스템에 비해 열 방산이 좋아 주로 간선 계통에 많이 적용되고 있다.
  - 종류는 사다리형, 바닥밀폐형, 트러프형, 바닥 채널형 등이 있다.

2) BUS DUCT
  - Bus Duct는 대전류 용량의 간선을 필요로 하는 장소에 설치면적, 전압 강하, 안전성, 경제성 등을 고려하여 우수한 절연내력을 가진 절연 피복을 도체(Bus)에 씌워 절연간격을 최소화 하여 제작된 대전류 용량의 전력간선에 Cable 대신 사용되고 있다.
  - 종류로는 Feeder Type, Plug in Type, Trolly Type 등이 있다.

3) Floor Duct 및 Floor Access
  플로어 덕트 배선방식은 비교적 넓은 룸의 장소에 장래의 증설, 위치 변경 등에 유리한 배선 방식으로 일반적인 중소 건물에 주로 적용되는 배선방식이다.

4) 셀룰러 덕트
  Deck Plate 하부 공간을 이용하는 배선방식으로 공간 활용도가 높고 공사가 간단한 장점이 있다.

5) 금속덕트 방식(Wiring Duct)
  - 많은 전선을 경제적으로 포설
  - 증설 변경이 용이
  - 전선 열화등 점검이 어렵다.

6) 애자 공사
  최근에는 별로 사용하지 않는 공법이지만 목조 건물이나 공장 등에 주로 사용하며 허용 전류가 가장 크고 절연 내력이 뛰어난 장점이 있다.

2.2 건축전기설비 자동화시스템의 제어기로 많이 사용되고 있는 PLC
(Programmable Logic Controller)에 대하여 구성요소, 설치시 유의사항에 대하여 설명하시오.

## 1. PLC 구성 요소

1) 전체구성

PLC는 마이크로프로세서(microprocessor), 인간의 두뇌 역할을 하는 중앙처리장치(CPU), 외부 기기와의 신호를 연결시켜 주는 입·출력부, 각 부에 전원을 공급하는 전원부, 기타 주변 장치로 구성되어 있다.
그림 1-1은 PLC의 전체 구성도를 나타낸 것이다.

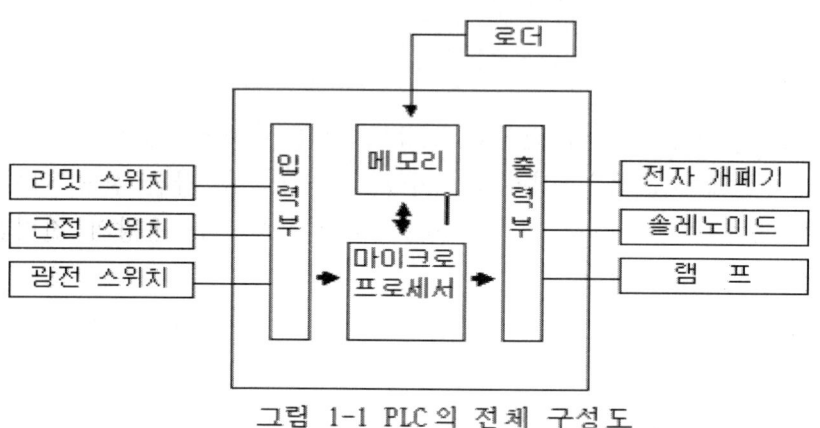

그림 1-1 PLC의 전체 구성도

2) CPU 연산부

PLC의 두뇌에 해당하는 부분으로서 메모리에 저장되어 있는 프로그램을 해독하여 처리 내용을 실행한다.

3) CPU 메모리

메모리 종류에는 ROM(Read Only Memory)과 RAM(Random Access Memory)이 있으며 ROM은 읽기 전용으로, 메모리 내용을 변경할 수 없다. 따라서 고정된 정보를 써 넣는다. 이 영역의 정보는 전원이 끊어져도 기억 내용이 보존되는 불휘발성 메모리이다.
RAM은 메모리에 정보를 수시로 읽고 쓰기가 가능하여 정보를 일시 저장하는 용도로 사용되나, 전원이 끊어지면 기억시킨 정보 내용을 상실하는 휘발성 메모리이다.

4) PLC의 입·출력부
   (1) 입력부
      외부 기기로부터의 신호를 CPU 의 연산부로 전달
   (2) 출력부
      내부 연산의 결과를 외부에 접속된 전자 접촉기나 솔레노이드에 전달하여 구동시키는 부분입니다.

## 2. PLC의 주요 성능(기능) < 연. 타 / 카. 레 / 멀티. 자기 / 시뮬레이션 >
1) 연산 기능
   통상 연산 기능은 2진, 8진, 10진, 16진법으로 연산(+, -, x, ÷)을 수행함.
2) 타이머(Timer) 기능
   특정 시간의 지연 및 주기적인 반복 기능 수행시
3) 카운터(Counter)
   특정한 수량 및 횟수를 계수할 수 있는 기능으로 증, 감이 가능함.
4) 레지스터(Register)
   특정한 I/O상태 및 연산 결과를 기억시키기 위해서 사용하며 일반적으로 16개가 내장되어 있으며, 각 레지스터는 16비트로 되어 있음.
5) 멀티 프로세싱(Multi-Processing)
   1개의 CCU(communication control unit)가 2개 이상의 프로그램을 독립적으로 동시에 수행하는 기능으로써 1개의 CCU로 2개 이상의 CCU를 사용하는 것과 같은 효과를 얻을 수 있음.
6) 자기 진단
   기기내 고장이 발생하였을 경우 표시하여 고장 수리를 조기에 할 수 있도록 함.
7) 시뮬레이션(Simulation)
   실제 제어 작업을 하기 전에 프로그램을 작동시켜 프로그램의 이상 유무를 확인할 수 있는 기능.

## 3. PLC의 특징
1) Program 작성 및 변경이 용이하다.
2) 컴퓨터와 연결시켜 종합적 통제, 조정 용이
3) 수명이 길고 보수 점검이 용이하다.
4) 소형, 경량, 경박화 할 수 있고 경제적이다.
5) 먼지, 압력, Noise에 강하다.
6) 시스템의 확장 축소가 용이하다.
7) 전자적 접점이므로 신뢰성이 높다.
8) 입출력 접점수 정도만 결정하면 되므로 설계가 쉽다.

## 4. PLC의 설치 시 유의 사항

### 1) 주위 온도
- 일반적으로 PLC의 사용 주위 온도는 0~55 °C로 되어 있다.
- PLC는 주요 구성부품이 반도체 부품이기 때문에 신뢰도의 경우, 온도의 영향을 받는다.
- 따라서 가급적 낮은 온도에서 사용하는 것이 바람직하다.

### 2) 습도
- 절연 특성을 충족시키기 위해 사용 습도 범위 35%~85%에서 사용해야 한다.
- 특히, 급격한 온도변화가 있는 경우 결로되는 경우가 있으므로 주의해야 한다.
- 이러한 염려가 있는 경우는 온도차가 발생될 우려가 있는 경우에도 PLC의 전원을 인가시켜 놓던가, 히터나 드라이어에 의한 가열을 실시하는 것이 바람직하다.

### 3) 진동, 충격
- 진동, 충격원으로부터 반을 분리시키던가, 반을 방진고무로 고정시킨다.
- 반 내의 전자 개폐기 등이 작동할 때 받는 충격에 대해서는 그 충격원을 방진고무로 고정시킨다.

### 4) 사용 장소
- 유연(油煙)이 많은 장소에서는 내부 온도가 그다지 상승되지 않는 크기로 반을 밀폐구조로 한다.
- 부식성 가스가 있는 장소에서는 반을 밀폐구조 또는 진공 구조로 한다.

### 5) 보관 장소
- 보존 주위 온도의 범위 내 (-20 ~ 65℃)에서 보관한다.
- 정전기 대책으로서 정전기를 발생시키는 재료의 포장은 피할 것.

### 6) 전원의 종류
- PLC의 전원 시방은 광범위한 전압변동에서도 사용할 수 있도록 하고 양질의 전원을 공급하여 시스템의 신뢰도를 높이는 데 있다.
- 동력계통, 제어계통, PLC 전원계통 및 입·출력 전원계통과 각각 분리시키는 것이 바람직하다.
- 일반적으로 PLC의 전압 변동 범위는 +10~-15% 이내이고 -15-20%가 되면 PLC가 전원 단으로 검지하여 운전을 정지시킨다.

7) 전력 품질
    - 일반적으로 PLC은 전원이 10 ms미만의 순시 정전을 일으켰을 경우는 응답하지 않고 운전을 계속하며 25 ms이상의 순시 정전이 있을 경우는 검출하여 운전을 정지 시킨다.
    - 인버터 등에 의한 무정전 전원을 PLC에 공급하는 경우 전압 파형이 임펄스로 인하여 PLC가 오동작 될 수 있으므로 주의해야 한다.
    - 노이즈 대책은 시스템 설계 시 부터 고려해야하는데, PLC를 설치할 때 전반적으로 고려해야 한다.

2.3 그림과 같은 저압회로의 $F_1$ 지점에서 1선 지락전류와 3상 단락전류를 계산하시오. (단, 전원측 용량 100MVA를 기준으로 하고 선로의 임피던스는 무시하며 1선 지락의 고장저항은 5Ω이다.)

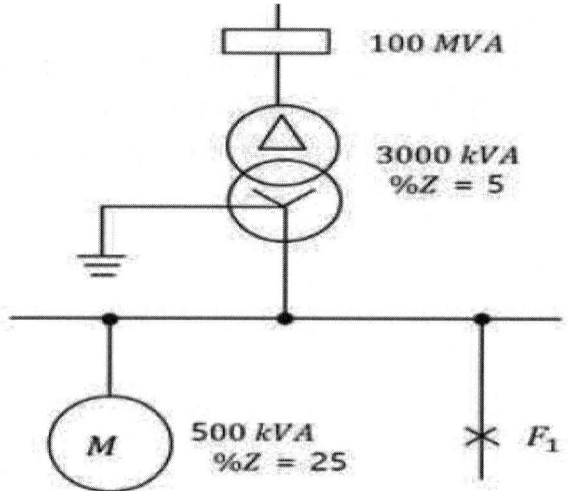

1. **% 임피던스 환산** (기준용량 : 100MVA로 한다)

   1) 전원측 $\%Z_s = \dfrac{Pn}{Ps} \times 100 = \dfrac{100}{100} \times 100 = j100\,(\%)$

   2) 변압기 $\%Z_t = \%Z \times \dfrac{Pn}{Ps} = 5 \times \dfrac{100}{3} = j166.7\,(\%)$

   3) 전동기 $\%Z_m = \%Z \times \dfrac{Pn}{Ps} = 25 \times \dfrac{100}{0.5} = j5,000\,(\%)$

2. **단락전류**

   1) 임피던스 맵

   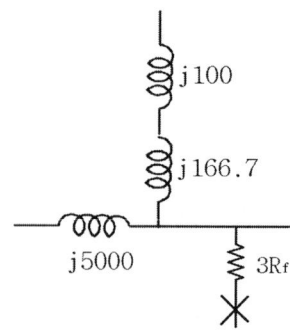

   2) 단락 전류 계산

   $\%Z_1 = \dfrac{266.7 \times 5000}{266.7 + 5000} = j253.2(\%)$

   $I_S = \dfrac{100}{\%Z_1} \times In = \dfrac{100}{j253.2} \times \dfrac{100 \times 10^3}{\sqrt{3} \times 0.44} = 51.8 \angle 90^0\,(kA)$

3. 지락 전류

1) 정상분 및 역상분 임피던스

$$\%Z_1 = \frac{266.7 \times 5000}{266.7 + 5000} = j253.2(\%)$$

2) 영상분 임피던스
   - 변압기 결선이 △-Y 이므로 전원측 임피던스는 무시함.
   - 전동기 결선도 △이므로 무시함.
   - 따라서 $\%Z_0 = j166.7(\%)$

3) 고장점 임피던스

$$\%R_f = \frac{P \times R}{10 \times V^2} = \frac{100 \times 10^3 \times 5}{10 \times 0.44^2} = 258,264[\%]$$

4) 지락 전류

$$Ig = 3Io = \frac{3 \times 100}{\%Z_1 + \%Z_2 + \%Z_0 + 3R_f} \times In$$

$$= \frac{300}{j253.2 + j253.2 + j166.7 + 3 \times 258,264} \times \frac{100 \times 10^3}{\sqrt{3} \times 0.44} = 50.81(A)$$

2.4 3상 농형 유도전동기의 기동용, 속도제어용 및 전력절감용으로 인버터(Inverter) 시스템을 많이 사용하고 있다. 인버터 시스템 적용 시 고려사항을 인버터와 전동기로 구분하여 설명하시오.

## 1. 개요
- VVVF(인버터)란 Variable Voltage Variable Frequency의 약자로
- 교류 전력을 직류 전력으로 변환하는 컨버터와 직류 전력을 교류전력으로 변환하는 인버터에 의해 교류 전력을 출력하는 장치이며 인버터라고 부르기도 한다.

## 2. VVVF의 구성

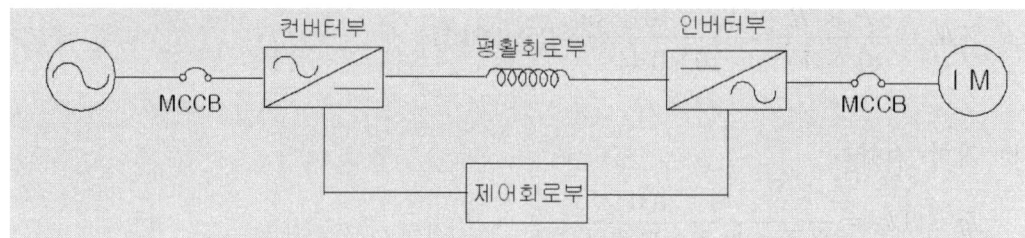

1) 컨버터부 : 상용의 교류 전력을 정류기를 통해 직류전력으로 변환
2) 평활회로부 : 정류기에서 직류로 변환한 후 리플을 제거
3) 인버터부 : 전력 반도체를 이용하여 직류 전력을 교류로 변환시키며 주파수를 변환하므로서 안정된 품질의 교류 전력을 출력
4) 제어회로부 : 인버터 주회로에 출력 전압 및 출력주파수 제어 명령

## 3. 원리
주파수만을 제어하면 토오크 감소, 경부하시 과열등 문제점이 발생하기 때문에 이를 보완하고 시동 전류를 적당히 억제하여 안전한 운전을 하기 위하여 주파수와 함께 출력 전압도 제어한다.

## 4. VVVF 적용 효과 (장점)
1) 에너지 절약의 효과가 있다.
특히 부하의 특성이 제곱 저감 토오크 특성을 갖는 Fan, Blower, Pump등은 더욱 효과가 크다.
예) 30%를 감속한 경우 축동력은 $(70/100)^3$

$P_{70} = (1 - 0.3)^3 * P_{100} = 0.343\ P_{100}$

이므로 약 66%의 에너지 절약 효과가 있다.
2) 농형 유도 전동기를 사용할 수 있다.

(가격 저렴)
3) 연속적으로 속도를 변속할 수 있음.
4) 광범위한 속도 제어
5) 정밀한 속도제어
6) 시동 전류가 작다
7) Soft Start 가능
8) 유지보수가 용이 등

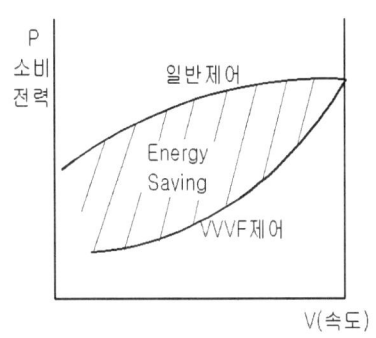

## 5. 단점 및 보완 대책

| 단 점 | 보완 대책 |
|---|---|
| 1. 고조파 장해 발생<br>  (주로 콘버터부에서) | 다 펄스화<br>고조파 필터 설치 |
| 2. 전동기축 공진 및 진동<br>  Blower 등 $GD^2$ 부하 영향 큼 | 공진점부근의 운전을 피한다. |
| 3. 원심응력 반복에 따른<br>  피로증가 | 회전수 변경횟수를 줄인다. |

## 6. 인버터 적용시 인버터측 고려사항

1) 전원 TR 용량
   - 인버터용 부하는 2배 전원 용량 설계
     예, TR용량 > (M1+ M2) * 2 + (M3+ M4)

2) 자가 발전기 용량
   - 인버터 부하용량의 5~6배 설계
     예, 발전기용량 > (M1+ M2)x(5~6) + (M3+ M4)

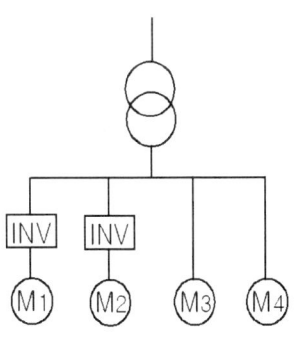

3) 인버터에서 발생하는 노이즈 및 외부 노이즈 대책
   (1) 내부 노이즈
      - 원인 : 반도체 스위칭 소자에 의해 노이즈 발생
      - 대책 : 노이즈 필터 설치
              인버터 실드 처리
              노이즈에 민감한 기기를 멀리 이격 설치
   (2) 외부 노이즈
      - 원인 : 주회로 전원으로부터 유입
      - 대책 : 노이즈 필터 설치

4) 역율 개선시 대책
   - 역율을 개선키 위해 콘덴서를 설치시 인버터의 고조파가 확대되므로 다음 사항을 특히 주의해야 한다.
   - 콘덴서를 부하측에 설치하지 않는다.
   - 입력측에 콘덴서 설치시 직렬 리액터를 필히 설치해야 한다.

5) 전원에 대한 고조파 영향 등

## 7. 인버터 적용시 전동기측 고려사항

1) 냉각
   속도가 감소할 경우 전동기 냉각이 원활하지 않아 온도상승의 문제점 발생하므로 주의해야 한다.

2) 고조파
   고조파는 입력전원의 전압파형 및 전류파형에 왜곡한다.
   소 용량의 인버터에서는 고조파의 문제가 적지만 대용량의 경우 고조파에 의해 전동기의 회전자가 국부 가열하여 전동기의 온도를 상승 시킨다.

3) 원심응력 변화에 따른 피로증가 문제
   회전 속도 변화에 따른 Shaft의 기계적 응력을 검토하고, 큰 비틀림 공진을 일으키는 속도나 위험 속도 등이 존재하는 경우에는 연속 운전은 피한다.

2.5 누전화재 경보기를 설명하고, 누전화재 경보기를 설치해야 할 건축물의 종류와 시설방법을 쓰시오.

1. 개요

   누전 화재 경보기는 600V이하인 전로의 누설전류 또는 지락 전류를 검출하여 경보를 발하는 설비로서 전기에 의한 화재를 미연에 방지하기 위한 설비임.
   (내선규정:1480절, 국가화재안전기준 NFSC 205)

2. 누전 화재 경보기 구성 및 동작 원리

   1) 구성

   < 누전 경보기의 구성도 >

   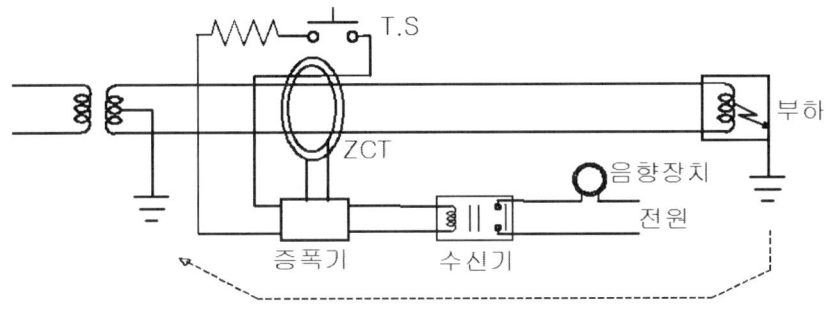

   (1) 영상 변류기

   누설 전류를 검출하는 장치로서 환상의 철심에 검출용 2차코일을 감은 것으로 변류기 내부를 통과하는 전선에 흐르는 전류가 Balance를 이루지 않을 때 전압이 유기된다.

   (2) 증폭기

   영상 변류기의 감도를 높이기 위하여 증폭을 하는 것으로 일반적으로 수신기에 내장한다.

   (3) 수신기
   - 증폭기로부터 누설 전류에 의한 전압을 수신하여 음향장치를 동작
   - 하나의 수신기에 여러개의 경보회로를 내장시킨 집합형을 주로사용
   - 수신기 구비 조건
     ① 누전이 발생한 회로를 명확히 표시할 것
     ② 누전된 회로를 차단해도 그 회로를 계속 표시할 것
     ③ 2개의 전로에서 동시에 누전이 발생시에도 각각 그 표시에 이상이 없을 것

(4) Test Butten

Test Butten을 누르면 변류기에 흐르는 전류는 테스트 회로를 흐르는 전류만큼 차이가 나므로 누전경보기가 동작한다.

(5) 음향장치

보통 수신기에 내장하며 사용 전압의 80%에서 정상 경보음이 나야하며, 1m 거리에서 90 Phone 이상이 되어야 한다.

2) 동작 원리

옥내 배선이 접지되어 있는 금속체 접촉시 누설전류는 금속체 외함, 대지를 통해 제2종 접지로 흘러 폐회로가 형성되어 변압기에 불평형 전류가 발생하고 누전 화재 경보기가 불평형 전류를 검출하여 경보를 발생한다.

## 3. 설치 장소

다음 건축물에 저압 전로가 시설되어 있는 경우에는 당해 전로에 접지가 생겼을 경우에 자동적으로 경보를 발하는 누전 화재 경보기 설치를 해야 한다.

1) 문화재에 관한 법률에 의한 중요 문화재, 중요 민속자료사적, 중요 미술품등으로 인정되는 건조물
2) 기타 장소

| 연면적 | 해당 건축물 |
|---|---|
| 150m² 이상 | 여관, 공중 목욕탕, 호텔등 숙박업소, 기숙사 |
| 300m² 이상 | 나이트클럽, 관람장, 연회장, 백화점, 병원, 복지시설, 구호시설, 유치원, 공장등 |
| 500m² 이상 | 학교, 도서관, 미술관, 교회, 사원, 선박, 항공기 발착장등 |

3) 계약 전류 용량이 100(A) 초과하는 곳

## 4. 설치기준 및 시설 방법

1) 누전 경보기 종류

| 경계 선로의 정격전류 | 종 별 |
|---|---|
| 60A 초과하는 전로 | 1급 누전 경보기 |
| 60A 이하의 전로 | 1급 또는 2급 누전 경보기 |

2) 수신기 설치
- 공칭 작동 전류값은 200(mA)이하이어야 하며, 감도 조정 장치가 있는 경우는 1,000(mA)까지 가능.
- 옥내의 점검이 편리한 장소에 설치
- 설치를 피해야할 장소
    ① 가연성의 증기, 먼지, 가스등이 다량 함유하는 장소
    ② 화약류를 제조하거나 저장, 취급하는 장소
    ③ 습도가 높은 장소
    ④ 온도가 급격히 변하는 장소
    ⑤ 고주파, 대전류등의 영향을 받을 우려가 있는 장소
단, 방폭, 방식, 방온, 방진, 정전기 차폐, 방습등 방호 조치를 한 장소에 있어서는 설치 가능함.

3) 전원
분전반으로부터 전용회로로 20A 이하의 배선용 차단기를 사용하고 "누전화재 경보기용"이라고 적색으로 표시한다.

4) 옥외 설치
옥외에 시설하는 변류기 또는 경보기는 방수함에 넣어 시설하거나 적절한 방수 시설을 하여 우수의 침입을 방지해야 한다.

## 5. 최근동향
1) 1개의 수신기로 여러 회로를 사용하는 집합형이 주로 사용되며
2) 주로 디지털 방식이 개발되어 사용되고 있으며 그 특징은 아래와 같다.
    - 동작 시간이 빠르고, 다 기능화되어 사고 시간, 동작 전류, 실시간 지락 전류 값을 확인할 수 있다.
    - 고감도부터 대전류의 누전까지 정정 범위가 광범위한 Tap이 가능하며
    - 동작 지연 시간을 적절하게 정정하여 보호 협조가 가능하고
    - 기존의 아날로그 방식에 비해 여러 가지 기능들이 좋아지고 있다.

2.6 다음 조건을 적용하여 수전설비 단선결선도를 작성하고, 사용되는 주요기기를 설명하시오.

【조건】

| 전등·전열부하 500 kVA | 일반부하 400 kVA |
| --- | --- |
| | 비상부하 100 kVA |
| 동력부하 500 kVA | 일반부하 400 kVA |
| | 비상부하 100 kVA |

1. 개요
   내선 규정에 1000kVA이하 수전설비는 간이 수전방식이 가능하므로 본 문제는 간이 수정방식을 적용함.

2. 단선 결선도

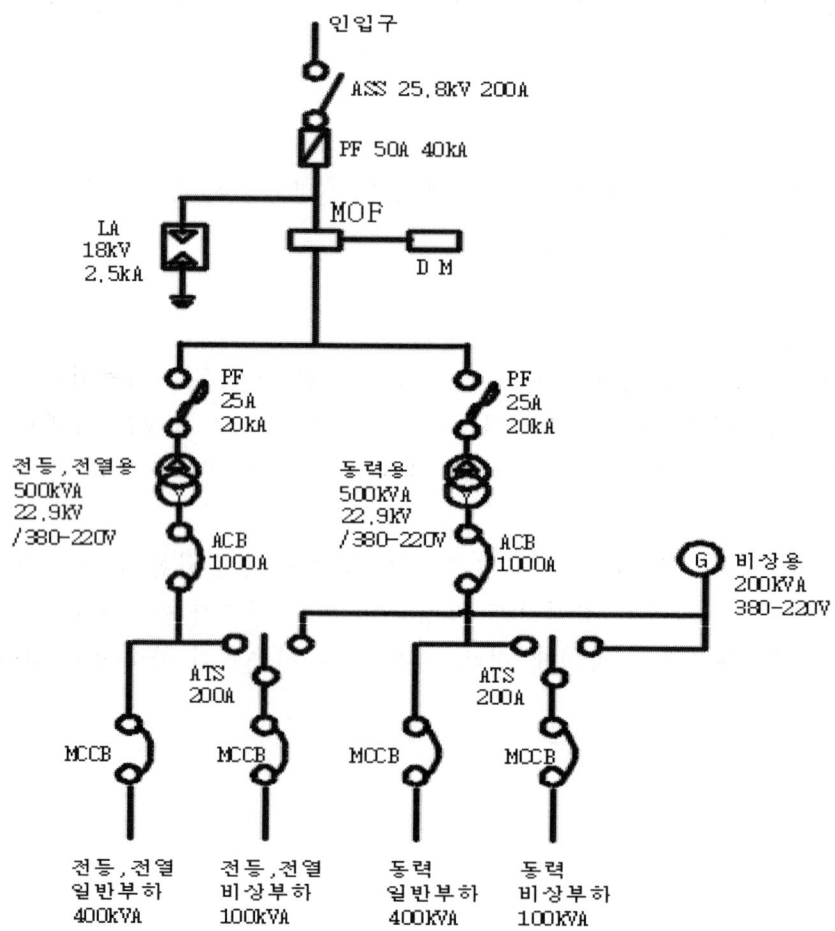

3. 주요 기기 설명
   1) 자동 고장 구간 개폐기
      - ASS (AUTO SECTION SWITCH)
      - 기능 : 변전소 CB 또는 리클로저와 협조하여 고장구간을 분리하는 기기
      - 정격 : 25.8KV 3P 200A

   2) 수전용 전력 휴즈
      - P.F (POWER FUSE)
      - 기능 : 고장전류(단락전류)를 차단하는 기기, 일반적으로 후비보호용으로 사용
      - 정격 : 25.8KV 200AF/30AT, 40kA(한류형)

   3) 계기용 변압 변류기
      - M.O.F (METERING OUT FIT)
      - 기능 : 전압, 전류를 변성하여 전력량계에 저압, 소전류를 공급
      - 정격 : 3상 4선식, 13200/110V, 40/5A

   4) 최대수요 전력계
      - DM (DEMAND METER)
      - 기능 : 전력 사용량과 최대 주요 전력을 측정
      - 정격 : 3Φ 4W, 13200/110V, 40/5A

   5) 피뢰기
      - L.A (LIGHTNING ARRESSTER)
      - 기능 : 이상전압이 들어오면 변압기를 보호하기 위해 이상전압을 대지로
        방전 시키는 장치이며 LA용 DS는 생략할 수 있음.
        Disconnector(또는 Isolator) 붙임형 사용

   6) 배전용 전력 휴즈
      - P.F (POWER FUSE)
      - 기능 : 배전선로의 고장전류(단락전류)를 차단하는 기기
      - 정격 : 25.8KV 200AF/25AT, 20kA(비 한류형)

   7) 변압기
      - TR (TRANSFORMER)
      - 특고압을 저압으로 변성하여 부하에 전력을 공급하는 설비
      - 정격 : MOLD TYPE(표준소비효율), 500kVA, 22.9kV/380-220V

8) 기중차단기
   - A.C.B (AIR CIRCUIT BREAKER)
   - 기능 : 저압 계통의 주 차단 기능을 수행하는 설비
   - 정격 : 600V 4P 1000A

9) 자동 절체 개폐기
   - A.T.S (AUTO TRANSFOR SWITCH)
   - 기능 : 정전시 자동으로 절환하여 비상부하에 전원을 공급
   - 정격 : 4P, 200A

10) 배선용 차단기
   - M.C.C.B (MOLDED CASE CIRCUIT BREAKER)
   - 기능 : 저압 계통의 부하 회로에 전력을 공급하고 과부하전류와 사고 전류시 회로를 차단하는 설비
   - 정격 : 600V, 정격전류는 부하 용량에 따라 결정

11) 발전기
   - G (Generator)
   - 정전시 비상부하에 전원을 공급하는 장치
   - 정격 : 디젤, 200kVA, 380-220V

3.1 동력설비의 에너지 절감 방안을 전원공급, 전동기 부하 사용 측면에서 각각 설명하시오.

1. 개요

전체 에너지 소비 중 동력 설비가 60~70%로 많이 사용되므로 고효율 기기 사용, 적정 시스템 설계 및 운영관리를 통한 에너지 절감이 필요하다

2. 전원 공급 측면에서의 에너지 절감 방안

   1) 전동기 속도제어에 인버터 사용 (VVVF)
      - 가변토크 또는 가변속도가 요구되는 전동기의 속도제어를 전압제어, 2차 저항제어 등으로 하게 되면 전동기의 효율이 떨어지게 된다.
      - 인버터를 사용하여 VVVF (Variable Voltage Variable Frequency)로 주파수와 전압을 동시에 변화시켜 속도제어를 함으로써 전동기의 운전 속도가 변화해도 효율을 높게 유지할 수 있다.

   2) Soft Startor 사용 (VVCF)
      - VVCF (Variable Voltage Constant Frequency) 제어는
      - 경부하시 전압을 낮추어 철손을 줄이고
      - 전압을 낮춤으로서 입력 전력도 감소시키는 효과를 가지게 된다.
      - VVCF 제어는
        ① 기동정지 횟수가 많은 전동기
        ② 무부하 상태 운전이 많거나
        ③ Loading과 Unloading이 빈번한 전동기
        ④ 평균 부하율이 50% 이하인 전동기 등에 특히 효과가 크다.

   3) 적절한 기동방식
      - 적절한 기동방식을 채용해서 기동전류를 감소시켜
      - 전력손실도 감소시키고 또한 기동 전류에 의한 전압강하도 감소]

   4) 역율의 개선
      - 전동기는 유도성 부하이므로 역율이 대단히 나쁘다.
      - 따라서 전력용 콘덴서를 사용하여 역율을 개선시키면
        ① 전압 강하 및 전압 변동율 저하
        ② 변압기 및 배전선의 손실 저감
        ③ 계통 용량의 증가
        ④ 수용가 전기요금 절감이 된다.

## 3. 전동기 부하 사용 측면에서의 에너지 절감 방안

1) 에너지 절약형 고효율 전동기 채택
   - 고효율 전동기는 고급자재 사용 및 손실방지 설계 등으로 기존 전동기보다 20~30%의 손실을 절감하여
   - 5~10%정도의 효율이 향상되고 신뢰성이 좋아지며
   - 수명도 길고 소음도 적다.

2) 용량의 재검토
   - 전동기는 부하율 90%에서가 최고 효율이고 부하율 50% 이하의 경부하 우전은 효율이 대단히 나빠진다.
   - 따라서 부하율이 너무 낮은 부하는 전동기의 용량을 낮추는 것이 바람직하다.

3) 공회전 금지
   - 무부하 운전시에는 더욱 효율이 나빠지므로 무부하 상태에서의 공회전은 피해야 한다.

4) 유지보수의 철저
   - 전동기를 장기간 사용하면 공극에 먼지가 끼고
   - 여기에 그리스 등이 혼입되면 회전자의 마찰손실이 크게 증가해서 효율을 저하된다.
   - 따라서 주기적으로 전동기를 보수하고 마찰부에 그리스 등을 주입하여 마찰손실을 감소시키는 것도 전동기 효율적 운용의 한 방법이다.

5) 고효율 냉동기 및 폐열 회수 냉동기 채용

6) 유량제어에서 역방향으로의 밸브사용 금지
   - 펌프유량을 조절하기 위해 펌프 토출측으로부터 역방향으로 유량조절밸브를 설치해서 이 밸브를 조절함으로써
   - 유량을 조절하는 경우가 있는데 이는 대단한 전력낭비이다.
   - 따라서 인버터제어등에 의해서 펌프의 회전수를 조절, 유량을 조절하는 것이 효과적이다.

3.2 그림과 같은 회로에서 지상 역률 0.75로 유효전력 10 kW를 소비하는 부하에 병렬로 콘덴서를 설치하여 부하에서 본 역률을 0.9로 개선하고자 한다. 콘덴서를 설치하여 역률을 0.9로 개선하였을 경우 부하전압을 220V로 유지하기 위하여 전원측에 인가해야 할 전압($V_s$)을 계산하시오.

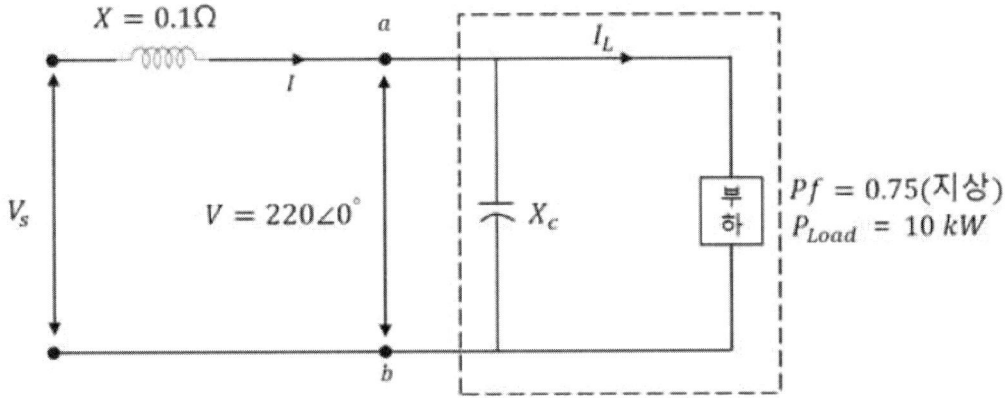

1. 역률 개선 전 전력

$$P_{A1} = P + jPr_1 = P + j\,P\tan\cos^{-1}\theta$$

$$= 10 + j\,10\tan\cos^{-1}0.75 = 10 + j8.82\,(kVA)$$

2. 역률 개선용 콘덴서 용량

$$Q_c = P(\tan\theta_1 - \tan\theta_2) = P(\tan\cos^{-1}\theta_1 - \tan\cos^{-1}\theta_2)$$

$$= 10(\tan\cos^{-1}0.75 - \tan\cos^{-1}0.9) = -j3.98(kVA)$$

3. 역률 개선 후 전력(1-2)

$$P + j\Pr_2 = 10 + j(8.82 - 3.98) = 10 + j4.84(kVA)$$

4. 역률 개선 후 부하전류

$$I = \frac{P - j\Pr_2}{Vr} = \frac{10 - j4.84}{0.22} = 45.5 - j22.0(A)$$

5. 송전단 전압

$$V_s = V_r + Z \cdot I = 220 + (j0.1)(45.5 - j22.0) = 222.2\angle 1.17^o$$

3.3 3상 변압기 병렬운전을 하고자 한다. 다음 결선에 대하여 병렬운전의 가능, 불가능을 판단하고 그 이유를 설명하시오.
1) △-Y 와 △-Y 결선    2) △-Y 와 Y-Y 결선

## 1. 병렬 운전 조건

|   | 병 렬 운 전 조 건 | 단상 | 3상 | 다를 경우 문제점 |
|---|---|---|---|---|
| 1 | 극성이 일치할 것 | O |   | 등가적인 단락상태가 됨 |
| 2 | 상회전 방향이 맞을 것 |   | O | |
| 3 | 각 변위가 같을 것 |   | O | 순환전류가 흘러 TR 과열 |
| 4 | 정격 전압과 권수비가 같을 것 | O | O | |
| 5 | %임피던스가 같을 것<br>(%리액턴스와 %저항의 비가 같을 것) | O | O | %임피던스가 낮은 쪽이 더 많은 부하 분담 |
| 6 | 정격 용량비가 1:3 이내 일 것 | O | O | 소 용량 변압기의 과부하 |

## 2. 병렬 운전 결선 방법

| 병렬운전 가능 | 병렬운전 불가능 |
|---|---|
| • △-△ 와 △-△<br>• Y-△ 와 Y-△<br>• Y-Y 와 Y-Y<br>• △-Y 와 △-Y<br>• △-△ 와 Y-Y<br>• △-Y 와 Y-△ | • △-△ 와 △-Y<br>• △-Y 와 Y-Y |

## 3. △-Y 와 △-Y 결선이 병렬 운전이 가능한 이유

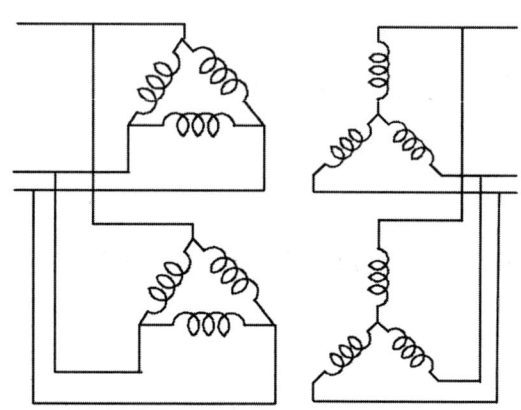

- △-Y 결선은 1차와 2차 사이에 30° 위상차가 발생한다.
- 병렬 운전하는 제2의 변압기도 △-Y 결선이라면 제2의 변압기도 30° 위상차가 같이 발생한다.
- 따라서 2대의 변압기가 같은 위상차이므로 두 변압기 사이에는 순환 전류가 흐르지 않아 병렬 운전이 가능하다.
- 뿐만 아니라 △-△ 와 Y-Y 이나 △-Y 와 Y-△ 같은 결선도 1,2차에서 결선을 할 때 위상차를 맞추어 주면 병렬 운전이 가능하다.

4. △-Y 와 Y-Y 결선이 병렬 운전이 불가능한 이유

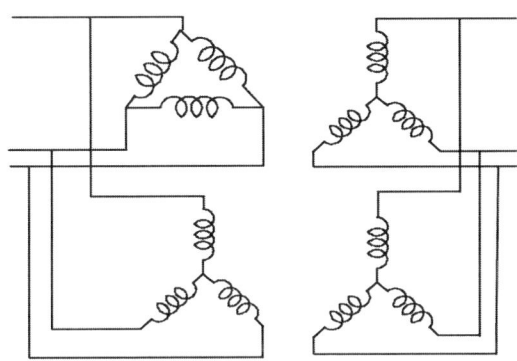

- △-Y 결선의 변압기와 Y-Y 결선의 3상 변압기 2대를 병렬 운전 하면 두 변압기 사이에는 30°의 위상차가 발생한다.
- 두 변압기 사이에는 $E_{1a} + E_{1b}$의 차 전압이 발생하고 이것에 의한 순환전류 $I_c = \dfrac{E_{1a} - E_{1b}}{Z_{1a} + Z_{1b}}$ 가 된다.

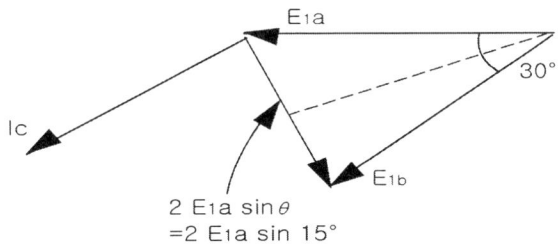

- 이 순환전류의 크기 $I_c = \dfrac{2 E_1 \sin 15^0}{2 Z_1} \fallingdotseq 0.26 \dfrac{100}{\%Z_1} I_1$

    여기서 $E_1$: 변압기 고압측 상 전압 (V)
    $Z_1$: 변압기 고압측 환산 임피던스 (Ω)
    $\%Z_1$: 변압기 % 임피던스 (%)
    $I_1$ : 변압기 고압측 정격 전류 (A)

- 예를 들면 %임피던스가 각각 5.2%인 변압기의 경우 순환전류는 고압측 정격 전류의 5배나 되어 병렬 운전이 불가능하게 된다.
- 결선 조합이 병렬운전 조건에 맞지 않을 경우 각 변위가 맞지 않는 경우처럼 순환전류에 의해 변압기가 과열된다.

3.4 고조파가 전력용 변압기와 회전기에 미치는 영향과 대책을 설명하시오.

1. 개요

전기기기에 고조파 전류가 흐르면 누설 자속이 고조파 영향을 받고, 이 누설 자속이 권선을 쇄교 하면서 발생하는 권선의 와류손과 누설 자속이 외함과 철심을 쇄교 하면서 발생하는 표류 부하손이 증가하여 변압기의 온도상승을 초래하므로 사용 중인 전기기기는 용량을 감소하여 운전하여야 한다.

2. **고조파가 변압기에 미치는 영향**

 1) 고조파 전류 중첩에 의한 변압기 손실 증가

  (1) 동손 증가

   $Pc = K \cdot I_1^2 R (1 + CDF^2)$ (W)

   여기서 CDF : Current distortion factor - 전류 왜형율

   고조파 전류에 의해 변압기의 동손이 증가하여 전력손실, 온도상승, 용량의 감소를 초래한다.

  (2) 철손증가

   - 히스테리시스손  $Ph = Kh \cdot f \cdot Bm^{1.6}$  (W/kg)
   - 와전류손  $Pe = Ke (f \cdot t \cdot Bm)^2$  (W/kg)

    여기서 Kh, Ke : 히스테리정수, 와전류정수

     f : 주파수

     Bm : 자속 밀도

     t : 철판두께

    철손 증가시 절연유 및 권선의 온도 상승 초래

 2) 과열

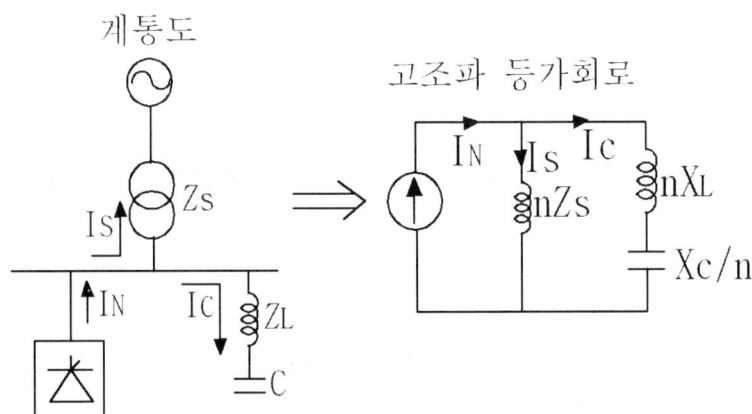

손실 증가로 권선의 온도 상승을 초래하여 변압기의 과열이 되며 심한 경우 소손의 원인이 된다.

3) 변압기 출력 감소
   (1) 단상 변압기 고조파 손실율

   $$THDF = \frac{\sqrt{2}\ Irms}{Ipeak} \times 100(\%)$$

   THDF : Trasformer Harmonics Derating Factor
   (변압기 고조파 손실율)

   예) Derating Factor (KVA) = Name Plate KVA * THDF
   Irms : 500A,
   Ipeak : 1000A 인 경우

   $$THDF = \frac{\sqrt{2}\ Irms}{Ipeak} \times 100 = \frac{\sqrt{2} \times 500}{1000} \times 100(\%) = 70.7(\%)$$

   즉, 변압기 용량이 70.7%로 감소 함.

   (2) 3상 변압기 고조파 손실율

   $$THDF = \sqrt{\frac{1+Pe(pu)}{1+Kf \times Pe(pu)}} \times 100(\%)$$

   여기서 Pe(pu) : 와전류손율
   　　　 Kf　　 : K- Factor
   K- Factor : 비선형 부하들에 의한 고조파의 영향에 대해 변압기가 과열현상 없이 공급할 수 있는 능력

   예) MOLD TR에서 K-FACTOR가 13, 와류손 14%인 경우
   (3상 비선형 부하)

   $$THDF = \sqrt{\frac{1+0.14}{1+(13 \times 0.14)}} \times 100(\%) = 64\ (\%)$$

   와류손 14% 발생하는 3상 비선형 부하가 있는 경우 TR용량의 64%만 걸어야 안전하다.

4) 철심의 자화 현상으로 이상음 발생
   - 고조파가 변압기에 유입되면 소음 발생 및 이상음 발생
   - 10 ~ 20 dB 정도 높아짐

5) 무부하시 변압기 권선과 선로 정전용량 사이의 공진 현상
   - 병렬 공진에 의한 고조파 전압 파형 왜곡의 확대
   - 고조파 전류의 증폭
   - 병렬 공진은 반드시 피할 것

6) 절연 열화
   고조파 전압은 파고치를 증가시켜 절연 열화 원인이 된다.
   그러나 일반적으로 변압기는 고조파에 의한 과전압보다 더 높은
   고 전압 레벨로 절연되어 크게 문제가 되지는 않는다.

## 3. 고조파가 회전기에 미치는 영향과 대책
1) 손실 증가
   손실 중 대부분은 동손이며, 동손은 기본파 전류에 의한 동손과 고조파에 의한 동손이 중첩되어 증가되며 동손의 공식은 다음과 같다.
   동손 $P_c = K \cdot I_1^2 R (1 + CDF^2)$ (W)
   여기서 CDF : Current distortion factor -전류 왜형율
   고조파 전류가 증가하면 위 공식에서 $I_1$의 제곱에 비례하는 동손이 증가하여 전력 손실 증가와 온도상승, 효율의 저하를 초래한다.
   (대책)
   - 저항을 적게하여 동손을 저하시킨다.
   - 자속밀도를 낮게하여 철손을 감소시킨다.
   - 인버터 파형을 바꾼다

2) 토오크 감소
   일반적으로 고조파원에 의해 생성된 고조파 전류는 전원 또는 다른 부하에 흐르게 된다.
   이때 발생된 고조파 성분 중 역상 고조파 전류가 전동기 등 회전기에 침입시 역 토크를 발생시켜 회전기의 토크를 감소시키고, 과열 및 소음의 원인이 된다.
   그러나 실제로 역상분에 의해 회전기에 유입되는 전류는 계통에 비해 무시할 정도로 작은 전류가 유입되므로, 역상 토크에 의한 영향은 계통쪽 회전기 즉, 발전기에 대한 영향으로 나타난다.

3) 맥동 토크 발생
   고조파는 맥동 토크를 발생한다. 그 때문에 진동이 증대하기도 하고, 공작

기계등에서는 가공물의 연마면에 줄무늬 모양이 생기기도 한다.
맥동 토크의 영향은 구동 주파수가 낮을 때 즉 회전속도가 낮을 때 더 크게 일어난다.
이것은 회전자가 맥동 토크에 의해 영향을 받기 때문이다.
( 대책 )
- 고조파의 파형을 개선한다.

4) 소음 발생

전동기에서 발생하는 소음은 일반적으로 전자 소음, 통풍 소음, 회전자축에서 발생하는 소음이 있지만, 고조파의 영향이 큰 것은 전자 소음이다.
고조파에 의한 소음의 증대를 방지하는 대책으로는 다음과 같은 방법이 있다.
( 대책 )
- 전동기의 공진 주파수를 벗어나게 한다.
- 전동기의 자속밀도를 낮게 한다.
- 전동기의 공극 자속을 평활화 한다.
- 전동기와 인버터간에 AC리액터를 설치한다.
- 인버터의 파형 개선.

5) 진동 발생

전동기의 진동은 설치 장소와 구조에 따라서 변할 수 있다.
인버터로 주파수를 변화시켜 운전하면 전동기가 기동시 고유 진동수와의 관계로 몇 개의 특정 주파수에서 진동이 커지는 경우가 있으며 진동의 원인에는 다음과 같은 것들이 있다.
- 회전체의 불균형
- 기계의 고유 진동수와의 공진
- 전동기의 맥동 토크에 의한 상대적인 진동
  ( 대책 )
- 커플링에 고무 진동판 등을 사용하여 고주파 진동을 흡수
- 기기 본체 밑에 방진 고무 삽입
- 전동기와 인버터 사이에 교류 리액터 삽입
- 인버터 파형 개선

3.5 전력기술관리법에 의한 감리원 배치기준을 설명하시오.

1. 인용
   - 전력기술 관리법 제12조 2. 감리원의 배치기준
   - 전력 기술 관리법 운영 요령 제25조. 감리원 배치기준

2. 감리원 배치 기준 (전력 기술 관리법 운영 요령. 제25조)
   ① 법 제12조의2에 따른 감리업자등은 감리원을 배치함에 있어 발주자의 확인을 받아 별표 2의 전력시설물공사 감리원수 이상으로 배치하여야 한다.
   ② 감리업자등은 제1항에도 불구하고 일정규모 이상 공동주택 및 건축물의 전력시설물공사는 발주자의 확인을 받아 별표 2의2의 공동주택 등의 감리원 배치기준에 따라 공사기간동안 감리원을 배치하여야 한다.
   ③ 제1항 및 제2항에 따라 감리업자등은 공사현장에 상주하는 상주감리원과 상주감리원을 지원하는 비상주감리원을 각각 배치하여야 하며, 비상주감리원은 고급감리원 이상으로써 해당 공사 전체기간동안 배치하여야 한다. 다만, 법 제12조의2 제1항 제2호에 따라 감리업무를 수행하는 경우와 제1항 별표 2의 감리원 배치기준에 따라 감리원 1명 이상을 총 공사기간동안 상주 배치하는 경우에는 비상주 감리원을 배치하지 아니할 수 있다.
   ④ 제3항에 따라 배치하는 비상주 감리원의 직접인건비 비율은 다음 각 호와 같다.
     1. 제1항에 따라 감리원을 배치하는 때에는 별표 2에 따른 감리원 직접인건비의 100분의 20 범위에서 조정할 수 있다.
     2. 제2항에 따라 감리원을 배치하는 때에는 별표 2의2에 따른 감리원 직접인건비의 100분의 10 범위에서 추가 조정할 수 있다.
   ⑤ 감리업자등은 제1항부터 제3항까지에 따라 감리원을 배치하는 경우 감리원의 퇴직·질병 등 부득이한 사유로 배치계획을 변경하여 배치하고자 하는 때에는 다음 각 호에 해당하는 감리원으로 미리 발주자의 승인을 얻어 교체·배치하여야 한다.
     1. 법 제14조의2 및 영 제25조의2에 따른 공고대상: 공고 당시 참여감리원의 평가요소(등급, 경력, 실적을 말한다) 평가점수와 동등 이상인 감리원(책임감리원은 자격가점을 포함한다)
     2. 제1호 외의 대상: 영 별표 3의 책임감리원 및 보조감리원의 자격을 충족하는 감리원. 다만, 제9항에 따라 배치하는 공사의 책임감리원은 같은 항에 따른 기술사로 한다.
   ⑥ 감리원을 배치하는 때에는 해당 전력시설물의 공사일정에 따라 공사가 시작되는 날부터 끝나는 날까지 적정하게 배치하여야 한다.

⑦ 공종의 구분은 별표 3과 같다.
⑧ 비상주감리원은 9개 이하의 현장에 중복하여 배치할 수 있으나 상주감리원(책임감리원 및 보조감리원)과 다른 법령에 따른 상주감리원을 겸할 수 없다.
⑨ 영 별표 3 또는 제1항·제2항에도 불구하고 다음 각 호의 공사는 영 별표 2에 따른 감리원 중 「국가기술자격법」에 따른 전기 분야 기술사(전기안전기술사를 포함한다)를 책임감리원으로 배치하여야 한다. 다만, 법 제12조의2제1항제2호에 따라 감리업무를 수행하는 다음 각 호의 공사 중 보수공사에 대하여는 그러하지 아니하다
  1. 용량 80만킬로와트 이상의 발전설비공사
  2. 전압 30만볼트 이상의 송전·변전설비공사
  3. 전압 10만볼트 이상의 수전설비·구내배전설비·전력사용설비공사
⑩ 감리원이 4주 이상의 입원 또는 치료를 이유로 감리업자가 제5항에 따라 발주자의 승인을 얻어 감리원을 교체한 경우에는 그 감리원을 교체한 날부터 3개월 이내에 사업수행능력평가에 참여시켜 평가를 받거나 다른 공사감리용역에 배치하여서는 아니 된다. 다만, 그 감리원이 배치되었던 공사감리용역이 끝난 경우에는 그러하지 아니하다.

[별표 2]

### 전력시설물공사 감리원 배치기준

단위 : 감리원수(인×월)

| 공사비(억원) | 단순공종 | 보통공종 | 복잡공종 |
| --- | --- | --- | --- |
| 1 | 1.7 | 1.8 | 2.0 |
| 2 | 2.8 | 3.1 | 3.4 |
| 3 | 3.9 | 4.3 | 4.7 |
| 4 | 4.8 | 5.3 | 5.9 |
| 5 | 5.7 | 6.3 | 7.0 |
| 6 | 6.6 | 7.3 | 8.0 |
| 7 | 7.4 | 8.2 | 9.0 |
| 8 | 8.2 | 9.1 | 10.0 |
| 9 | 9.0 | 10.0 | 11.0 |
| 10 | 9.7 | 10.8 | 11.9 |
| 20 | 16.6 | 18.4 | 20.3 |
| 30 | 22.6 | 25.2 | 27.7 |
| 40 | 28.3 | 31.4 | 34.5 |
| 50 | 33.5 | 37.3 | 41.0 |
| 70 | 43.4 | 48.3 | 53.1 |
| 100 | 57.2 | 63.5 | 69.9 |

※ 비고
1. 위 표의 감리원수는 고급감리원 기준이며, 공사비가 중간에 있을 때는 직선보간법에 의한 감리원수를 적용한다. 다만, 소수점 이하는 둘째 자리에서 반올림한다.

 직선보간법에 의한 요율산정방법

$$Y = y_1 - \frac{(X - x_2)(y_1 - y_2)}{(x_1 - x_2)}$$

 Y : 해당 공사비 요율, X : 해당금액, $x_1$ : 큰 금액, $x_2$ : 작은 금액
 $y_1$ : 작은 금액요율, $y_2$ : 큰 금액요율

[별표 2의2]

공동주택 등의 감리원 배치기준(제25조제2항 관련)

| 구분 | 규모 | 감리원배치 인원수 |
|---|---|---|
| 가. 공동주택 | 300세대 이상 800세대 미만 | 영 별표 3의 기준에 따른 책임감리원 1명을 포함한 감리원 1명 이상을 총 공사기간동안 배치 |
| | 800세대 이상 | 영 별표 3의 기준에 따른 감리원을 다음과 같이 배치<br>- 책임감리원: 1명을 총 공사기간동안 배치<br>- 보조감리원: 1명 이상을 총 공사기간대비 50퍼센트 이상 배치. 다만, 400세대를 초과할 때마다 총 공사기간대비 50퍼센트 이상 추가배치 |
| 나. 건축물 | 연면적 10,000 제곱미터 이상 연면적 30,000 제곱미터 미만 | 영 별표 3의 기준에 따른 책임감리원 1명을 포함한 감리원 1명 이상을 총 공사기간동안 배치 |
| | 연면적 30,000 제곱미터이상 | 영 별표 3의 기준에 따른 감리원을 다음과 같이 배치<br>- 책임감리원: 1명을 총 공사기간동안 배치<br>- 보조감리원: 1명 이상을 총 공사기간대비 50퍼센트 이상 배치. 다만, 20,000제곱미터를 초과할 때마다 총 공사기간대비 50퍼센트 이상 추가배치 |

[별표 3]

공종의 구분(제25조제7항 관련)

| 단순공종 | 보통공종 | 복잡공종 |
|---|---|---|
| 배전설비, 공장의 조명설비, 창고시설, 주차장 등 자동차 관련시설, 축사 등 동물관련시설, 종묘배양시설 등, 식물관련시설 등의 전력시설물공사와 전기기기 일부만 공사할 경우를 말한다. | 단순 또는 복잡공종에 속하지 않는 전력시설물공사를 말한다. | 발전설비, 송전·변전설비, 체육관, 운동장 등 운동시설, 공영장 등 관람집회시설, 박물관등 전시시설, 의료시설, 공항·여객 자동차터미널 등 시설, 방송국 등 방송·통신시설, 상수·하수·산업폐수·분뇨·쓰레기처리시설, 관광휴게시설, 건축물연면적 2만제곱미터 이상, 지하층을 제외한 건축물의 층수가 11층 이상의 건축물, 전기철도설비, 특수한 전기응용설비와 공사기간이 길고 배선수가 많아 복잡한 전력시설물의 공사를 말한다. |

3.6 전기설비기술기준의 판단기준 제 177조(점멸장치와 타임스위치의 시설)의 시설기준에 대하여 설명하시오.

인용 : 전기설비 판단기준 제177조 (점멸장치와 타임스위치 등의 시설)

① 조명용 전등에는 다음 각 호에 따라 점멸장치를 시설하여야 한다.
1. 가정용 전등은 등기구마다 점멸이 가능하도록 할 것. 다만, 장식용 등기구(샹들리에, 스포트라이트, 간접조명등, 보조등기구 등) 및 발코니 등기구는 예외로 할 수 있다.
2. 국부 조명설비는 그 조명대상에 따라 점멸할 수 있도록 시설할 것.
3. 공장·사무실·학교·병원·상점·기타 많은 사람이 함께 사용하는 장소(극장의 관객석·역사의 대합실 주차장, 강당, 기타 이와 유사한 장소 및 자동 조명 제어장치가 설치된 장소를 제외한다)에 시설하는 전체 조명용 전등은 부분 조명이 가능하도록 전등군을 구분하여 점멸이 가능하도록 하되, 창(태양광선이 들어오는 창에 한한다. 이하 이 호에서 같다)과 가장 가까운 전등은 따로 점멸이 가능하도록 할 것.
   다만, 등기구 배열이 1렬로 되어 있고 그 열이 창의 면과 평행이 되는 경우에 창과 가장 가까운 전등은 따로 점멸이 가능하도록 하지 아니할 수 있다.
4. 광 천장 조명 또는 간접 조명을 위하여 전등을 격등 회로로 시설하는 경우에는 제3호의 규정을 적용하지 아니할 수 있다.
5. 공장의 경우 건물구조가 창문이 없거나 제품 생산이 연속공정으로 한 줄에 설치되어 있는 전등을 동시에 점멸하여야 할 필요가 있는 장소에 한하여 제3호의 규정을 적용하지 아니할 수 있다.
6. 가로등, 보안등 또는 옥외에 시설하는 공중전화기를 위한 조명등용 분기회로에는 주광센서를 취부하여 주광에 의해서 자동 점멸하도록 시설할 것. 다만, 타이머를 설치하거나 집중제어방식을 이용하여 점멸하는 경우에는 그러하지 아니하다.
7. 가로등, 경기장, 공장, 아파트 단지 등의 일반조명을 위하여 시설하는 고압방전등은 그 효율이 70 ℓm/W 이상의 것이어야 한다.
8. 관광 진흥법과 공중위생법에 의한 관광숙박업 또는 숙박업(여인숙업을 제외한다)에 이용되는 시설로서 객실수가 30실 이상이 되는 시설의 각 객실의 조명전원(타임 스위치를 설치한 입구 등의 조명전원을 제외한다)은 객실의 출입문 개폐용 기구 또는 집중제어방식을 이용한 시설 기타 시·도지사가 이와 유사하다고 인정하는 기구나 시설에 의하여 자동 또는 반자동의 점멸이 가능하도록 할 것.

② 조명용 전등을 설치할 때에는 다음 각 호에 따라 타임스위치를 시설하여야 한다.
  1. 관광 진흥법과 공중위생법에 의한 관광숙박업 또는 숙박업(여인숙업을 제외한다)에 이용되는 객실의 입구 등은 1분 이내에 소등되는 것일 것.
  2. 일반주택 및 아파트 각 호실의 현관 등은 3분 이내에 소등되는 것일 것.

## 4.1 비상발전기 용량 선정 시 PG방식과 RG방식에 대하여 설명하시오.

### 1. 개요
- 자가발전설비에서 필요로 하는 출력 산정에 있어 다음과 같은 방법으로 발전기 출력을 구한다.
- 우리 나라의 경우 주로 PG방식을 적용하여 비상용 발전기 용량을 구하지만 정확도가 낮은 단점이 있다.
- RG방식은 일본에서 1983년 PG방식을 폐기하고 현재 사용하는 방법으로 PG 방식은 전동기 기동에 따른 전압강하만을 고려했으나, RG방식은 단시간 과전류 내력을 고려한 RG3와 허용 역상 전류를 고려한 RG4가 보완이 된 계산 방식이지만 계산이 복잡한 단점이 있다.
- 미국의 경우는 필요 부하를 단순 합산하는 NEC 방식을 적용하지만 기본설계 시에는 부하 용량이 결정되지 않아 적용하지 못하는 단점이 있다.
- 비상발전기의 용량은 수전용량의 15~20% 정도가 가장 많으며, 상,하수도용은 80%, 전화, Data는 65%, 일반빌딩은 21%, 병원은 30% 정도이다.

### 2. PG방식
1) PG1 ( 부하의 정상 운전시에 필요한 발전기 용량)

$$PG1 = \frac{\Sigma P_L \times Df}{\eta_L \times \cos\theta} \; (kVA)$$

$\Sigma P_L$ : 부하 출력 합계 (kW)
Df : 부하의 종합 수용율
$\eta_L$ : 부하의 종합 효율 ( 분명하지 않을 경우 0.85 )
$\cos\theta$ : 부하의 종합 역율 ( 분명하지 않을 경우 0.8 )

2) PG2 (부하중 최대 기동전류를 갖는 전동기 기동시 순시 전압 강하를 고려한 발전기 용량)

$$PG2 = Pm \times \beta \times C \times Xd'' \times \frac{100 - \Delta V}{\Delta V} \; (kVA)$$

Pm : 최대 기동 전류를 갖는 전동기 출력 (kVA)
$\beta$ : 전동기 기동 계수 ( 분명하지 않을 경우 7.2 )
C : 기동 방식에 따른 계수 ( 직입:1.0  Y-$\Delta$:0.67 )
$Xd''$ : 발전기 정수 ( 0.25~0.3 )
$\Delta V$ : 발전기 허용 전압 강하율( 승강기 경우 20%, 기타 25% )

3) PG3 (발전기를 가동하여 부하에 사용 중 최대 기동 전류를 갖는 전동기를 마지막으로 기동 할 때 필요한 발전기 용량)

$$PG3 = (\frac{\Sigma P_L - Pm}{\eta_L} + (Pm \times \beta \times C \times Pf)) \times \frac{1}{\cos\theta} \ (kVA)$$

Σ PL : 부하 출력 합계 (kW)
Pm : 최대 기동 전류를 갖는 전동기 출력(kw)
$\eta_L$ : 부하의 종합 효율 ( 분명하지 않을 경우 0.85 )
β : 전동기 기동 계수 ( 분명하지 않을 경우 7.2 )
C : 기동 방식에 따른 계수 ( 직입:1.0 Y-Δ:0.67 )
Pf : 최대 기동 전류를 갖는 전동기 기동시 역율
    ( 분명하지 않을 경우 0.4 )
cosθ : 부하의 종합 역율 ( 분명하지 않을 경우 0.8 )

4) PG4 ( 부하중 고조파 부분을 고려한 경우 발전기 용량 )
PG4 = Pc x ( 2~2.5 ) + PG1
Pc : 고조파분 부하( 제6고조파 : Pc X 2.67, 제12고조파 : Pc X 1.47 )
- 발전기 용량분의 고조파분이 120% 미만이 될 수 있도록 발전기 용량을 선정 하는 것이 바람직함.

## 3. RG 방식
1) 계산 방법
발전기 출력계수(RG)를 산정하여 부하 출력 합계(K)와의 곱으로 계산.
즉, G = RG · K
여기서 G : 발전기 용량(KVA)
RG : 발전기 출력 계수
($RG_1$ $RG_2$ $RG_3$ $RG_4$ 중 가장 큰 계수)
K : 부하 출력 합계 (KW)
$RG_1$ : 정상 부하 출력 계수
$RG_2$ : 최대 기동 전류 전동기 기동에 따른 발전기 허용 전압 강하 출력 계수
$RG_3$ : 발전기 단시간 과전류 출력계수
$RG_4$ : 허용 역상전류, 고조파 전류 출력 계수

2) 출력 계수
　① 정상 부하 출력 계수 ( $RG_1$ )

　　$RG_1 = 1.47 \times D \times Sf$

　　여기서 D : 부하의 수용율
　　　　　　　(소방부하 : 1.0, 일반부하 : 0.4~1.0, 실제값 적용)
　　　　　　Sf : 불평형 부하에 의한 선전류 증가 계수

　② 허용 전압 강하 출력 계수 ( $RG_2$ )

$$RG_2 = \frac{1 - \Delta E}{\Delta E} \cdot Xd \cdot \frac{Ks}{Zm} \cdot \frac{M_2}{K}$$

　　여기서 ΔE : 발전기 허용 전압 강하
　　　　　　Xd : 발전기 정수(부하 투입시 허용되는 임피던스)
　　　　　　Ks : 부하 기동방식에 따른 정수(직입:1.0, Y-Δ:0.67)
　　　　　　Zm : 부하 기동시 임피던스 (0.14)
　　　　　　$M_2$ : 기동시 전압강하가 최대로 되는 부하기기 출력(KW)
　　　　　　K  : 부하 출력 합계 (KW)

　③ 단시간 과전류 내력 출력계수 ( $RG_3$ )

$$RG_3 = 0.98 \cdot d + (\frac{1}{1.5} \cdot \frac{Ks}{Zm} - 0.98 \cdot d)\frac{M_3}{K}$$

　　여기서 d : 베이스 부하의 수용율
　　　　　　　(소방부하 : 1.0, 일반부하 : 0.4~1.0, 실제값 적용)
　　　　　　Ks : 부하 기동방식에 따른 정수(직입:1.0, Y-Δ:0.67)
　　　　　　Zm : 부하 기동시 임피던스 (0.14)
　　　　　　$M_3$ : 단시간 과전류 내력을 최대로 하는 부하기기 출력
　　　　　　K  : 부하 출력 합계 (KW)

　④ 허용 역상전류, 고조파 전류 출력 계수 ( $RG_4$ )

$$RG_4 = \frac{1}{KG_4} \sqrt{(\frac{0.43\,R}{K})^2 + (\frac{1.25\,\Delta P}{K})^2 \cdot (1 - 3u - 3u^2)}$$

　　여기서 $KG_4$ : 발전기 허용 역상 전류 계수 (0.15)
　　　　　　R  : 고조파 발생 부하 출력 합계 (KW)
　　　　　　K  : 부하 출력 합계 (KW)
　　　　　　ΔP : 단상 부하 불평형 출력값(KW)
　　　　　　u  : 단상 불평형 계수

## 4.2 1000병상 이상 대형병원의 조명설계에 대하여 설명하시오.

### 1. 개요
- 환자, 진료자, 방문자등 서로 다른 입장의 요구에 맞는 조명이어야 함.
  그러나 환자를 최우선해야 함
- 병원은 대단히 복잡한 기능을 갖는 시설이므로 모든 조명 기술을 종합적으로 활용할 필요가 있음. (광원의 밝기, 광색, 눈부심등)

### 2. 병원 조명시 고려사항

1) 조도

   병원의 조도는 각 실별에 따라 필요 조도가 다르며 수실실과 같이 아주 밝은 조도가 필요한 부분도 있지만 휴게실같이 분위기 조명이 필요한 부분도 있다. 따라서 방의종류, 형태, 중요도등을 고려하여 조도를 선정한다.

   KSA 3011 조도기준에 따르면
   - X선실: 150-200-300
   - 진료실, 병동, 회복실 : 60-100-150
   - 외 래 : 150-200-300
   - 수술실, 응급실, 진찰실, 처치실 : 600-1000-1500

2) 광속 발산도 분포

   대상물과 그 주위의 시야 내에 조도는 균일 할수록 좋으나 실제로는 그 분포를 완전히 고르게 할 수는 없으므로 허용 한도를 아래 표 이내 정도로 한다.
   (미국 조명 학회 기준)

   | 내 용 | 광속 발산도 분포 |
   |---|---|
   | 작업 대상물과 그 주위(책과 책상면) | 3 : 1 |
   | 작업 대상물과 떨어진 면(책과 바닥) | 10 : 1 |
   | 조명기구와 그 부근면 (천장, 벽면) | 20 : 1 |
   | 통로내의 각부분 | 40 : 1 |

3) 눈부심(Glare)

   시야내 어떤 휘도로 인하여 불쾌, 고통, 눈의 피로등을 유발시키는 현상으로 작업 능률의 저하, 재해 발생, 시력의 감퇴 원인이 됨.
   특히 수술실 등에서는 조도는 높이되 휘도는 낮추어야 한다.

| 원 인 | 방 지 대 책 |
|---|---|
| 고휘도의 광원이 직접 보일 경우 | 보호각이 충분한 반사갓 사용 |
| 광택이 심한 반사면이 있을 경우 | 루우버 타입 등기구 |
| 시야내 휘도 대비차가 심 할 경우 | 젖빛 유리구 사용하여 휘도가 0.5 cd/cm² 이하가 되도록 함. |

4) 그늘(그림자)

물체를 입체로 보기 위해서는 적당한 그림자가 필요하며 밝은 부분과 어두운 부분의 비가 3:1이 적당함.

5) 분광 분포

자연 주광색이 가장 이상적이며 장파장 램프가 따뜻한 느낌을 줌

6) 심리적 효과(기분)
   - 천장과 벽을 밝고 부드럽게 조명 : 안락한 느낌
   - 천장을 밝게 벽을 어둡게 : 침착성을 잃게 됨
   - 벽을 밝게 하며 다운라이트 병행 : 좋은 분위기

7) 미적 효과

조명기구의 의장은 건축물의 양식과 조화를 이루고 단순하며 미적 효과가 있는 것이 좋음.

8) 경제성

가격이 저렴하고 램프 효율이 좋으며 유지보수가 용이한 등기구 선택

## 3. 각 실별 조명 방식

1) 병실
- 병실 전반 조명은 누워있는 환자에게 눈부심이 없도록 반 간접 조명이나 간접 조명이 요구 됨.
- 회진시 적당한 조도 이어야 함.
- 침대에는 독서를 할 수 있을 정도의 국부 조명이 필요하며 이 조명으로 인해 다른 환자에게 영향이 없어야 함.
- 심야 소등시를 대비한 Foot Light가 설치되어야 함.
- 전반 조명 스위치는 출입구에 설치하고 베드 라이트는 침대에서 점멸이 가능토록 설치.

2) 진료실
- 실내 전반을 밝게 하고(300lx 이상) 진료용 침대에 손 그늘이 생기지 않도록 조명 기구 설치

3) 수술실
- 수술을 장시간에 걸쳐 하려면 밝고 쾌적한 조명이 요구 됨.
- 광 천장 조명으로 전반 조명을 500lx 정도로 하고 수술대 위 국부 조명은 손 그늘이 지지 않도록 무영등을 설치하여 지름 30Cm정도의 수술 부위를 집중 조명.
- 마취 가스는 폭발성이 있으므로 램프에는 커버를 부착하고 안정기, 스위치류는 실외에 설치하되 부득이 실내에 스위치, 콘센트류를 설치 할 경우는 반드시 1m 이상 높이에 설치해야 함.
- 전원 공급은 Isolation Panel을 거치고 정전을 대비해 UPS등 무 정전 전원 공급 장치를 설치해야 함.

4) 접수부
- 외부에서 들어오는 환자의 눈에 잘 띌수 있도록 배치가 고려되어야 하고 주변에 비해 더 밝게 하여야 함.
- 접수부 상단에 핀홀 조명등으로 POINT를 줌

## 4. 맺는말

최근의 병원은 대형화, 최첨단 시설 등으로 여러 가지 조명을 요구하고 있다. 특히 병원은 병원에 맞는 광환경, 시환경을 갖추어야한다.
따라서 빛의 질, 양, 방향등을 고려해 광원 및 조명기구를 선택해야한다.
또한 사용 장소에 따라 명시 조명과 분위기 조명을 함께 해야 하며 수술실 등에는 무영등을 사용하는 등 특별한 설계가 이루어져야한다.

4.3 변압기 보호용으로 비율차동계전기를 적용할 경우 고려사항을 설명하시오.

1. **변압기 보호 장치 관련 규정**(전기 설비 기술기준의 판단기준 제 48조)
   특별 고압용 변압기 내부에 고장이 생겼을 경우에 보호하는 장치는 다음 표와 같이 시설하여야한다.
   다만, 변압기 내부에 고장이 생겼을 경우에 그 변압기의 전원인 발전기를 자동적으로 정지하도록 시설한 경우에는 그 발전기의 전로로부터 차단하는 장치를 하지 아니하여도 된다.

| 뱅크 용량의 구분 | 동작 조건 | 장치의 종류 |
|---|---|---|
| 5,000kVA이상 10,000kVA 미만 | 변압기 내부고장 | 자동 차단 장치 또는 경보 장치 |
| 10,000kVA이상 | 변압기 내부고장 | 자동 차단 장치 |
| 타냉식 변압기(강제순환방식) | 냉각장치에 고장이 생긴 경우 또는 변압기 온도가 현저히 상승한 경우 | 경보 장치 |

2. **전기적 보호 장치**
   변압기의 전기적 보호의 경우 다음 항목을 보호항목으로 생각할 수 있다.
   - 과부하 및 후비보호
   - 변압기 권선의 상간 및 층간 단락보호
   - 권선의 지락보호

   1) 과전류 계전기
      - 변압기 용량 5000kVA 미만의 비율차동 계전기가 설치되지 아니한 소용량 변압기 내부 보호
      - 과부하에 의한 변압기 소손 방지
      - 비율 차동 계전기 설치시 후비 보호용으로 사용

   2) 비율 차동 계전기( Ratio Differential Current Relay. RDR )
      가. 동작 원리
      - 변압기 내부 고장시 1차 전류와 2차 전류의 차이를 이용하여 내부 고장을 전기적으로 검출 (동작력>억제력 일 때 동작)

      $$동작 비율 = \frac{동작 전류}{억제 전류} \times 100 = \frac{i_1 - i_2}{i_1 \text{ 또는 } i_2} \times 100(\%)$$

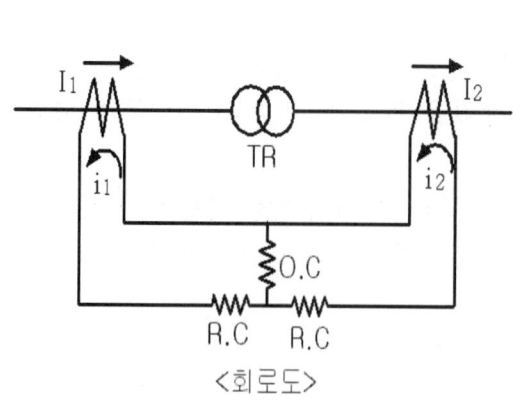
<회로도>

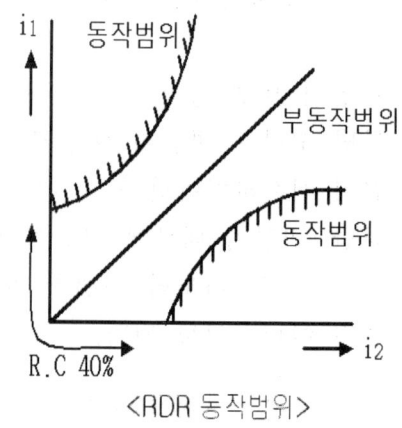
<RDR 동작범위>

## 3. 비율 차동 계전기 적용시 고려사항

1) 여자 돌입 전류에 의한 오동작

변압기 무 부하 투입시 여자 돌입 전류가 정격 전류의 7~8배 흘러 오동작이 발생하므로 다음과 같은 대책이 필요함.

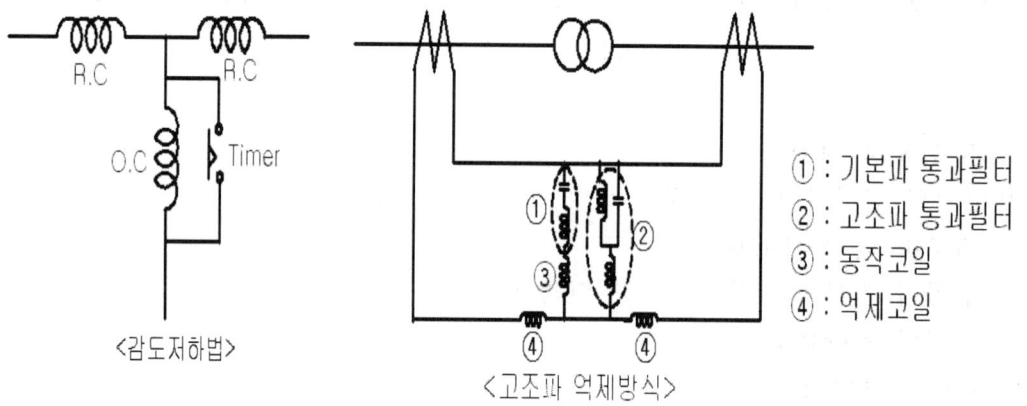
<감도저하법>   <고조파 억제방식>

① : 기본파 통과필터
② : 고조파 통과필터
③ : 동작코일
④ : 억제코일

(1) 감도 저하법

변압기 투입시 순간적으로(0.2초) 비율 차동 계전기 감도를 저하시킴.
방법 : Timer 사용 방식

(2) 고조파 억제 방식

변압기 여자 돌입 전류에 포함된 고조파 전류를 고조파 필터를 통과시켜 오동작 방지

(3) 비대칭 저지법

- 대칭분 : 동작
- 비 대칭분(돌입 전류) : 동작 억제
- 동작 코일과 저지 계전기를 직렬 접속하여 비 대칭파 전류로 저지 계전기를 동작시켜 동작을 억제함.

2) 위상각 차에 의한 오동작
   TR Y-△ 결선시 1,2차간 $30^0$ 위상차가 있어 전류가 CT를 통과하면 위상차에 의해 동작 코일에 전류가 흘러 오 동작함.
   대책 : 위상각 보정
   - TR 결선 △-Y  -> CT 2차를 Y-△로 결선
              Y-△  -> CT 2차를 △-Y로 결선

3) 변류비 불일치(변류비차)에 의한 오동작
   보상 CT( CCT )를 사용하여 평형 유지

4) CT 특성 불일치(재질등)
   탭 선정으로 오차 정정

## 4.4 전력 케이블의 화재 원인과 대책을 쓰시오.

### 1. 개요
최근에는 건축물의 대형화, 고층화로 화재시 대형 사고가 발생할 수 있다.
또한 전기에 의한 화재시 그 피해는 상당히 크고 건물 전체에 파급이 되며, 복구시 장시간이 걸릴 뿐 아니라 복구 비용도 대단히 커질 수 있다.
이런 사고가 EPS의 층간 방화 격벽 처리를 잘못 하였을 경우 굴뚝 효과가 일어나 사고 파급이 커질 수 있다.

### 2. 전력 케이블의 화재 원인
1) 전기적 현상에 의한 발화
   - 단락 및 과전류
   - 지락 및 누전
   - 도체 접속부 과열

2) 절연물 노화현상에 의한 발화
   전선을 장기간 사용하면 절연체가 갱년기 현상에 의해 노화된다.
   따라서 이런 전선은 전기적, 기계적으로 열화가 쉽게 일어나 발화가 될 수 있다.

3) 화학적 현상에 의한 절연 파괴
   부식성 가스, 기름, 습기 등에 절연 파괴

4) 기계적 손상에 의한 발화
   케이블이 개미, 쥐 등에 의한 파괴가 일어나거나 기계적 장력 또는 진동, 충격, 굴곡 등에 의한 절연 파괴가 될 수 있다.

5) 외적인 현상에 의한 발화
   - 공사중 용접 불똥
   - 케이블에 접속된 기기의 과열
   - 기름등 가연성 물질의 발화
   - 방화 등

6) 부실 시공
   - 케이블을 무리하게 구부리면 어느 정도의 시간이 경과 후 절연 파괴 원인이 됨. (곡율반경. Nonshield Cable:지름의 8배 이상 Shield Cable : 지름의 12배

이상
- 연결부의 볼트 조임 불량
- 시공시 절연체 피복에 흠집
- 케이블 피복 제거시 내부 절연체에 칼집 등

## 3. 전력 케이블 화재 대책 < 설계. 열. 방 / 소. 관. 시. 정 >

1) 선로 설계의 적정화
- 보호 계통의 검토
- 접지 계통의 검토
- 케이블 품종 사이즈 검토
- 배선 방법 검토

2) 열에 강한 케이블 채택
- 내열 또는 난연 케이블 : MI CABLE, FR-8, FR-3, FR-CV
- 저독성 난연 케이블     : NFR-8, NFR-3

3) 방염 처리
   (1) 방염 테이프 처리
   (2) 방화 도포
       화염 방지 컴파운드를 스프레이, 솔질, 흙 손질로 케이블 트레이, 트랜치 등에 화염 확산을 못하도록 방화 조치
   (3) 불활성 물질의 사용
       트레이와 Junction Box의 전선 주위 공간을 모래, 석면, 기타 불연 재료로 충진 하는 방법으로 전선의 온도 상승 원인이 될 수도 있으므로 주의해야 한다.

4) 소방 시설 설치
   (1) $CO_2$ , 할론
   (2) 스프링 쿨러는 소화 능력은 좋으나 물에 의한 전기 재료의 절연 파괴가 되므로 전기 기기의 소화 시설로는 부 적합함.

5) 관통부의 FIRE STOP(방화 SEAL) 설치
   (1) 관통벽
       불연성 내화판을 벽 양쪽에 대고 내부를 내화 충진재로 충진
   (2) 바닥 관통부 및 입상 관통부
   (3) 방화 구획 구간 통과 PIPE내 등

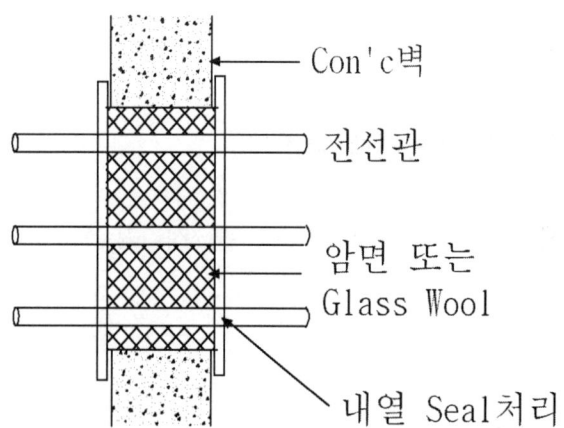

6) 시공 철저 및 정기적인 점검 보수
   - 곡율 반경, 볼트 조임, 흠집 등 주의 시공
   - 소동물 침입 방지 시설
   - 이상 점검(수시)
   - 유압, 온도 감지

## 4. 맺는 말

상기와 같이 전기에 의한 화재는 여러 종류가 있으며 전기에 따른 대책도 다양하다. 특히 케이블의 과열로 인한 화재시 EPS 등에서는 굴뚝 현상으로 급속히 전체 건물로 확산 될 수 있으므로 각층간 또는 방화 구획 구역마다 방화 SEAL을 설치하여 피해를 최소화해야 한다.

4.5 건물에너지관리시스템(Building Energy Management System)의 개념, 필요성, 공공기관 의무화, 설치 확인에 대하여 각각 설명하시오.

## 1. BEMS 정의
- 컴퓨터를 사용하여 건물관리자가 합리적인 에너지 이용이 가능하게하고 쾌적하고 기능적인 업무환경을 효율적으로 유지·관리하기 위한 제어·관리·경영시스템
- 건물 내 에너지 사용기기(조명, 냉·난방설비, 환기설비, 콘센트 등)에 센서 및 계측장비를 설치하고 통신망으로 연계하여
  - 에너지원별(전력·가스·연료 등) 사용량을 실시간으로 모니터링하고,
  - 수집된 에너지사용 정보를 최적화 분석 S/W를 통해 가장 효율적인 관리방안으로 자동제어하는 시스템이다.

## 2. BEMS 시스템 개념

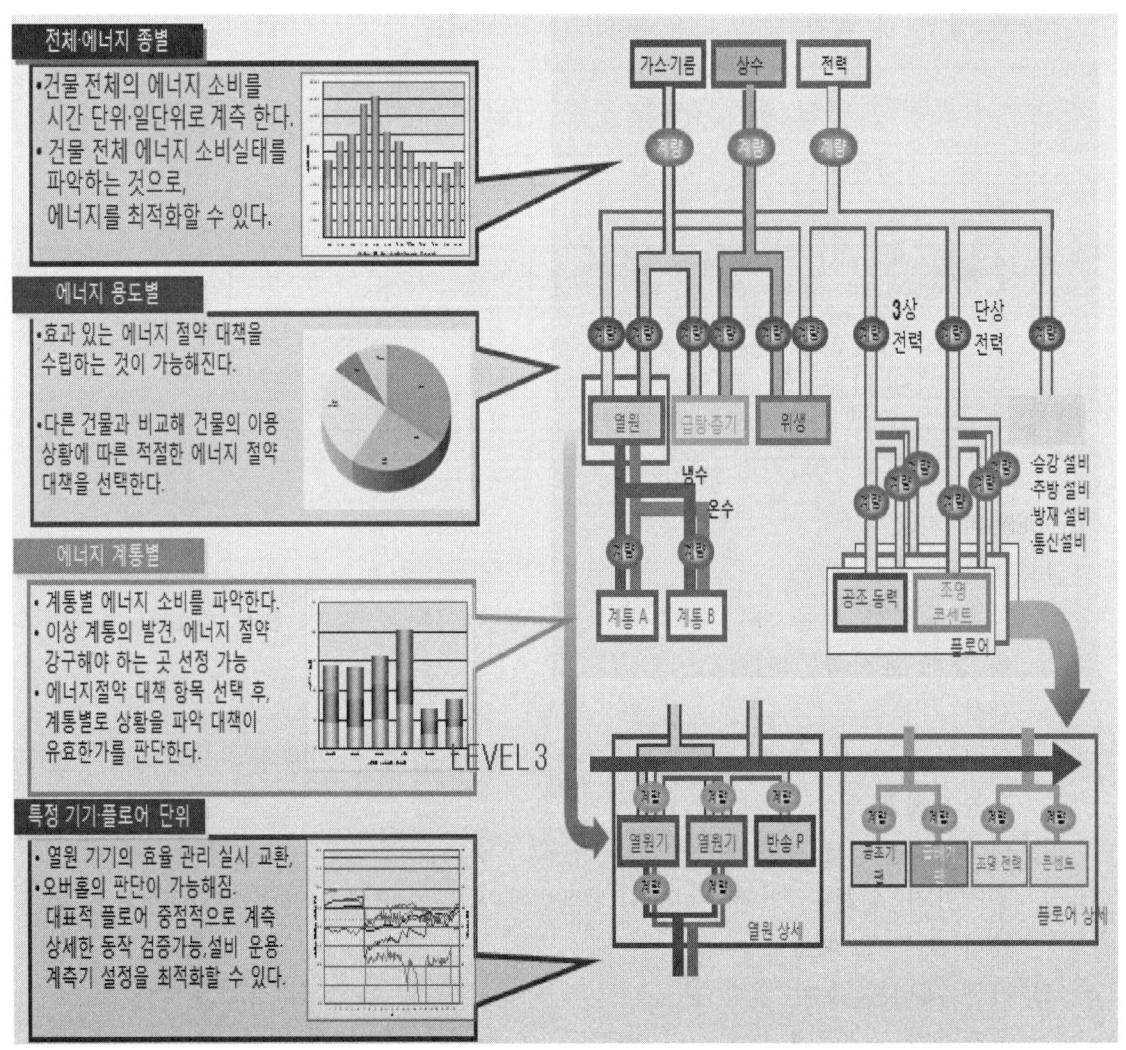

3. BEMS 필요성
   - 국가 온실가스 감축목표 달성을 위해서는 건물 운영단계에서의 시스템적으로 최적화된 운영 필요
   - 건물의 운영단계에 있어 에너지사용량의 세부 분석 및 냉난방 설비 등의 효율적인 운영을 위해 BEMS 도입으로 체계적인 관리가 필요

4. BEMS 공공기관 의무화
   공공기관은 '공공기관 에너지 이용 합리화 추진에 관한 규정'에 따라 2017년 1월1일부터 연면적 1만 ㎡ 이상의 건축물을 신축하는 경우 BEMS를 구축 운영한다.

5. BEMS 설치 확인
   공공기관은 BEMS를 구축 운영하는 경우 에너지 공단으로 부터 설치확인을 받아야 한다.
   평가 항목 및 배점 등은 다음 표와 같다.

   | | 항 목 | 배점<br>설치계획 검토 및<br>신규 설치 확인 |
   |---|---|---|
   | 1 | 데이터 수집 및 표시 | 10 |
   | 2 | 정보 감시 | 15 |
   | 3 | 데이터 조회 | 5 |
   | 4 | 에너지소비 현황 분석 | 15 |
   | 5 | 설비의 성능 및 효율 분석 | 15 |
   | 6 | 실내외 환경 정보 제공 | 10 |
   | 7 | 에너지 소비량 예측 | 10 |
   | 8 | 에너지 비용 조회 및 분석 | 10 |
   | 9 | 제어시스템 연동 | 10 |
   | | 계 | 100 |

6. BEMS의 기능
   1) 데이터 표시 기능
      획득 수집한 건물 에너지 소비 및 관련 데이터를 알기 쉽게 컴퓨터 화면 등을 통해 표시하는 기능
   2) 감시 기능
      입력값과 실제 운영 결과를 비교하여 운전 범위나 기준값을 벗어나는 경우 운영자에게 알려주는 기능
   3) 데이터 및 정보 조회 기능
      운영자가 원하는 기간 동안의 건물 에너지 소비 및 관련 데이터의 정보를 표시 또는 그래프로 제공
   4) 건물 에너지 소비 현황 분석 기능
      운영자가 건물 에너지 소비 현황을 쉽게 파악할 수 있도록 다음과 같은 항

목에 대한 분석 기능을 제공한다.
- 에너지원별 소비량
- 용도별 소비량
- 수요처별 소비량
- 이산화탄소 배출량
- 최대 수요 전력
- 건물 에너지 효율 수준
- 에너지 소비 절감량 및 절감율
- 에너지 소비 원단위 : 단위 면적당 소비되는 에너지의 양
- 석유 환산톤으로 환산한 1차 에너지 소비량
  * 석유 환산톤 : 원유 1톤을 연소할 때 발생하는 열량을 말하며 단위는 TOE를 사용
  * 1차 에너지 소비량 : 소비된 모든 종류의 에너지량을 천연상태에서 얻을 수 있는 형태로 환산한 에너지량

5) 설비의 성능 및 효율 분석 기능
건물에서 운용되는 각종 설비의 운전상태와 성능을 쉽게 파악할 수 있도록 분석 기능을 제공한다.

6) 실내·외 환경 정보 제공 기능
   - 외기의 온도와 습도
   - 실내 공기의 온도와 습도
   - 실내 공기중 $CO_2$ 농도
   - 실내 조도

7) 에너지 소비량 예측 기능
에너지를 절약하고 건물과 설비의 계획적인 운영에 도움을 주기 위하여 건물의 에너지 소비량을 예측하는 기능을 제공

8) 에너지 비용 분석 기능
   - 기간별 에너지 비용 조회
   - 예상 에너지 비용 조회

9) 제어 시스템 연동 기능
자체적으로 제어기능을 수행하거나 그렇지 못한 경우에는 건물자동화 시스템과 연동해서 자동으로 제어하는 기능

4.6 저압 배전계통에서 SPD(Surge Protective Device)의 접속형식과 Ⅰ등급, Ⅱ등급 SPD의 보호모드별 공칭방전전류와 임펄스전류에 대하여 설명하시오.

1. 개요
 1) SPD는 배전 계통으로부터 전달되는 대기현상으로 인한 과도 전압 및 기기 개폐 과전압에 대한 전기설비 보호를 목적으로 한다.
 2) 전력 공급점에 나타날 수 있는 과전압, 년간 뇌우일수, 서지 보호 장치의 위치 및 특성 등을 고려하여 보호 장치를 결정한다.

2. 옥내 배전계통의 과전압 Catagory

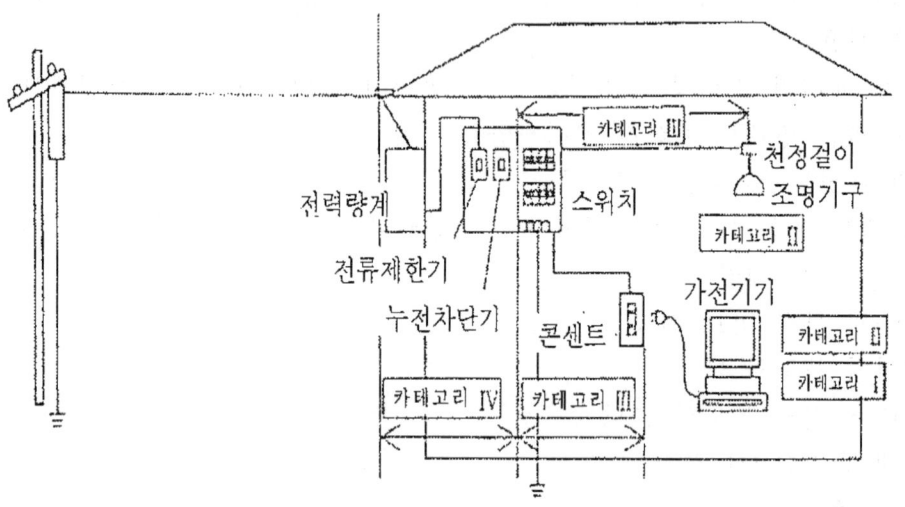

그림 443-1 주택의 옥내 배전계통과 과전압 카테고리 분류

## 3. SPD 형식

| 형 식 | 설치 위치 및 보호대상 | 시험 항목 |
|---|---|---|
| Class I | 인입구 부근, 직격뢰 보호 | $I_{imp}$ |
| Class II | 인입구 부근, 유도뢰 보호 | $I_{MAX}$ |
| Class III | 기기 부근, 유도뢰 보호 | $U_{oc}$ |

## 4. SPD 접속 형식

1) 보호 가능 모드 (KSC IEC 61643 표3)

| SPD위치 | TN-C | TN-S | T T | I T(중성선 있는 경우) | I T(중성선 없는 경우) |
|---|---|---|---|---|---|
| 상-중성선 사이 | - | ① | ① | ① | - |
| 상 - PE 사이 | - | ② | ② | ② | O |
| 상-PEN 사이 | O | - | - | - | - |
| 중성선-PE 사이 | - | O | O | O | |
| 상 - 상 사이 | + | + | + | + | + |

O : 적용 가능    - : 적용 불가    + : 선택사항    ①② : 둘 중 택1

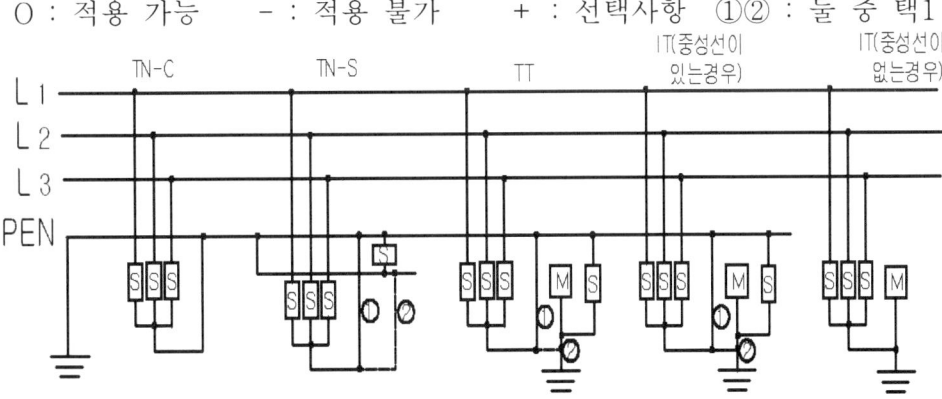

2) SPD규격이 보호 대상 기기의 특성에 적합해야 한다.
3) SPD는 건축물 인입구 또는 설비 인입구와 가까운 장소에 설치
4) SPD의 접지는 가능한 한 공통 접지를 하는 것이 좋다.
5) 접속도체는 가능한 짧게 배선하고(0.5m이하)
6) 접지극에 직접 접속하는 것이 좋다.
7) 접지도체 단면적은 10㎟ 이상의 동선 또는 이와 동등할 것
   (단, 건축물에 피뢰설비가 없는 경우는 단면적이 4㎟ 이상의 동선가능)

## 5. 등급별 공칭방전전류와 임펄스전류

건축물 내에 설치하는 SPD는 설치하는 장소와 전기 계통의 종류, 건축물 뇌보호 시스템(LPS)의 유무등을 고려하여 적절한 규격을 선정하여야 한다.

1) SPD 타입과 전압 보호 수준 Up
   - 설비 인입구 부근 또는 주 배전반 등에 설치하는 SPD는 LPS가 있는 건축물에는 타입 I, LPS가 없는 건축물에는 타입 II 일 것
   - 기기에 근접하여 설치하는 SPD는 타입 II 또는 타입 III 일 것

2) SPD의 공칭 방전 전류 및 임폴스 전류
   각 상에 설치한 SPD는 다음 표와 같은 값 이상으로 설치해야 한다.

| 계통 | 공칭 방전 전류 ($I_n$) | 임펄스 전류 ($I_{imp}$) |
|---|---|---|
| 단상 2선 | 10 kA | 25 kA |
| 단산 3선 | 15 kA | 37.5 kA |
| 3상 3선 | 15 kA | 37.5 kA |
| 3상 4선 | 20 kA | 50 kA |

4장

제114회 (2018.02)
기출문제

**건축전기설비**
　기술사
　기출문제

# 국가기술 자격검정 시험문제

기술사 제 114 회　　　　　　　　제 1 교시 (시험시간: 100분)

| 분야 | 전기전자 | 자격종목 | 건축전기설비기술사 | 수험번호 | | 성명 | |
|---|---|---|---|---|---|---|---|

※ 다음 문제 중 10문제를 선택하여 설명하시오. (각10점)

1. 분전반 설치기준에 대하여 다음 사항을 설명하시오.
   1) 공급범위 2) 예비회로 3) 설치높이
2. 전력용 콘덴서의 설치 위치에 따른 장·단점을 비교 설명하시오.
3. 직접접지 계통의 수전반 보호계전기에서 OCR 및 OCGR의 한시탭 정정방법, 동작시간 정정방법, 순시탭 정정방법에 대하여 설명하시오.
4. 접지 설계시 전위 간섭의 개념과 접지 설계시 유의점에 대하여 설명하시오.
5. 병원전기설비 시설에 관한 지침에서 다음 사항을 설명하시오.
   1) 의료장소의 콘센트 설치 수량 및 방법
   2) 콘센트의 전원 종별 표시
6. 간격이 d[m]인 평행한 평판 사이의 정전용량을 구하시오.
   (단, 판의 면적은 S[㎡] 이고, 면전하 밀도를 $\delta$[C/㎡]라 한다.)
7. 전력시설물 공사감리업무 수행지침에 대하여 다음사항을 설명하시오.
   1) 공사감리의 정의
   2) 감리원이 공종별 촬영하여야 하는 대상 및 처리방법
8. 전기 절연의 내열성 등급에 대하여 KS C IEC 60085에 따른 상대 내열지수, 내열 등급을 기존의 절연 종별 등급과 비교하여 설명하시오.
9. 하이브리드(Hybrid) 분산형 전원의 정의와 ESS 충·방전방식에 대하여 설명하시오.
10. 코로나 임계전압과 코로나 방지대책에 대하여 설명하시오.
11. △-Y 변압기 구성에서 1차측 1선 지락사고 발생시 2차측에서 발생되는 상 전압과 선간전압의 최저전압에 대하여 설명하시오.
12. 저항 용접기 및 아크 용접기에 전원을 공급하는 분기회로 및 간선의 시설방법에 대하여 설명하시오.
13. 무한히 긴 직선도선에 전류 I[A]가 흐를 때 도선으로부터 r[m] 떨어진 점에서의 자계의 세기 H[AT/m]를 구하시오.

# 국가기술 자격검정 시험문제

기술사 제 114 회      제 2 교시 (시험시간: 100분)

| 분야 | 전기전자 | 자격종목 | 건축전기설비기술사 | 수험번호 | | 성명 | |
|---|---|---|---|---|---|---|---|

※ 다음 문제 중 4문제를 선택하여 설명하시오. (각25점)

1. 건축물 조명제어에서 조명제어시스템으로 이용되는 주요 프로토콜(Protocol)에 대하여 설명하시오.

2. 변압기 임피던스 전압(%Z)의 개념과 임피던스 전압이 서로 다른 변압기를 병렬 운전할 때 부하분담과 과부하 운전을 하지 않기 위한 부하제한에 대하여 설명하시오.

3. 자가발전기와 무정전전원장치(UPS)를 조합하여 운전할 때 고려사항에 대하여 설명하시오.

4. 태양광 인버터(PCS)에서 Stage 및 인버터의 종류와 특징에 대하여 설명하시오.

5. 변압기 선정을 위한 효율과 부하율 관계를 설명하고, 유입변압기와 몰드변압기의 특성을 비교 설명하시오.

6. 154 [kV] 지중선로에 사용되는 OF케이블(Oil Filled Cable)과 XLPE케이블(Cross Linked Polyethylene Insulated Vinyl/PE Sheathed Cable)에 대하여 비교 설명하시오.

# 국가기술 자격검정 시험문제

기술사 제 114 회 　　　　　　　　제 3 교시 (시험시간: 100분)

| 분야 | 전기전자 | 자격종목 | 건축전기설비기술사 | 수험번호 | | 성명 | |
|---|---|---|---|---|---|---|---|

※ 다음 문제 중 4문제를 선택하여 설명하시오. (각25점)

1. 380V 저압용 유도전동기의 보호방법과 전기설비기술기준의 판단기준 175조에 의한 차단기 용량산정, 경제적인 배선규격에 대하여 설명하시오.

2. 연료전지 발전에 대하여 설명하시오.

3. KS C 0075에 의한 광원의 연색성 평가와 연색성이 물체에 미치는 영향에 대하여 설명하시오.

4. 엘리베이터 설치시 다음 사항을 설명하시오.
   1) 엘리베이터 가속시의 허용전압강하
   2) 엘리베이터 수량과 수용률의 관계
   3) 전원변압기 용량선정 방법
   4) 전력간선 선정 방법
   5) 간선보호용 차단기 선정방법
   6) 인버터제어 엘리베이터 설치시 검토사항

5. 전선 이상온도 검지장치에 대하여 다음 사항을 설명하시오.
   1) 적용범위　2) 사용전압　3) 시설방법　4) 검지선의 규격　5) 접지

6. 수전설비 용량산정에서 이단강하방식과 직강하방식의 용량산정 방법에 대하여 설명하시오.

# 국가기술 자격검정 시험문제

기술사 제 114 회 제 4 교시 (시험시간: 100분)

| 분야 | 전기전자 | 자격종목 | 건축전기설비기술사 | 수험번호 | | 성명 | |

※ 다음 문제 중 4문제를 선택하여 설명하시오. (각25점)

1. 계측기기용 변류기와 보호계전기용 변류기의 차이점에 대하여 설명하시오.

2. 전류동작형 누전차단기가 정상상태일 때와 누설전류가 흐를 때의 동작원리에 대하여 설명하시오.

3. 다음과 같은 무정전 전원장치(UPS)의 특성에 대하여 설명하시오.
   1) 단일 출력 버스 UPS    2) 병렬 UPS    3) 이중 버스 UPS

4. 인버터 제어회로를 운전하는 경우 역률 개선용 콘덴서의 설계 및 선정 방안에 대하여 다음 사항을 설명하시오.
   1) 인버터 종류 및 역률 개선용 콘덴서 설치 개념
   2) 콘덴서 회로 부속기기 및 용량산출
   3) 직렬리액터 설치시 효과 및 고려사항

5. TN계통에서 전원자동차단에 의한 감전보호방식에 대하여 설명하시오.

6. 피뢰시스템 설계시 고려사항과 설계흐름도에 대하여 설명하시오.

## 4장

제114회 (2018.02)
문제해설

건축전기설비
기술사
기출문제

1.1 분전반 설치기준에 대하여 다음 사항을 설명하시오.
  1) 공급범위    2) 예비회로    3) 설치높이

1. 분전반 설치시 고려사항
  1) 분전반의 설치 위치
  2) 분전반의 설치 높이 및 설치 공간
  4) 분전반의 설치시 의장 등

2. 분전반 설치 방법
  1) 공급 범위 및 예비회로
    - 부하 중심 및 간선의 입출입이 가능한 곳
    - 각층에 1개 이상 설치
    - 부하 직선 거리 20~30m 마다 설치

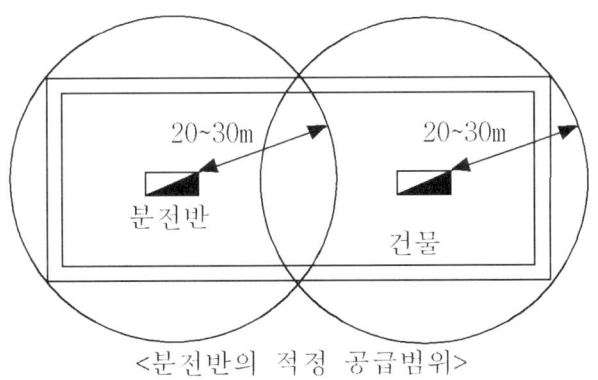

    <분전반의 적정 공급범위>

    - 1000㎡ 당 1면 이상
    - 예비 회로(10~20%) 포함하여 42회로 이내
    - 보수 조작에 편리한 복도나 계단 부근 벽면을 이용하여 설치
    - 사용 전압이 다른 개폐기는 식별이 용이하도록 시설

  2) 분전반 설치 높이
    - 바닥에서 상부까지 1800mm 이하
    - 바닥에서 중앙을 1400mm 기준
    - 바닥에서 하부를 1000mm 이상
    - 분전반끼리 60mm 이상
    - 분전반 전면에서 벽까지 거리 : 600mm 이상을 원칙으로 한다.
      (보수가 용이 하도록)

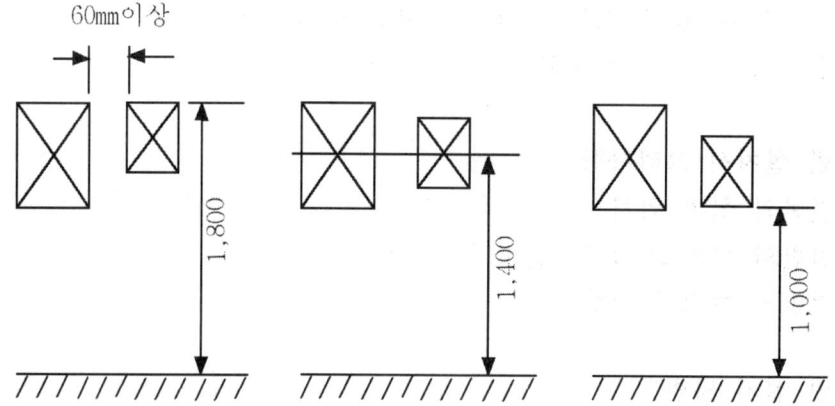

3) 기타 설계 및 시공시 고려 사항
   - 조명, 콘센트 등 용도별 분리
     (한 분전반에 사용 전압이 다른 개폐기를 사용할 경우 중간 격벽 설치)
   - 상용과 비상용 별도 분전반 설치 또는 격벽 처리
   - 대형 기기 별도 회로 (예 : 에어컨, 대형 냉장고 등)
   - 복도 계단등 공용 부분 별도 분리
   - 1회로 수용 면적 : 6 X 6 ㎡ 기준
   - 대형 전등 수구 : 300VA로 본다.(대형수구 : 39 mmΦ 이상)
     소형 전등 수구 : 150VA로 본다.(소형수구 : 26 mmΦ 이하)
   - 외함에 접지 공사
   - ELB는 주 개폐기로 사용 금지(MCCB 사용)
   - 노출형 : 튼튼히 고정
     매입형 : 후면에 Mesh 취부하여 몰탈이 잘 접합되도록 제작.

## 1.2 전력용 콘덴서의 설치 위치에 따른 장·단점을 비교 설명하시오.

### 1. 개요
진상용 콘덴서는 설치위치가 어디냐에 따라 그 효과가 달라진다.
우선, 콘덴서는 설치지점에서 계통상의 윗부분만 효율이 향상된다는 사실을 알아야 한다.

### 2. 콘덴서의 효과

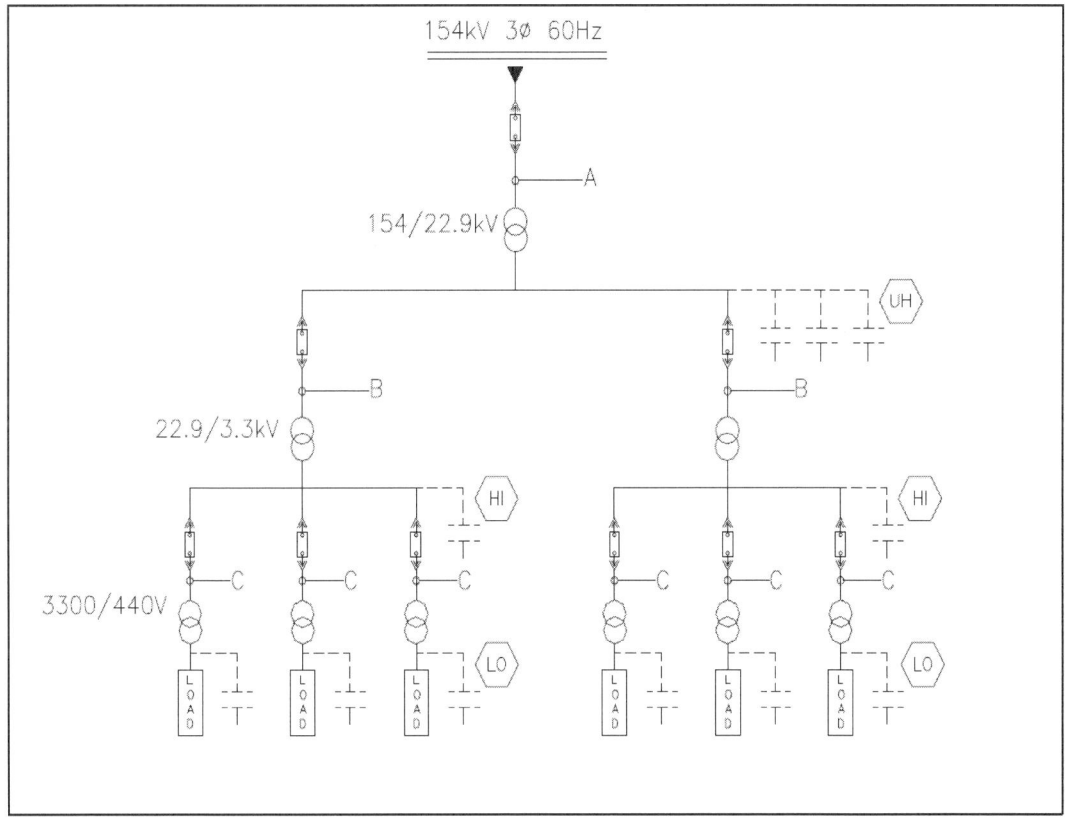

- 콘덴서의 효과는 부하의 말단에 설치하는 것이 가장 좋다.
  그 이유는 위에서 설명했듯이 설치된 계통의 윗부분만 효율이 상승하기 때문이다.
- 위 그림에서 설치 위치가 부하말단('C')이면 전단의 'B' 및 'A' 점의 부하 전류가 감소하게 되어 선로 및 변압기의 손실 저감 효과를 볼 수 있게 된다.
- 하지만 'A' 점에 설치하면 'B'와 'C' 점에는 기존과 동일한 부하전류가 흐르게 되어 콘덴서의 효과를 볼 수 없게 되며 단지 한전과의 역률 저하에 따른 PENALTY 부분에 장점만 가지게 된다.

## 3. 콘덴서 초기 설치비
- 콘덴서를 부하 말단에 설치하면 초기투자비가 많이 상승한다.
- 개별적인 콘덴서뿐만 아니라 각종 차단기, 제어반 등과 같은 것을 따로 구성하여야 하기 때문이다.
- 만일 역률만 관리할 목적으로 'A' 부분에 콘덴서를 집중설치하면 초기 투자비가 저렴해지는 장점이 있다.

## 4. 콘덴서의 관리 및 운영
- 콘덴서는 모든 전기기기와 마찬가지로 고장의 위험성이 있는 만큼 정격전류, 주위온도, 누유등과 같은 사항을 철저히 관리하여야 한다.
- 그런데 콘덴서의 설치가 부하 말단('C')에 집중되어 있다면 관리해야 하는 부분이 늘어남으로 'A'점에 설치할 때 보다 많은 시간과 인력이 필요하게 된다.
- 이와 같이 관리 및 운영비는 설치하는 위치에 따라 장, 단점이 존재한다.
- 그러므로 현장의 계통과 부하의 운전상황에 따라 담당자의 합리적인 선택이 요구되어 진다.

1.3 직접접지 계통의 수전반 보호계전기에서 OCR 및 OCGR의 한시탭 정정방법, 동작시간 정정방법, 순시탭 정정방법에 대하여 설명하시오.

## 1. 수전설비의 보호계전기 정정지침(한전규정)

| 계전기명 | 구성요소 | | 정정기준 |
|---|---|---|---|
| 과전류계전기 (OCR) | 한시(51) | 전류 | 계약전력의 150~170% |
| | | 시간 | 수전 TR 2차측 3상 단락전류에서 0.6sec 이하 수전측 TR 1차측 3상 단락전류에서 한전측과 시간차 0.3sec 이하 |
| | 순시(50) | 전류 | 수전 TR 2차측 3상 단락전류×150% |
| | | 시간 | 최대 고장전류에서 0.05초 이하 |
| 지락 과전류 계전기 (OCGR) | 한시(51N) | 전류 | 계약전력의 30% 이하로서 3상 수전 불평형 전류의 150% 이상 |
| | | 시간 | 수전단 최대 1선지락 전류에서 0.2sec이하 최소 지락전류에서 한전측과 시간차 0.3sec 이하 |
| | 순시(50N) | 전류 | 최소치에 정정 |
| | | 시간 | 순시 |

## 2. 동작 특성
- 반한시 (N·I : Normal Inverse type)
- 강반한시(V·I : Very Inverse type)
- 초반한시(E·I : Extremery Inverse type)
- 정한시 (D·I : Definite Inverse type)
- 장반한시(L·I : Longtime Inverse type)

## 1.4 접지 설계 시 전위 간섭의 개념과에 대하여 설명하시오.

### 1. 전위간섭의 개념
1) A 접지계에 지락발생으로 접지전류가 흐를시 A의 전위가 상승하여 전위분포 발생하며 이때 B 접지계에는 Δ(V) 만큼 전위간섭 발생
2) A와 B를 무한거리로 이격시 전위 간섭은 없어지나 한정된 부지 내 에서는 전위 간섭 불가피함
3) 이와 같이 접지극 A의 전위에 의해 접지극 B가 간섭을 받는 것을 전위간섭이라 하며 접지극 B에 미치는 전위간섭정도를 평가하는 척도로서 전위간섭 계수 K는 다음 공식과 같다.

$$K = \frac{접지극\ B의\ 전위}{접지극\ A의\ 전위}$$

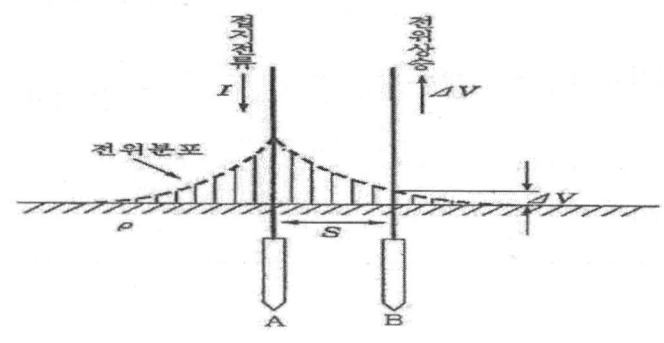

### 2. 접지 설계 시 유의점
1) **토양특성의 검토**
   흙의 고유저항은 지질, 지하수, 계절의 변화에 따라 다르므로 실측 실시
2) **최대접지전류의 결정**
   - 계통의 지락 사고시 변전소의 접지를 통해서 대지로 흐르는 접지전류의 최대값 산출
   - 접지 전류중 40(%)는 가공지선, 60(%)는 구내 접지계 통과
3) **소요접지 저항치 결정**

| 분류 | 접지 저항값 | 접지선 최소 굵기 | 적용 |
|---|---|---|---|
| 제1종 | 10 Ω | 공칭단면적 6㎟ 이상 | 피뢰침, 피뢰기, SA, 고압 및 특고 외함 |
| 제2종 | 150/Ig, 300/Ig | 공칭단면적 16㎟ 이상 | 고저압 혼촉방지, TR2차 |
| 제3종 | 100 Ω | 공칭단면적 2.5㎟ 이상 | 사용전압 400V 미만 기기 외함 |
| 특별3종 | 10 Ω | 공칭단면적 2.5㎟ 이상 | 〃    〃   이상 기기 외함 |

4) 접지방식 선택
   (1) 접지목적에 의한 분류
      - 계통접지(제2종, 중성점 접지)
      - 기기접지(제1종, 제3종, 특별 제3종, 의료용 접지)
      - 뇌해방지용 접지(피뢰기, 피뢰침접지)
   (2) 접지형태에 의한 분류
      - 단독접지
      - 공용접지
   (3) 접지공법별 분류
      - 접지봉 및 접지극
      - 매설지선
      - Mesh 접지

5) 전위경도의 계산
   (1) 보폭전압
      접지를 실시한 구조물에 고장전류가 흘렀을 때 접지전극 근처에 생기는 전위차
   (2) 접촉전압
      작업자가 대지에 접촉하고 있는 발과 다른 신체부분과의 사이에 인가되는 전압

6) 인근설비와의 검토
   수도관, 가스관등의 공용설비와 충분한 이격 거리 유지

7) 안전성 검토 및 대책
   - 작업원 또는 운전원에 대한 대책
   - 보호망, 보호 철책에 대한 접지 신뢰도 향상

8) 보조적인 접지 개선의 실시
   - 접지저항을 낮게 하기 위하여 접지봉을 길게 접지판을 추가 설치
   - 전원경도를 개선하기 위하여 자갈, 아스팔트, 고무판 등 고저항 지면으로 설치
   - 지락전류의 일부를 가공지선으로 분류토록 시설
   - 접지저항을 낮게 제한

1.5 병원전기설비 시설에 관한 지침에서 다음 사항을 설명하시오.
   1) 의료장소의 콘센트 설치 수량 및 방법
   2) 콘센트의 전원 종별 표시

1. 의료장소의 콘센트 설치 수량 및 방법
   1) 개요
      사용하는 의료용 전기기기 등의 소비전력을 고려하여 필요한 수량을 설치한다.
   2) 하나의 분기회로에 접속 구수(口數) - 원칙적으로 10구 이하
   3) 그룹 2 의료장소
      (1) 환자 침상 1개마다 6개 콘센트 설치 - 상용전원과 비상전원에 연결
      (2) 그 외 환자 침상 1개마다 4개 콘센트 설치
   4) 콘센트의 전원 종별 표시 하여야 한다.
   5) 콘센트 접지극 - 고정형 및 이동형 의료용 전기기기의 플러그의 접지극과 확실한 상호 접속
   6) 110V ~ 120V용 칼날형 콘센트 설치 - " hospital grade" 또는 " 의료용 " 사용 (NEC 517항이 나 JIS T 1022 에 서 규정 )

2. 콘센트의 전원 종별 표시
   1) 상용전원 연결 콘센트 외부 표면 색깔 - 백색
   2) 의료 IT 계통 연결되는 콘센트 외부 표면 색깔 - 녹색
   3) 비상전원 연결 콘센트 외부 표면 색깔 - 적색

1.6 간격이 d[m]인 평행한 평판 사이의 정전용량을 구하시오.
 (단, 판의 면적은 S[m²] 이고, 면전하 밀도를 δ[C/m²]라 한다.)

1. 정의

전기 용량은 단위 전압 당 물체가 저장하거나 물체에서 분리하는 전하의 양
C=Q/V 여기서 Q: 전하량, v: 전압

2. 평판 사이의 정전 용량

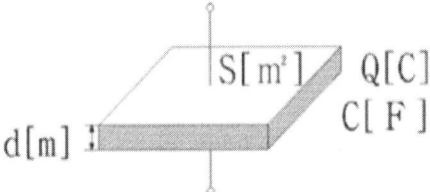

1) 전계의 세기 $E = \dfrac{Q}{\varepsilon S}$ (V/m)

2) 전위 $V = E \cdot d = \dfrac{Q}{\varepsilon S} \times d$ (V)

3) 정전 용량 $C = \dfrac{Q}{V} = \dfrac{Q}{\dfrac{Qd}{\varepsilon S}} = \dfrac{\varepsilon S}{d}$ (F)

즉, 정전용량은 평행판의 면적에 비례하고 거리에 반비례한다.

1.7 전력시설물 공사감리업무 수행지침에 대하여 다음사항을 설명하시오.
 1) 공사감리의 정의
 2) 감리원이 공종별 촬영하여야 하는 대상 및 처리방법

## 1. 공사감리의 정의
"공사감리"란 법 제 2조제 4호에 따라 공사에 대하여 발주자의 위탁을 받은 감리업자가 설계도서, 그 밖의 관계 서류의 내용대로 시공되는지 여부를 확인하고, 품질관리 공사관리 및 안전관리 등에 대한 기술지도를 하며, 관계 법령에 따라 발주자의 권한을 대행하는 것을 말한다(이하 "감리"라 한다).

## 2. 감리원이 공종별 촬영하여야 하는 대상 및 처리방법
1) 감리원은 공사업자에게 촬영일자가 나오는 시공사진을 공종별로 공사 시작 전부터 끝났을 때까지의 공사과정, 공법, 특기사항을 촬영하고 공사내용(시공일자, 위치, 공종, 작업내용 등) 설명서를 기재, 제출하도록 하여 후일 참고자료로 활용하도록 한다. 공사기록사진은 공종별, 공사추진 단계에 따라 다음의 사항을 촬영 정리하도록 하여야 한다.
   - 주요한 공사현황은 공사 시작 전, 시공 중, 준공 등 시공과정을 알 수 있도록 가급적 동일 장소에서 촬영
   - 시공 후 검사가 불가능하거나 곤란한 부분
     · 암반선 확인 사진(송배전, 변전접지 설비에 해당)
     · 매몰, 수중 구조물
     · 매몰되는 옥내 외 배관 등 광경
     · 배전반 주변의 매몰 배관 등
2) 감리원은 특별히 중요하다고 판단되는 시설물에 대하여는 공사과정을 비디오 테이프 등으로 촬영하도록 하여야 한다
3) 감리원은 제 1 항과 저12항에 따라 촬영한 사진은 Digital 파일, CD(필요시 촬영한 비디오테이프)을 제출 받아 수시 검토 확인할 수 있도록 보관하고 준공시발주자에게 제출하여야 한다.

1.8 전기 절연의 내열성 등급에 대하여 KS C IEC 60085에 따른 상대 내열지수, 내열 등급을 기존의 절연 종별 등급과 비교하여 설명하시오.

1. 개요
   전기 절연 시스템을 적정 온도[℃]에서 사용하기 위한 최대지수를 말하며 전기절연재료와 전기절연시스템으로 구분

2. 전기 절연 내열성 등급
   1) 전기재료의 내열성 등급

| 상대 내열 지수 | 내열 등급 | 기존의 표기 |
|---|---|---|
| < 90 | 70 | - |
| > 90-105 | 90 | Y |
| > 105-120 | 105 | A |
| > 120-130 | 120 | E |
| > 130-155 | 130 | B |
| > 155-180 | 155 | F |
| > 180-200 | 180 | H |
| > 200-220 | 200 | - |
| > 220-250 | 220 | - |
| > 250 | 250 | - |

   2) 상대 내열지수
      시험재료의 끝점 도달 추정시간의 내열온도[℃]와 기준재료의 끝점 예상 추정 시간의 내열온도가 동일할 때의 온도.
   3) 내열 등급
      전기 절연 재료나 전기 절연 시스템이 사용하기에 적절한 온도[℃]의 최대값.

1.9 하이브리드(Hybrid) 분산형 전원의 정의와 ESS 충·방전방식에 대하여 설명하시오.

1. 정의
   - 하이브리드 발전기 시스템(Hybrid Generator System)은 풍력발전기와 디젤 발전기, 태양광, 연료전지 등과 같은 기타 소용량 분산형 전원과의 하이브리드(복합)을 통해 각각의 발전 시스템의 효율을 향상시키고 경제성을 높이기 위하여 개발되고 있었다.
   - 주로 중소형 풍력 발전기와 태양전지나 풍력 발전기, 수력 발전기 등의 다른 종류의 발전기를 편성한 발전 시스템을 가리키며, 풍력발전과 태양전지를 혼합한 제품이 가장 많이 있다

2. 하이브리드(Hybrid) 분산형 전원의 종류
   1) 하이브리드형 시스템

   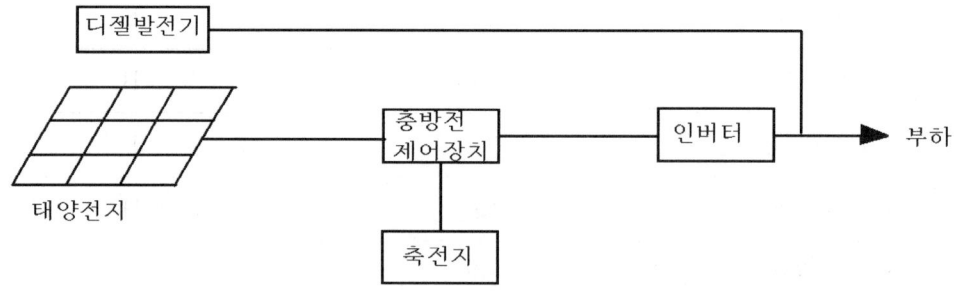

   - 태양광 발전 시스템과 디젤 발전기를 조합시켜 운전하여 안정성 향상
   - 디젤 발전기 대신 풍력발전, 연료전지등 신재생에너지 이용 가능

   2) 계통 연계형 시스템

   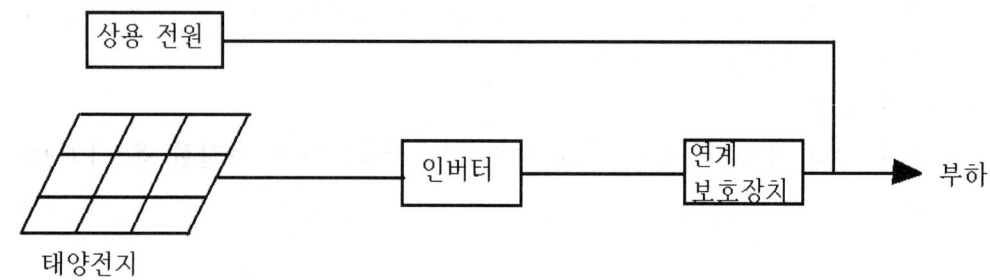

   - 상용 전원과 계통 연계하여 운전
   - 태양광 발전량이 부족시에는 상용전원으로 지원받고
   - 남을때는 축전지에 저장하는 Back Up방식과 남는 전력을 상용 전원에 공급하는 완전 연계형 시스템이 있음.

## 3. ESS 설비 구성

| 기자재 | 설 명 |
|---|---|
| PCS | 전지에 전력을 충전하거나 계통으로 전력을 공급하는 전력변환장치 |
| 배터리 | PCS에 의해 전력을 저장하고 저장된 전력을 공급하는 이차전지 장치 |
| BMS | 전지의 상태와 전위차를 안정화하고, 과충전 또는 과방전시 전지를 보호하는 등 전지를 관리하는 시스템 |
| PMS | PCS와 BMS를 직접 통신하여 충·방전 전력량을 제어하고 시스템과 연계된 보호계전기 등과 보호협조 기능을 수행하는 전력관리시스템 |
| EMS | 에너지를 효율적으로 관리하기 위해 다수의 PMS 또는 원격지에서 설비를 제어하거나 상위제어기(예, SCADA)를 통해 다른 시스템과 상호 동작할 수 있는 통합 에너지관리시스템 |

## 4. 충·방전방식

1) CP(Constant Power)방식
   일정한 전력으로 충전하는 방식임

2) CCCV(Constant Current Constant Voltage)방식
   전지의 만 충전 감지전압이 될 때 까지는 CC(Constant Current)로 충전하고 그 이후에는 정전압 CV(Constant Voltage)으로 충전함

3) CPCV(Constant Power Constant Voltage)방식
   전지의 만 충전 감지전압이 될 때 까지는 CP(Constant Power)로 충전하고 그 이후에는 CV(Constant Voltage)로 충전함

| 구분 | 특징 | 내용 |
|---|---|---|
| CP방식 | 장점 | PCS설계가 간단함 |
| | 단점 | · 충전 초기에는 과전류가 발생할 가능성이 있음<br>· CV제어가 없어 충전도중 과충전 전압이 됨<br>· 안전성에 대한 대책이 필요함 |
| CCCV방식 | 장점 | · 전지를 완전히 충전 할 수 있음<br>· 충전효율이 가장 높음 |
| | 단점 | · PCS설계가 복잡함<br>· 충전시간이 가장 오래 걸림 |
| CPCV방식 | 장점 | · PCS설계가 용이함<br>· 충전시간이 비교적 짧음 |
| | 단점 | · 충전효율이 낮음<br>· 충전 초기에 과전류가 발생할 가능성이 있음 |

1.10 코로나 임계전압과 코로나 방지대책에 대하여 설명하시오.

### 1. 정의
전선로나 애자부근에 임계전압 이상의 전압이 가해지면 공기의 절연이 국부적으로 파괴되어 낮은 소리나 잃은 빛을 내면서 방전되는 현상

### 2. 코로나 임계전압

$$E_0 = 24.3\, m_0\, m_1\, \delta\, d \log_{10} \frac{2D}{d}\ (kV)$$

- $m_0$ : 전선 표면계수 (매끈한 단선 : 1, 거친 단선 : 0.98~0.93, 7본 연선 : 0.87~0.83, 19~61본 연선 : 0.85 ~0.8)
- $m_1$ : 기후에 관한 계수 (맑은 날씨 : 1.0, 안개 및 비오는 날 : 0.8)
- $\delta$ : 상대공기밀도
- d : 전선의 직경 (Cm)
- D : 선간거리 (Cm)

### 3. 코로나 방지대책
코로나 발생의 임계전압을 상규전압 이상으로 높여주면 된다.
1) 굵은 전선을 사용한다.
   전선을 굵게 하면 표면의 전위의 기울기는 완만하게 된다.
2) 복도체를 사용한다.
   각상의 전선을 2가닥 이상으로 나누어서 비교적 가는 전선을 사용하면서 코로나의 임계전압을 높일 수 있다.
3) 가선금구를 개량한다.
   표면이 거칠거나 예리한 경우에는 코로나의 발생이 쉬워지므로 금구류의 표면을 완만하게 한다.
4) 아킹혼, 아킹링 채용
   애자의 전위분포 개선, 지지점 코로나 발생 억제
5) 애자의 세정 및 오염제거
6) 전선표면의 가공도 향상
   전선의 표면 계수 $m_0$ 은 매끄러울수록 임계전압이 상승함

1.11 △-Y 변압기 구성에서 1차측 1선 지락사고 발생시 2차측에서 발생되는 상전압과 선간전압의 최저전압에 대하여 설명하시오.

1. 개요
  1) 고압계통의 지락사고 시에 인체와 저압계통의 기기의 안전 도모 필요.
  2) 고압측 지락 시 과전압에 영향을 미치는 요소
    (1) 상용주파 고장전압( $U1$ )
    (2) 상용주파 스트레스 전압( U1 과 $u2$ )

2. 고압계통의 지락사고 시 저압계통에서의 과전압
  1) 과전압발생 유형 및 과정

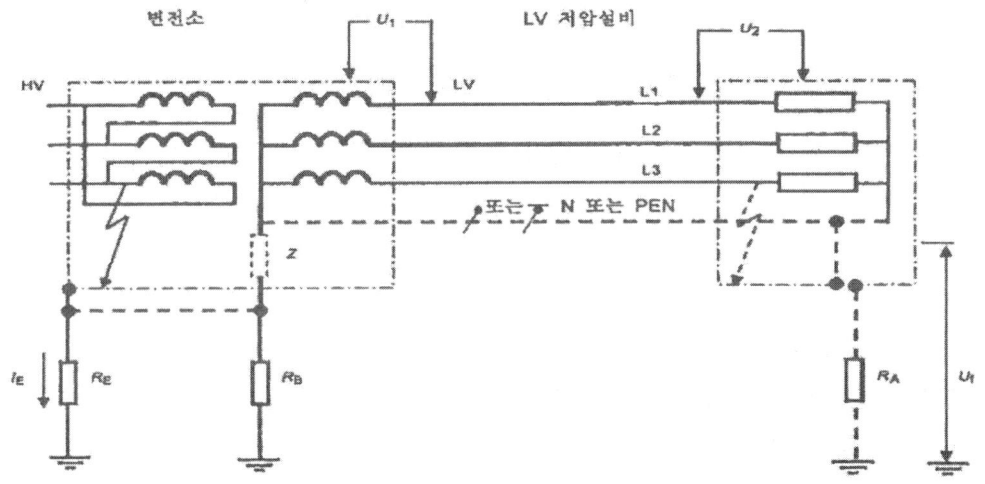

그림 44.A1 - 변전설비 및 저압설비가 대지에 연결될 수 있는 경우 고장 시 발생되는 과전압을 보여주는 대표적인 배전계통도

  2) 저압계통에서 상용주파 스트레스전압과 상용주파 고장전압
    (저압계통에 고장이 없는 경우)

| 접지계통 | 접지접속 타입 | $U_1$ | $U_2$ | $U_f$ |
|---|---|---|---|---|
| TN | $R_E$와 $R_B$의 접속 | $U_0$ | $U_0$ | $R_E \times I_E$ |
|  | $R_E$와 $R_B$의 분리 | $R_E \times I_E + U_0$ | $U_0$ | 0 |

  $I_E$ : 변압기의 접지설비를 통해 흐르는 고압계통의 지락고장 전류
  $R_E$ : 변압기 접지설비의 저항
  $R_A$ : 저압설비 기기에서의 노출도전부의 접지저항
  $R_B$ : 저압계통 접지설비의 저항

$U_0$ : TN, TT - 계통 공칭 교류 대지 전압 실효 값(r.m.s)
  IT계통 - 선도체와 중성선 사이의 공칭 교류전압
$U_f$ : 저압계통 고장 시 노출도전부와 대지 사이 상용주파 고장전압
$U_1$ : 고장시 변압기측 저압측 노출도전부와 선 도체 사이의 스트레스전압
$U_2$ : 고장시 저압설비의 노출도전부와 선 도체 사이의 스트레스전압
$I_h$ : 고압계통의 고장시 저압전기설비의 노출도전부를 통해 흐르는 고장전류
$I_d$ : 저압계통의 고장전류
$Z$ : 저압계통과 접지설비 사이의 임피던스

1.12 저항 용접기 및 아크 용접기에 전원을 공급하는 분기회로 및 간선의 시설방법에 대하여 설명하시오.

1. 판단기준 제247조(아크 용접장치의 시설)
   가반형(可搬型)의 용접전극을 사용하는 아크 용접장치는 다음 각 호에 따라 시설하여야 한다.
   1. 용접변압기는 절연변압기일 것.
   2. 용접변압기의 1차측 전로의 대지전압은 300 V 이하일 것.
   3. 용접변압기의 1차측 전로에는 용접변압기에 가까운 곳에 쉽게 개폐할 수 있는 개폐기를 시설할 것.
   4. 용접변압기의 2차측 전로중 용접변압기로부터 용접전극에 이르는 부분 및 용접변압기로부터 피 용접재에 이르는 부분(전기기계기구 안의 전로를 제외한다)은 다음에 의하여 시설할 것.
      가. 전선은 용접용 케이블이고 「전기용품안전 관리법」의 적용을 받는 것, KS C IEC 60245-6(2005)의 용접용 케이블에 적합한 것 또는 캡타이어케이블(용접변압기로부터 용접전극에 이르는 전로는 0.6/1 kV EP 고무절연 클로로프렌 캡타이어케이블에 한한다)일 것.
         다만, 용접 변압기로부터 피용접재에 이르는 전로에 전기적으로 완전하고 또한 견고하게 접속된 철골 등을 사용하는 경우에는 그러하지 아니하다.
      나. 전로는 용접시 흐르는 전류를 안전하게 통할 수 있는 것일 것.
      다. 중량물이 압력 또는 현저한 기계적 충격을 받을 우려가 있는 곳에 시설하는 전선에는 적당한 방호장치를 할 것.
   5. 피용접재 또는 이와 전기적으로 접속되는 받침대·정반 등의 금속체에는 제3종 접지공사를 할 것.

2. 내선규정 제3130절 용접기
 1) 3130-1 분기회로 및 간선
    저항용접기 및 아크용접기에 공급하는 분기회로 및 간선은 용접기의 단속부하 전류에 의한 등가열량과 동등이상의 전류용량을 갖는 전선, 개폐기, 과전류차단기를 사용하여 시설하여야 한다.
    이 경우, 단속 부하전류에 의한 전압강하가 다른 부하에 장해를 주지 않도록 충분한 주의를 하여야 한다.

 2) 3130-2 아크용접기
    아크 용접기는 절연변압기를 사용하고, 그 1차측 전로의 대지전압은 300V

이하이어야 한다.

3) 3130-3 아크용접기의 용접변압기 1차측 전로
아크용접기의 용접변압기 1차 측 전로에는 용접변압기에 가까운 곳으로 쉽게 개폐할 수 있는 곳에 개폐기를 시설하여야 한다.

4) 3130-4 아크용접기의 2차측 전선
아크용접기의 2차 측 전선은 다음 각 호에 의하여 시설하여야 한다.
① 전선은 용접용 케이블 또는 캡타이어 케이블(용접변압기로부터 용접전극에 이르는 전로는 0.6/1 kV EP 고무 절연 클로로프렌 캡타이어 케이블에 한한다)일 것.
다만, 접지측 전선은 캡타이어 케이블 또는 견고하며 전기적으로 안전하게 접속된 철골 등을 사용할 수 있다.
【주】 이 경우의 철골 단면적은 전선 단면적의 10배 이상이어야 한다.
② 전선은 용접 시 흐르는 전류를 안전하게 흘릴 수 있는 굵기의 것.
이 경우 표 3130-2에 따를 수 있다.

표 3130-2 아크용접기의 2차 측 전선의 굵기

| 2차 전류 (A) | 용접용 케이블 또는 기타의 케이블 (㎟) |
|---|---|
| 100 이하 | 16 |
| 150 이하 | 25 |
| 250 이하 | 35 |
| 400 이하 | 70 |
| 600 이하 | 95 |

【비고】정격 사용률이 50 %인 경우

③ 외상을 받을 우려가 있는 장소에 시설하는 전선에는 적당한 방호장치를 할 것.

## 1.13 무한히 긴 직선도선에 전류 I[A]가 흐를 때 도선으로부터 r[m] 떨어진 점에서의 자계의 세기 H[AT/m]를 구하시오.

### 1. 개요
1) Ampere의 주회적분 법칙 적용 : 전류분포가 대칭적인 형태에 의한 자계를 하고자 할 때 이용하는 법칙
2) 폐곡선(원주율)내 선적분한 자계 H는 폐곡선 내 총 전류 I와 같다.

### 2. 무한장 직선도체에서의 자계

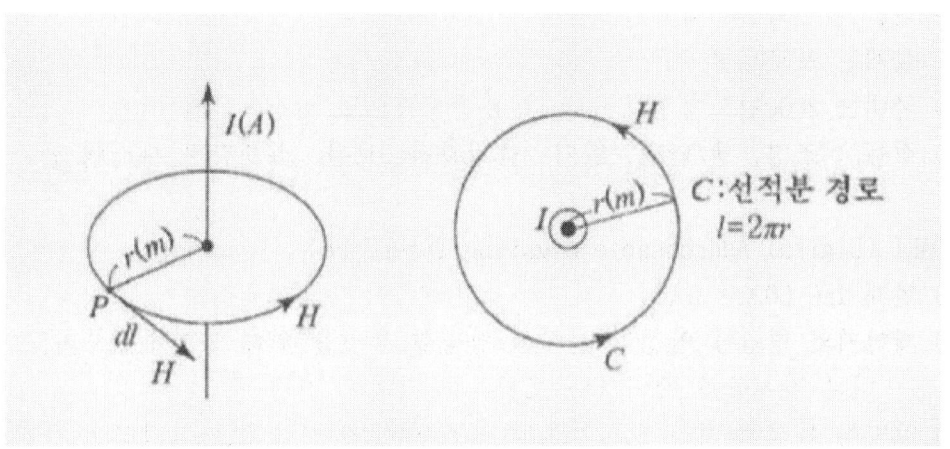

1) 도선으로부터 r[m] 떨어진 P점의 자계 H, 그 점의 미소길이를 $dl$이라 하면, H와 $dl$이 이루는 각은 0도 이므로 폐회로 C 에 대한 선 적분은

$$\oint_c H \cdot dl = H \oint_c dl = 2\pi r H = I$$

2) 따라서 자계의 세기 $H = \dfrac{I}{2\pi r} [AT/m]$ 이다.

2.1 건축물 조명제어에서 조명제어시스템으로 이용되는 주요 프로토콜(Protocol)에 대하여 설명하시오.

## 1. 개요
프로토콜이란 컴퓨터 네트워크 간에 통신하기 위한 표준화 된 사전약속(규칙)이라고 하겠다.

## 2. 조명제어와 관련된 프로토콜

1) BAC net (Building Automation & Control Network)
 (1) 건물 자동화 및 제어시스템의 통신요구 사항을 만족시키기 위해 특별히 설계된 프로토콜
 (2) 국내는 2000년도에 KSX 6909의 표준규격으로 재정, 보완 지속
 (3) 적용 : 조명, 냉/난방, 환기, 출입관리, 보완, 화재감지 시스템 등

2) DALI (Digital Addressable Lighting Interface)
 (1) 현재 IEC 60929 표준
 (2) 제어기와 형광등 안정기 사이의 양방향 통신을 위해 고안하였으며, 현재는 다른 장치들과 제어기를 포함하는 작업이 진행 중
 (3) 양방향 특성에 따라 실시간으로 램프/안정기의 상태를 파악하여 유지보수 등에 효율적으로 이용
 (4) DALI는 개략적 명령만 보내므로 직접적으로 복잡한 LED를 제어하는 목적에 부적합함

3) 0-10V DC Front End (Current Source)
 (1) 건축 시스템에서 가장 많이 사용되는 아날로그 프로토콜
 (2) 조명제어 조광기를 제어하기 위함.
   2선을 사용하여 Current Source 형 0-10V의 직류전압으로 제어
 (3) 조명시스템 구조 측면에서 보면 Front End에서 제어 신호를 공급하는 역할임.

4) DMX 512 (Digital Multiplex)
 (1) Front End 방식으로 이용
 (2) 광원 제어 및 조광 모듈과의 연결에 대한 표준 방법으로서 1990년에 개정되어 가장 공통적인 국제표준 규격임
 (3) 네트워크 세그먼트 당 최대 512 개의 제어 채널을 제공하며, 두 개의 배선을 통해 RS-485 전송장치를 사용하여 1초당 250,000bit씩 데이터 전송

5) KNX (Konnex)
   (1) KNX sms 모든 건물의 지능적 제어를 위해 만들어짐
   (2) EN 50090, ISO/IEC 14543-3 등에 표준이며, 유럽에서 광범위하게 조명 제어에 사용됨
   (3) 유무선 인터넷 통신을 허용
   (4) 센서 또는 작동장치를 버스장치로 이용하고, 제어센터를 추가 설치할 필요 없이 통일된 시스템을 통해 모두를 관리함
   (5) BAC net 과 Lonworks 와 경쟁 관계
   (6) 적용 : 조명, 냉/난방공조 신호 및 모니터링 시스템 등

6) Lonworks
   (1) 분산제어 네트워크 기술로 공장자동화, 건물 관리 등에서 폭 넓게 이용
   (2) 2009년 ISO/IEC 14908-1로 채택
   (3) 개발형 표준이지만 이 프로토콜 사용시 마이크로 프로세서로 Neuron Chip 사용해야 함
   (4) BAC net 과 KNX 와 경쟁 관계임

7) Zig Bee
   (1) IEEE 802.15.4에 근간을 둔 표준 프로토콜.
       낮은 데이터 전송률, mesh 네트워크, 양방향 통신이 주요 특징
   (2) 저가 무선 네트워크 구성이 가능하여 블루투스, 와이파이 같이 빠르고 많은 데이터 전송이 필요한 용도에서 사용
   (3) 적용 : 조명제어, 산업용제어, 센서, 건물자동화 기기 등

2.2 변압기 임피던스 전압(%Z)의 개념과 임피던스 전압이 서로 다른 변압기를 병렬 운전할 때 부하분담과 과부하 운전을 하지 않기 위한 부하제한에 대하여 설명하시오.

## 1. 임피던스 전압 개념

1) 그림과 같이 임피던스 Z(Ω)가 접속되고, V(V)의 정격전압이 인가된 회로에 정격전류 I(A)가 흐르면 Z·I의 전압강하가 발생하며, 이를 임피던스 전압이라 함.

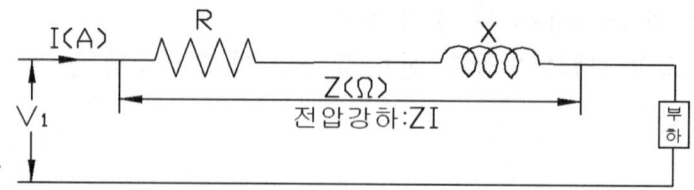

2) 이 임피던스 전압과 1차 정격전압의 백분율을 %임피던스(%Z) 라 함.

$$\%임피던스(\%Z) = \frac{임피던스 전압(Vs)}{1차 정격전압(V_1)} \times 100 = \frac{ZI_1}{V_1} \times 100(\%)$$

3) 단락 시험 접속도

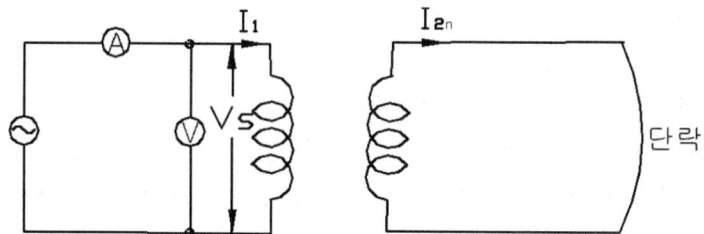

위 그림과 같이 2차측(저압측)을 단락하고 1차측에 정격 주파수의 저 전압을 서서히 인가하여 정격전류가 흐를 때의 1차 인가 전압 (Vs)을 임피던스 전압이라 함

## 2. 임피던스 전압이 변압기 특성에 미치는 영향

| 특 성 | %Z 전압이 커지면 |
|---|---|
| 1. 전압변동율 | 커진다.(불리) |
| 2. 손실. 무부하손과 부하손의 손실비 | |
| 3. 계통의 단락 용량 및 사고시 사고전류 | 작아진다.(유리) |
| 4. 단락시 권선에 미치는 전자 기계력 | |
| 5. 병렬 운전시 부하 분담 | 반비례 |

3. 임피던스전압이 서로 다른 변압기를 병렬운전할 때 부하분담과 과부하운전을 하지 않기 위한 부하제한
   1) 용량, %임피던스와 부하분담 관계
   (1) 용량이 다르면 : 자신의 용량에 비례한 부하분담
   (2) %Z가 다르면 : 자신의 %Z에 반비례한 부하분담

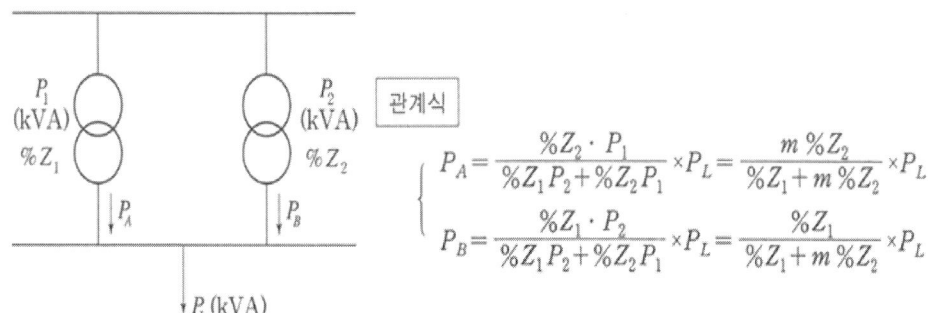

여기서, $m = \dfrac{P_1}{P_2}$

$\begin{cases} P_1, P_2 : \text{각 TR정격용량} \\ P_A, P_B : \text{각 TR부하분담 용량} \\ P_L : \text{TR 총 부하분담 용량} \end{cases}$

2) 용량이 같고 %Z가 다를 경우의 부하 부담 : 자신의 %Z에 반비례
   (1) 용량에 비례한 부하부담이 아닌 %Z가 낮은 쪽이 과부하가 됨

$$P_A = \dfrac{\%Z_2}{\%Z_1 + \%Z_2} \times P_L$$

$$P_B = \dfrac{\%Z_1}{\%Z_1 + \%Z_2} \times P_L$$

   (2) 따라서 과부하가 되지 않도록 부하(PL)를 제한할 필요

즉, $P_L = \dfrac{\%Z_1 + \%Z_2}{\%Z_2} \times P$

$P_L = \dfrac{\%Z_1 + \%Z_2}{\%Z_1} \times P$ 중 적은 것 선택

(여기서 $P_1 = P_2 = P$)

또는 과부하측(%Z가 낮은 쪽의 부하)에 정격 용량 이하가 되도록 총부하 제한

(3) %Z와 용량이 모두 다를 경우

① (정격) 용량비 $m = \dfrac{P_1}{P_2}$ 이라 하면

$$P_A = \dfrac{m\%Z_2}{\%Z_1 + m\%Z_2} \times P_L$$

$$P_B = \dfrac{\%Z_1}{\%Z_1 + m\%Z_2} \times P_L$$

마찬가지로 과부하가 되지 않도록 하려면 아래의 값 중 적은 값 선택하여 부하제한

$$P_L = \dfrac{\%Z_1 + m\%Z_2}{m\%Z_2} \times P_1$$

$$P_L = \dfrac{\%Z_1 + m\%Z_2}{\%Z_1} \times P_2$$

또는 과부하측에 정격용량 이하가 되도록 총부하 제한

2.3 자가발전기와 무정전전원장치(UPS)를 조합하여 운전할 때 고려사항에 대하여 설명하시오.

## 1. 개요
UPS란 정전, 전압변동, 순시전압 강하 등 전원장애 발생에 대해 거의 순단 없는 양질의 전원을 공급하는 장치임 UPS는 자가발전기와 조합하여 운전할 경우 여러 가지 불안정운전을 초래하는 수가 있다.

## 2. UPS 장치의 용량선정시 검토사항
1) 부하용량을 충분히 만족할 것
2) 부하 기동기 UPS 출력 한계 값을 초과하지 않을 것
3) 순차 기동할 경우 나중에 투입하는 부하의 기동전류에 의해 출력전압 변동이 먼저 투입된 부하의 허용 값을 넘지 않을 것
4) 장차 부하용량의 증가를 고려할 것
5) 가능한 한 업체의 표준 용량으로 선정할 것

## 3. UPS와 자가 발전기 조합 운전시 불안정현상
1) 발전기 출력전압 불안정
  (1) 발전기와 UPS를 조합 사용함으로써 회로조건에서 생기는 전기계의 자려진동에 의해 발생
  (2) 자려진동[self-exited vibration, 自勵振動] : 일정방향의 외력이 가해짐으로써 진동이 유기(誘起)되는 현상.
    자려진동은 일정방향의 외력에 의하여 유체의 수송관, 항공기의 날개, 송전선 같은 탄성체에 진동이 유기되는 현상이다.
    강풍에 의하여 현교가 붕괴되기도 한다.
2) 발전기 자동전압 제어장치와 UPS의 응답 속도차에 의한 전압 불안정현상
  UPS의 교류입력정류회로에서 사이리스터를 사용한 위상제어 때문에 발생 하는 현상
3) 발전기 주파수와 UPS의 기준 주파수 차이로 전압 비트 발생
  통상 UPS SMS 주파수변동이 적은 상용전원을 입력으로 하는 경우에 전원 동기 모드로 운전되고, 비상용발전기를 입력으로 하는 경우는 주파수정밀도가 맞지 않을 때 수정발진모드로 운전되는 경우가 있을 때 발생되는 현상
4) 고조파 유입에 따른 자가발전 계통에 헌팅 발생
  (1) 고조파 유입에 의해 전압파형의 일그러는 현상으로 크기에 따라 발전기에 접속되는 타 부하에 악영향을 초래하므로 고조파 왜율이 10%를 초과할 경우 이에 대한 대책이 필요하다.

(2) 고조파 전류에 의해 전압파형이 일그러지면 파형의 평균값이 달라져 평균값을 검출하는 AVR에서는 오차가 커짐

## 4. UPS와 자가 발전기 조합 운전시 고려사항

| 문제점 | 고려사항 |
|---|---|
| 1) 자려진동현상에 의한 발전기 출력전압 불안정 | • 발전기 댐퍼권선 저항 및 UPS 직류회로의 Capacitance 값 작은 것 선정 |
| 2) 발전기 AVR과 UPS 응답 속도차에 의한 전압 불안정 현상 | • 발전기 AVR과 UPS 응답속도를 엇갈리게 하는 방안 고려(동기화) |
| 3) 발전기 주파수와 UPS의 기준 주파수 차이로 전압 비트 발생 | • 구동기의 Governer 조정 및 UPS를 전원 동기모드로 운전 |
| 4) 고조파 유입에 따른 자가발전 계통에 헌팅 발생 | • 댐퍼권선 설치(역상분 고조파 저감)<br>• 실효값검출형 AVR채용<br>• 자가 발전기 용량 ≥ UPS 장치용량 × 2.5~3배<br>(UPS 부하 ≤ 자가발전기 전체부하 ×50% 선정) |

2.4 태양광 인버터(PCS)에서 Stage 및 인버터의 종류와 특징에 대하여 설명하시오.

1. 개요

태양광 판넬이 DC로 발전되므로 전력계통에 연계하던가 AC 또는 DC 부하에 기를 공급할려면 전압 또는 주파수를 변환 하는 인버터가필요하다

2. 인버터(PCS)에서 Stage

인버터(PCS)에서 Stage란 전력변환을 하는 단계를 말한다.

| 구분 | single stage | two stage |
|---|---|---|
| 전력변환소자 | DC/AC | DC/DC+DC/AC |
| 설치비 | 낮다 | 높다 |
| 사용 | 단일패널 | 다수패널 추종제어 |

3. 인버터의 종류와 특징에 대하여 설명
 1) 기능
  - 태양전지에서 출력된 직류전류을 교류 전력으로 변환
  - 한전의 전력계통(22.9KV 또는 380/220V)에 역 송전
  - 태양전지의 성능을 최대한으로 하는 설비
  - 이상시나 고장시 보호기능 등을 종합적으로 갖춤.
 2) 회로방식

  POWER CONDITIONER의 회로 방식에는 여러가지가 있으나 크게 나누어 사용주파 변압기 절연방식, 고주파 변압기 절연방식, Transless방식 등이 있음
  (1) 상용주파 변압기 방식

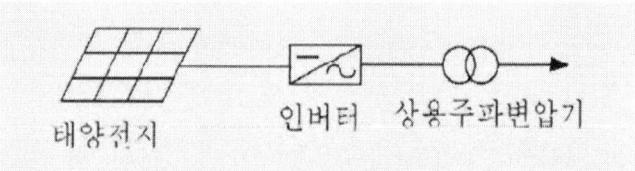

  - 태양전지의 직류 출력을 상용주파의 교류로 변환 후 변압기로 전압을 변환하는 방식임
  - 내부 신뢰성이나 Noise Cut 성능은 우수하지만 상용주파 변압기를 이용하기 때문에 중량이 무겁고 부피가 커지며 변압기 효율이 떨어지는 단점이 있음

(2) 고주파 변압기 방식

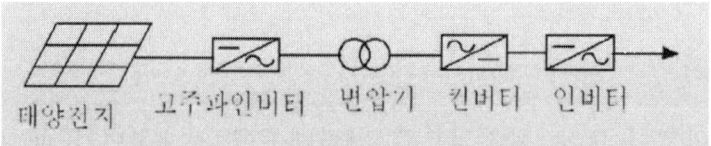

- 태양전지의 직류 출력을 고주파의 교류로 변환한 후 고주파 변압기로 변압한다.
- 이후 고주파 교류 > 직류, 직류 > 상용주파 교류로 변환하는 방식임
- 소형 경량이지만 회로가 복잡하고 가격이 고가임

(3) Transless방식

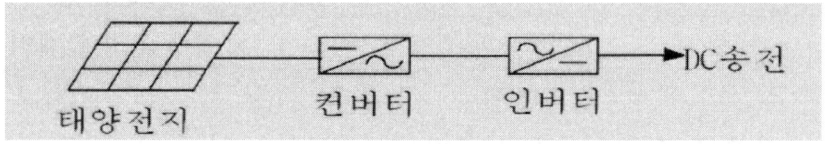

- 2차 회로에 변압기를 사용하지 않는 방식으로 소형 경량이며 저가임
- 신뢰성은 높은편 이지만 상용전원과의 사이에 비 절연임
- 이 방식이 신뢰도와 효율이 높아 발전 사업용으로 유리하다.

2.5 변압기 선정을 위한 효율과 부하율 관계를 설명하고, 유입변압기와 몰드변압기의 특성을 비교 설명하시오.

### 1. 개요
변압기는 전기기기 중에서 가장 효율이 좋은 기기이다.
또한 24시간 운전하는기기 이므로 부하율에 따른무부하시 손실과 부하시의 손실이 매우중요하다.

### 2. 변압기 효율과 부하율의 관계

1) 효율 $\eta = \dfrac{mP\cos\theta}{mP\cos\theta + Pi + m^2 Pc} \times 100\,(\%)$

2) 부하율 $m = \sqrt{\dfrac{Pi}{Pc}}$

3) 변압기 효율과 부하율의 관계
 (1) 철손은 항상 일정한 크기이고, 동손은 부하전류의 제곱에 비례한다.
 (2) 일반적으로 철손과 동손이 같도록 운전하는 것이 유리하며 변압기마다 다르지만 대략 부하율이 전력용 변압기는 75%, 배전용 변압기는 60%정도에서 최고 효율이 되도록 설계된다.
 (3) 따라서 부하율이 낮을 때는 손실비 (부하손/무부하손)가 큰 변압기가 유리하고 부하율이 높을 때는 손실비가 작은 변압기가 유리하다

### 3. 유입 변압기와 몰드 변압기의 특성 비교

| 구 분 | 유 입 | 몰 드 |
|---|---|---|
| 1. 전력손실 | 보통 | 보통 |
| 2. 소음 | 작음 | 크다. |
| 3. 과부하내량 | 보통 | 크다. |
| 4. 제작 용량 | 넓음 | 작다. |
| 5. 가격 | 저렴 | 보통. |
| 6. 장점 | -소음이 적다<br>-SA 불필요<br>-옥내 외 가능 | -절연특성 우수<br>-유지보수 용이<br>-난연성 |
| 7. 단점 | -오일유출 우려<br>-과부하내량 약함 | -소음이 큼<br>-무부하손실 큼<br>-VCB2차 사용시 서지 |

2.6 154 [kV] 지중선로에 사용되는 OF케이블(Oil Filled Cable)과 XLPE케이블 (Cross Linked Polyethylene Insulated Vinyl/PE Sheathed Cable)에 대하여 비교 설명하시오.

1. 가교 폴리에틸렌 전력케이블 (CV케이블)
  1) 절연 방식
  - 폴리에틸렌은 플라스틱의 일종으로 전기적, 기계적 성질이 우수하며 가요성, 내마모성, 내오존성, 내코로나성, 내수성등도 우수한 특성을 가지고 있다. 그러나 이것은 내열성에 결점이 있어 이결점을 개선한 것이 가교 폴리 에틸 렌이다.
  - 가교 폴리에틸렌의 특성 구조

  ( 폴리에틸렌 : PE )　　　　　　( 가교 폴리에틸렌 : XLPE )

  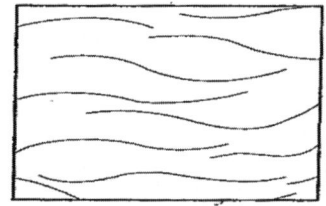  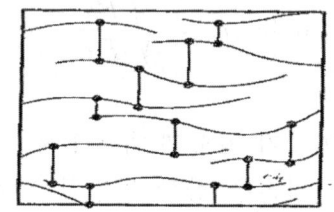

  2) EV케이블과 CV케이블 특징 비교

| 구 분 | EV 케이블 | CV 케이블 |
|---|---|---|
| 도체 최고 허용 온도 (단락시.1초) | 75℃ (140℃) | 90℃ (250℃) |
| 장점 | 굽히기 쉽고 충격에 강하다. | 내열성, 내수성, 내약품성 우수하다. |
| 단점 | 내열성이 약하다. | 단단하여 취급이 어렵다. 기름 알칼리에 경화되기 쉽다. |

  3) 구조

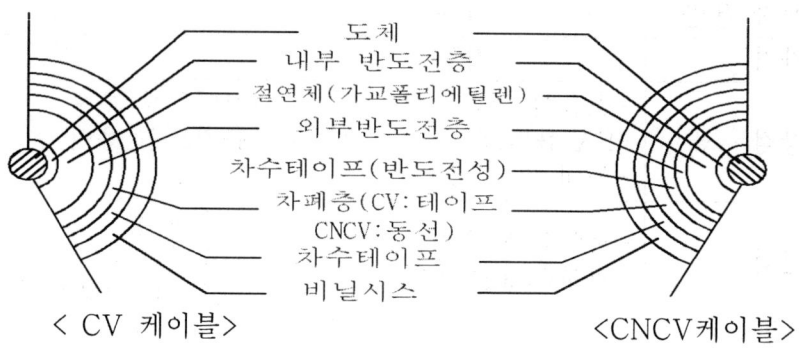

&lt; CV 케이블&gt;　　　　　　&lt;CNCV 케이블&gt;

- 수밀형(CNCV-W): 도체와 내부 반도체 사이에 수밀 컴파운드 처리
- NFR-CNCO-W : 비닐시스에 저독성 난연 폴리에틸렌 시스 사용
- TR-CNCV-W : 절연층에 수트리 억제용 가교 폴리에틸렌 사용

(1) 반도전층
 - 도체면의 전하분포를 고르게 하여 절연체의 절연 내력 향상

 - 케이블 제조시 절연물이 도체내로 침투하는 것을 방지
 - 도체와 절연체의 틈을 없애 코로나 방전을 방지

(2) 절연체
 - 요구조건 : 절연 내력이 높고 유전 손실이 적으며 코로나에 강하며 내열성, 내 오존성을 가질 것.
 - 가교 폴리에틸렌(XLPE)을 사용
 - 연속 사용온도 : 90℃   (OF : 80℃)
   단시간 사용온도 : 130℃(IEC 기준)
   단락시 사용온도 : 250℃(   "   )

(3) 차수 테이프
 - 수분이 침투하면 수분을 흡수하여 부푸는 특성 가진 테이프를 사용함.
  - 내부 차수 테이프 : 반도전성
    외부 차수 테이프 : 비 도전성 사용

(4) 차폐층
 - 접지 계통에서는 동선으로 되어 있어 고장 전류를 흘릴 수 있도록 중성선으로 이용할 수 있다.
   (보통 중성선의 단면적은 도체 단면적의 1/3정도이다.)
 - 비 접지 계통에서는 동 테이프로 되어 있음.
 - 정전 차폐 역할(통신 선로에 유도 장해 방지)
 - 절연체의 내전압 향상

4) 특징

&lt; 장점 &gt;
(1) 내열성 우수   CV : 90℃    OF : 80℃
(2) 사용온도가 높아 송전 용량 증대
(3) 절연 성능이 우수
(4) 유전체 손실이 적고 이에 따른 온도 상승이 적다
 - 유전체손 $Wd = 2\pi f C E^2 \tan \sigma$
   (CV $\tan \sigma$ : 0.003    OF $\tan \sigma$ : 0.005)
(5) 제조 공정 : 건식 공법으로 절연유 누설, 이물질, 습기 함유량 적음
(6) 경량, 취급 용이, 가요성 우수, 유효 곡율 확보 용이
(7) 급유 설비 등 부대설비 불필요

&lt; 단점 &gt;
(1) 절연체의 두께가 두껍다.
(2) 내코로나성이 열등하다.
(3) 물의 침투에 의한 트리현상이 발생한다.

## 2. OF 케이블
1) 구조

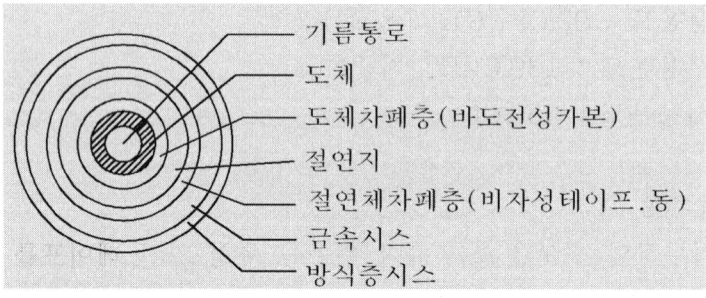

(1) 기름통로
   온도 변화에 따른 절연유의 수축 및 팽창시 절연유가 압력유조에 인출입 함.
(2) 도체 : 주로 동과 알루미늄의 연선이 사용됨.
(3) 도체 차폐층 : 도체 표면을 균일하게 하여 도체 외부에서의 전계를 균일하게 해준다.
   재질 : 반도전성 카본지 또는 금속화지
(4) 절연체
 - 도체를 외부와 전기적으로 절연시켜 주며
 - 도체위에 절연지를 균일하게 감고
 - 차폐층을 감아 코아를 형성한 후 진공 가열 건조로
 - 습기와 공기를 제거한 후 절연유를 충진한다.
(5) 절연체 차폐층
 - 절연체 표면을 균일하게 하여
 - 코아 외부의 전계를 균일하게 한다.

- 재질 : 비자성 금속 테이프
(6) 금속 시스
- 유압 유지 및 전기적 차폐
- 수분 침투 방지
- 절연체의 기계적 보호
- 사고 전류의 귀로로 이용
- 재질 : 연합금 또는 알루미늄
(7) 방식층
- 금속 시스의 부식 방지 및 절연
- 설치시 기계적 보호
- 재질 : 폴리에틸렌, 폴리염화비닐.

2) 특징
< 장점 >
(1) 절연체의 두께가 얇다.
(2) 내코로나성이 우수하다.
(3) 물의 침투에 의한 트리현상이 적다.
< 단점 >
(1) 중량이 무겁고 접속 방법도 복잡하다.
(2) 초기 설치비가 고가이며 유지 보수비도 많이 든다.
(3) 기름의 누출사고와 그에 따른 화재의 위험이 있다.
(4) 기타 CV케이블의 장점 비교

3.1 380V 저압용 유도전동기의 보호방법과 전기설비기술기준의 판단기준 175조에 의한 차단기 용량산정, 경제적인 배선규격에 대하여 설명하시오.

## 1. 개요
제175조(옥내 저압 간선의 시설) 저압 옥내간선은 다음 각 호에 따라 시설하여야 한다.

## 2. 저압 옥내간선은 손상을 받을 우려가 없는 곳에 시설할 것.

## 3. 전선은 저압 옥내간선의 각 부분마다 그 부분을 통하여 공급되는 전기사용기계 기구의 정격전류의 합계 이상인 허용전류가 있는 것일 것.
다만, 그 저압 옥내간선에 접속하는 부하 중에서 전동기 또는 이와 유사한 기동전류(起動電流)가 큰 전기기계기구(이하 이 조 및 제176조에서 "전동기 등"이라 한다)의 정격전류의 합계가 다른 전기사용기계기구의 정격전류의 합계보다 큰 경우에는 다른 전기사용기계기구의 정격전류의 합계에 다음 값을 더한 값 이상의 허용전류가 있는 전선을 사용하여야 한다.
- 전동기 등의 정격전류의 합계가 50A 이하인 경우에는 그 정격전류의 합계의 1.25배
- 전동기 등의 정격전류의 합계가 50 A를 초과하는 경우에는 그 정격전류의 합계의 1.1배

## 4. 제2호의 경우에 수용률·역률 등이 명확한 경우에는 이에 따라 적당히 수정된 부하전류 값 이상인 허용전류의 전선을 사용할 수 있다.

## 5. 저압 옥내간선의 전원측 전로에는 그 저압 옥내간선을 보호하는 과전류차단기를 시설할 것. 다만, 다음 중 1에 해당하는 경우에는 그러하지 아니하다.
- 저압 옥내 간선의 허용전류가 그 저압 옥내 간선의 전원측에 접속하는 다른 저압 옥내 간선을 보호하는 과전류 차단기의 정격전류의 55 % 이상인 경우
- 과전류 차단기에 직접 접속하는 저압 옥내간선 또는 "가"에 열거한 저압 옥내 간선에 접속하는 길이 8 m 이하의 저압 옥내 간선으로 그 저압 옥내 간선의 허용전류가 그 저압 옥내 간선의 전원측에 접속하는 다른 저압 옥내 간선을 보호하는 과전류 차단기의 정격전류의 35 % 이상인 경우

- 과전류 차단기에 직접 접속하는 저압 옥내간선 또는 "가"나 "나"에 열거한 저압 옥내 간선에 접속하는 길이가 3 m 이하의 저압 옥내 간선으로 그 저압 옥내간선의 부하측에 다른 저압 옥내 간선을 접속하지 아니할 경우
- 저압 옥내간선(그 저압 옥내 간선에 전기를 공급하기 위한 전원에 태양전지 이외의 것이 포함되지 아니하는 것에 한한다)의 허용전류가 그 간선을 통과하는 최대 단락 전류 이상일 경우

6. 제4호의 과전류 차단기는 저압 옥내 간선의 허용전류 이하인 정격전류의 것일 것.

다만, 저압 옥내 간선에 전동기 등의 접속되는 경우에는 그 전동기 등의 정격전류의 합계의 3배에 다른 전기사용기계기구의 정격전류의 합계를 가산한 값(그 값이 그 저압 옥내 간선의 허용전류의 2.5배의 값을 초과하는 경우에는 그 허용전류의 2.5배의 값) 이하인 정격전류의 것(그 저압 옥내 간선의 허용전류가 100A를 넘을 경우로서 그 값이 과전류 차단기의 표준 정격에 해당하지 아니할 경우에는 그 값에 가장 가까운 상위의 정격의 것을 포함한다)을 사용할 수 있다.

7. 제4호의 과전류 차단기는 각 극(다선식 전로의 중성극을 제외한다)에 시설할 것.

다만, 대지 전압이 150V 이하인 저압 옥내 전로의 접지측 전선 이외의 전선에 시설한 과전류 차단기가 동작한 경우에 각극이 동시에 차단될 때에는 그 전로의 접지측 전선에 과전류 차단기를 시설하지 아니할 수 있다.

3.2 연료전지 발전에 대하여 설명하시오.

1. 개요
   1) 연료전지는 연료(수소)와 공기(산소)를 직접 전기화학 반응시켜 전기를 생산하는 차세대 청정 발전시스템으로
   2) IT·휴대용(수W~수십W급), 가정·산업용(수kW~수십kW급), 수송용(수십kW급), 발전용(수백kW~수MW급)으로 구분된다.
   3) 연료전지는 제1세대 PAFC(1988~1992년), 제2세대 MCFC (1996~2001년), 제3세대 SOFC(연구개발 중)로 불리우고 있다.
   4) SOFC의 경우 전지효율 측면에서 600~1000℃의 고온에서 작동하기 때문에 타 연료전지보다 전기효율이 50~60%(복합발전시 70%)로서 가장 높고, $CO_2$, NOx, SOx 및 소음이 거의 없는 친환경 미래 발전시스템임.

2. 연료 전지
   1) 원리 및 구성

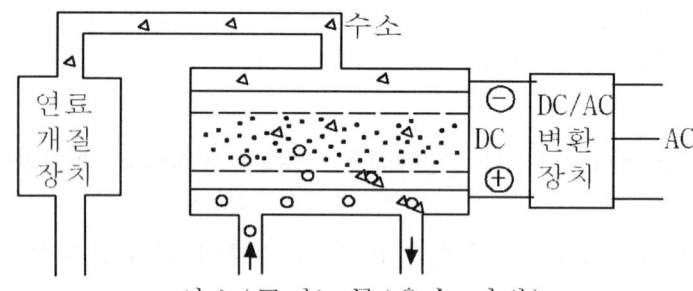

   위의 그림에서 산이나 알칼리성의 전해액을 사이에 둔 두장의 전극에 각각 수소와 산소를 공급하는 장치로 되어 있다.
   (1) 연료 개질 장치
      - 수소를 함유한 일반 연료(LPG, LNG, 메탄, 석탄가스 메탄올 등)로 부터 연료 전지가 요구하는 수소를 제조하는 장치.
   (2) 연료 전지 본체
      연료 개질 장치에서 들어오는 수소와 공기 중의 산소로 직류 전기와 물 및 부산물인 열을 발생
   (3) 전력 변환 장치
      연료 전지에서 나오는 직류를 교류로 변환
   (4) 부속장치
      플랜트의 효율을 높이기 위해서는 연료 전지 반응에서 생기는 반응열과 연료 개질 과정에서 나오는 폐열 등을 이용하는 장치가 부수적으로 필요하다.

2) 연료 전지의 특징
   (1) 고 효율 ( 60 ~ 65% )
   연료의 연소과정과 열에너지를 기계적에너지로 변환시키는 과정이 없어 기존에너지원보다 효율이 10 - 20 % 정도 높아진다.
   (2) 저공해
   연료로써 화석연료를 사용하므로 개질기에 의한 조작이 반드시 필요하다. 이 경우 탈황, 분진제거를 충분히 할 수 있어서 SOx와 분진의 방출은 거의 없다.
   또, 종합 효율이 높기 때문에 이산화탄소($CO_2$)의 발생도 적게 된다.
   (3) 열의 유효 이용
   - 반응의 과정에서 발생하는 열을 유효하게 이용하는 것이 가능하고,
   - 전기와 열을 동시에 발생하는 코제네레이션 시스템에 최적입니다.
   - 투입한 도시 가스의 에너지의 약 40%가 전기로, 약 40%가 온수나 증기로 되고, 종합적으로는 약 80%가 유효하게 이용할 수 있는 에너지 절약성이 뛰어난 장치이다.
   (4) 연료의 다양성
   - 신뢰도가 중요시 되는 특수목적용으로 순수소가 사용되나
   - 일반전력 공급용으로는 비교적 가격이 저렴한 탄화수소계열의 연료가 모두 사용이 가능하다.
   (5) 부지선정의 용이성
   - 연료전지를 이용해 발전을 할 경우 공해요인이 없으므로
   - 도심지 속에서의 건설이 가능하고,
   - 다른 발전방식에 비해 소요면적이 적으며
   - 지속적인 냉각수 공급이 불필요하기 때문에 발전소용 부지의 선정이 용이하다.
   (6) 저소음, 저진동
   기계적 구동부분이 없고, 가스공급기 등에 약간의 소음, 진동 등이 있을 뿐이므로 기계식의 발전기와는 비교도 안될 정도로 적다.
   (7) 단점
   - 부하변동에 따르는 반응속도가 느려서 차량 냉각시 출발과 급가속 성능이 떨어지는 것이다.
   - 시스템 가격이 약 $200/kw으로 엔진시스템($30/kw)에 비해 크게 높아 실용화에 중요한 장애요인으로 작용하고 있다.

3) 연료 전지의 종류

| 구분 | 인산형<br>(PAFC) | 용융탄산염형<br>(MCFC) | 고체산화물형<br>(SOFC) | 고분자전해질형<br>(PEMFC) |
|---|---|---|---|---|
| 전해질 | 인산염 | 탄산염 | 세라믹 | 이온교환막 |
| 동작온도(℃) | 220 이하 | 650 이하 | 1,200 이하 | 80 이하 |
| 효율(%) | 70 | 80 | 85 | 75 |
| 용도 | 중형건물<br>(200kW) | 중·대형건물<br>(100kW~MW) | 소·중·대용량<br>발전(1kW~MW) | 가정·상업용<br>(1~10kW) |
| 선진수준 | 200kW | MW 이상 | MW 이상 | 1~10kW보급중 |
| 국내수준 | 50kW | 250kW | 1kW | 3kW |

## 3. 연료전지 응용기술

1) 수송용 연료전지
   - 수송용 연료전지는 자동차 산업과 밀접한 관련이 있다.
   - 미국, 일본에는 못 미치지만 우리나라의 자동차 업계에서도 수송용 연료전지를 개발하여 상용화하고 있다.
   - 수송용 연료 전지 종류
   가. 연료 개질형 하이브리드
      개질기를 통하여 연료 전지에 수소 공급하여 발전하고
      바테리에 저장하면서 모터 구동
   나. 수소 하이브리드 : 수소탱크에 수소를 연료전지에 공급하여 발전하고 바테리에 저장하면서 모터 구동
   다. 순수 수소 연료 전지차 : 수소탱크에 수소를 연료전지에 공급하여 발전하고 그 전력으로 직접 모터를 구동

2) 휴대용 연료 전지
   - 주로 전자 업계를 중심으로 개발되어 상용화 되었고
   - 과거의 휴대폰은 소비전력이 작아 2차 전지로 사용하였으나 최근의 스마트폰, DMB, 노트북등은 소비전력이 커서 2차전지로는 시간이 짧아 연료전지가 대체되어 사용되고 있다.
   - 주로 일본 가전업계가 주도하였으나 최근 국내업체에서도 상용화되고 있는 실정임.

3) 발전용 연료전지
   - 수송용이나 휴대용 보다는 개발이 느린편이며
   - 미국을 중심으로 수백kW ~ 수 MW 급까지 개발중이다.
   - 국내는 KIST등 연구소 위주로 연구가 진행중이며 업체에서는 이들과 함께 공동 개발중임.

3.3 KS C 0075에 의한 광원의 연색성 평가와 연색성이 물체에 미치는 영향에 대하여 설명하시오.

1. 연색성 (Color Rendition)
   같은 물체의 색이라도 낮에 태양빛 아래에서 본 경우와 밤에 형광등 밑에서 본 경우는 전혀 다른색으로 보인다. 이와 같이 빛의 분광 특성이 색의 보임에 미치는 현상을 연색성이라 하며, 연색 평가지수로 나타낸다.

   1) 연색성 평가지수(CRI : Color Rendition Index)
      물건의 색을 자연광($Ra:100$)과 램프로 봤을 때의 차이를 평가하여 수치로 표시한 것으로 평가치가 100에 가까울수록 연색성이 좋은 것을 의미한다.

   2) 평균 연색성 평가지수
      기호 "Ra"로 나타내는 연색성 평가수를 "평균 연색성 평가지수"라고 부르며 8종류 시험색 ($R1 \sim R8$)을 평가한 값을 평균한 것임.

      | 연색성 그룹 | 연색평가지수 Ra | 사용처 |
      |---|---|---|
      | 1 | $Ra \geq 85$ | 직물공장, 도장 공장, 인쇄공장<br>주택, 호텔, 레스토랑 등<br>연색성을 중요시하는 장소 |
      | 2 | $85 > Ra \geq 70$ | 사무소, 학교, 백화점등 |
      | 3 | $70 > Ra$ | 연색성을 중요시 하지 않는 장소 |

   3) 특수 연색성 평가지수
      개개의 시험색을 기준 광원으로 조명 했을 때와 시료 광원으로 조명 하였을 때의 색 차이로 시험색은 다음과 같이 7가지가 있다.
      $R_9$ : 적색
      $R_{10}$ : 황색
      $R_{11}$ : 녹색
      $R_{12}$ : 청색
      $R_{13}$ : 서양인 피부색
      $R_{14}$ : 나뭇잎 색
      $R_{15}$ : 동양인 피부색

## 2. 연색성이 물체에 미치는 영향

1) 같은 색도의 물체라도 어떤 광원으로 조명해서 보느냐에 따라 그 색감이 달라진다.
   가령 백열전구의 빛에는 주황색이 많이 포함되어 있으므로 그 빛으로 난색계(暖色系)의 물체를 조명하면 선명하게 돋보이는 데 반해 형광등의 빛은 청색부가 많으므로 흰색·한색계(寒色系)의 물체가 선명해 보인다.
   의복·화장품 등을 살 때 상점의 조명에 주의해야 하는 것은 이 때문이다.

2) 조명으로서 가장 바람직스러운 것은 되도록이면 천연 주광(晝光)과 가까운 성질의 빛인데, 이러한 연색성의 문제를 해결하기 위해 천연색 형광 방전관을 사용하든지(천연색형), 형광 방전관과 백열전구 또는 기타 종류의 형광 방전관을 배합하든지(딜럭스형) 한 램프가 고안되고 있다.

3) 최근에는 LED램프를 이용하여 천연 주광에 가까운 연색성을 얻을 수 있다.
   이렇게 개발된 LED램프를 이용하여 식물을 조기에 성장시키든지 더 큰 수확을 얻을 수 있다.

3.4 엘리베이터 설치시 다음 사항을 설명하시오.
   1) 엘리베이터 가속시의 허용전압강하
   2) 엘리베이터 수량과 수용률의 관계
   3) 전원변압기 용량선정 방법
   4) 전력간선 선정 방법
   5) 간선보호용 차단기 선정방법
   6) 인버터제어 엘리베이터 설치시 검토사항

1. 개요
   도심지 지가상승 부지난 심화 등으로 고층 및 초고층 건축물이
   증가하는추세에
   이동수단인 엘리베이터가 날로 증가하고 있다.

1) 엘리베이터 가속시의 허용전압강하

| 구 분 | 허용 전압 강하(%) | | | 비 고 |
|---|---|---|---|---|
| | 변압기 | 간선 | 합계 | |
| 교류 엘리베이터 | 5 | 5 | 10 | 전동기 정격전압을 기준으로 함 |
| 직류 엘리베이터 | 4 | 3 | 7 | |

2) 엘리베이터 수량과 수용률의 관계

| 엘리베이터 수량(대) | 수용율(%) | |
|---|---|---|
| | 사용 빈도가 큰 경우 | 사용 빈도가 보통인 경우 |
| 2 | 91 | 85 |
| 3 | 85 | 78 |
| 4 | 80 | 72 |
| 5 | 76 | 67 |
| 6 | 72 | 63 |
| 7 | 69 | 59 |
| 8 | 67 | 56 |
| 9 | 64 | 54 |
| 10 | 62 | 51 |

3) 전원변압기 용량선정 방법

$$P_{TR} \geq (\sqrt{3} \times V \times I_r \times N \times Df_e \times 10^{-3}) + (P_c \times N)$$

여기서, $P_{TR}$ : 변압기 용량(kVA)
$V$ : 정격전압(V)
$I_r$ : 정격전류(전 부하 상승시 전류)(A)
$N$ : 엘리베이터 수량(대)
$D_{fe}$ : 엘리베이터 수용률
$P_c$ : 제어용 전력(kVA)

4) 전력간선 선정 방법

$$I_t = (K_m \times I_r \times N \times Df_e) + (I_c \times N)$$

여기서, $I_t$ : 간선 산출시 고려되는 전류(A)
$K_m$ : 1.25 ($I_r \times N \times D_{fe} \leq 50A$ 인경우)
  1.10 ($I_r \times N \times D_{fe} > 50A$ 인경우)
$I_r$ : 정격전류(A)(전 부하 상승 시 전류)
$N$ : 엘리베이터 수량(대)
$I_c$ : 제어용 부하 정격전류(A)

5) 간선보호용 차단기 선정방법

$$I \geq K_{m2}[(I_r \times N \times Df_e) + (I_c \times N)]$$

여기서, $I$ : 차단기 전류용량(A)
$K_{m2}$ : 1.25(기어드식), 1.5(기어레스식)
  22(kW)급 이하 전동기 사용 및 인버터제어 시

6) 인버터제어 엘리베이터 설치 시 검토사항
- VVVF 제어가 되므로 고조파가 복사, 전자 및 정전유도, 전로로 전파됨으로 검토
- 고조파는 건축물 내의 통신기기 OA기기 등에 영향
 전원선과 통신선 이격 또는 차폐하고 전원 변압기에 영향이 적도록 해야 한다.
- 접지선로로 인한 영향 등도 검토한다.

3.5 전선 이상온도 검지장치에 대하여 다음 사항을 설명하시오.
  1) 적용범위  2) 사용전압  3) 시설방법  4) 검지선의 규격  5) 접지

인용 : 내선규정 제4192절 전선 이상온도 검지장치

## 1. 적용범위
본 절은 전선의 이상온도를 조기에 검지하고 경보하는 전선이상온도 검지장치(검지선이 전선과 접촉하는 것에 한한다)를 시설하는 경우에 적용한다.

## 2. 사용전압
1) 전선 이상온도 검지장치에 전기를 공급하는 전로의 사용전압은 저압이어야 한다.
2) 검지선에 전기를 공급하는 전로의 사용전압은 직류30V 이하이어야 한다.

## 3. 시설방법
1) 고압이나 특고압의 전선에 시설하는 검지선 또는 해당검지선에 전기를 공급하는 전선과 경보장치와의 접속개소는 교류300V 이하에서 작동하는 피뢰기 또는 이에 준하는 장치를 시설한다.
2) 검지선은 아래 4항의 검지선의 규격에 적합한 것을 사용한다.
3) 손상을 받을 우려가 있는 장소에 시설하는 검지선 및 검지선에 전기를 공급하는 전선은 적당한 방호장치를 한다.
4) 검지선은 전선의 이상온도를 유효하게 검지할 수 있도록 시설한다.
5) 검지선은 시설장소에서 이동되지 않도록 적당히 지지한다.

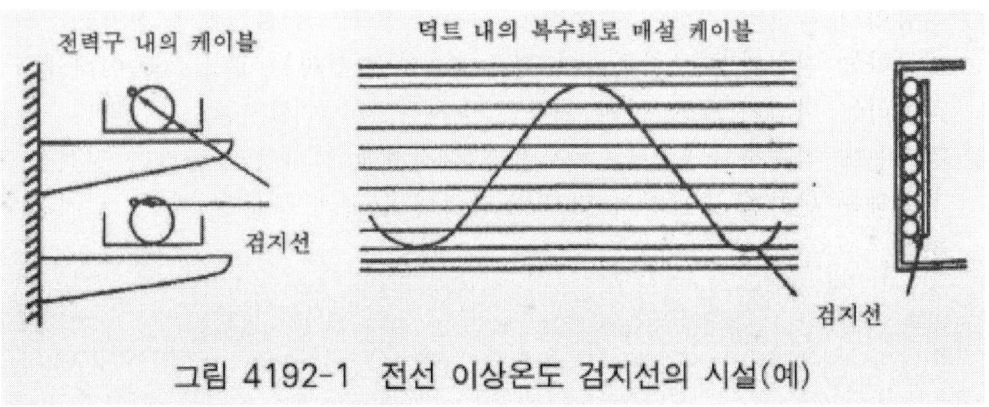

그림 4192-1 전선 이상온도 검지선의 시설(예)

## 4. 검지선의 규격
검지선은 다음 각호에 적합한 것으로 한다.
1) 도체는 균질한 금속제의 단선일 것.
2) 절연체 및 외장은 다음에 적합한 것

① 재료는 합성수지 혼합물로서 표4189-1의 시험조건으로 인장강도 및 신장률의 시험을 할 때 다음 "나"에 적합할 것.
이 경우 가열온도 및 가열시간은 다음 표의 값으로 한다.

| 절연체및외장의구분 | 가열온도(℃) | 가열시간( 시간) |
|---|---|---|
| 절연체 | T ±2 | 96 |
| 외장 | 90 ±2 | 96 |

【비고】 T는 검지 설정온도에서 20 ℃를 뺀 값으로 한다.

② 실온에서의 인장강도 및 신장률과 가열후의 인장강도 및 신장률의 잔율은 다음 표의 값 이상일 것

| 절연체 및 외장의 구분 | 실온에서값 | | 가열후의잔율 | |
|---|---|---|---|---|
| | 인장하중 | 신장률(%) | 인장강도(%) | 신장률(%) |
| 절연체 | 0.4kg/㎟ | 50 | 50 | 50 |
| 외장 | 0.6kg/㎟ | 50 | 50 | 50 |

③ 외장의 두께는 0.1 mm 이상일 것.
④ 완성품은 맑은 물속에 1시간 담근 후 도체상호간 및 도체와 대지간에 500V의 교류전압을 연속하여 1분간 가할 때 이에 견딜 것.

5. 접지
  1) 고압이나 특고압 전선에 시설하는 검지선 또는 그 검지선에 전기를 공급하는 전선과 경보장치와의 접속개소에 시설하는 교류 300V이하에서 작동하는 피뢰기 또는 이에 준하는 장치는 제1종 접지공사를 한다.
  2) 검지선에 접속하는 단자함 검지선과 검지선에 전기를 공급하는 전선을 접속하는 단자함 경보장치 및 방호장치의 금속제 부분은 제3종 접지공사를 한다.

## 3.6 수전설비 용량산정에서 이단강하방식과 직강하방식의 용량산정 방법에 대하여 설명하시오.

### 1. 개요
수전설비 변압기 방식은 직강하방식과 이단변압기방식이 있다.

| 구 분 | Factor 적용 기준 |
|---|---|
| 이단강하 방식 | ① 2차 변압기는 일반적으로 부하가 용도별로 구분되므로 부하용량 합계에 수용률만 적용<br>② 변압기에 수용된 부하가 여러 용도로 혼재된 경우 부등률 적용 |
| 직강하 방식 | ① 변압기에 수용된 부하가 용도별로 구분된 수용률 적용<br>② 용도별 구분이 되지 않은 경우 부등률 적용 |

### 2. 강압방식

| 구분 | 이단 강하방식 | 직 강하방식 |
|---|---|---|
| 장점 | ①부하증설 및 변동에 대처용이<br>②비상전원의 전원공급이 원활<br>③여러종류의 전압요구에 대처용이<br>④단락전류 감소 | ①강압방식간단<br>②변전실 면적 및 공사비감소<br>③무부하 손실 감소 |
| 단점 | ①강압방식 복잡<br>②변전실 면적 및 공사비가 증가<br>③무부하 손실 크다 | ①부하증설 및 변동에 대처 곤란<br>②비상전원 저압으로 공급<br>③여러종류의 전압요구에 불리<br>④단락전류 증가 |
| 적용 | ①초고층 건축물<br>②대단위 단지의 전압강하 최소화 | ① 소규모 수용가에 적용 |
| 구성예 | | |

3. 용량산정 방법
 1) 이단강하방식의 용량산정 방법
  (1) 변압기용량산정
   - 부하설비용량(VA) = 표준부하밀도(VA/㎡) × 연면적 (㎡).
   - 대형건축물 표준부하밀도 (VA/㎡)

 2) 직강하방식의 용량산정 방법
  (1) 변압기 용량 산정
   변압기 용량 = (총설비비용 X 수용율) X 여유율(1.1~1.2)
  (2) 직강하 방식 용량 산정 시 factor 적용

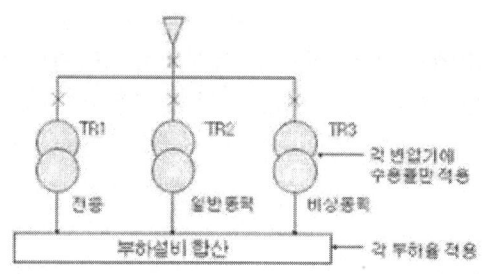

그림) One Step 변압방식

  ③ 부하 군마다 수용률, 부등률, 부하율을 감안하여 변압기 용량을 산출한다.
  ④ 변압기 용량 = $\left(\dfrac{\text{총설비용량} \times \text{수용률}}{\text{부등률}}\right) \times$ 여유율$(1.1 \sim 1.2)$
  ⑤ 장례 증설을 감안한 용량확보를 해야 한다.
 (2) 각 종 factor
  ① 수용률 = $\left(\dfrac{\text{최대수용전력}}{\text{총설비용량}}\right) \times 100(\%)$
  ② 부등률 = $\left(\dfrac{\text{각각부하의 최대수용전력의 합}}{\text{합성 최대수용전력}}\right) \geq 1$
  ③ 부하율 = $\left(\dfrac{\text{일정기간 중의 부하평균전력}}{\text{일정기간 중의 최대 수용전력}}\right) \times 100(\%)$
 (3) 이단강하방식 용량 산정 시 factor 적용

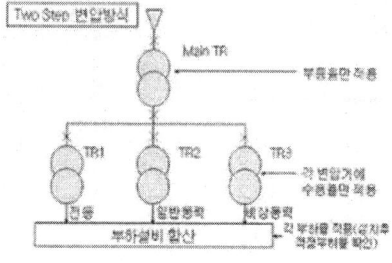

그림) Two Step 변압방식

## 4.1 계측기기용 변류기와 보호계전기용 변류기의 차이점에 대하여 설명하시오.

### 1. 개요
1) 계기용 변류기(CT)는 일반적으로 계전용과 계기용을 겸하여 사용 하지만 중요한 부하와 전력회사 등에서는 계전기용과 계기용을 분리하여 사용하여야 한다.
2) 왜냐하면 계기용은 계기의 보호를 위하여 포화가 낮은점에서 되어야 하지만, 계전기용은 포화가 낮은점에서 이루어지면 계전기 동작이 되지 않아 큰 사고로 연결될 수 있기 때문에 포화점이 높아야 한다.

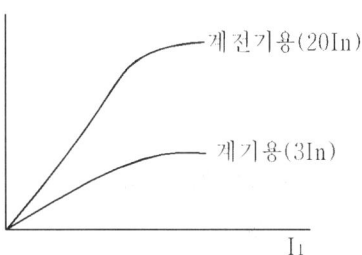

### 2. 계전기용 특성

| 계 급 | 형 식 | 임피던스 Z (Ω) | 2차전류 I (A) | 부담(VA) $I^2 Z$ | 20배전류시 2차단자전압 $20In \cdot Z(V)$ | 허용오차 (비오차) |
|---|---|---|---|---|---|---|
| C 100 | B-1 | 1 | 5 | 25 VA | 100 | -10% |
| C 200 | B-2 | 2 | 5 | 50 VA | 200 | " |
| C 400 | B-4 | 4 | 5 | 100 VA | 400 | " |
| C 800 | B-8 | 8 | 5 | 200 VA | 800 | " |

주1) C 100 의 의미
 - 2차 단자에 정격전류의 20배 전류(5x20=100A)를 흘렸을 때 단자 전압이 100V라는 의미임.
 - 예. $E_2 = I \times Z = 5(A) \times 20배 \times 1(Ω) = 100(V)$

주2) B - 1 의 의미
 - B는 부담의 약자이고 1은 임피던스 값을 나타냄
 - 예. $P = I^2 \times Z = 5^2 \times 1 = 25 (VA)$

주3) IEC에서는 10 P 20과 같이 표기
 - 과전류 정수 20배에서 비오차가 10%의 계전기용 이라는 의미임.

### 3. 계기용 특성

| 계 급 | 형 식 | 임피던스 Z (Ω) | 2차전류 I (A) | 부담(VA) $I^2 Z$ | 허용오차 |
|---|---|---|---|---|---|
| 1.2 | B-0.5 | 0.5 | 5 | 12.5 VA | 1.2% |
| 1.2 | B-0.9 | 0.9 | 5 | 22.5 VA | " |
| 1.2 | B-1.8 | 1.8 | 5 | 45 VA | " |

\* 전력 수급용에는 0.3, 0.5, 1.0급 등이 있음.

4.2 전류동작형 누전차단기가 정상상태일 때와 누설전류가 흐를 때의 동작원리에 대하여 설명하시오.

1. 누전차단기의 설치목적
   1) 인체에 대한 감전 보호
   2) 누전에 의한 화재 보호
   3) 전기 기계 기구의 손상을 방지
   4) 다른 계통으로의 사고 파급 방지

2. 누전차단기 동작 원리
   1) 구성도

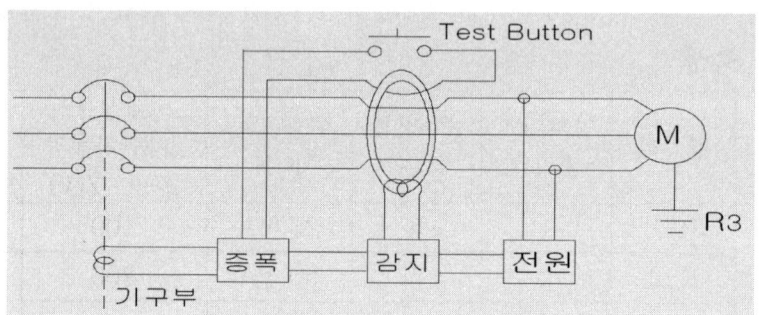

| 장 치 | 내 용 |
|---|---|
| 소호장치 | 전류차단시 발생되는 아크를 소호하는 장치 |
| 과전류 트립장치 | 과전류발생시 이를 검출 차단하는 장치 |
| 개폐기구 | 투입과 차단을 행하는 장치 |
| 테스트버튼 | 누전차단기의 차단특성을 확인 점검하는 장치 |
| 누전 트립장치 | ZCT로 누전을 검출 차단하는 장치 |

   2) 동작 원리

| 동작의 종류 | 동작원리 |
|---|---|
| 지락 시 | 지락 →ZCT검출→ 증폭 →구동 →트립(전자식) |
| 과부하시 | 내장된 Mechanism을 이용하여 검출. |
| 테스트 버튼 | 지락회로를 구성하여 고의로 영상전류 발생 |
| Surge 시 | 서지흡수회로가 내장되어 서지전압이 인가되지 않는다. |

3) 누전차단기의 종류
(1) 동작 원리에 따라
- 전류 동작형
- 전압 동작형
- 우리나라는 전류 동작형이 표준임.

(2) 감도에 따라
- 고감도형 (30mA이하): 인체의 감전 보호 목적
- 중감도형 (50~1000mA) : 누전 화재 목적
- 저감도형 (3000mA 이상) : 사용 거의 안함

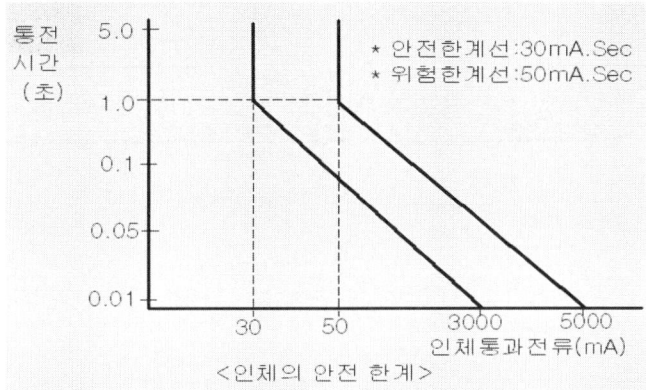

3. 전류동작형 누전차단기가 정상상태일 때와 누설전류가 흐를 때의 동작원리
1) 정상상태
영상변류기 전류와 복귀전류가 동일크기이어서 영상변류기의 발생자속은 서로 상쇄하여 차단기가 동작을 안함

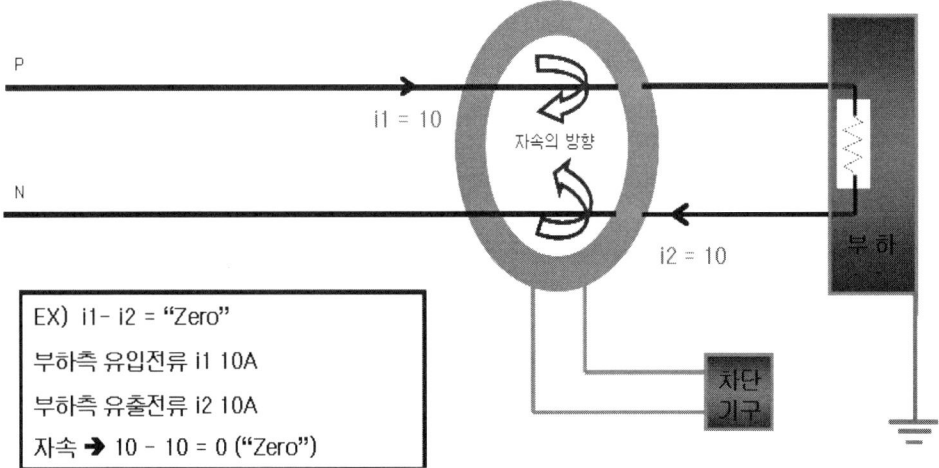

## 2) 누전상태

영상변류기의 전류차로 자속이 발생하여 누전검출부에 신호를 전송하여 차단기 동작함

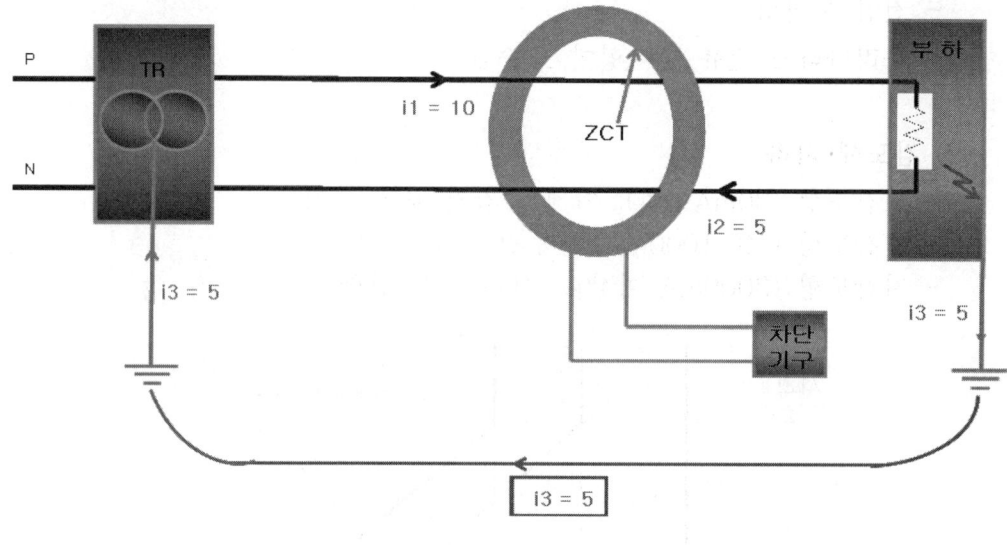

4.3 다음과 같은 무정전 전원장치(UPS)의 특성에 대하여 설명하시오.
  1) 단일 출력 버스 UPS    2) 병렬 UPS    3) 이중 버스 UPS

1. 개요
  UPS는 잠시도 정전 또는 전압 변동을 허용할 수 없는 중요한 부하기기에 상용전원이 정전 되거나 긴급 사고가 발생할 때 부하측 전원이 차단 또는 전압 변동이 되지 않도록 무정전으로 준비된 비상 전원에 의해 양질의 전원을 공급하는 장치이다.

2. UPS 구성 및 동작 원리
 1) 구성

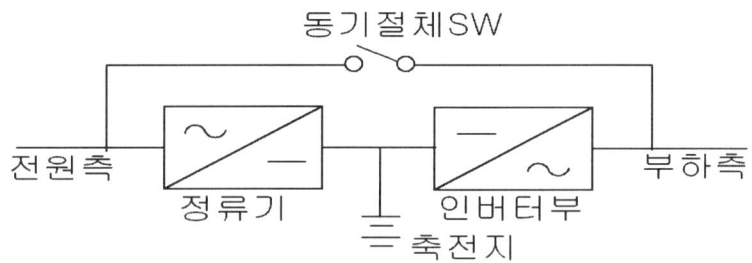

  (1) 컨버터(정류기, 충전기)
    3상 또는 단상 입력 전원을 공급받아 직류 전원으로 변환하는
    동시에 축전지를 충전시킨다.
  (2) 인버터
    직류 전원을 양질의 교류 전원으로 변환하는 장치
  (3) 동기 절체 스위치(BY PASS SW)
    UPS의 과부하 및 이상시 상용전원이나 발전기 전원으로 절체
  (4) 축전지
    정전시 인버터부에 직류 전원을 공급하여 부하에 일정시간 동안 무 정전으로 전원을 공급하는 설비

 2) 동작원리
  (1) 정상시 운전
    3상 또는 단상 입력 전원(상용 또는 발전기 전원)을 공급받아 정류부에 의해 정류된 뒤 인버터에서 AC로 변환되어 전력을 공급.
  (2) 정전시 운전
    인버터가 축전지에서 전력을 공급받아 부하에 무 순단으로 전력을 공급하며 축전지는 UPS가 저전압(방전 종기 전압)으로 트립이 될 때까지 방전을 계속 함.

(3) 복전시 운전

저 전압으로 UPS가 저전압으로 트립 되기 전에 AC입력 전원이 공급되면 UPS는 정류기로부터 전력을 공급받아 부하에 연속적으로 전력을 공급하고 축전지는 재충전된다.

(4) BY PASS 운전

UPS에 고장이 발생했을 경우 절체 S/W는 부하를 인버터로부터 입력 전원으로 절체하여 공급하며, BY PASS 방식에는 무 BY PAS 방식, 절단 절환 방식, 무순단 절환 방식 등이 있다.

## 3. UPS 운용 시스템

### 1) 단일 출력 버스 UPS

- Q1: 유틸리티/주 전원 입력
- Q2: UPS 출력
- Q3: 수동 바이패스
- MBS: 기계적 바이패스 스위치

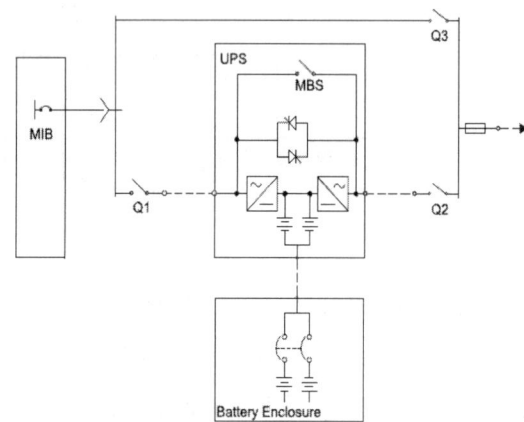

- 바이패스 전환회로에 SCR을 사용한 반도체 S/W에 의해 무순단으로 전환.
- 소용량에서 대용량까지 단일 시스템의 표준
- 경제적이며 고 신뢰도 시스템임.

### 2) 병렬 시스템

- Q1: 유틸리티/주 전원 입력
- Q2: UPS 출력
- Q3: 수동 바이패스
- Q4: 시스템 출력
- Q5: 정적 바이패스 입력

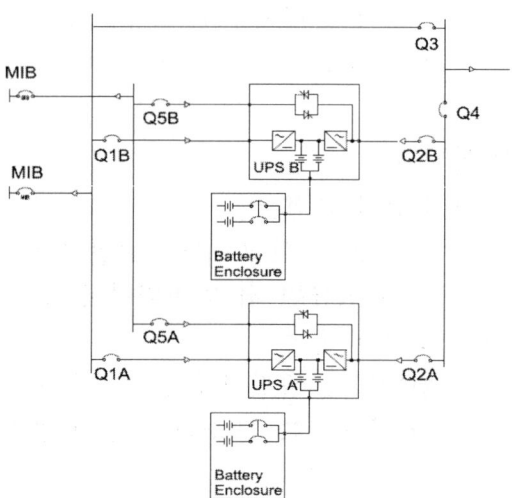

- UPS를 2대 또는 그 이상으로 병렬 운전하여 신뢰성을 높인 시스템.
- 금융기관 전산실, 병원 수술실 등 고 신뢰성을 요구하는 시스템에 적용

3) 이중 버스 UPS

- Q1: 유틸리티/주 전원 입력
- Q2: UPS 출력
- Q3: 수동 바이패스
- Q5: 정적 바이패스 입력
- MBS: 기계적 바이패스 스위치

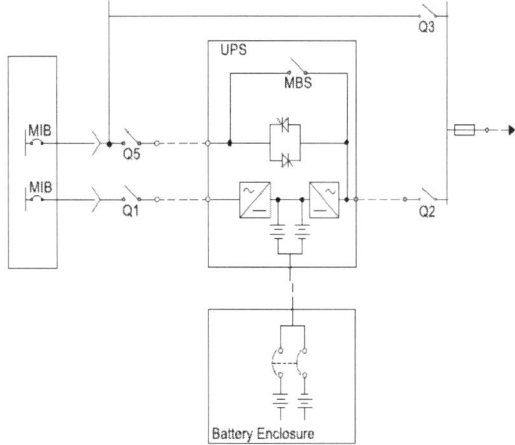

- 전원을 이중으로 수전하여 신뢰성을 높임.
- 병렬 시스템에 비해 저렴한 투자로 효율성을 높인 시스템임.
- 평상시에는 Q1으로 사용하다가 Q1의 선로 이상시 또는 정전시에 Q5로 전환하여 사용하는 방식임.

4.4 인버터 제어회로를 운전하는 경우 역률 개선용 콘덴서의 설계 및 선정 방안에 대하여 다음 사항을 설명하시오.
   1) 인버터 종류 및 역률 개선용 콘덴서 설치 개념
   2) 콘덴서 회로 부속기기 및 용량산출
   3) 직렬리액터 설치시 효과 및 고려사항

## 1. 인버터 종류 및 역률 개선용 콘덴서 설치 개념
   1) 주회로 전원 방식에 따라 : 전압형, 전류형
   2) 펄스제어 방식에 따라 : PAM, PWM형
   3) 제어회로 구성방식에 따라 : 개루프제어, 폐루프제어/Scalar제어, Vertor제어
   4) 주회로 소자 구성 방식에 따라 : Thyristor, Transistor형
   5) 역률개선용 콘덴서 설치개념
      부하와 병렬로 진상 콘덴서를 설치, 콘덴서 전류는 회로의 유도성 전류보다 위상이 앞서 이를 상쇄시켜 역률개선

## 2. 콘덴서 회로 부속기기 및 용량산출
 1) 직렬 리액터
    - 제5고조파 제거 목적인 직렬리액터 용량은 Q[KVA]의 4%이면 되나 실제로는 회로가 용량성이 되는 것에 대한 안전율을 고려하여 보통 유도성 일반부하에는 6%, 변환기, 아아크로 등에서는 8~15% 정도로 한다.
    - 용량 산정 방법(제 5 고조파 발생 설비)

      $5\omega L = \dfrac{1}{5\omega C}$    $5X_L = \dfrac{X_c}{5}$    $\therefore X_L = 0.04\, X_c$

      여기서 $X_L$ = 직렬 리액턴스 임피던스    $X_c$ = 콘덴서 임피던스
    - 제3고조파용은 13%

 2) 방전코일 및 방전 저항
    (1) 설치 이유
       - 전력용 콘덴서 개방시 잔류전하 방전
       - 재투입시 과전압 방지
    (2) 방전 장치 종류
       - 방전코일 : 대용량의 콘덴서
                (일반적으로 200~300KVA이상인 콘덴서에)
       - 방전저항 : 소용량의 콘덴서에 적용
    (3) 방전 장치의 요구 성능
       - 방전 코일 : 5초 이내에 잔류 전압 50V이하로 방전

- 방전 저항 : 3분 이내에 잔류 전압 75V이하로 방전
  5분 이내에 잔류 전압 50V이하로 방전
- 생략 : 부하에 직결될 경우(부하회로를 통해 방전 되므로)

## 3. 직렬리액터 설치시 효과 및 고려사항

### 1) 직렬리액터 설치효과
① 콘덴서 투입시 돌입전류 억제
② 콘덴서 개방시 이상현상 억제
③ 계통의 고조파 확대방지
④ 전압파형개선

### 2) 직렬리액터 설치시 고려사항

(1) 콘덴서 단자 전압(3.3kV, 3상, 500kVA(167*3), Y결선)

$$Vc = \frac{V_1}{\sqrt{3}} = 1905(V)$$

6% 직렬 리액터 삽입시 단자 전압 $Vc = 1905 \times \frac{1}{1-0.06} = 2027(V)$

13% 직렬 리액터 삽입시 단자 전압 $Vc = 1905 \times \frac{1}{1-0.13} = 2190(V)$

캐패시터 허용 과전압은 정격의 110%로 규정하고 있으므로 회로 전압의 상승분을 포함하여 캐패시터의 단자전압이 110% 이상 될 수 있는 직렬 리액터를 삽입할 경우에는 사전에 과전압, 과용량을 고려해야한다.

(2) 용량 비 일치
예를 들어 6 KVA 리액터를 100KVA 콘덴서에 설치하였다가 50KVA의 콘덴서에 옮겨 설치한다면 리액터 용량은

$6kVA \times (\frac{50\,kVA}{100\,kVA})^2 = 1.5\,kVA$ 가 되어

50kVA 콘덴서에 대하여 3%의 리액터가 되어 제5고조파를 억제할 수 없다.

4.5 TN계통에서 전원자동차단에 의한 감전보호방식에 대하여 설명하시오.

1. 전원의 자동차단에 의한 보호
   1) 전원의 차단
      교류 50V 초과 접촉전압 발생시
   2) 보호접지
      (1) 노출도전성 부분은 각 접지계통별(TN, TT, IT) 조건에 따라 보호도체에 접속
      (2) 동시 접촉 가능한 노출 도전성 부분은 상기보호 도체에 접속
   3) 등전위 본딩
      (1) 주등전위 본딩(보호 본딩)
         계통외 도전성 부분을 설비의 주 접지단자에 접속하여 등전위영역형성
      (2) 보조 등전위 본딩(보조 보호 본딩)
         ① 동시 접근 가능한 계통외 도전성 부분 및 노출 도전성 부분간 또는 노출도전성 부분 상호간 접속
         ② 전원의 자동차단 조건을 만족하지 않을 경우 실시
            (보조 등전위 본딩을 실시했다고 해서 전원의 자동차단 필요성이 배제되는 것은 아님)

2. TN계통에서 전원의 자동차단에 의한 감전보호
   1) 자동차단 조건
      - $Z_s \times I_a \leq U_o$
      - $Z_s$ : 고장 루프 임피던스
      - $U_o$ : 공칭대지전압
      - $I_a$ : 아래표에 제시한 시간이내 차단 시키는 전류
   2) 최대차단 시간
      ① 32A 이하인 분기회로

| $U_o$(V) | 차단시간(Sec) | | | |
|---|---|---|---|---|
| | TN 계통 | | TT 계통 | |
| | 교류 | 직류 | 교류 | 직류 |
| 50 초과 120V 이하 | 0.8 | – | 0.3 | – |
| 120V 초과 230V 이하 | 0.4 | 5 | 0.2 | 0.4 |
| 230V 초과 400V 이하 | 0.2 | 0.4 | 0.07 | 0.2 |
| 400V 초과 | 0.1 | 0.1 | 0.04 | 0.1 |

② TN계통에서 배전회로와 상기표에 포함되지 않는 회로는 5초 이하 적용
③ TT계통에서 배전회로와 상기표에 포함되지 않는 회로는 1초이하 적용

3. 보호장치(차단기)종류
 1) 일반적으로 과전류 차단기 사용추천

| 보호기 종류 | TN-S 계통 | TN-C 계통 | TN-C-S 계통 |
|---|---|---|---|
| 과전류 차단기 | ○ | ○ | ○ |
| 누전 차단기(RCD) | ○ | × | ○(요주의) |

 2) TN-C 계통의 경우 누전차단기 적용 불가(동작불능에 의한 인체 감전위험)
 3) TN-C-S 계통의 경우 누전차단기 적용시 PE와 PEN도체 접속은 그전원측에 할 것(단로시 위험 접촉전압 발생)

## 4.6 피뢰시스템 설계시 고려사항과 설계흐름도에 대하여 설명하시오.

### 1. 개요
1) 피뢰시스템이란 구조물에 입사하는 낙뢰로 인한 물리적 손상을 줄이기 위해 사용되는 모든 시스템을 말한다.
2) 피뢰시스템은 외부피뢰시스템과 내부피뢰시스템으로 구성된다.
3) 관련 근거 : KS C IEC 62305-3

### 2. 피뢰시스템 설계시 고려사항
1) 외부피뢰시스템의 설계 시 고려사항
  (1) 수뢰부 시스템
   - 구성 : 돌침, 수평도체, 메시 도체
   - 배치방법 : 보호각법 회전구체법, 메시법
   - 피뢰시스템의 등급별 회전구체반경, 메시치수, 보호각의 최대값

| 구분\피뢰레벨 | I | II | III | IV |
|---|---|---|---|---|
| 회전구체 반지름 r(m) | 20 | 30 | 45 | 60 |
| 메시치수 W(m) | 5×5 | 10×10 | 15×15 | 20×20 |

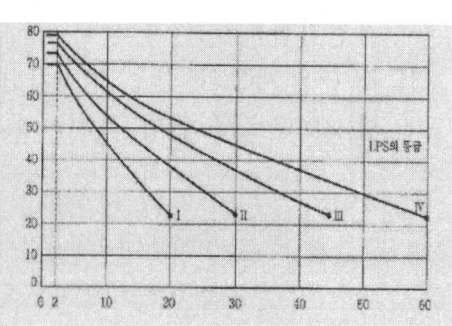

   - 측뢰 보호
   - 건물높이 60m 초과의 경우 상위 20%부터 적용
   - 건물높이 150m 초과의 경우 120m부터 적용

  (2) 인하도선 시스템
   - 여러개의 병렬 전류통로 형성할 것
   - 전류통로 길이는 최소로 유지할 것
   - 도전성부분에 등전위 본딩 할 것
   - 측면에서 인하도선을 서로접속 할 것
   - 이격거리는 인하도선과 환상도체의 기하 도형적 배치에 의존한다.
   - 피뢰시스템의 등급별 인하도선 간격

| 피뢰시스템 등급 | I | II | III | IV |
|---|---|---|---|---|
| 간격(m) | 10 | 10 | 15 | 20 |

- 자연적 구성부재는 건축물의 전기적 연속성을 갖고 전기저항이 0.2[Ω] 이하 일 것.

(3) 접지 시스템
 - 접지극의 종류
 - A형 접지극 ; 판상형, 수직형, 방사형, 소규모 건축물에 적용
 - B형 접지극 : 환상형, 망상형, 기초접지극, 대규모 건축물에 적용
 - 접지극의 설치
 - 접지극 수는 최소 2 이상일 것, 인하도선 수보다 많을 것
 - A형 접지극 : 상단이 최소 0.5m 이상 매설
 - B형 (환상 접지극)은 벽과 1m이상 이격, 최소 0.5m 매설
 - 접지극 부식방지 및 접지저항 유지 대책
 - 접지극 시공시에 부식 우려 장소는 피할 것
 - 인하도선과 접지극은 기계적, 전기적으로 완전한 연속성 유지

2) 내부 피뢰시스템의 설계시 고려사항
(1) 전기 전자 시스템의 보호 - SPM(LPMS) 설계
(2) SPM의 기본 방법
 - 피뢰구역 (LPZ) 의 도입 @ 접지 및 등전위 본딩
 - 자기차폐 및 배선 경로 @ 협조된 SPD시스템
 - 절연 인터페이스

3. 설계흐름도

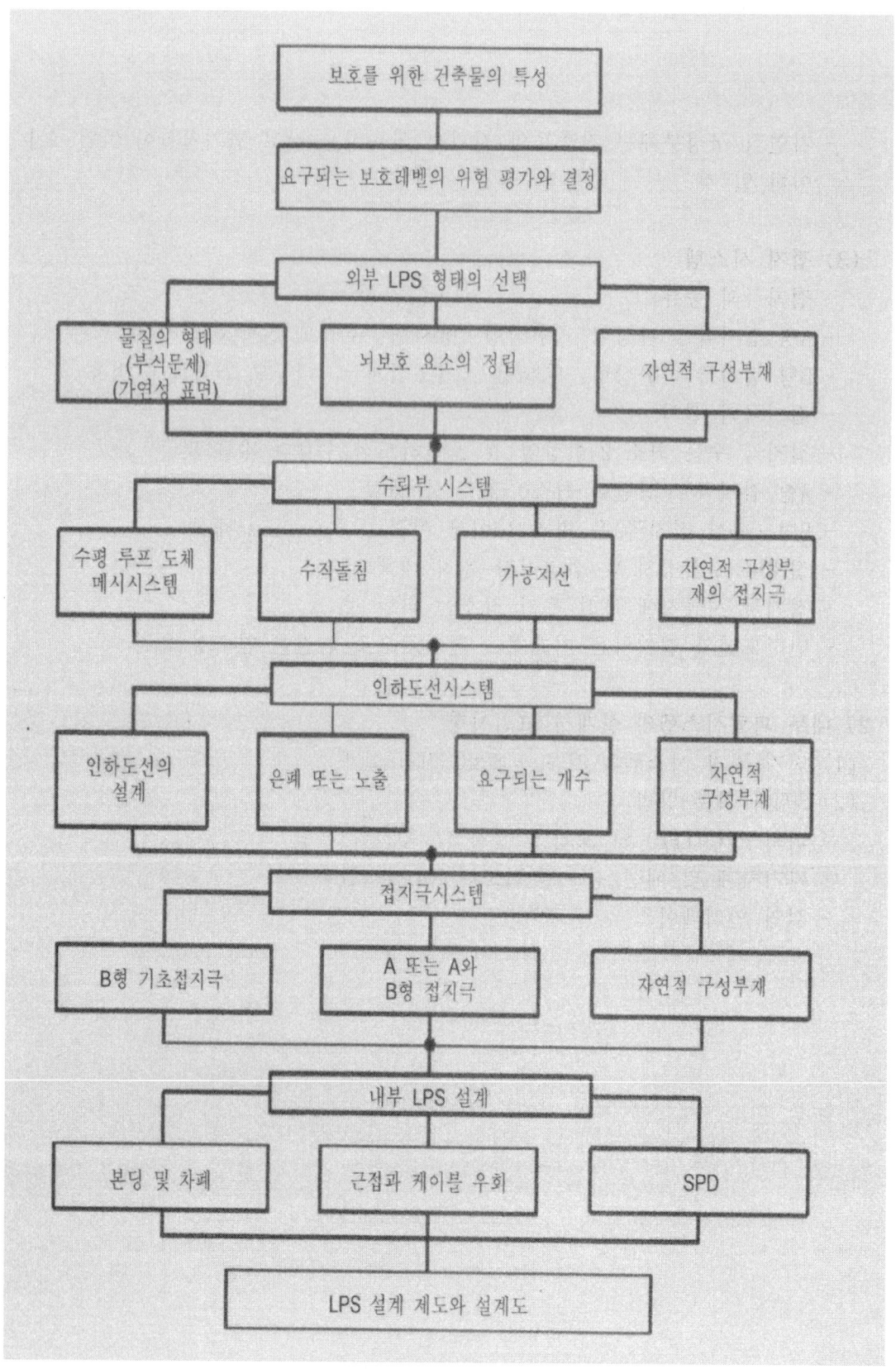

5장

제115회 (2018.05)
기출문제

건축전기설비
기술사
기출문제

# 국가기술 자격검정 시험문제

기술사 제 115 회　　　　　　　제 1 교시 (시험시간: 100분)

| 분야 | 전기전자 | 자격종목 | 건축전기설비기술사 | 수험번호 | | 성명 | |

---

※ 다음 문제 중 10문제를 선택하여 설명하시오. (각10점)

1. 수변전설비의 옥외형과 옥내형을 선정하는 데 필요한 설계조건을 설명하시오.
2. 전기사업법에 의한 자가용 전기설비에서 일반용 전기 설비 범위에는 해당하나 안전 등을 위하여 일반용 전기설비로 보지 않고 자가용전기설비로 보는 대상에 대하여 설명하시오.
3. ESCO(Energy Service Company) 의 주요 역할과 계약제도의 종류를 설명하시오.
4. 피뢰기 (Lightning Arrester) 가 가져야 할 특성을 설명하시오.
5. 한국전력의 전력품질 3대 지표에 대해서 설명하시오.
　1) 전압　　　2) 주파수　　　3) 정전시간
6. 사물인터넷 (Internet of Things)을 설명하고 전력설비에서의 적용 현황을 설명하시오.
7. 승강기의 효율 향상에 사용되는 회생제동장치의 원리와 설치 제한 사항에 대하여 설명하시오.
8. 초전도케이블에 사용되는 제1종 초전도체와 제2종 초전도체의 특성을 비교 설명하시오.
9. 최근 제정 공고된 한국전기설비규정 (KEC)의 주요 사항을 설명하시오.
10. 루미네센스 (Luminescence) 개념과 종류를 설명하시오.
11. 변압기용 보호계전기 정정시 사용하는 통과 고장 보호 곡선 (Through Fault Protection Curve)을 설명하시오.
12. 분산형 전원을 한국전력공사 계통에 연계 할 때, 고려하여야 할 사항을 설명하시오.
13. 다음 회로에서 단자(a, b) 왼쪽의 태브난(Thevenin) 등가회로를 그리고, 부하전류를 구하시오. (단, 부하저항 $R_L = 80\Omega$)

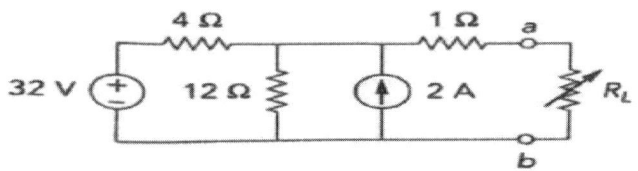

# 국가기술 자격검정 시험문제

기술사 제 115 회   제 2 교시 (시험시간: 100분)

| 분야 | 전기전자 | 자격종목 | 건축전기설비기술사 | 수험번호 | | 성명 | |
|---|---|---|---|---|---|---|---|

※ 다음 문제 중 4문제를 선택하여 설명하시오.  (각25점)

1. 3상 유도전동기 공급 선로에서 CT(100/5A)의 2차측 50/51 계전기가 연결되어 있다. 50/51 계전기의 정정치와 시간탭 설정 방법을 그림으로 설명하시오.
   단, 3상 유도전동기의 정격은 500kW, 6.6kV이고 역률과 효율은 각각 92%와 93% 이다. 구속전류는 정격전류의 6배이고, 가속시간 5초, safe stall time은 9초이다.

2. 축전기 에너지저장장치 (ESS : Energy Storage System)를 전기 계통에 도입하고자 할 때, ESS를 가장 효율적으로 활용하기 위한 3가지 용도를 설명하고 각각의 경제성을 B/C(Benefit/Cost) 측면에서 비교하여 설명하시오.

3. 대단위(대지면적; 약 100만㎡, 용도; 종합대학, 자동차공장, 놀이시설, 공항 등) 단지의 구내에 다수의 변전실을 설계하고자 한다. 배전계통에 대하여 설명하고 적합한 계통구성 방식을 설명하시오.

4. 표피효과는 케이블에 영향을 준다. 표피효과와 표피두께는 주파수와 재질의 특성에 의하여 어떻게 결정되는지 설명하시오.

5. 접지전극의 설계에서 설계 목적에 맞는 효과적인 접지를 위한 단계별 고려사항을 설명하시오.

6. 지하 2층에 1000kW 디젤발전기를 설치하였다. 준공검사에 필요한 전기와 건축 및 기계적인 점검사항을 설명하시오.

# 국가기술 자격검정 시험문제

기술사 제 115 회  제 3 교시 (시험시간: 100분)

| 분야 | 전기전자 | 자격종목 | 건축전기설비기술사 | 수험번호 | | 성명 | |
|---|---|---|---|---|---|---|---|

※ 다음 문제 중 4문제를 선택하여 설명하시오. (각25점)

1. 전력계통의 지락사고와 관련하여 다음 사항을 설명하시오.
  1) 영상전류와 영상전압을 검출하는 방법을 3선결선도를 그려 설명하시오.
  2) 영상 과전류계전기의 정정치를 결정하기 위한 방법을 설명하시오.
  3) 영상전압을 이용하여 지락사고 선로를 구분하기 위한 방법을 설명하시오.

2. 명시조명과 분위기 조명의 특징을 구분하고, 우수한 명시조명 설계를 위하여 고려할 사항을 설명하시오.

3. 수변전설비 설계에서 단락전류가 증가할 때의 문제점과 억제대책을 설명하시오.

4. 개폐서지는 뇌 서지 보다 파고값이 높지 않으나 지속 시간이 수 mS로 비교적 길어 기기 절연에 영향을 준다. 개폐서지의 종류와 특성을 설명하시오.

5. 프로시니엄 무대(액자무대: Proscenium Stage)를 가진 공연장에 설치하는 무대 조명 기구를 배치 구역별로 설명하시오.

6. 다음의 단선도에서 6.6kV 전동기 (Mtr1, Mtr2) 공급용 CV케이블의 규격을 허용전류표를 이용하여 선정하시오. 단, 아래의 25 ℃ 기준 허용전류표를 35 ℃ 허용전류표로 변환한 다음 케이블 굵기 (mm²)를 선정하시오.
 [설계조건]
 ① 단락시 고장 제거시간은 0.18초
 ② 케이블의 포설은 3심 1조 직접 매설방식, 기저온도 35 ℃
 ③ 케이블의 도체허용온도 90℃, 단락허용온도 250℃, 동 도체
 ④ 산출은 아래의 표를 기준으로 한다.
 [CV 케이블의 허용전류표]
 ※ 직접 매설 3심 1조 부설

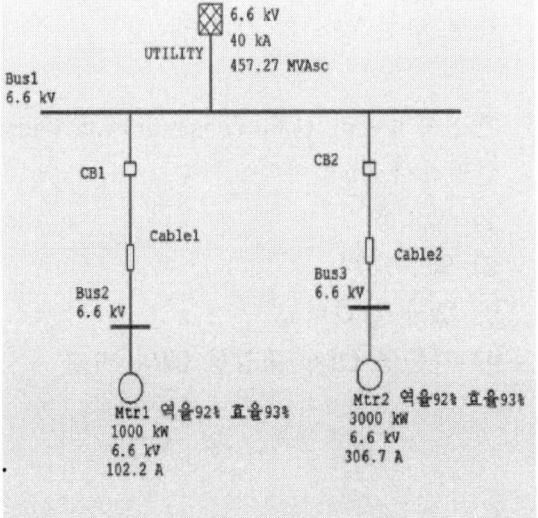

| 공칭단면적(mm²) | 16 | 25 | 35 | 70 | 95 | 120 | 150 | 185 | 240 |
|---|---|---|---|---|---|---|---|---|---|
| 허용전류(A)(25℃) | 96 | 120 | 140 | 240 | 275 | 315 | 360 | 405 | 470 |
| 허용전류(A)(35℃) | | | | | | | | | |

# 국가기술 자격검정 시험문제

기술사 제 115 회  제 4 교시 (시험시간: 100분)

| 분야 | 전기전자 | 자격종목 | 건축전기설비기술사 | 수험번호 | | 성명 | |

※ 다음 문제 중 4문제를 선택하여 설명하시오. (각25점)

1. 변압기 인증을 위한 공장시험의 종류 및 시험방법을 설명하시오.

2. 방범설비의 구성시스템 중 침입 발견설비를 설명하시오.

3. 단상 유도전동기에서 분상전동기의 기동토크를 최대로 하기 위한 보조회로의 저항을 구하시오.
   (단, 주권선의 임피던스는 Zm=Rm+jXm 이다)

4. 파동 방정식은 매질을 이동하며 일어나는 전자파의 특성을 해석할 수 있다. 맥스웰방정식을 이용하여 파동방정식을 설명하시오.

5. 배선용 차단기(MCCB)의 특징을 설명하고 저압계통의 배선용 차단기 단락 보호 협조 방식을 설명하시오.

6. 건설사업관리 (CM: Construction Management)에 대하여 아래 사항을 설명하시오.
   1) 필요성
   2) 업무범위
   3) CM과 감리비교
   4) 자문형 CM과 책임형 CM의 비교

5장

제115회 (2018.05)
문제해설

건축전기설비
기술사
기출문제

1.1 수변전설비의 옥외형과 옥내형을 선정하는 데 필요한 설계조건을 설명하시오.

1. 수·변전설비의 계획시 검토사항
   - 수전방식(수전전압, 수전회로의 방식)
   - 수·변전설비의 형식(옥외, 옥내, 개방식, 큐비클식 등)
   - 수·변전실의 위치, 크기 및 기기의 배치(증설고려)
   - 부하설비 용량의 결정
   - 주회로의 결선방법(모선방식, 변압기군의 결정, 저압분기회로의 수)
   - 주요 기기의 선정(기기의 종류, 규격, 수량 등)
   - 감시제어 및 보호방식
   - 자가발전설비와의 관계(발전기, 직류전원, 무정전 전원장치 등)

2. 장소 선정기준
   - 가능한 한 부하의 중심에 위치하여 전력간선 길이가 최소화 되는 장소
   - 전원의 인입 및 인출을 원활하게 할 수 있는 장소
   - 환기가 가능한 구조
   - 증설 및 확장에 필요한 여유가 확보될 수 있는 장소
   - 외부 침수 우려가 없고, 건축물 내부의 물 배관 사고 시 침수나 누수 우려가 없는 장소
   - 기기의 반입 및 반출을 원활하게 할 수 있는 장소
   - 필요시 냉방시설을 한다.

3. 수·변전설비 설치장소
   1) 옥내형 수·변전실 설비
      - 변전실의 설치기기에 대하여 천장높이를 충분히 확보해야 한다.
         특별고압수전:4,500[mm]이상
         고압, 저압수전:3,000[mm]이상
      - 지하에 선정할 경우 침수방지 시설 또는 기타(기계, 주차장)실의 바닥 높이 보다 최소 300mm이상 높게 하여야 한다.
      - 바닥하중은 변압기, 차단기, 변성기, 콘덴서 등의 중량물에 견디는 구조로 한다.
         바닥하중 : 200-500 kg/㎡, 특별한 경우 별도 하중을 적용한다.
      - 기초는 기기의 설치에 충분한 강도를 가져야 한다.
      - 바닥에는 케이블 피트, 배관 등을 고려하여 콘크리트를 200~300mm로 한다.
      - 변전실의 케이블 트렌치나 큐비클에서 샤프트로 쉽게 연결되도록 건축적인 배려를 한다.

2) 옥외형 수·변전실 설비
   - 시건장치가 있는 구조로 한다.
   - 건축물의 종류 및 특징, 현장여건 고려
   - 옥외에 설치 가능한 장비로 구성한다.
   - 옥내 수 변전설비시설이 불가능 할 경우
   - 보호 울타리(휀스) 시설을 한다.

3) 옥외 PAD에 시설하는 경우
   - 침수의 우려가 없고 가스·분진 등이 날아오거나 쌓일 우려가 없는 장소
   - 옥외에 설치 가능한 장비로 구성한다.
   - 도로에 인접하여 설치되는 기기는 충돌 보호용 장치를 기기 주위에 설치한다.

## 4. 수 변전설비의 환경적 고려사항

| No. | 검토항목 | | 기준치 | 기본적인 대책 |
|---|---|---|---|---|
| 1 | 외적인 영향 | 지진 | 진도 5에 견딜 것 | 내진 설계 |
| 2 | | 홍수 | | 가능한 지하를 피하고 부득이한 경우 배수 펌프 설치 |
| 3 | | 염해 | | 옥외 -> 옥내 설계 |
| 4 | | 부식성 가스 | | 옥외 -> 옥내 설계 |
| 5 | | 습도 | | 제습 장치 설계 |
| 6 | | 외부 화재 | | 방화 구조 특히 갑종 방화문 |
| 7 | | 동물 침입 | | 침입구를 글래스 울 등으로 막는다. |
| 8 | 내적인 영향 | 소음 | 60 dB 이하 | 소음이 적은 기기 검토<br>엔진 : 소음기 설치<br>발전실 : 벽과 천정에 흡음판 부착 |
| 9 | | 진동 | | 진동 고무나 스프링 설계 |
| 10 | | 화재, 폭발 | | 전기 화재 소화기 구비 분말, 하론가스, 탄산가스 등 |
| 11 | | 온도 상승 | 주위온도 40°C 이하 | 가급적 과부하 운전을 피하고 에어컨 설비 및 배기 닥트 설치 |
| 12 | 기타 | 유지 보수 | | 충분한 유지 보수 공간 확보 |
| 13 | | 장래 증설 | | 건축물 증설, 설비 증설, 자동화 등으로 용량 증설에 따른 여유 공간 확보 |

1.2 전기사업법에 의한 자가용 전기설비에서 일반용 전기 설비 범위에는 해당하나 안전 등을 위하여 일반용 전기설비로 보지 않고 자가용전기설비로 보는 대상에 대하여 설명하시오.

1. 전기 사업법상 전기설비 종류
 1) 사업용 전기설비
    전기 사업자가 전기 사업에 사용하는 전기설비
 2) 일반용 전기설비(소규모 전기설비)
    한정된 구역에서 전기를 사용하기 위하여 설치하는 전기설비를 말하며 주택, 상점, 소규모 공장 등으로서 600 [V] 이하의 전압과 75 [KW] 미만의 전력을 수전하여 사용하는 설비를 말한다.
 3) 자가용 전기설비
    사업용 전기설비와 일반용 전기설비 이외의 전기설비를 말하며 자가용 수용가는 빌딩, 공장등과 같이 사용 전력이 많은 경우에 해당하며, 전력 회사와의 사이에 책임 분계점을 설정하고, 책임 분계점 이후는 수용가 자신이 안전관리 담당자를 선임하여 안전에 대하여 책임을 지도록 되어 있다. 자가용 전기설비 시설 규정은 발전, 송전, 전기철도 및 배전사업을 목적으로 하지 않는 강 전류 전기설비를 시설하는 자에게 적용함을 목적으로 하고 있다. 그러나 전압 30 [V] 이하의 것이나 외부로부터 전력의 공급을 받지 않는 차량, 선박 등의 설비는 제외된다.

2. 자가용전기설비 범위
    전압 600볼트 이상 또는 용량 75kW 이상 전기설비

3. 안전 등을 위하여 일반용 전기설비로 보지 않고 자가용전기설비로 보는 대상
 1) 다음 각목의 위험시설에 설치하는 용량 20kW 이상의 전기설비
    ① 총포·도검·화약류 등 단속법에서 규정하는 화약류(장난감용 꽃불을 제외한다)를 제조하는 사업장
    ② 광산보안법에 의한 갑종탄광
    ③ 도시가스사업법에 의한 도시가스사업장, 액화석유가스의 안전 및 사업관리법에 의한 액화석유가스의 저장, 충전 및 판매사업장 또는 고압가스안전관리법에 의한 위험물의 제조, 저장장소
    ④ 소방법에 의한 위험물의 제조소 또는 취급소

2) 다음 각목의 다중이용시설에 설치하는 용량 20kW 이상의 전기설비
   ① 공연법에 의한 공연장
   ② 식품위생법에 의한 유흥주점·단란주점
   ③ 체육시설의 설치·이용에 관한 법률에 의한 체력 단련장
   ④ 유통산업 발전법에 의한 대규모점포·상점가
   ⑤ 의료법에 의한 의료기관
   ⑥ 관광진흥법에 의한 호텔 및 소방법에 의한 집회장

1.3 ESCO(Energy Service Company) 의 주요 역할과 계약제도의 종류를 설명하시오.

## 1. ESCO란
- 정부로부터 정책자금 및 기술을 제공받아 공장이나 아파트, 공동주택등 에너지 사용자에게 에너지 절약시설을 하고, 차후에 에너지를 줄인 양만큼 투자비를 회수해 가는 방식으로, 정부가 추진하는 에너지 절약형 시설 사업에 참여하는 회사를 말한다.
- 에너지 사용자는 별도의 투자비를 들이지 않고도 고효율의 에너지 절약 시설을 설치할 수 있다.
- 1992년 정부가 국가적 차원에서 에너지 절약을 촉진시키기 위해 정책자금을 도입하면서 등장했다.

## 2. ESCO의 주요 역할
기존 에너지사용 시설의 고효율 에너지사용 시설로의 개체 또는 보완을 위한 현장조사, 사업제안, 기본·상세설계, 설치·시공, 시운전, 유지관리 및 사후관리 등 전 과정에 대한 설치·시공·용역 제공

## 3. ESCO 계약제도
1) 성과 확정방식

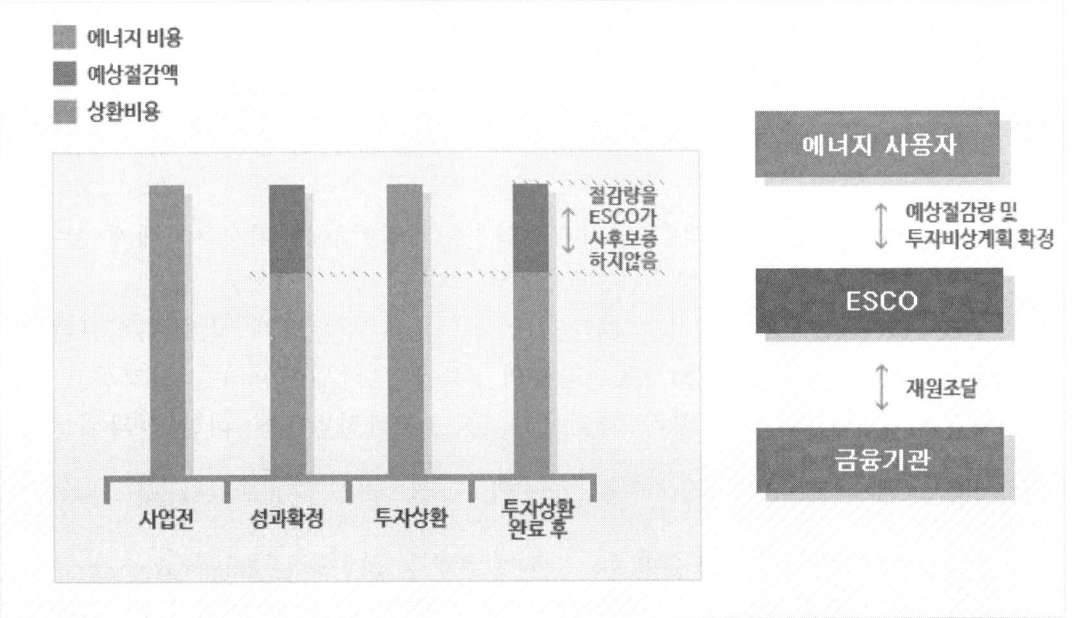

- 시설설치에 투자되는 자금은 ESCO기업이 조달(자체자금, 정책자금 등)하고,
- 시설투자에 의한 절감액은 약정에 의하여 배분하고, ESCO기업의 투자비 회수가 종료되면 에너지절감 비용은 에너지사용자의 이익으로 돌아감

- 에너지절약효과가 충분히 검증된 시설에 대해 예상 에너지절감량(액)을 바탕으로 투자비상환계획을 미리 확정하는 방식으로 설치 후 에너지절감량(액)을 ESCO가 보증하지 않음

2) 사용자 파이낸싱 성과보증방식

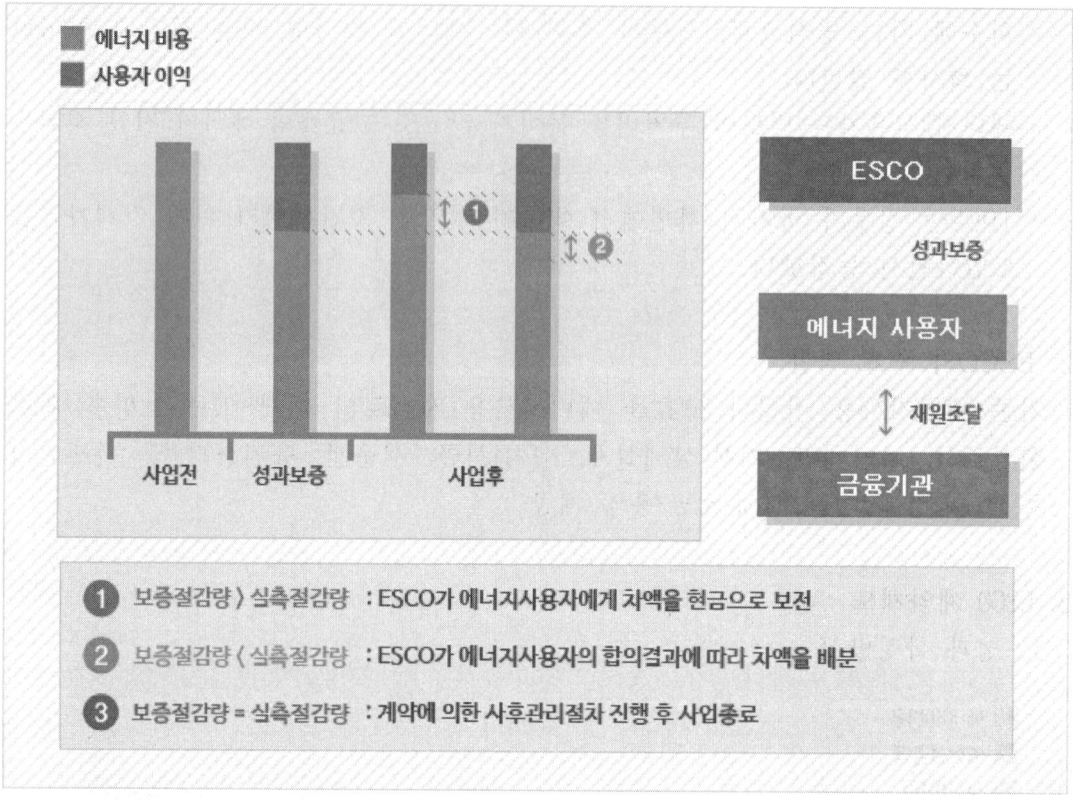

- 시설투자의 소요자금은 에너지사용자(고객)가 조달(자체자금, 정책자금 등)하고,
- 시설투자에 의한 절감액을 에너지절약전문기업이 에너지사용자에게 보증하고 투자시설에 대하여 사후관리를 실시(2001년 부터 시행)
- 사업계획 수립 시 에너지절약전문기업과 에너지사용자가 상호 합의하여 목표절감량 및 보증절감량(목표절감량의 80%를 초과해야 함)을 설정하고, 사업완료 후 측정결과에 따라 차액보전 또는 초과절감분에 대한 성과배분 등 계약 이행

3) 사업자 파이낸싱 성과보증방식
- 시설설치에 투자되는 자금은 ESCO기업이 조달(자체자금, 정책자금 등)하고,
- 시설투자에 의한 절감액은 약정에 의하여 배분하고, ESCO기업의 투자비 회수가 종료되면 에너지절감 비용은 에너지사용자의 이익으로 돌아감
- 시설투자에 의한 절감액을 ESCO기업이 에너지사용자에게 보증하고 투자시설

에 대하여 사후관리 실시(2011년부터 시행)
- 사업계획 수립 시 에너지절약전문기업과 에너지사용자가 상호 합의하여 목표절감량 및 보증절감량(목표절감량의 80%를 초과해야 함)을 설정하고, 사업완료 후 측정결과에 따라 차액보전 또는 초과절감분에 대한 성과배분 등 계약 이행

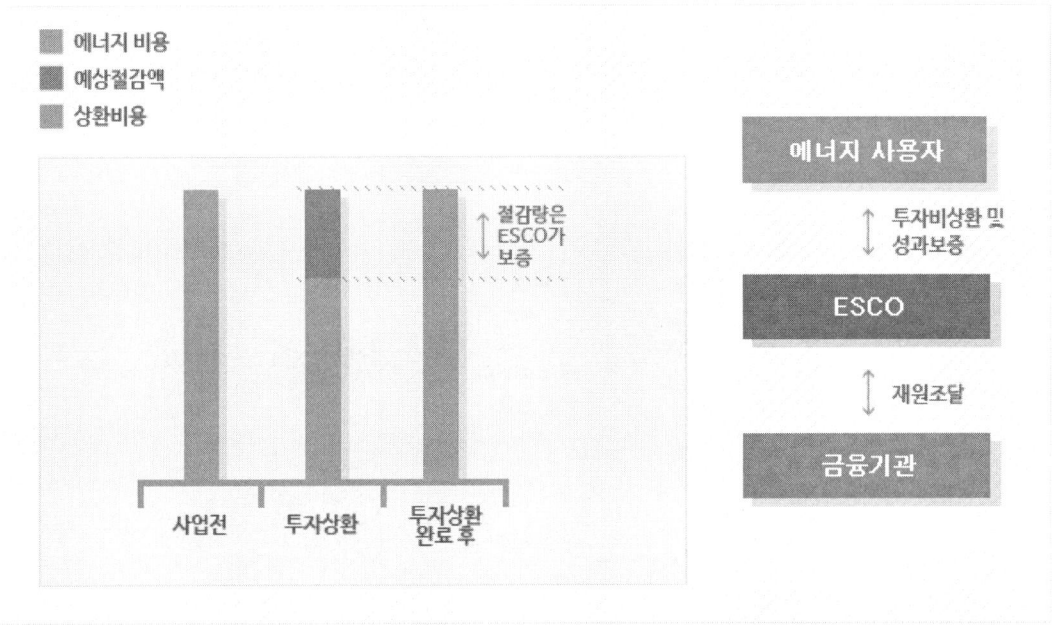

## 1.4 피뢰기 (Lightning Arrester) 가 가져야 할 특성을 설명하시오.

### 1. 피뢰기 기능

피뢰기는 낙뢰 또는 개폐써지등의 이상전압을 일정치 이하로 저감시켜 전기기기의 절연 파괴를 방지하는 한편 방전한후 상용주파전압(상시 계통전압)에 흐르는 속류를 신속히 차단하고 계통을 정상적인 상태로 유지시키는 기능을 가진 기기이다.

### 2. 피뢰기의 구조

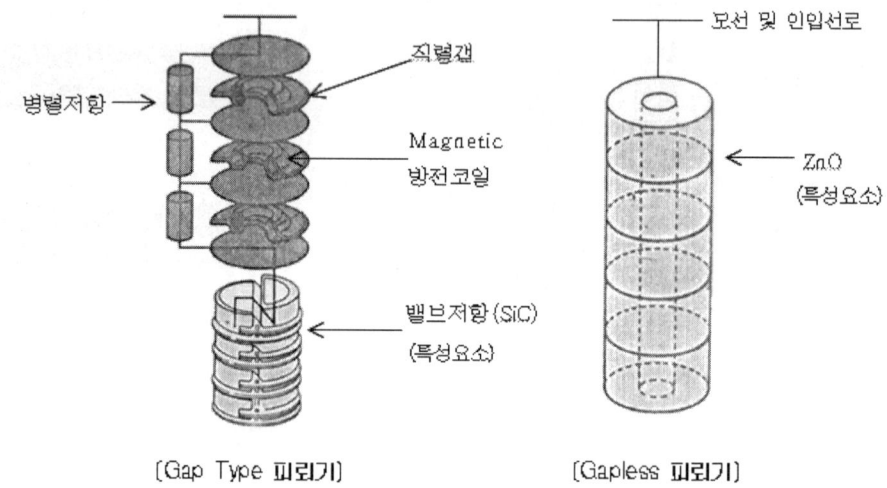

[Gap Type 피뢰기]    [Gapless 피뢰기]

### 3. 피뢰기 특성
  1) 비직선 저항 특성

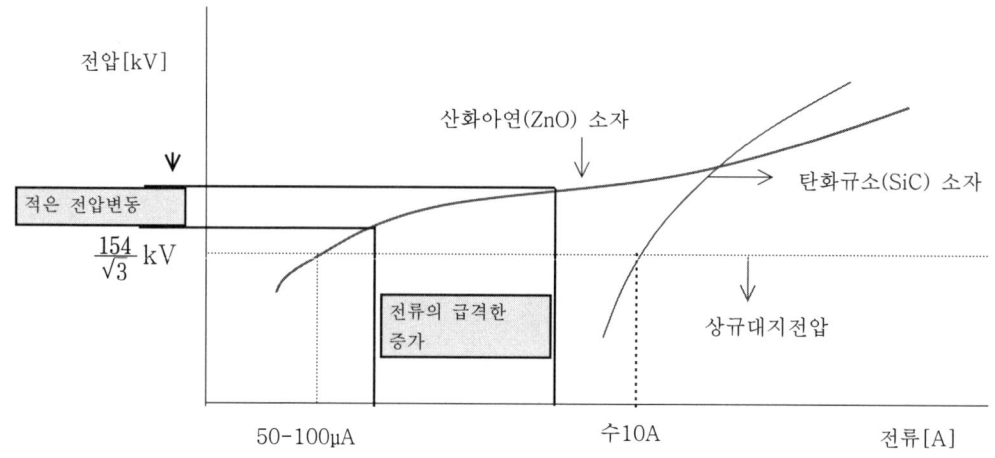

- 비직선저항이라는 의미는 오옴의 법칙에 따르지 않는 전압과 전류의 관계를 말한다.
- 저항성분이 일정하게 고정된 값이 아니어서 전압이 전류에 비례하지 않는

다는 의미다.
- 즉 반도체의 바리스터와 같은 의미로 해석하면 이해하기가 쉽다.
- 이 동작은 피뢰기의 전로와 접지측간의 저항이 평상시에는 절연저항에 가깝고 선로전압이 높아지면 전류가 흐르기 시작하지만 그 후는 극히 적은 전압의 상승에 대하여 전류는 몇 제곱의 크기로 증가함으로 저항값은 극히 작은 값으로 감소한다.

2) 방전특성

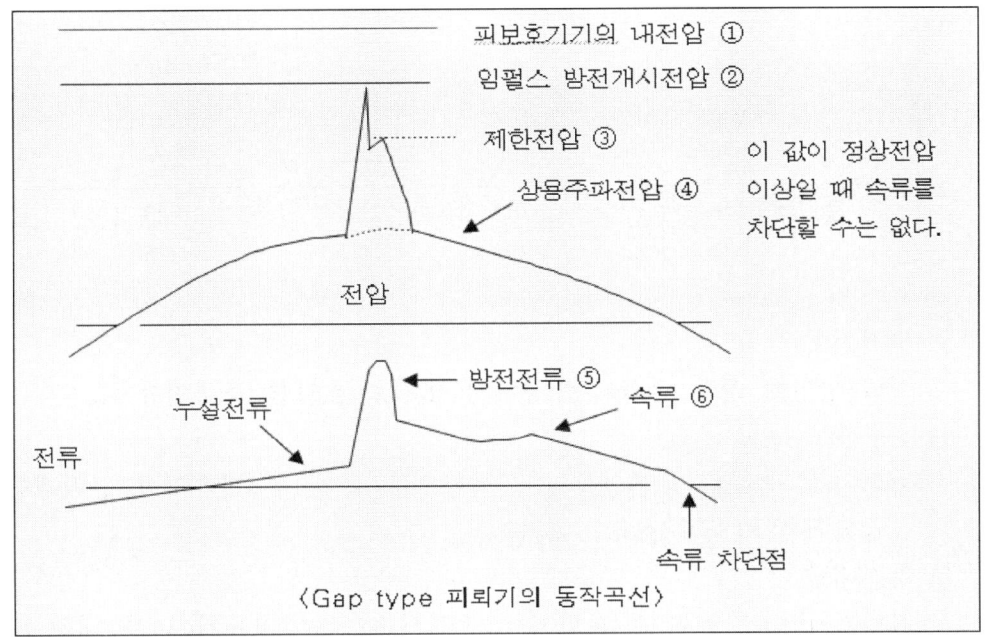

⟨Gap type 피뢰기의 동작곡선⟩

(1) 충격내전압(Impulse Withstand Voltage) - ①
규정조건하에서 행한 시험에서 한 기기가 견디어야 할 표준파형의 충격전압파고치를 말한다. 즉 BIL이라고도 하며 절연레벨의 기준이 된다.
이 시험은 표준충격전압파형(1.2 × 50 $\mu sec$)의 전압을 대지간에 양음 각 3회 인가해서 실시한다.

(2) 충격방전개시전압(Impulse Spark Over Voltage) - ②
피뢰기의 양 단자 사이에 충격전압이 인가되어 피뢰기가 방전하는 경우 그 초기에 방전 전류가 충분히 형성되어 단자간 전압강하가 시작하기 이전에 도달하는 단자전압의 최고전압

(3) 제한전압 - ③
충격전류가 방전으로 저하되어서 피뢰기의 단자 간에 남게되는 충격전압, 즉 뇌써지의 전류가 피뢰기를 통과할 때 피뢰기의 양단자간 전압강하로 이것은 피뢰기 동작중 계속해서 걸리고 있는 단자전압의 파고치로 표시한다.

(4) 상용주파내전압            - ④

규정조건하에서 행한 시험에서 한 기기가 견디어야 하는 상용주파전압의 실효치를 말한다. 이 시험은 실내기기에 대해서는 건조 상태에서 대지간에 1분간 인가하고, 실외기기에 대해서는 다시 같은 전압을 주수상태에서 10sec간 인가한다.

| 공칭전압 [kV] | 절연계급 [호] | 시 험 전 압 치 [kV] ||
|---|---|---|---|
| | | 뇌임펄스내전압 | 상용주파내전압(실효치) |
| 6.6 | 6A | 60 | 22 |
| | 6B | 45 | 16 |
| 22 | 20A | 150 | 50 |
| | 20B | 125 | 50 |
| 154 | 140 | 750 | 325 |
| | 140S | 900 | 325 |

(5) 방전전류            - ⑤

갭의 방전에 따라 피뢰기를 통해서 대지로 흐르는 충격전류

(6) 속류(Follow Current)            - ⑥

피뢰기의 속류란 방전현상이 실절적으로 끝난 후 계속하여 전력계통에서 공급되어 피뢰기에 흐르는 전류

(7) 방전내량

피뢰기가 방전했을 때 피뢰기를 통해서 흐르는 전류가 너무 대전류이면, 그것만으로도 피뢰기는 파괴되며, 파괴까지는 안 된다 해도 일정한도를 넘는 전류가 반복 흐르면 열화 손상을 초래하게 된다. 이 한도를 방전내량이라 하며 임펄스 대 전류 통전능력이라고도 한다.

(8) 정격전압(Rated Voltage)

피뢰기의 정격전압이란 그 전압을 선로단자와 접지단자에 인가한 상태에서 소정의 단위 동작책무를 소정의 회수로 반복수행할 수 있는 정격 주파수의 상용 주파전압 최고한도를 규정한 값(실효치)를 말한다.

(9) 상용주파 방전개시전압(Power-Frequency Spark Over Voltage)

피뢰기의 상용주파 방전개시전압이란 선로단자와 접지단자 간에 인가했을 때 파고치 부근에 있어서 직열갭에서 불꽃방전을 발생하는 등 실질적으로 피뢰기에 전류가 흐르기 시작한 최저의 상용주파전압을 말하며 실효치로 표시한다.(피뢰기 정격전압의 1.5배)

1.5 한국전력의 전력품질 3대 지표에 대해서 설명하시오.
   1) 전압          2) 주파수          3) 정전시간

1. 개요
   전력 품질은 국가별로 관리항목이 약간씩 다르지만 우리나라는 전기사업법에 의해서 아래 표와 같이 전압 유지율, 주파수 유지율, 년간 정전 시간 및 정전 횟수로 관리하도록 되어 있으며, 현재 우리나라의 전력 품질의 수준은 선진국 수준으로 볼 수 있다.

2. 우리나라 전력 품질
   1) 전압

   | 항 목 | 표 준 | 허 용 오 차 | 우리 나라 현황 |
   |---|---|---|---|
   | 전압 | 110V | ± 6 V | 비교적 양호 |
   |  | 220V | ± 13 V |  |
   |  | 380V | ± 38 V |  |

   2) 주파수

   | 항 목 | 표 준 | 허 용 오 차 | 우리 나라 현황 |
   |---|---|---|---|
   | 주파수 | 60 Hz | ± 0.2Hz | 0.1Hz 정도로 양호 |

   3) 정전시간

   | 항 목 | 우리 나라 현황 |
   |---|---|
   | 정전 시간 | 년간 호당 20분 미만으로 일본 다음 세계2위이다. |

   4) 고조파

   | 구 분 | 3고조파 | 5고조파 | 7고조파 | 종합고조파왜형율(THD) |
   |---|---|---|---|---|
   | 66kV 이상 | 1.5% | 1.8% | 1.5% |  |
   | 22.9kV 이하 | 3.1% | 3.8% | 3.1% | 배전선로:5% |

1.6 사물인터넷 (Internet of Things)을 설명하고 전력설비에서의 적용 현황을 설명하시오.


1. 사물 인터넷(IoT; the Internet of Things) 이란?
   - 사물인터넷은 각종 사물에 센서와 통신 기능을 내장하여 인터넷에 연결하는 기술.
     즉, 무선 통신을 통해 각종 사물을 연결하는 기술을 의미한다.
   - 인터넷으로 연결된 사물들이 데이터를 주고받아 스스로 분석하고 학습한 정보를 사용자에게 제공하거나 사용자가 이를 원격 조정할 수 있는 인공지능 기술이다.
   - 여기서 사물이란 가전제품, 모바일 장비, 웨어러블 디바이스 등이 된다.
   - 사물인터넷에 연결되는 사물들은 자신을 구별할 수 있는 유일한 IP를 가지고 인터넷으로 연결되어야 하며, 외부 환경으로부터의 데이터 취득을 위해 센서를 내장할 수 있다.
   - 모든 사물이 해킹의 대상이 될 수 있어 사물인터넷의 발달과 보안의 발달은 함께 갈 수밖에 없는 구조이다.

2. **사물인터넷 적용 분야**
   사물인터넷은 다양한 산업과의 융 복합을 통해 공공안전등을 중심으로 서비스 시장이 확대되고 있으며, 기본의 헬스 케어, 스마트 에너지 관련 분야뿐만 아니라 지능형 교통서비스, 사회 인프라, 원격관리서비스 등으로 확장 될 전망이다.
   1) 헬스 케어
      - 현재 사물인터넷을 가장 활발하게 이용하는 분야로 생체 데이터를 수집·분석해 실시간으로 전달한다.
      - USB, 블루투스, WiFi 등의 네트워크를 활용한 센서들로 실시간으로 정보를 전달하기도 하고 정보를 저장한 후 필요시 전달한다.
   2) 공공복지 및 건설 분야
      - 센서 노드와 스마트 기기와의 융합을 통해 국가 혹은 도시적 관점에서 관리되는 센서를 개인이 사용할 수 있다.
      - 지능형 주차 서비스, 지능형 건물 에너지 관리시스템 등이 있다.
   3) 자동차 분야
      스마트폰으로 원격 관리하는 텔레 매틱스가 대표적인 사물인터넷 서비스인데, GM의 'OnStar', 포드의 'Sync', 현대자동차의 '블루링크' 시스템 등이 있다.
4) 가전 분야
사물인터넷이 적용된 냉장고와 세탁기등이 있는데, 외부에서 스마트폰으로 보관 식품 상태나 세탁 상태 등을 원격으로 확인해 부족한 식품을 모바일 쇼핑으로 주문하거나 세탁 과정 등을 추가할 수 있다.
5) 교통 분야
차량 내 장착된 심 카드를 통해 차량의 운전 상태는 물론 사고의 발생 시점 및 위치를 보험회사로 전송하는 차내 기술이 앞으로 확대될 것이고, 자동택시 배차시스템, 택시 무선결제·고속도로 하이패스 등에 이미 적용되고 있다.
6) 빌딩 분야
스마트빌딩이 있는데 앞으로 빌딩의 전력, 수자원 소비, 입주 상태, 온도등 빌딩 상태를 모니터링 해주는 기술이 발전할 것이다.
7) 스마트 홈
외출 시 보안시스템이 작동돼 외부에서 화재나 범죄 여부에 대한 체크가 실시간 가능하고 냉난방을 조절할 수 있다.
8) 농업 분야
- 감지기를 부착해 토양의 온도, 수분과 일조량 등을 확인한 뒤 언제 어디에 어떤 작품을 파종할 지 결정해 수확량을 높이고 있다.
- 젖소에 미세한 반도체로 된 감지기를 부착해 사료 섭취량, 행동 패턴 등을 자동 전송해 소수인원이 우유를 생산할 수 있다.

## 3. 전력설비에서의 적용 현황
1) 스마트 그리드
고객 중심의 전력 계통내의 설비들간에 의하여 에너지 전송을 관리하는 전달 시스템으로 전력 계통 안정성, 수요 감시 및 평가를 통한 전력계통 최적화를 하는 시스템이다.

2) 배전 자동화 시스템(DAS : Distribution Automation System)
배전선로에 설치된 단말장치에서 취득한 배전설비의 현장정보(전류/전압 측정, 고장 유무 등)을 통신망을 통해 실시간으로 주 장치에 제공함으로써 현장 배전선로를 모니터링 하며, 고장 발생시 고장 구간을 신속히 파악하고 원격제어를 통해 정전구간 축소 및 정전시간을 크게 단축하는 종합 운영 시스템이다.

3) 원격 검침 시스템(AMI: Advanced Metering Infrastructure)
- 기존 전력 인프라에 정보통신기술을 추가해 양방향 통신을 기반으로 전력

사용 정보를 제공하는 원격 검침 시스템이다.
- 원격검침시스템은 수용가에 설치된 스마트 미터를 이용하여 고객이 사용한 전력량을 원격으로 자동 검침하고, 이에 따라 과금 및 보고 등과 같은 서비스를 제공한다.

4) 기타
- 전력구 감시 : 접근이 어려운 전력구 내부 원격 감시
- 전주 상태 감시 : 진동센서를 이용한 차량 충돌 등 전주 이상 알림
- 설치 피해 감시 : 자연 재해 및 인위적 손상의 실시간 파악
- 수목 관리 : 수목 성장에 따른 전력 계통 고장 발생 차단
- 유지 보수 및 정보 제공 : 기자재 수명 예측 및 고장별 맞춤 정보 제공등

1.7 승강기의 효율 향상에 사용되는 회생제동장치의 원리와 설치 제한 사항에 대하여 설명하시오.

1. 제동장치 비교

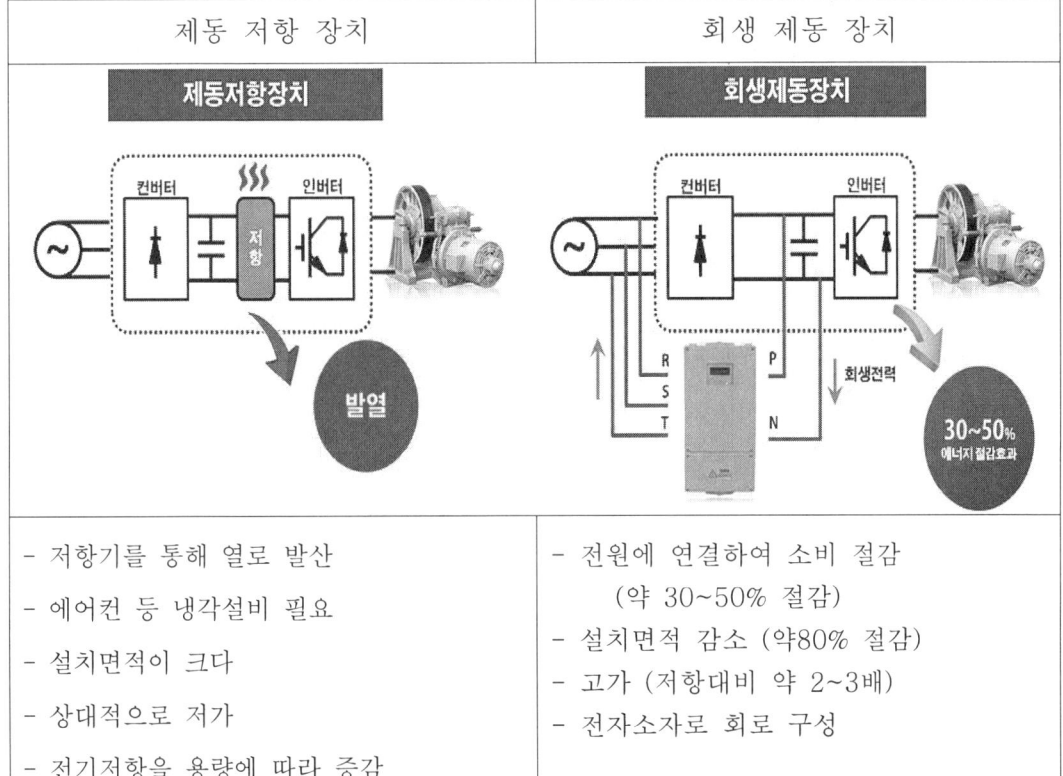

| 제동 저항 장치 | 회생 제동 장치 |
|---|---|
| - 저항기를 통해 열로 발산<br>- 에어컨 등 냉각설비 필요<br>- 설치면적이 크다<br>- 상대적으로 저가<br>- 전기저항을 용량에 따라 증감 | - 전원에 연결하여 소비 절감<br>  (약 30~50% 절감)<br>- 설치면적 감소 (약80% 절감)<br>- 고가 (저항대비 약 2~3배)<br>- 전자소자로 회로 구성 |

2. 회생제동장치의 원리

1) 승강기는 탑승카와 균형추로 구성되어 있고, 균형추는 승강기보다 더 무겁게 설계되어 있다.
2) 승강기가 탑승카나 균형추 자체의 무게로 오르고 내릴 경우 승강기 모터는 공회전을 하면서 전기를 생산해 내게 된다.
3) 전력을 소모하게 되는 경우
  - 탑승카에 승객이 타서 균형추보다 무거워진 상태에서 위로 올라갈 경우 탑승카는 모터의 힘으로 끌어 올려야 하기 때문에 승강기는 전기를 소모하게 된다.
  - 탑승카가 비어 있거나 사람이 탔더라도 균형추보다 가벼운 상태에서 아래로 내려가야 할 경우 탑승카는 모터의 힘으로 끌어내려야 하기 때문에 승강기는 전기를 소모하게 된다.

4) 전력을 생산하는 경우
- 탑승카에 사람이 타서 균형추보다 무거워진 상태에서 아래로 내려갈 경우 탑승카는 모터의 힘이 아닌 탑승카 자체의 무게로 내려가는 것이지 모터가 끌어내리는 것이 아니기 때문에 승강기는 전기를 소모하지 않는다. 오히려 모터가 공회전을 하면서 전기를 생산하게 된다.
- 탑승카에 사람이 타지 않거나 탔더라도 균형추보다 가벼운 상태에서 위로 올라갈 경우 탑승카는 모터의 힘으로 끌어올리는 것이 아니라 균형추가 내려가면서 탑승카를 끌어올리는 것이기 때문에 승강기는 전기를 소모하지 않는다. 오히려 모터가 공회전을 하면서 전기를 생산하게 된다.

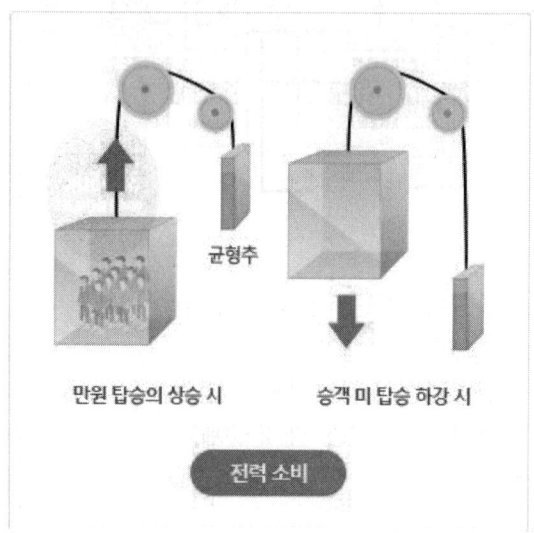 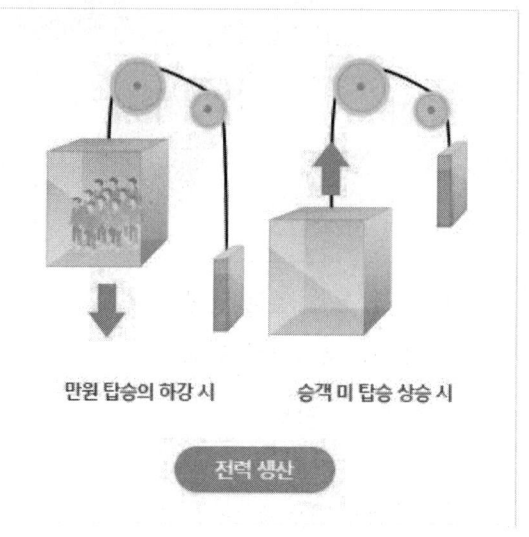

## 2. 설치 제한 사항
회생제동장치는 모터의 용량보다 최소한 같거나 큰 제품을 사용해야 한다.

1.8 초전도케이블에 사용되는 제1종 초전도체와 제2종 초전도체의 특성을 비교 설명하시오.

1. 개요

이 케이블은 어떤 물질이 일정온도 이하(약4K)에서 전기저항이 "0"으로 된다는 초전도 현상을 이용하여 무 손실 대용량 송전을 지향하고 있다.

액체 헬륨이라든가 액체 질소로 온도를 영하 150도 이상의 극저온 상태로 낮추고 도체에 니옵, 니옵티탄 등의 초전도 재료를 사용한다.

2. 초전도 케이블 종류

 1) 온도에 따른 분류

초전도 케이블은 아래와 같이 저온 초전도체와 고온 초전도체로 구분 할 수 있으며, 여러 가지 잇점이 많은 고온 초전도체의 개발이 활발히 이루어지고 있다.

| 항 목 | 저온 초전도체(LTS) | 고온 초전도체(HTS) |
|---|---|---|
| 1. 초전도 냉각온도 | 4.2 K | 77 K |
| 2. 냉각 재료 | 액체 He | 액체 질소 |
| 3. 초전도 도체 | 니옵,니옵티탄 | 이트륨,바륨,구리,산소 화합물 |
| 3. 가격 | 고가 | 저가 |
| 4. 구 조 66kV 9000A 1회선 | 360[mm] (액체 He, 단열재, 질소실드, 초전도선) | 130[mm] (액체 질소, 단열재, 질소실드, 초전도선) |

2) 자기적 성질에 따른 분류
   - 초전도체는 그 자기적 성질에 따라 제1종 초전도체와 제2종 초전도체의 두 종류로 나누어진다.
   - 제1종 초전도체는 임계온도 이하에서 자계를 가한 경우 임계자계 이하에서는 완전 반자성(마이스너 효과)를 나타내고 있으며 도체내부의 자장은 0이다.
   - 그러나 외부자계가 어느 한계 값(임계자계 Hc)에 도달하면 초전도 상태는 무너져 상전도 상태로 상전이(相轉移) 하여 자력선은 일거에 도체 내부에 침입한다.
   - 제2종 초전도체는 두 임계자계 Hc1, Hc2로 특징지을 수 있다.
   - 외부자계가 Hc1 이하에서는 제1종 초전도체와 마찬가지로 완전 반자성(마이스너 효과)를 나타내지만 Hc1을 넘으면 자속이 내부로 침입하여 자화(磁化)가 감소한다.
   - 외부자계가 Hc2 이상에서는 상전도 상태로 상전이 한다.
   - Hc1과 Hc2 사이에서는 초전도 상태와 상전도 상태가 혼재하므로 혼합상태라 불리워진다.
   - Hc1을 하부 임계자계, Hc2을 상부 임계자계라고 한다.

| 항 목 | 제1종 초전도체 | 제2종 초전도체 |
|---|---|---|
| 특성 곡선 | (도체내부 자기장 vs 외부자계, $H_c$에서 전이) | (도체내부 자기장 vs 외부자계, $H_{c1}$, $H_{c2}$) |
| 임계자계(Hc) | - 항상 작다<br>- $H_{c1}$ 이하에서 완전 반자성 | - 하부, 상부 임계자계를 갖는다.<br>- $H_{c1}$ 이하 : 완전 반자성<br>- $H_{c1}$과 $H_{c2}$ 사이 " 혼합상태<br>- $H_{C2}$ 이상 : 상전도 상태 |
| 재료 특성 | - 재질이 연하기 때문에 연 초전도체라고 한다 | - 일반적으로 경질이기 때문에 경 초전도체라 한다. |
| 용도 | - 초전도 케이블,<br>- 고주파 통신용 케이블 | - 초전도 자석<br>- 초전도 송전 |

1.9 최근 제정 공고된 한국전기설비규정 (KEC)의 주요 사항을 설명하시오.

## 1. 제정 이유

전기산업계에서 국제표준과 다르게 운영되던 불명확, 불필요한 규제사항을 해소하고, 전기설비의 환경변화에 대한 안전성, 신뢰성 및 편의성을 확보하여 해외 전력시장 진출의 장애요인을 제거하는 등 전기설비기술의 선진화를 통하여 국내 전력산업 기술발전과 국제표준에 부합한 사용자 중심의 전기안전규정을 제정하게 됨.

## 2. 주요 내용

1) 교류 1000V 이하, 직류 1500V 이하로 저압전기설비 범위 규정
2) 시설안전 및 유지관리를 위한 전선 색상 식별 규정
3) 기존 종별 접지시설 규정을 폐지하고 국제표준에 부합한 접지시설로 규정
4) 과전류에 대한 보호 방법 및 케이블 트렁킹 시스템 등 배선공사 방법을 국제기준으로 규정
5) 기존 발전설비의 용접 분야를 보일러 및 부속설비 등 각 시설별로 통합하여 규정

## 3. 시행일

본 공고는 2021년 1월 1일부터 시행한다.

## 4. 세부사항

1) 전압의 구분(111조)
   가. 저압: 교류는 1 kV 이하, 직류는 1.5 kV 이하인 것.
   나. 고압: 교류는 1 kV를, 직류는 1.5 kV를 초과하고, 7 kV 이하인 것.
   다. 특고압: 7 kV를 초과하는 것.
2) 전선의 색상(121조)

| 상(문자) | 색상 |
|---|---|
| L1 | 갈색 |
| L2 | 흑색 |
| L3 | 회색 |
| N | 청색 |
| 보호도체 | 녹색-노란색 |

3) 접지시스템(141조)
   - 접지시스템은 계통접지, 보호접지, 피뢰시스템 접지 등으로 구분한다.
   - 접지시스템의 시설 종류에는 단독접지, 공통접지, 통합접지가 있다.
   - 기존의 1종,2종,3종 및 특3종 구분을 폐지하고 KS C IEC 60364내용으로 개정함
4) 피뢰 시스템(150조)
5) 감전에 대한 보호(211)
6) 과전류에 대한 보호 (212조)
7) 과도과전압에 대한 보호
8) 열 영향에 대한 보호
9) 고압·특고압 전기설비(3장)
10) 배선설비 공사의 종류(232조)

   사용하는 전선 또는 케이블의 종류에 따른 배선설비의 설치방법(부스바 트렁킹 시스템 및 파워트랙 시스템은 제외)은 표 232.2-1에 따르며, 232.17의 외부적인 영향을 고려하여야 한다.

   <표 232.2-1 전선 및 케이블의 구분에 따른 배선설비의 설치방법>

| 전선 및 케이블 | | 설치방법 | | | | | | | |
|---|---|---|---|---|---|---|---|---|---|
| | | 비고정 | 직접고정 | 전선관 | 케이블트렁킹 (몰드형, 바닥매입형 포함) | 케이블덕트 | 케이블트레이 (래더, 브래킷 등 포함) | 애자사용 | 지지선 |
| 나전선 | | - | - | - | - | - | - | + | - |
| 절연전선[b] | | - | - | + | +[a] | + | - | + | - |
| 케이블(외장 및 무기질절연물을 포함) | 다심 | + | + | + | + | + | + | △ | + |
| | 단심 | △ | + | + | + | + | + | △ | + |
| + : 사용할 수 있다.<br>- : 사용할 수 없다.<br>△: 적용할 수 없거나 실용상 일반적으로 사용할 수 없다. | | | | | | | | | |

[a] 케이블트렁킹이 IP4X 또는 IPXXD급의 이상의 보호조건을 제공하고, 도구 등을 사용하여 강제적으로 덮개를 제거할 수 있는 경우에 한하여 절연전선을 사용할 수 있다.
[b] 보호 도체 또는 보호 본딩도체로 사용되는 절연전선은 적절하다면 어떠한 절연 방법이든 사용할 수 있고 전선관시스템, 트렁킹시스템 또는 덕트시스템에 배치하지 않아도 된다.

11) 배선설비의 선정과 설치에 고려해야할 외부영향 (232.17조)
   232.17.1 주위온도
   232.17.2 외부 열원
   232.17.3 물의 존재(AD) 또는 높은 습도(AB)
   232.17.4 침입고형물의 존재(AE)
   232.17.5 부식 또는 오염 물질의 존재(AF)
   232.17.6 충격(AG)
   232.17.7 진동(AH)
   232.17.8 그 밖의 기계적 응력(AJ)
   232.17.9 식물, 곰팡이와 동물의 존재(AK)
   232.17.10 동물의 존재(AL)
   232.17.11 태양 방사(AN) 및 자외선 방사
   232.17.12 지진의 영향(AP)
   232.17.13 바람(AR)
   232.17.14 가공 또는 보관된 자재의 특성(BE)
   232.17.15 건축물의 설계(CB)

1.10 루미네센스 (Luminescence) 개념과 종류를 설명하시오.

## 1. 루미네센스 개념
온도방사는 열을 이용하여 빛을 내지만 형광이나 인광처럼 열을 동반 하지 않는 발광 현상을 Luminescence라 하는데 이는 열이 아닌 다른 종류의 자극에 의해 빛을 발생시키는 것이다.
1) 인광 : 자극이 제거된 후에도 일정 시간동안 발광
2) 형광 : 자극이 지속되는 시간 동안만 발광

## 2. 루미네션스 종류
  <전. 방에 / 열. 음이 오면 / 화. 초가 생하고 / 전. 마가 결한다.>
1) 전기 루미네션스
   - 기체 또는 금속 증기내에서의 방전에 따른 발광현상
   - 대전 입자 상호간 또는 분자들의 충돌에 의한 발광
   - 네온관(Glow 방전), 수은등(Arc 방전)

2) 방사 루미네션스
   - 어떤 종류의 화합물이 자외선 또는 X선등의 방사를 받아서 그 파장보다 긴 파장으로 발광을 하는 현상(스토크스 법칙)
   - 형광등, 야간 도료

3) 열 루미네션스
   - 금강석이나 대리석등을 가열하면 같은 온도의 흑체에서보다 강한 발광을 함.
   - 산화아연(강한 청색 발산), 가스맨틀

4) 음극선 루미네션스
   - 음극선이 물체를 충격할 때 생기는 발광
   - 음극선 오실로스코프, 브라운관

5) 화학 루미네션스
   - 어떤 물질이 산화 또는 화학반응하여 발광을 일으키는 현상
   - 연소할 때 방광하는 것과는 다름

6) 초(Pyro) 루미네션스
   - 알칼리금속, 알칼리토 금속 등의 휘발성 원소를 가스 불꽃에 넣을 때 금속 증기가 발광하는 현상
   - 스펙트럼 분석, 발염 아크

7) 생물(Bio) 루미네선스
   반딧불, 개똥벌레, 발광 어류, 야광충 등의 발광

8) 전계 루미네선스
   - 전계에 의해서 고체가 발광하는 것으로
   - 발광 다이오드나 EL 램프 등

9) 마찰 루미네선스
   - 각설탕, 석영 등의 결정을 어두운 곳에서 마찰시키면 청색의 발광을 볼 수 있는데 이와 같이 기계적으로 마찰할 때 발광하는 현상

10) 결정(Crystal) 루미네선스
    - $Na_2F_2$ (불화 나트륨), $Na_2SO_2$ (황산 나트륨)등이 용액에서 결정할 때 발광하는 현상

1.11 변압기용 보호계전기 정정시 사용하는 통과 고장 보호 곡선 (Through Fault Protection Curve)을 설명하시오.


### 1. 보호 계전기의 정정시 고려할 사항
 1) 오동작 하지 않는 범위내에서 가장 예민한 검출 감도를 가질 것.
 2) 가장 빠른 속도로 동작할 것
 3) 계통 전체로서 보호 협조가 되어야 한다.
  - 주보호와 후비 보호간의 보호 협조
  - 검출 감도 면에서의 보호 협조
  - 전기 설비의 강도에 대한 보호 협조
  - 차단 범위 국한을 위한 보호 협조(선택성)
  - 보호 구간별 보호 협조

### 2. 수전용 변압기 보호계전기 정정치
 1) OCR 한시 TAP
  (1) 변압기 1차 OCR
   - 정격전류의 150%에 Setting(부하에 따라 100% - 250%)
   - Lever : 0.6Sec 이내에 동작하도록 선정
  (2) 변압기 2차 OCR
   - 정격전류의 130%에 Setting(부하에 따라 100% - 250%)
   - 1차 계전기보다 0.3~0.4Sec이상 먼저 동작하도록 선정

 2) OCR 순시 TAP
   - TR 2차 단락전류를 1차로 환산한 값의 1.5배에 선정
   - Lever : 0.15~0.25 Sec에 동작하도록 선정

 3) OCGR
  (1) 한시 TAP
   - 최대부하전류의 30%이하로 상시 부하 불평형율의 1.5배 정도에 정정
   - 수전보호구간 최대 1선 지락전류에서 0.2Sec이하
  (2) 순시 TAP
   - FEEDER는 최소, MAIN은 FEEDER와 협조가 가능하도록 정정

 4) UVR
   - 정정치 70% 전압에서 2.0Sec 정도로 조정

3. 변압기용 보호계전기 통과 고장 보호 곡선
   - 시간 전류 그래프에서 변압기의 특성곡선보다 안쪽으로 계전기 특성곡선이 그려져야 한다.
   - 통과 고장 보호 곡선 예

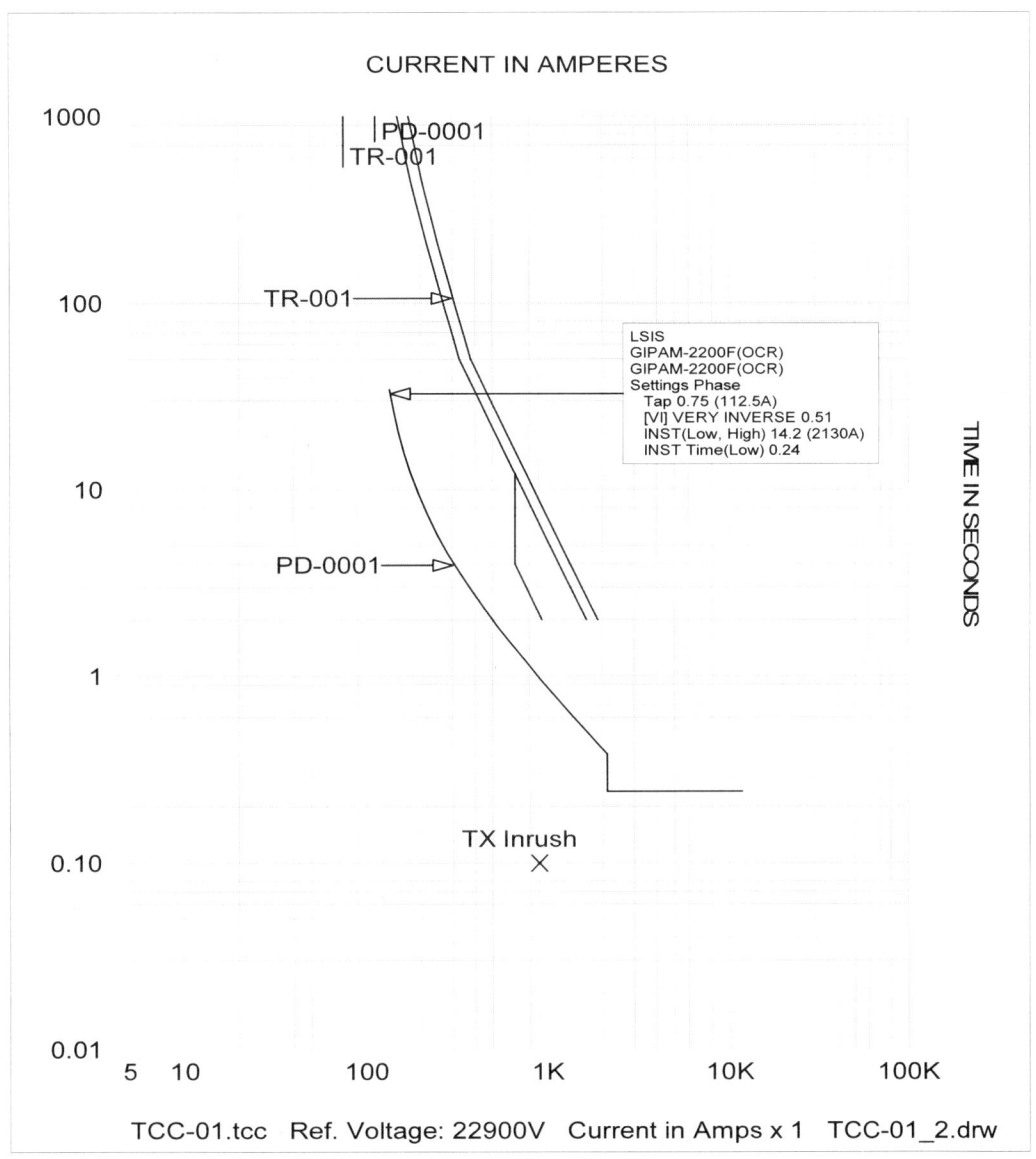

〈수전용 변압기 전류-시간 특성 곡선〉

1.12 분산형 전원을 한국전력공사 계통에 연계 할 때, 고려하여야 할 사항을 설명하시오.

1. 개요
   태양광 발전을 비롯한 신 재생 에너지 및 분산형 전원이 전력회사측과 계통을 연계하여 병렬운전하기 위하여는 다음과 같은 점을 검토하여야 함.
   - 계통 검토 (배전선로, 단락 용량, 보호 협조)
   - 전원 상태 확인 (전압, 주파수, 역율)
   - 전력 품질 확인 (고조파, 고주파, 상 불평형)

2. 계통 연계시 고려할 사항
   1) 계통 검토
      (1) 배전선로
         - 분산형 전원을 전력회사의 배전선로 중간에 연계시 배전선로의 용량이 부족할 수 있어 여기에 대한 검토가 필요함.
      (2) 단락 용량
         - 계통 연계시 사고가 발생하면 발전기의 단락전류 증대로 단락용량이 증가함.
         - 이로 인한 기존 차단기 용량등 계통 전체의 구성을 검토해야 함.
         - 대책 : 한류 리액터 설치, 발전기 리액턴스등 검토
      (3) 보호 협조
         - 계통 사고시 분산형 전원이 입을 수 있는 사고는 단락, 지락, 낙뢰등이 있음.
         - 대책 : 계통 사고(단락, 지락, 낙뢰등)로 인한 전력 계통의 사고 파급을 사전 예측 계산에 의한 보호 시스템 구성

   2) 전원 상태 확인
      (1) 전압 변동
         - 태양광 발전은 출력이 기후, 구름 속도등에 따라서도 변함.
         - 배전 선로에 분산형 전원을 연계시 연계 지점의 전압상승이 발생함.
         - 대책
            * 전압 변동율이 상용 전압의 규정치 이내에 들도록 설계
            * 배전선로 1 Feeder에 연계하지 말고 분산하여 접속
      (2) 주파수
         - 분산형 전원의 주파수가 상용 전원의 주파수와 일치하도록 해야 함
         - 대책 : 주파수 계전기 설치

(3) 역율
- 역율은 진상 및 지상이 발생할 수 있음.
- 대책
지상시 : 동기 조상기 진상 운전, 전력용 콘덴서 투입
진상시 : 동기 조상기 지상 운전, 전력용 콘덴서 분리

3) 전력 품질
(1) 고조파
- 주로 인버터 사용으로 발생함
- 대책 : Filter 설치
　　　　PWM방식의 인버터 사용(고조파 5% 미만 발생)
(2) 고주파
- 주로 인버터의 Switching에 의해 발생함.
- 대책 : Active Filter 설치
(3) 상 불평형
- 연계 운전시 상 불평형이 되면 중성선의 전압이 상승하고 불평형 전류가 흐르게 된다.
- 대책 : 연가, 편단 접지, 크로스 본딩등

## 3. 한전 분산형 전원 배전 계통 연계 기술기준
1) 특고압 계통 (연계용량 : 100kW이상 10,000kW 이하)

분산형전원의 연계로 인한 순시전압변동률은 발전원의 계통 투입·탈락 및 출력 변동 빈도에 따라 다음 <표>에서 정하는 허용 기준을 초과하지 않아야 한다. 단, 해당 분산형전원의 변동 빈도를 정의하기 어렵다고 판단되는 경우에는 순시전압변동률 3%를 적용한다.

<표> 순시전압변동률 허용기준

| 발전원의 계통 투입·탈락 및 출력 변동 빈도 | 순시전압변동률 |
|---|---|
| 1시간에 2회 초과 10회 이하 | 3% |
| 1일 4회 초과 1시간에 2회 이하 | 4% |
| 1일에 4회 이하 | 5% |

2) 저압계통 (연계용량 : 100kW미만)

계통 병입시 돌입전류를 필요로 하는 발전원에 대해서 계통 병입에 의한 순시전압변동률이 6%를 초과하지 않아야 한다.

1.13 다음 회로에서 단자(a, b) 왼쪽의 테브난(Thevenin) 등가회로를 그리고, 부하전류를 구하시오. (단, 부하저항 $R_L = 80\Omega$)

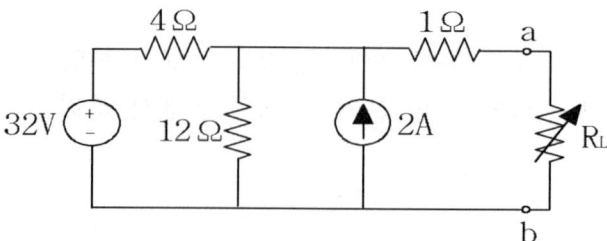

1. 테브난 등가회로 작성

   1) 위 회로의 32[V] 전압원을 전류원으로 변환하면 $\dfrac{32}{4} = 8(A)$ 이므로 다음 그림으로 변환할 수 있다.

   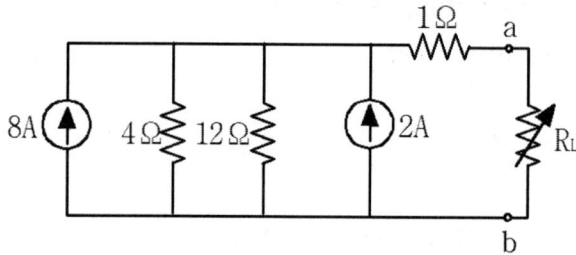

   2) 위 그림의 회로의 전류원과 저항을 합성하고 다시 전압원으로 변환하면 다음 그림의 회로로 나타낼 수 있다.

   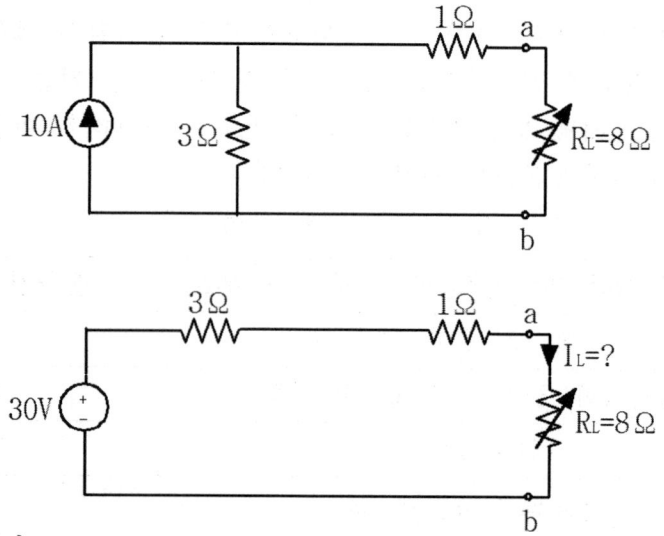

2. 부하전류 계산

   $I_L = \dfrac{30}{3+1+8} = 2.5(A)$

2.1 3상 유도전동기 공급 선로에서 CT(100/5A) 의 2차측 50/51 계전기가 연결되어 있다. 50/51 계전기의 정정치와 시간탭 설정 방법을 그림으로 설명하시오.

단, 3상 유도전동기의 정격은 500kW, 6.6kV이고 역률과 효율은 각각 92%와 93% 이다. 구속전류는 정격전류의 6배이고, 가속시간 5초, safe stall time은 9초이다.

## 1. 개요
- 전동기 권선의 과전류특성은 열적한계곡선(Thermal Limit Curve) 또는 구속안전시간(Safe stall time)라고도 한다.
- 전동기는 기동할 때마다 권선의 온도가 올라가며 이는 기동간격과 기동회수에 따라 달라진다.
- 그러므로 제작자는 기동전류와 관련하여 Cold start 또는 Hot start로 회전자의 열적 시간 한계(Thermal Limit Curve)를 정한다.
- 전동기의 구속회전자전류에 대한 허용시간은 Thermal Limit Curve에 표시되며, 전동기 보호에 있어 가장 중요한 기준이 되는 곡선이다.

## 2. 전동기 과전류 보호
1) 한시요소(51)
   - 전동기 전부하전류의 115~125%에 정정한다.
   - 한시정정은 일반적으로 전동기 기동시간의 120%에 동작하도록 정정한다.
2) 순시요소(50)
   - 과전류계전기의 순시요소는 다음과 같은 비대칭전류가 발생하는 경우에 Trip되지 않도록 충분히 높게 정정하여야 하며, 3상 단락 전류에는 동작하도록 하여야 한다. 일반적으로 전동기 기동 전류의 2배에 정정한다.
     - 전동기의 기동시 기동 돌입전류 (기동전류의 1.3~1.6배)
     - 외부회로 고장시 전동기의 기여전류(Motor Contribution)

## 3. 계전기 정정 계산
1) 유도 전동기 기동전류

정격전류 $I_n = \dfrac{P}{\sqrt{3}\ V \cdot \cos\theta \cdot \eta} = \dfrac{500}{\sqrt{3} \times 6.6 \times 0.92 \cdot 0.93} = 51.12(A)$

기동전류 $I_{st} = 51.12 \times 6 = 306.7(A)$

2) 한시 탭(51)

정격 전류의 120%에 정정.

$i = In \times CT비 \times 여유율 = 51.12 \times \dfrac{5}{100} \times 1.2 = 3.07(A)$

따라서 탭은 4(A)를 적용한다.

3) 한시 시간 탭

한시 시간 탭은 가속시간과 safe stall time의 중간으로 한다.

$t_{st} = \dfrac{5+9}{2} = 7\,(Sec)$

4) 순시 탭(50)

$i_{inst} = 기동전류 \times CT비 \times 여유율 = 306.7 \times \dfrac{5}{100} \times 2 = 30.6(A)$

따라서 순시 탭은 40(A)에 정정한다.

## 3. 열적한계곡선(Thermal Limit Curve)

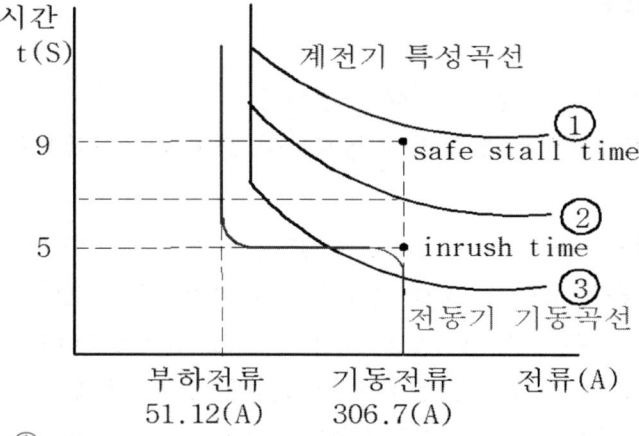

1) 그래프 ①

그래프가 Safe stall time을 벗어나 전동기를 보호하지 못하고 전동기의 소손 가능성이 높다.

2) 그래프 ②

그래프가 Safe stall time과 Inrush time(기동시간) 중간에 위치하여 보호가 가능하다.

3) 그래프 ③

그래프가 Inrush time(기동시간) 아래 위치하여 전동기 기동 실패 원인이 된다.

2.2 축전기 에너지저장장치 (ESS : Energy Storage System)를 전기 계통에 도입하고자 할 때, ESS를 가장 효율적으로 활용하기 위한 3가지 용도를 설명하고 각각의 경제성을 B/C(Benefit/Cost) 측면에서 비교하여 설명하시오.

1. 개요
   - 지금까지의 전력수급 대책은 발전소를 건설하고 송전선로를 확충하는 공급 중심의 정책이었지만 이제는 더 이상 발전설비를 지을 곳이 없어 수요의 증가를 공급이 따라가지 못하고 있다.
   - 최근 몇 년간 발생한 전력위기는 여러 원인이 있겠으나 기본적으로 전력을 저장할 수 없기 때문에 발생한 문제이다.
   - 예를 들어 전력이 남을 때 저장을 했다가 전력이 부족할 때 저장된 전력을 공급할 수 있다면 지금과 같은 전력 위기는 겪지 않아도 될 것이다.
   - 지금까지는 에너지 저장 기술부족으로 인해 어려움이 있었으나 최근에 대용량 ESS(Energy Storage System: 에너지저장장치)가 개발되면서 이제는 기술적으로도 전력의 저장이 가능한 시기가 되었다.

2. ESS를 가장 효율적으로 활용하기 위한 용도
   1) 양수발전 대체
      - ESS의 첫 번째 활용방안은 양수발전을 대체하여 수요반응(Demand Response) 자원과 예비력을 제공하는 것이다.
      - 양수발전은 다양한 ESS 기술이 발전되기 전까지 대표적인 대규모 에너지 저장장치로서 주로 첨두부하를 담당하는데 사용되었다.
      - 그러나 양수 발전 건설을 위한 적합한 부지를 찾는데 제한이 있고 비싼 건설비용에 비해 가동률이 낮다는 단점이 있다.
      - 일반적으로 양수발전은 심야시간에 에너지를 저장하였다가 피크부하일 때 저장된 에너지를 계통에 공급하기 때문에 하루에 한번 정도 충·방전을 한다고 볼 수 있다.
      - 하지만 ESS는 충·방전 속도가 빠르기 때문에 가격에 따라 실시간으로 충·방전이 가능하다.

   2) 주파수조정 보조서비스로 활용
      - ESS를 주파수조정 보조서비스로 활용하는 방안이다. 현재 주파수조정은 석탄화력 발전기들이 주로 담당하고 있는데 이런 발전기들은 급격한 전력 수요 변동에 따른 주파수 변화를 조정하기 위하여 정격출력에서 5% 감발운전을 하고 있으며 주파수 조정으로 인해 추가 연료비용이 발생하고 있다.

- 만일 ESS가 이런 발전기들을 대신하여 주파수 조정에 활용된다면 주파수를 조정하기 위해 들어가는 연료비용 약 5,500억 원을 매년 절약할 수 있다. 뿐만 아니라 석탄화력 발전기들이 감발 운전을 할 필요가 없기 때문에 정격출력 운전이 가능해져 원자력 1기의 발전량에 해당하는 약 150만kW의 추가 발전량을 확보할 수 있다.

### 3) 비상용 발전기 대체
- ESS로 비상용 발전기를 대체하는 방안이다.
- 현재 우리나라의 비상용 발전기는 전국적으로 약 2,000만kW가 있으며 이는 원전 약 20기에 해당하는 용량이기 때문에 비상 시 충분히 전력공급이 가능할 것으로 보였다.
- 하지만 2011년 9.15 순환정전 사태가 발생했을 때 이 비상용 발전기 중 60%가 제대로 동작하지 못하였다.
- 이는 현재 비상용 발전기들이 유명무실하다는 것을 보여주고 있다. 뿐만 아니라 비상용 발전기가 디젤발전기 위주로 되어 있기 때문에 유지, 보수 및 운전제어가 어려운 단점이 있다.
- 현재 비상용 발전기들은 정전이 발생한 후에 동작하기 때문에 정전 예방에 전혀 도움을 주지 못한다.
- 하지만 ESS는 필요할 때 즉시 전력을 공급할 수 있고 디젤발전기와 비교하였을 경우 유지, 보수 및 운전, 제어가 쉽다는 장점이 있다.
- 아직은 ESS의 가격경쟁력이 비상용발전기에 비해 떨어지지만 ESS의 기술발달로 인해 지속적으로 ESS의 가격이 떨어질 경우 조만간 충분히 ESS가 현재의 비상용 발전기 대체와 함께 전력위기를 극복하는데 큰 역할을 할 수 있을 것으로 예상된다.

### 4) 신·재생에너지의 불규칙한 발전출력을 보정
- ESS를 신·재생에너지원의 불규칙한 발전출력을 보정하는데 활용하는 방안이다.
- 풍력이나 태양광과 같은 신·재생에너지원은 기존 발전기들과 달리 출력이 불규칙한 특징이 있는데 신·재생 에너지원이 전체 계통에 비해 적은 용량일 때에는 이런 출력의 불규칙성이 큰 문제가 되지 않지만 신·재생 에너지원의 비중이 늘어난다면 전력계통의 안정적인 운전이 어려워질 수 있다.
- 특히 제6차 전력수급 기본계획에 따르면 우리나라는 2027년까지 총 발전량의 12.5%를 신·재생에너지원을 사용하는 것을 목표로 하고 있다. 따라서 신·재생 에너지원의 불규칙한 출력변화를 ESS의 충·방전을

통하여 보정하도록 해야 한다.
- ESS와 신·재생에너지의 협조 운영 시설이 증가한다면 더 많은 신재생 에너지원 보급이 가능할 것이다.

5) 전력품질 향상을 위한 무효전력 공급등

## 3. ESS 경제성을 B/C(Benefit Cost) 측면에서 비교

1) ESS를 다양하게 활용할 수 있지만 아직은 경제성의 미확보로 보급이 더딘 실정인데 ESS의 보급을 활성화 시키려면 다음과 같은 노력이 필요하다.
2) 먼저 전기사업법과 신에너지 및 재생에너지 개발·이용·보급 촉진법 등을 개정하여 ESS를 발전기로 인정하고, 아울러 전력시장운영규칙 등을 개정하여 ESS사업자가 전력거래사업자로서 시장에 참여할 수 있도록 하여야 한다.
3) 이와 함께 ESS를 RPS에 포함시켜서 초기시장이 활성화되도록 하면서 신·재생 에너지의 보급에 기여하도록 해야 한다.
4) 전력공급에 소요되는 사회적 비용이 점점 급증하고 있어 공급확대 정책만으로는 빠르게 증가하는 수요를 충족시키기에 한계가 있다.
5) 이에 따라 정부의 'ICT기반 에너지 수요관리 정책'은 전력위기를 근본적으로 해결해야만 하는 절실한 상황을 반영한 것으로 보인다.
6) ESS는 이런 정부의 목적을 이루기 위한 좋은 해결책이 될 수 있을 것이며, 수요관리뿐만 아니라 주파수 조정, 비상용 발전기 대체, 신·재생에너지 보조가 가능하기 때문에 높은 활용도를 가지고 있다.
7) 정부의 적극적인 ESS 보급정책을 통해 당면한 전력수급 위기를 극복하면서 한편으로는 세계시장을 선도하는 우리나라의 새로운 성장동력이 만들어져야 한다.

2.3 대단위(대지변적; 약 100만㎡, 용도; 종합대학, 자동차공장, 놀이시설, 공항 등) 단지의 구내에 다수의 변전실을 설계하고자 한다. 배전계통에 대하여 설명하고 적합한 계통구성 방식을 설명하시오.

## 1. 개요
- 대규모 택지지역등에 전력을 공급하기 위해서는 정확한 수요예측과 이에 따른 배전선로 계통구성, 설계, 시공등의 복합적인 업무가 수반된다.
- 대부분의 택지개발지역은 환경의 조화를 위하여 지중배전설비로 구축하는 것이 일반적이다.
- 택지개발지역내 배전설비 구축은 새로운 도화지에 그림을 그려야 함으로 10년 앞을 내다보는 안목으로 시행하여야 할 것이다

## 2. 계통 구성 방식
부하의 중요도, 예비 전원 설비의 유무, 경제성, 전원의 공급 신뢰도(정전회수, 시간 등), 전력회사 배전계통 등을 고려하여 결정한다.

| 수전방식 | | 정전시간 | 경제성 | 공급신뢰도 | 특 징 (장·단점) |
|---|---|---|---|---|---|
| 1회선 방식 | (CB-CB-TR 전력회사-수용가) | 길다 | 가장 경제적 | 나쁘다 | 소규모 |
| 평행2회선 수 전 | (평행 2회선도) | 짧다 | 조금 비싸다 | 좋다 | 중규모 |
| 본선+ 예비선수전 | (본선+예비선도) | 단시간 | 비싸다 | 좋다 | 대규모 |
| Loop 수 전 | (Loop 계통도) | 순시 | 비싸다 | 좋다 | 인근에 Loop 수용가가 있어야 함 |

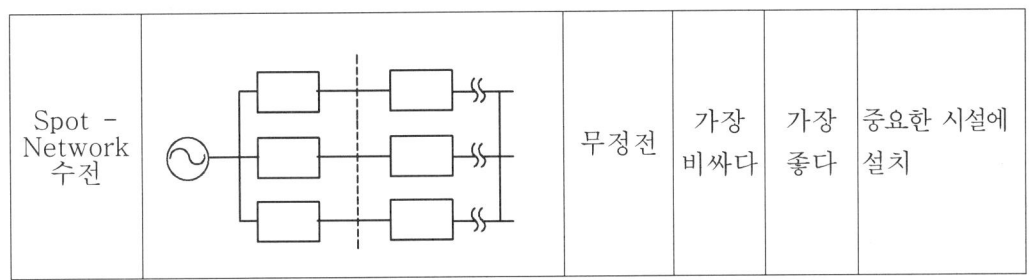

3. 배전계통 구성시 고려사항
   1) 관로
      - 사업주체의 도로포장 일정 및 주요 공정 사전 입수하여 이중굴착을 방지하고 관로경과지 설치장소를 사업주체와 업무협의 한다.
      - 관로선정은 특고압 관로는 공급계통도를 작성(325, 60Sq)하여 해당공수 및 예비관로를 산정하여야 한다.

   2) 구조물(맨홀, 핸드홀) 공사
      - 관로공수에 적정한 구조물을 선정하고 가능한 도로의 교차로를 피하여 보도에 근접한 곳에 시공하는 것이 차후 케이블포설 및 유지보수시 관리가 용이하다.
      - 전기구조물은 타 시설의 구조물보다 규모가 크므로 미리 설치하는 것이 바람직하며 물이 나오는 곳은 피해야 한다.

   3) 지상기기 (PAD SW, PAD TR, 저압분전함)
      - 지상기기 설치시에는 가장 먼저 설치장소를 사업주체 또는 해당 자치단체와 협의하여 선정하여 추후 이설되는 사례가 없도록 한다.
      - 가능한 공원 및 녹지내에 은폐 시공하여 미관을 저해하는 요인이 되지 않도록 하며 택지지구내 APT 및 학교 동은 수전점 사전협의로 간선용 기기를 고객부지내 시설하고 고객공급에 공급하도록 한다.

   4) 케이블
      - 전력구 내의 케이블 포설은 분기구 인입관로의 하단에서 상단으로 관로 외측에서 내측으로 시설하고 수직구 또는 분기구 전후 25m 내는 접속점이 있어서는 안 된다.
      - 전력구내 케이블은 난연 케이블(FR-CNCO/W)을 사용하여 화재가 나더라도 쉽게 번지지 않도록 하며 난연 케이블이 아닌 일반 CNCV-W 케이블을 사용할 경우에는 난연 페인트를 도포한다.
      - 특고압케이블은 신규수용, 기타 계통변경 등의 재접속을 위한 케이블 여유

장을 두고 침수개소에는 트리억제형 케이블(TR-CNCV/W)을 적극 사용하여 수트리에 의한 케이블 고장이 발생하지 않도록 한다.

## 4. 배전선로 설계시 고려사항
1) 케이블의 허용 전류
   (1) 연속시(상시) 허용 전류
   (2) 단락시 허용 전류 및 순시(기동시) 허용 전류
2) 전압강하
   (1) 계산에 의한 전압강하
   (2) 내선 규정에 의한 허용 전압강하
3) 기계적 강도
   (1) 단락시 열적 용량 및 단락시 전자력
   (2) 진동 및 신축
4) 간선 계산시 기타 고려 기타
   (1) 장래 증설에 대한 여유도
   (2) 부하의 수용율
   (3) 비선형부하의 연결등

## 5. 맺는 말
- 대규모 택지지역등에 전력을 공급하기 위해서는 정확한 수요예측과 이에 따른 배전선로 계통구성이 중요하다.
- 그러기 위해서는 Loop 수전방식이나 Spot-Network 수전방식이 권장되며
- 가공 배전선로보다는 지중 배전선로가 경제성 면에서는 불리하나 미관이나 안전성면을 생각할 때 권장할 수 있는 방식이라 할 수 있다.

2.4 표피효과는 케이블에 영향을 준다. 표피효과와 표피두께는 주파수와 재질의 특성에 의하여 어떻게 결정되는지 설명하시오.

## 1. 표피효과(Skin Effect)란
- 교류가 흐르고 있는 도선의 단면을 생각하면 전류는 고르게 흐르지 않고 중심부일수록 자속 쇄교수가 크기 때문에 전류 밀도가 작고, 전류는 주변부에 많이 흐른다.
- 이와 같은 현상을 표피 효과라 한다.
- 이 때문에 실효 저항은 증대하고, 더욱이 주파수가 높아질수록 커진다.

## 2. 발생 원인
1) 전선 중앙부를 흐르는 전류는 전류가 만드는 전자속과 쇄교 하므로 전선 단면의 중심부 일수록 쇄교수가 커져서 인덕턴스가 커지기 때문이다.

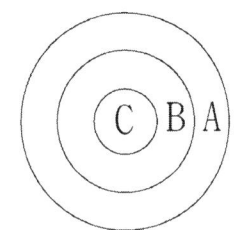

   - 면적 : A>B>C
   - 쇄교자속수 : A<B<C
   - 전류가 일정한 상태에서는 중심부일수록 같은 면적을 통과하는 자속수가 커진다.
2) L= dΦ/dt = Φ/I에서 Φ가 커지면 L가 커진다.
3) L이 커지면 리액턴스 $X\ell = 2\pi f L$ 이 증가
   => 전선의 중심부일수록 리액턴스가 커져서 전류가 흐르기 어렵고 표면으로 갈수록 전류가 많이 흐른다.
4) 침투 깊이
   - 침투 깊이란 전류가 흐를 수 있는 깊이로서 침투 깊이가 클수록 전류밀도가 커져 전류를 많이 흐르게 할 수 있다.
   - 침투 깊이 $\delta = \dfrac{1}{\sqrt{\pi f \mu k}}$ (mm)

     여기서 f : 주파수    μ : 투자율(H/m)    k ; 도전율
5) 저항비
   (1) 실효 교류 저항
      - 전선에 직류가 흐를 때 보다 직류와 같은 크기의 교류(실효치)가 흘렀을 때 전력손실이 많아진다.
      - 전선의 단면적이 커질수록, 주파수가 커질수록 표피현상이 커짐.
   (2) 표피 효과 저항비 : 실효 교류 저항을 직류 저항으로 나눈 값

저항비   $k = \dfrac{Rac}{Rdc}$

## 3. 표피효과 영향
1) 전선의 유효 단면적이 줄고, 저항 값이 직류보다 증가.
   전선의 굵기가 굵을수록 이 현상은 현저히 커진다.
2) 각 전선의 전압강하를 크게 한다.
3) 케이블의 손실을 크게 한다.
4) 표피 효과에 영향을 주는 요인
   - 단면적이 클수록
   - 주파수가 클수록
   - 투자율이 클수록
   - 도전율이 클수록 표피 효과는 커진다.

## 4. 대책
1) 가공선 : 복도체 사용
2) 지중선 : 분할 도체, 중공 도체 사용
3) 연선 사용
4) 직류 송전
5) 통신 : 광 케이블 사용

2.5 접지전극의 설계에서 설계 목적에 맞는 효과적인 접지를 위한 단계별 고려사항을 설명하시오.

1. 개요

접지란 각종 전기, 전자, 통신장비를 대지와 전기적으로 접속하는 것을 말하며 사람 및 전기설비의 안전을 확보하는 개념에서 최근 고도 정보화 사회에 따라 이와 더불어 등전위 본딩과 EMC대응을 위한 새로운 개념의 접지 시스템의 설계가 대단히 중요시되고 있다.

2. 접지의 목적
 1) 감전 방지
  (1) 접지 도체로 전류를 흐르게 하여 지락사고시 보폭전압 및 접촉전압 상승을 억제하여 감전사고를 방지한다.
  (2) 감전 방지를 위해 전위차를 제한값 이하로 할 수 있는 접지가 필요
 2) 화재예방
  (1) 누전시 전로와 대지간에 흐르는 전류에 의해 주울열이 발생한다.
  (2) $W=0.24 I^2 Rt$ 의 열로 인해 주위 인화물질에 인화 발생
  (3) 선로중 국부적으로 저항이 높은 곳은 특히 고온이 발생하므로 접지를 실시하여 누전 전류를 신속히 검출 차단해야 한다.
 3) 기기 보호
  (1) 고장 전류나 뇌 전류로부터 기기 보호
  (2) 기기의 충전전류로 인한 기기의 손상, 오동작 방지
  (3) 비접지의 경우 지락시 건전상의 전위가 $\sqrt{3}$배까지 상승하므로 절연이 약한 기기의 경우 절연파괴로 인해 손상될 우려가 있으므로 접지필요
 4) 보호 계전기의 확실한 동작
  (1) 지락 계전기, 누전 차단기등이 확실하게 동작을 하기 위해서는 충분한 지락 전류가 흐를 필요가 있다.
  (2) 비접지의 경우 지락 전류가 작기 때문에 감전이나 화재, 기기 손상을 방지하기 위한 조치가 필요하다.
 5) 기타 접지의 효과
  (1) 정전기로 인한 재해 방지
  (2) 전로의 서지 및 노이즈 방지
  (3) 전기 부식 방지를 위한 접지
  (4) 기기의 절연강도 경감
  (5) 변압기 고저압 혼촉에 의한 사고 방지
  (6) 등전위 접지에 의한 대지간 전위차 방지

3. 목적에 따른 접지의 분류
   1) 계통접지
      (1) 고·저압 혼촉에 의한 감전이나 화재를 방지하기위한 접지
      (2) 제2종 접지
         특별고압전로 또는 고압전로와 저압 전로를 결합하는 변압기 저압측 중성점 또는 1단자 접지실시
      (3) 제2종 접지저항
         분자 150대신 차단기 차단시간이 1~2초시 : 300, 1초미만 : 600적용
      (4) KSC IEC 60364에서는 TN, TT, IT 방식으로 분류함.

   2) 보호접지

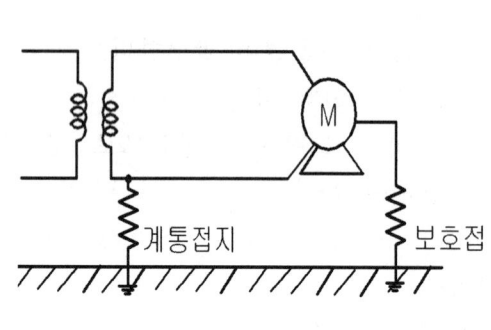

감전방지가 주목적이며 기계기구외함 및 철대 등을 저 저항값으로 접지하여 지락시 접촉전압을 허용치 이하로 억제한다.

<기기 외함 접지의 종류>

| 기계기구 사용전압 | 접지공사종류 | 접지저항치 |
| --- | --- | --- |
| 400V 미만 저압용 | 제3종 | 100Ω 이하 |
| 400V 이상 저압용 | 특별제3종 | 10Ω 이하 |
| 고압 및 특별고압용 | 제1종 | 10Ω 이하 |

   3) 뇌해 방지용 접지
      - 뇌격전류를 안전하게 대지로 흘려보내기 위한접지
      - 피뢰기, 피뢰침, 가공지선 등
   4) 정전기장해 방지용 접지
      정전기가 축적되어 각종장해를 일으키지 않도록 하기위하여 정전기를 원활하게 대지로 방류하기위한 접지
   5) 등전위화 접지
      병원에서 시설하는 것이 대표적인 예이었으나 최근에는 KSCIEC 60364가 제정되어 많은 접지 방식이 공동접지 형식의 등전위 접지로 공법이 바뀌어 가고 있다.
      등전위 접지는 건물 구조체 및 건물내 가스배관, 수도배관등 모든 금속체와 보호용 접지, 기능용 접지등을 일괄하여 등전위화하는 방식이다.

6) 노이즈 방지용 접지
   노이즈에 의한 전자장치의 파괴나 오동작방지를위한 접지
7) 기능용 접지
   컴퓨터등의 기준전위 확보용 접지로
   - 컴퓨터 설비 접지
   - 통신용 접지
   - 신호용 접지
   - 방식용 접지등이 있다.
   - 보호Ry, 누전차단기등 동작

## 4. 접지 방법
KSC IEC 62305에 의하여 A형 : 봉형, 판형, 방사형
                       B형 : 망상, 구조체, 환상

1) 봉상 접지 공법
   - 0.75 m 이상 깊이에 매설(동결층)
   - 직렬 공법, 병렬 공법
   - 황동 용접 원칙 (납땜 안됨)
   - 주변 매설 금속체와 1m이상 이격

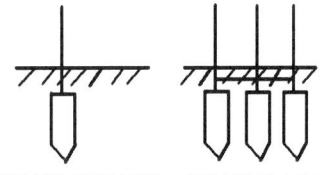
<접지봉이 1개인 경우> <접지봉이 다수인 경우>

2) 판형 접지 공법

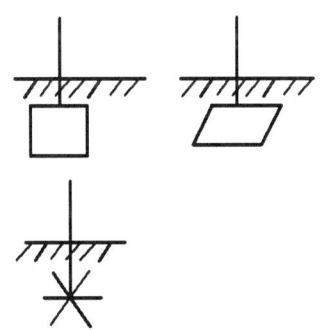

3) 방사형 접지
   - 접지극을 방사형으로 매설히는 방식으로 사막이나 암반 지역에 주로 적용

4) 망상 접지(Mesh) 공법

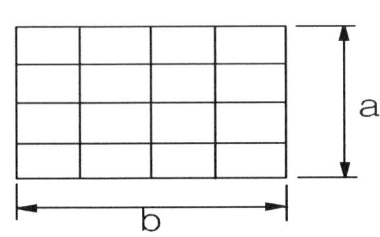

- 넓은 면적, 격자 형태 동선 매설
- 낮은 저항값이 필요할 경우
- 변전소 바닥 : 전위 경도를 낮추기 위해
- IBS 또는 대형 빌딩

$$r(\text{등가반경}) = \sqrt{\frac{a \times b}{\pi}}$$

L : 망상전장 (m)

$$R = \frac{\rho}{4r} + \frac{\rho}{L}$$

5) 구조체 접지

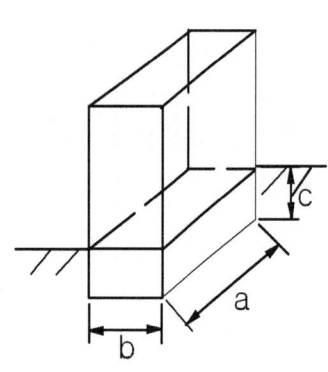

- 연 표면적 A = 2ac + 2bc + ab (m²)
- 접지저항 $R = \dfrac{\rho}{2\pi r}$ (Ω)
- 반구의 반경 $r = \sqrt{\dfrac{A}{2\pi}}$ (m)

6) 매설 지선
 - 좁고 긴 면적에 나동선 매설방식
 - 철탑, 산위의 중계소등

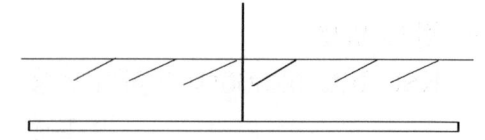

7) 보링 접지

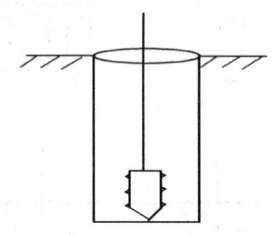

- 보링기로 지하를 뚫어 접지 저감제를 채운 후 접지극을 매설하는 방식으로 도심지 처럼 접지 개소가 협소한 곳에 적용하며 최근에 개발된 신 공법임.

2.6 지하 2층에 1000kW 디젤발전기를 설치하였다. 준공검사에 필요한 전기와 건축 및 기계적인 점검사항을 설명하시오.

1. 준공검사 정의
   - 사용승인, 흔히 불리는 준공검사라는 제도는 건축물을 사용해도 좋다는 허가를 말한다.
   - 건축허가 및 건축신고사항에 의해서 건축된 건축물은 모든 공사가 완료된 후에 허가권자로부터 사용해도 좋다는 승인절차를 받아야 한다.
   - 이러한 절차는 준공검사, 사용검사, 사용승인이라는 이름으로 지금까지 변경되어 왔다. 그 내용은 다음과 같다.
   1) 준공검사
      - 1962년 건축법이 제정된 이래 1992년 5월 31일까지는 준공검사 제도라는 명칭이었다.
      - 이는 완성된 건축물이 설계도서와 시방서, 내역서 대로 건축법령이 정하는 기준과 건축물의 품질이 제대로 지켜졌는지를 평가하는 제도였다.

   2) 사용검사
      - 1992년 6월 1일부터 1996년 1월 4일까지 기존 준공검사에서 변경되어져 운영된 제도다.
      - 완성된 건축물의 품질 문제는 당사자간(건축주와 시공자)에 그 해결을 맡기고, 허가를 맡은 담당자는 육안으로 확인 가능한 건폐율이나 대지안의 공지사항, 일조권 등이 건축법령과 적합한지 여부를 직접 검사한 후 건축물을 사용할 수 있게 해주는 방식이다.

   3) 사용승인
      - 사용승인이라는 제도 바로 전에 사용되어진 사용검사제도는 사용검사신청시 허가권자인 담당공무원의 현장조사, 검사, 확인하는 절차가 있었다.
      - 그러나 1996년 1월 5일자로 개정 시행되는 건축법에서는 공사 감리자가 작성한 감리완료보고서라는 서류에 의해서 사용을 승인하도록 바꾸었다.
      - 그로 인해 담당공무원의 현장 확인절차가 생략되었다.
      - 그러나 실제 전원주택 등 신고대상 건축물은 건축사 등을 감리자로 선정하지 않기 때문에 종전처럼 담당공무원이 직접 현장에 나와 조사, 검사해 사용을 승인처리하고 있다.

2. 준공공사의 전기, 건축, 기계적 점검사항
   1) 전기 점검사항
      - 발전기를 정격전압, 정격속도로 운전 중 부하 변동(25, 50, 75, 100%)에 따른 주파수 변동을 측정.(±2.5% 이하)
      - 단자와 대지 간에 60Hz 전원을 다음의 값으로 서서히 1분간 인가하여 이상 없어야 한다.
      - 상온 상습에서 권선과 대지간의 절연저항을 측정한다.
      - 발전기의 정격전압 파형을 측정하고 정현파와 비교하여 어느 정도 파형이 정확한가를 확인하며, 왜형율계를 사용하여 무부하 상태에서 왜형율을 측정한다.
      - 발전기 각 부의 온도상승 한도는 정격부하 정격 역률로 운전할 시 측정한다.
      - 운전 중 이상 현상이 발생하였을 경우 발전기 세트 및 운전반, 사용자의 전기기기를 보호하기 위한 보호 장치 동작 시험을 한다.

   2) 건축 점검사항
      - 발전기 기초의 콘크리트 면의 수평 확인.
      - 발전기 방진 스프링은 기초대에 앵커볼트를 사용하여 수평 유지 확인.
      - 발전기 배기관은 배기가스 누설, 누출 되는가를 확인.
      - 발전기 배기관은 소음기 설치 여부 확인.
      - 발전기 연료배관에 공기유입 여부 및 기름 누수 확인.
      - 발전기 급기구 크기 설계도면에 의한 설치 여부 확인.

   3) 기계적 점검사항
      - 발전기 윤활유 압력저하 여부 확인.
      - 발전기 냉각수 온도상승 여부 확인.
      - 발전기 과속도 운전 여부 확인.
      - 발전기 기동 실패 및 시동 실패 여부 확인.
      - 발전기 엔진온도 센서 고장 여부 확인.
      - 발전기 오일 압력 센서 고장 여부 확인.

3.1 전력계통의 지락사고와 관련하여 다음 사항을 설명하시오.
   1) 영상전류와 영상전압을 검출하는 방법을 3선결선도를 그려 설명하시오.
   2) 영상 과전류계전기의 정정치를 결정하기 위한 방법을 설명하시오.
   3) 영상전압을 이용하여 지락사고 선로를 구분하기 위한 방법을 설명하시오.


1. 영상전류를 검출하는 방법

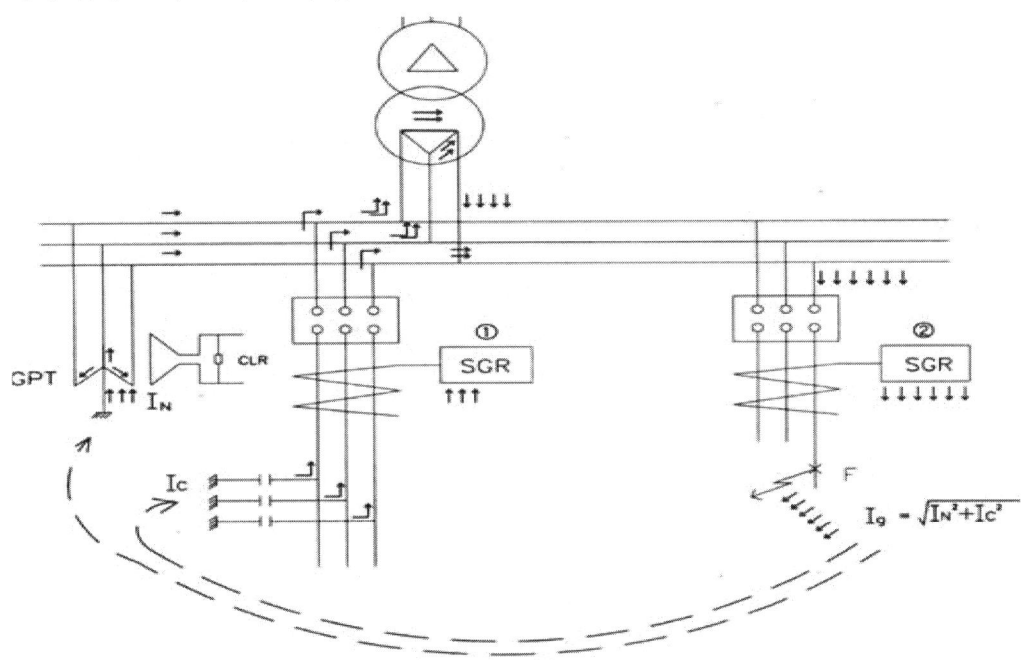

1) 영상 전류를 검출하기 위하여는 1개의 철심을 사용하는 ZCT를 이용함.
2) 비접지 선로의 지락 보호에 선택 지락 계전기와 함께 사용
3) 정상시
   - 1차 전류 : $I_r + I_s + I_t = 0$
   - 철심 자속 : $\Phi_r + \Phi_s + \Phi_t = 0$
   - 2차 전류 : $i_r + i_s + i_t = 0$
4) 지락시에는 1차분에 영상 전류가 포함 되므로
   - 1차 전류 : $I_r + I_s + I_t = 3 I_o$
   - 철심 자속 : $\Phi_r + \Phi_s + \Phi_t = 3 \Phi_o$
   - 2차 전류 : $i_r + i_s + i_t = 3 i_o$ 가 된다.
5) 정격 전류 표준
   - 정격 영상 1차 전류 : 200 mA
   - 정격 영상 2차 전류 : 1.5 mA
6) 종류 : 관통형과 권선형이 있다.

2. 영상전압을 검출하는 방법
   1) 영상 전압 검출 방법
      - 3상 접지형 계기용 변압기(GPT) 이용
      - 단상 PT 3대 이용 ( Y - open △ )
      - 중성점 접지 변압기 이용 - 발전기 영상 전압 검출
      - 보조 PT 이용 - 3상 PT에 3차 권선 없을 때

   2) GPT 결선도

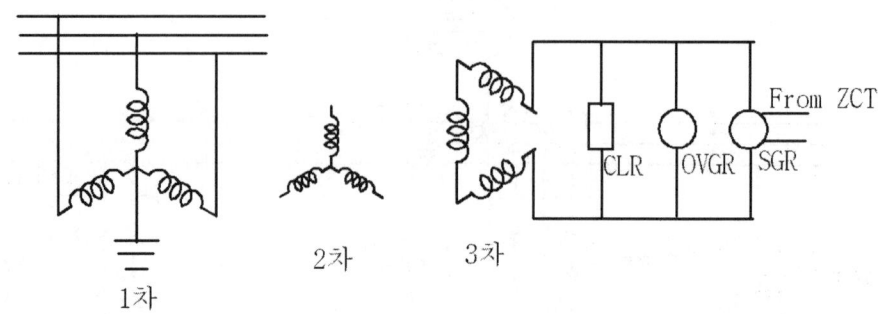

   3) GPT 구조 및 정격 전압
      - 구조 : 1차, 2차, 3차 => Y - Y - open △
      - 정격 전압 :
        1차 : $6600/\sqrt{3}$
        2차 : $110/\sqrt{3}$
        3차 : 190/3 또는 110/3
      - 지락 발생시 3차 전압 : 최대 190 또는 110V

3. 영상 과전류계전기의 정정치를 결정하기 위한 방법
   1) OCGR
      OCGR은 직접 접지 계통에 사용되며 CT의 잔류 회로에 계전기를 삽입하여 동작시킨다.
      (1) 한시 TAP
         - 최대부하전류의 30%이하로 상시 부하 불평형율의 1.5배 정도에 정정
         - 수전보호구간 최대 1선 지락전류에서 0.2Sec이하
      (2) 순시 TAP
         - FEEDER는 최소, MAIN은 FEEDER와 협조가 가능하도록 정정

   2) SGR
      - SGR과 DGR은 똑같은 방향성 지락계전기이지만 접지 계통에 따라 구분하여

적용한다.
- SGR은 비접지 계통에 사용한다.
- SGR 계전기는 전압소스(GPT에서 영상전압 검출), 전류소스(ZCT에서 영상전류 검출)로 작동 시킨다.

3) DGR
- 저압 직접접지, 고압계통 저항 접지에 사용한다.
- 저항접지 방식은 중성점을 직접 접지하지 않고 저항을 거쳐서 접지함으로써 지락전류의 크기를 저항의 크기에 의해 결정한다.
(중성점 직접접지보다 지락전류가 적음, 대부분 수십 A에서 수백 A 미만으로 설계함).
- 따라서 지락전류 검출은 CT로 하게 된다.
방법으로는 Ring CT를 접지선에 직접 끼우는 방법과 각상에 CT를 사용하고 CT 잔류회로를 이용하는 방법이 있다.
- 즉, 영상전압 소스는 GPT에서 영상전류 소스는 CT에서 받는다.
- 중성접 직접접지 방식은 OCGR 로 대부분 설계하고 비접지 방식은 SGR로 설계하며 저항접지계통은 DGR이나 OCGR로 설계한다.

4. 영상전압을 이용하여 지락사고 선로를 구분하기 위한 방법(OVGR)

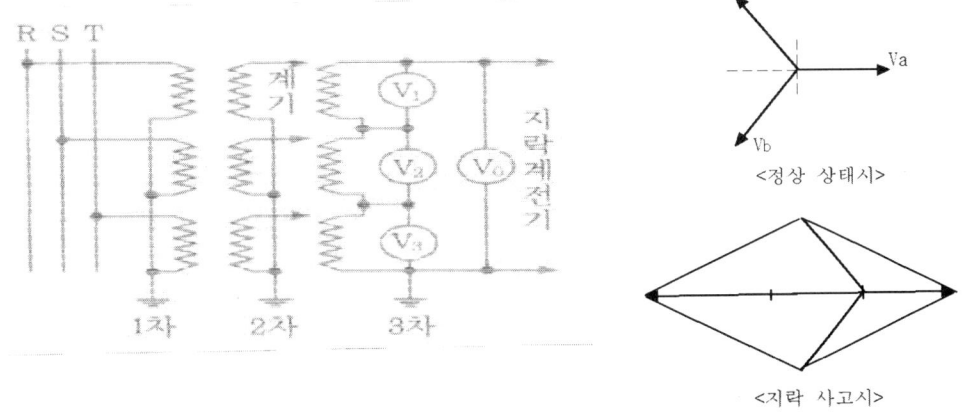

1) 정상상태에서는 $V_1 + V_2 + V_3 = 0$이 되어 $V_0 = 0$ 이지만
GPT 3차 $V_1$, $V_2$, $V_3$에는 각각 63.3V가 걸려 램프에 희미한 불이 켜져 있게 된다.
2) T상이 완전 지락 될 경우 건전상의 대지전위는 $\sqrt{3}$배 상승하며 110V가 되고 개방단 영상전압 $V_0 = 190V$가 된다.

3.2 명시소명과 분위기 조명의 특징을 구분하고, 우수한 명시조명 설계를 위하여 고려할 사항을 설명하시오.

## 1. 개요
조명이란 사물과 그 범위를 보이도록 비추는 것이다.

명시적 조명은 물체의 명시성에 중점을 두지만, 장식적(분위기) 조명은 실내 분위기의 쾌적성에 중점을 둔다.

조명 설계에서 가장 중요한 것은 조명을 설계해야 하는 방의 용도와 가구들의 배치 등이다.

최근 건축물의 고급화, 기능화, 대형화에 따라 명시적인 조명과 장식적인 적인 조명의 적정한 조화가 더욱 높아졌다.

## 2. 명시 조명과 분위기 조명의 특징
명시 조명은 조도나 광속발산도 같은 물체의 보임에 중점을 두지만 분위기 조명은 조도나 광속발산도 보다는 미적 효과나 심리적 효과에 더 많은 중요도를 두어 설계해야 하고 Moon 교수, Spence교수 이론에 따르면 아래표와 같다.

| 조명의 조건 | 명 시 조 명 | | 점수 | 분 위 기 조 명 | 점수 |
|---|---|---|---|---|---|
| | 물체의 보임을 중시<br>장시간 작업시 피로를 적게 | | | 미적, 심리적 분야 중시<br>단시간 작업, 오락 등 | |
| 1.조도 | 가능한 밝게<br>실의 용도에 적합한 조도 확보 | | 25 | 실의 용도에 따라 명암 연출 | 5 |
| 2.광속<br>발산도<br>분포 | 밝음의 차이가 적을수록 좋다 | | 25 | 계획에 따라 명암 배분<br>예,상점:관심을 모으고자 하는<br>부분을 더 밝게 조명 | 20 |
| 3.눈부심 | 눈부심이 적을수록 좋다. | | 10 | 때로 의도적인 눈부심 필요<br>(예, 주유소) | 0 |
| 4.그림자 | 방해가 되는 그림자 제거<br>실체감은 조도 3:1 정도가 적당 | | 10 | 입체감, 원근감 때문에 더 많이<br>필요할 수도 있다. | 0 |
| 5.분광<br>분포 | 자연광에 가까울수록 이상적 | | 5 | 사용 목적에 따라 고려<br>(난색, 한색 등) | 5 |
| 6.심리적<br>효과 | 밝은날 옥외 환경과 비슷하게 | | 5 | 사용 목적에 따라 감각 필요 | 20 |
| 7.미적<br>효과 | 단순한 기구 형태<br>등기구 배치, 기구 의장 고려 | | 10 | 계획된 미의 배치, 조합 필요<br>벽면등을 이용한 분위기 연출 | 40 |
| 8.경제성 | W당 광속이 많을 것 | | 10 | 조명효과대 설치 비용 검토 | 10 |
| 총 점 수 | | | 100 | | 100 |

3. 우수한 명시조명 설계를 위하여 고려할 사항
 1) 조도(KSA 3011)
  조도는 시력에 영향을 미치며 조도가 증가하면 시력도 증가한다.
  일반적인 사무실이나 작업실에서 적합한 만족도는 약 500~1,000(lx) 정도이지만 방의 용도와 작업 성질, 작업자 연령 등에 따라 적당한 조도를 설계하여야 한다.
  다만, 분위기 조명에서는 의도적으로 조도를 낮출 수가 있다.

 2) 광속 발산도 분포
  대상물과 그 주위의 시야 내에 조도는 균일 할수록 좋으나 실제로는 그 분포를 완전히 고르게 할 수는 없으므로 허용 한도를 아래 표 이내 정도로 한다. (미국 조명 학회 기준)
  다만 분위기 조명에서는 오히려 변화가 있을 때도 있다.

| 내 용 | 사무실, 학교 | 공장 |
|---|---|---|
| 작업 대상물과 그 주위(책과 책상면) | 3 : 1 | 5 : 1 |
| 작업 대상물과 떨어진 면(책과 바닥) | 10 : 1 | 20 : 1 |
| 조명기구와 그 부근면 (천장, 벽면) | 20 : 1 | 50 : 1 |

 3) 눈부심(Glare)
  시야내 어떤 휘도로 인하여 불쾌, 고통, 눈의 피로등을 유발시키는 현상으로 작업 능률의 저하, 재해 발생, 시력의 감퇴 원인이 된다.
  다만, 분위기 조명에서는 의도적인 눈부심이 요구되기도 한다.

| 원 인 | 방 지 대 책 |
|---|---|
| 고휘도의 광원이 직접 보일 경우 | 보호각이 충분한 반사갓 사용 |
| 광택이 심한 반사면이 있을 경우 | 루우버 타입 등기구 |
| 시야내 휘도 대비차가 심할 경우 | 젖빛 유리구 사용하여 휘도가 0.5 cd/㎠ 이하가 되도록 함. |

 4) 그림자
  물체를 입체로 보기 위해서는 적당한 그림자가 필요하며 밝은 부분과 어두운 부분의 비가 3:1이 적당하다.
  다만, 분위기 조명에서는 입체감이나 원근감이 필요하여 의도적인 그림자가 필요할 때도 있다.

### 5) 분광 분포 및 연색성

자연 주광색이 가장 이상적이지만 일반적으로 조도에 따라 색온도를 달리할 필요가 있다.
- 낮은 조도에서는 색온도가 낮은 따뜻한 빛(붉은색 계통)이 좋고
- 높은 조도에서는 색온도가 높은 흰색광이 더 편안하다.
  또한 연색성은 연색 지수 Ra로 판단하는데 장소별로 적당한 연색지수로 설계 되어야 한다.

### 6) 심리적 효과

조명 방식에 따라 심리적으로 안락할 수도 있으며 불안할 수도 있고 그 방법은 예를 들면 다음과 같다.
- 천장과 벽을 밝고 부드럽게 조명하면 : 안락한 느낌
- 천장을 밝게 벽을 어둡게하면 : 침착성을 잃게 된다.
- 벽을 밝게 하며 다운라이트 병행하면 : 좋은 분위기가 연출된다.
  특히 분위기 조명에서는 대부분 심리적으로 안정감을 줄 필요가 있어 이 부분에 대한 조명 설계가 중요하다.

### 7) 미적 효과

전반 조명에서는 일반적으로 기구의 의장이 단순한 것이 좋지만 분위기 조명에서는 의도적으로 조명 기구를 통하여 미적 효과를 가지게 할 수도 있고 건축물의 양식과 조화를 이루게 하고 미적 효과가 있는 것이 더 좋다.

### 8) 경제성

가격이 저렴하고 램프 효율이 좋으며 유지보수가 용이한 등기구가 좋지만 분위기 조명에서는 미적 효과를 중요시하여 경제성 보다는 분위기 연출에 더 중요도를 둘 수도 있다.

## 4. 결론

1) 조명의 목적은 물체를 있는 그대로 명확하게 보이게 하고 눈의 피로를 최대한 줄여서 정신적 육체적으로 만족함을 얻어야 한다.
2) 좋은 조명의 조건은 주어진 장소의 사용 목적에 따라 주관적인 광환경 측면과 객관적인 시 환경 측면을 종합적으로 평가한후 설계 반영 하여야 한다.

3.3 수변전설비 설계에서 단락전류가 증가할 때의 문제점과 억제대책을 설명하시오.

1. 단락용량 증대원인
   - 발전기 단위용량 증대
     (기존 : 50~60MVA. 최근 : 600~800MVA. 원자력 : 1,000MVA)
   - 전원 입지의 집중화(영광, 영흥)

2. 단락용량 증가할 때의 문제점
   1) 전기설비의 열적, 기계적 강도가 커져야 함.
      - 송전선로, 변압기, 변류기 등의 기기 및 설비가 큰 단락전류의 Joule열로 인하여 열적으로 파손되기 쉬우며
      - 대전류에 의한 큰 전자기계력으로 기기의 왜형 또는 파손 등이 될 수 있다.
   2) **차단기 차단능력이 커져야 함.**
      차단기가 대 전류를 차단해야 하므로 차단용량이 커져야 하고, 차단뿐만 아니라 재투입 능력 및 접촉자 소손 등의 문제가 야기될 수 있다.
   3) 지락 전류가 증대함.
      지락 사고시 지락 전류가 증대되어 인근 약 전선에 전자유도장해가 커지고 대지 표면의 전위 경도가 커져 보폭전압에 의해 감전 우려가 발생한다.
   4) 고장시 과도 이상 전압이 발생함.
      고장 전류를 차단하는 경우 큰 재기전압으로 재 점호를 일으키기 쉽게 되고, 이에 따른 개폐서지를 발생시킨다.

3. 단락전류 억제 대책
   1) TR 의 임피던스 콘트롤
      변압기 주문시 임피던스를 높게 하여 단락 전류 억제
      (장점) 계통 연결 차단기 선정이 용이
      (단점) 전압 변동이 크고 효율이 낮아진다.
         TR 가격 상승
      (적용) 타 기기의 설치 장소가 부족한 곳에 적용
   2) **계통 분리**
      < ⓐ 또는 ⓑ 점에서 사고 발생시 >
      - CB D를 먼저 계통에서 분리한 후
      - B를 차단하여 계통의 피해를 줄이는 방법

      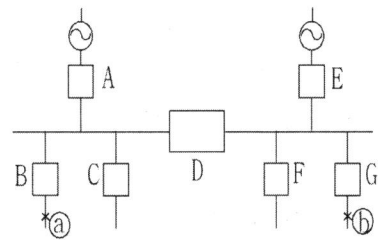

      (장점) 설치비가 싸다.
          CB의 단락 용량이 작아도 된다.

(단점) 모선 연결 차단기가 차단 후 재투입 필요
계전기에 의한 보호 협조. Inter-lock 필요
계통 분리가 끝날 때까지 과도한 단락 전류가 흘러
기계적 파손 우려
(적용) 수전 변압기가 2대 이상이거나 발전기와 병렬 운전시 적용

3) 캐스 케이드 보호 방식

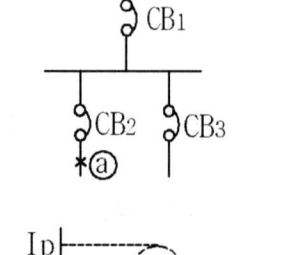
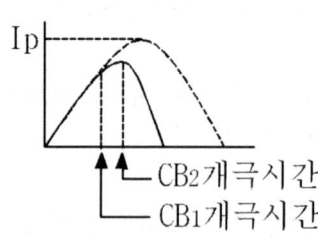

ⓐ 점에서 사고 발생시 CB2의 차단 용량이 회로의 단락 용량에 부족할 때 CB1에 의해 후비 보호를 하는 방식
(장점)
전 용량 차단 방식에 비해 경제적
(단점)
전원측 차단기 트립으로 건전 회로까지 정전 확대
(적용)
고장 전류가 10(KA) 이하인 22KV급 이하 회로에 사용

4) 한류 Fuse에 의한 백업 차단 방식
전력 Fuse의 한류 특성에 의해 고속 차단(0.5 Cycle)
(장점) 차단기 기기의 열적 기계적 손상 감소
(단점) 결상 우려
(적용) 고압 차단기의 후비 보호용

5) 한류 리액터 설치
계통의 수전 용량이 증가하여 단락 용량이 커졌을 때 차단기를 교체하지 않고 한류 리액터 설치하여 단락 전류를 억제.
(장점) 기존 차단기로 큰 단락 용량 대응이 가능
(단점) 설치 면적이 증가
운전 손실, 전압강하 발생
(적용) 저압 분기 회로용

6) 한류 저항기 사용
(1) 초전도소자 이용
상시 Rs=0이고 사고시 소자에 자계를 가하여 상 전도로 이행하여 단락 전류 억제

(2) 극저온 소자 이용: 극저온 소자 발열에 의해 저항 증가로 전류 억제
   (장점) 한류 효과가 우수
   (단점) 소자가 이상전압에 쉽게 손상 할 수 있다.
   (적용) 초전도 전류 제한 변압기에 적용

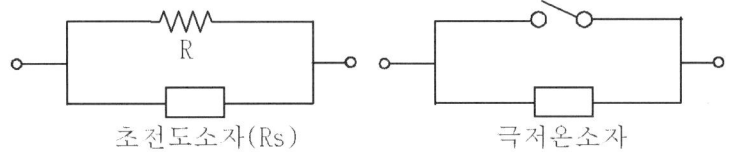

7) 계통연계기에 의한 경감

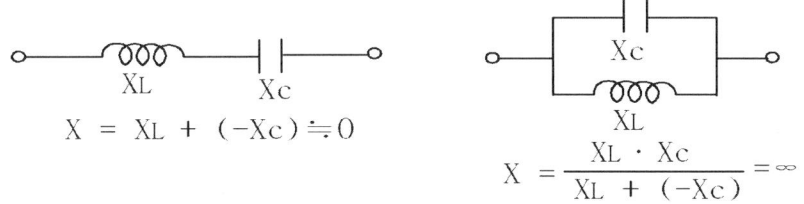

$X = X_L + (-X_c) ≒ 0$

$X = \dfrac{X_L \cdot X_c}{X_L + (-X_c)} = \infty$

(1) 평상시는 리액터 L과 콘덴서 C를 직렬 공진의 꼴로 하여 리액터 L의 유도성 임피던스를 콘덴서 C의 용량성 임피던스로 없앰으로써 전체를 저임피던스로 한다.
(2) 사고가 발생하면 리액터 L과 콘덴서 C를 병렬 공진의 꼴로 하여 전체를 높은 임피던스로 한다.
(3) 계통 연계기는 이 두 회로 변환을 싸이리스터를 사용함으로써 사고 발생 후 1/2 사이클 내에 한류 동작으로 들어가 고속(0.5Cycle)으로 차단기를 동작 시킨다.
(장점) 차단기 교체하지 않고 계통 용량을 늘릴 수 있다.
       전압 변동이 거의 없다.
       정전이 적어 공급 신뢰도가 높다.
(단점) 설치 면적이 많이 소요
(적용) 주로 대용량 설비에 적용(유럽 쪽에서 많이 사용)

3.4 개폐서지는 뇌 서지 보다 파고값이 높지 않으나 지속 시간이 수 mS로 비교적 길어 기기 절연에 영향을 준다. 개폐서지의 종류와 특성을 설명하시오.

## 1. 개 요
1) 회로차단은 역율이 나쁠수록(전압과 전류의 위상이 클수록) 어려워지며, 이것은 전류 "0"일 때 접점간 전압이 높기 때문이다.
2) 충전전류(무부하 선로의 개폐), 진상 전류(전력용 콘덴서 개폐) 여자전류(무부하 변압기 개폐)의 개폐가 주로 문제됨.
3) 개폐서지는 뇌서지에 비해 비록 파고값은 낮으나 지속시간이 수 ms로 비교적 길기 때문에 기기의 절연에 주는 영향을 무시할 수 없다.
4) 과도 전류 : 모든 전기 설비의 전원 투입시에는 큰 전류가 흐르며 잠시 후 소정의 부하전류로 흐른다.
   과도 전류가 흐르는 순간 회로에는 과도 전압강하가 발생하게 되어 접촉자 개방, 전동기 감속 등의 중대한 문제가 발생할 수 있어 이러한 곳은 선로의 굵기 선정에 유의해야 한다.

## 2. 개폐서지의 종류와 특성
1) **충전전류 개폐서지**
   - 충전전류는 앞선 전류로서 차단하기는 쉽지만 재 점호를 일으키는 경우가 있고, 그때마다 서지에 의한 이상 전압이 발생한다.
   - 투입시
     (1) 과도전압 : 교류 전압 최대값의 2배 까지 나타난다.
     (2) 돌입전류 : $I_{max} = I_c ( 1 + \sqrt{\dfrac{Xc}{Xl}} )$. 약 5~6배
     (3) 돌입 주파수 = $f \sqrt{\dfrac{Xc}{X_L}}$
   - 차단시 : 재점호
     차단과정 중 회복전압에 이르는 과정에서 과도전압 (재기전압)이 나타나게 되며, 재기 전압이 크면 차단기 접촉자 사이에 절연이 파괴되어 아크가 발생 하는 재 점호가 일어나며, 그 크기는 교류 전압 최대값의 약 3배에 이르는 서지가 발생하며, 반복 재점호의 경우에는 최대 상전압의 약 6~7배의 높은 전압이 발생 한다.

2) **여자전류 차단서지**
   유도성(지연전류) 소전류 차단시 발생하는 서지로서 다음과 같은 2종류의 서지가 있다.

(1) 전류 재단(절단) 서지

변압기나 전동기가 소용량인 경우 서지가 더 심하며 진공 차단기 등 소호력이 강한 차단기로 차단시 전류가 자연 "0"점 전에 강제적으로 소호되는 현상.

이상전압 $e = L \cdot \dfrac{di}{dt}$ (V)

(2) 반복 재점호 서지

전류 절단으로 서지 발생시 차단기의 극간 절연이 충분히 회복되지 않으면 재발호 현상이 나타나고 조건에 따라 발호, 소호가 짧은 시간에 여러 번 반복되는 현상을 반복 재 점호라 한다.

3) 고장전류 차단서지
- 중성점을 리액터접지 시킨 계통에서 고장전류는 90°에 가까운 지상 전류이다.
- 이것을 전류 영점에서 차단하면 차단기의 차단 전압이 상규 전압의 약 2배 이하로 걸릴 수 있다.

4) 3상 비동기 투입 서지
- 차단기의 각상 전극은 정확히 동일한 시간에 투입되지 않고 근소하나마 시간적 차이가 있는 것이 보통이다.
- 이 차이가 심한 경우는 상규 대지 전압의 3배 전후의 써지가 발생할 수 있다.

5) 고속 재폐로 서지

재 폐로시에 선로의 잔류 전하에 의해 재 점호가 일어나면 큰 써지가
발생한다.

6) 무부하 선로투입 서지

무부하선로에 최대치 Em의 전원을 투입하면 전압의 진행파가 선로의 종단에 도달했을 때 종단이 개방되어 있으므로 정반사하여 2Em의 이상전압이 발생한다.

3.5 프로시니엄 무대(액자무대: Proscenium Stage)를 가진 공연장에 설치하는 무대 조명 기구를 배치 구역별로 설명하시오.

## 1. 개요

프로시니엄(proscenium)은 객석에서 볼 때 원형이나 반원형으로 보이는 무대를 말한다.

액자처럼 보이기도 하기 때문에 액자무대 라고도 한다.

무대 조명은 관객석, 사무실, 악사실 등의 하우스 조명과 극, 무용 등의 상연을 주로 하는 무대 조명으로 나눈다.

### 1) 하우스 조명

일반 건축물과 동일하다.(단, 분위기를 고려해야 함)

관객석은 극 상영 중에는 2lx정도로 하고, 휴게 중에는 프로그램을 읽을 수 있도록 50lx 정도가 필요하다.(조광 장치 필요)

### 2) 무대 조명

극장의 특수성을 살릴 수 있도록 조명을 계획한다.

극장의 특수성은

- 무대 위 사물이 잘 보일 것
- 미적 효과를 잘 나타 낼 것
- 사진적 효과를 나타 낼 것
- 연극 내용, 등장 인물 등의 심리적 효과를 잘 나타 낼 것

## 2. 무대 조명 종류

- 무대 상부 : 보더 라이트(Border light)
- 무대 전면 상부 : Front ceiling light
- 무대 옆 : Front side light
- 무대 아래 : Foot light

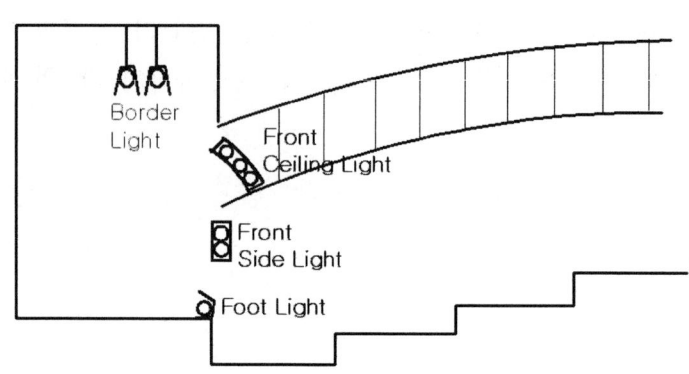

1) 보더 라이트(Border light)
   - 적, 청, 백의 3색으로 구성하고 단독 또는 병용하여 점등할 수 있도록 하며 무대 위쪽에 관객이 볼 수 없는 공간에 설치.
   - 무대 전체를 밝고 부드러운 빛으로 균등하게 투광하는 조명 기구로서 무대 분의기를 부드럽게 하고 그림자가 발생하는 것을 방지함.

2) Front ceiling light
   - 객석 천장에 설치하므로 유지 관리를 위한 안전을 고려하여야 한다.
   - 객석 상부 천장안에 설치해 전면에 투사
   - 높은 조도와 강한 광선이 필요하므로 렌즈를 이용하여 빛을 집광하여 투광할 수 있어야 함.
   - 포커스 조정 및 좌우 투사각도 조정이 쉬워야 함.

3) Front side light
   - 객석 좌우 양측면 투광실에 설치하여 무대의 측면 조광을 실시하여 입체감을 주는 조명임.
   - 수평각도 90~120°이내, 수직각도 15~55°정도 이내에 위치해야 함.

4) Foot light
   - 무대 앞 바닥 위나 음폐 된 공간에 설치
   - 피사체 하부를 조명하여 그림자를 제거하기 위한 조명임.
   - 노출형과 매입형이 있음.

3.6 다음의 단선도에서 6.6kV 전동기 (Mtr1, Mtr2) 공급용 CV케이블의 규격을 허용전류표를 이용하여 선정하시오.

단, 아래의 25 ℃ 기준 허용 전류표를 35 ℃ 허용전류표로 변환한 다음 케이블 굵기 (mm²)를 선정하시오.

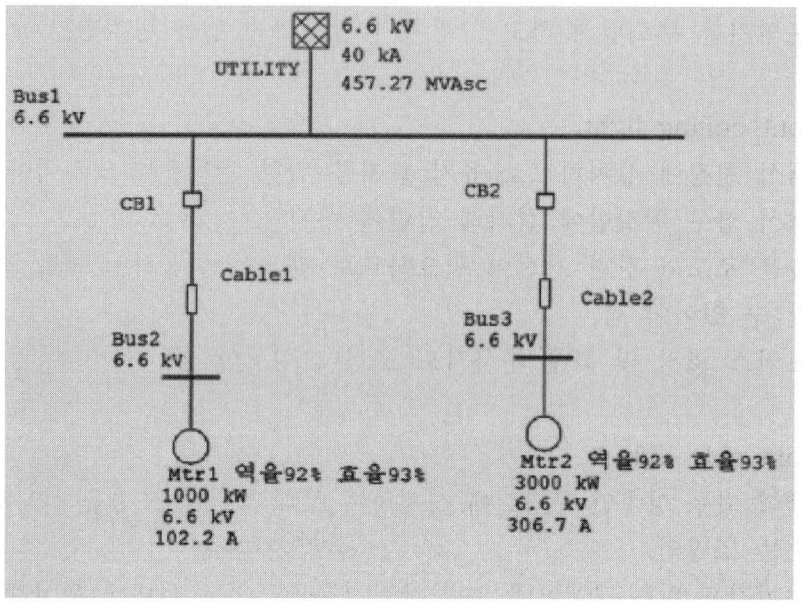

[설계조건]
① 단락시 고장 제거시간은 0.18초
② 케이블의 포설은 3심 1조 직접 매설방식, 기저온도 35 ℃
③ 케이블의 도체허용온도 90℃, 단락허용온도 250℃, 동 도체
④ 산출은 아래의 표를 기준으로 한다.

※ [CV 케이블의 허용전류표] 직접 매설 3심 1조 부설

| 공칭단면적(mm²) | 16 | 25 | 35 | 70 | 95 | 120 | 150 | 185 | 240 |
|---|---|---|---|---|---|---|---|---|---|
| 허용전류(A)(25℃) | 96 | 120 | 140 | 240 | 275 | 315 | 360 | 405 | 470 |
| 허용전류(A)(35℃) | | | | | | | | | |

1. 주위온도 변화에 따른 보정계수 (KECIEC.표 52-9)

| 주위온도(℃) | 10 | 20 | 30 | 40 | 50 | 60 |
|---|---|---|---|---|---|---|
| 가교폴리에틸렌 | 1.15 | 1.08 | 1.0 | 0.91 | 0.83 | 0.71 |

2. 위 표를 적용하여 문제의 표를 완성하면 다음과 같다(91% 적용)

| 공칭단면적(mm²) | 16 | 25 | 35 | 70 | 95 | 120 | 150 | 185 | 240 |
|---|---|---|---|---|---|---|---|---|---|
| 허용전류(25℃) | 96 | 120 | 140 | 240 | 275 | 315 | 360 | 405 | 470 |
| 허용전류(35℃) | 87 | 109 | 127 | 218 | 250 | 287 | 328 | 369 | 428 |

3. 전선 굵기 설계 기준 [인용 : 판단기준 제175조(옥내 저압 간선의 시설)]
   전선은 저압 옥내간선의 각 부분마다 그 부분을 통하여 공급되는 전기사용 기계기구의 정격전류의 합계 이상인 허용전류가 있는 것일 것.
   가. 전동기 등의 정격전류의 합계가 50A 이하인 경우에는 그 정격전류의 합계의 1.25배
   나. 전동기 등의 정격전류의 합계가 50A를 초과하는 경우에는 그 정격전류의 합계의 1.1배

4. 케이블 설계

| 항 목 | Mtr1 | Mtr2 |
|---|---|---|
| 정 격 | 1000kW, 6.6kV, 102.2A | 3000kW, 6.6kV, 306.7A |
| 간선 적용시 배수 | 1.1배 | 1.1배 |
| 배수 적용시 정격 전류 | 102.2*1.1 = 112.42A | 306.7*1.1 = 337.37A |
| 적용 케이블 굵기 | 35Sq | 185Sq |

5. 케이블 설계시 고려사항
   1) 전선의 허용 전류
      (1) 연속시(상시) 허용 전류
      (2) 단락시 허용 전류
      (3) 순시(기동시) 허용 전류
   2) 전압강하
      (1) 공식에 의한 전압강하 계산
         $\Delta e = K_w L I (R \cos\theta + X \sin\theta)$
      (2) 내선 규정에 의한 허용 전압강하
   3) 기계적 강도
      (1) 단락시 열적 용량
      (2) 단락시 전자력
      (3) 진동
      (4) 신축
   4) 연결점의 허용온도
   5) 열방산 조건
   6) 간선 계산시 기타 고려 기타
      (1) 장래 증설에 대한 여유도
      (2) 부하의 수용율 및 비선형 부하등

## 4.1 변압기 인증을 위한 공장시험의 종류 및 시험방법을 설명하시오.

### 1. 시험 분류

| No. | 시험 종류 | 개발시험 | 검수시험 |
|---|---|---|---|
| 1 | 구조 검사 | O | O |
| 2 | 변압비 시험 | O | O |
| 3 | 극성 및 각변위 시험 | O | O |
| 4 | 권선 저항 측정 | O | O |
| 5 | 절연저항 측정 | O | O |
| 6 | 상용 주파 내전압(내압시험) | O | O |
| 7 | 유도 내전압 시험 | O | O |
| 8 | 무부하 전류 및 무부하 손실 시험 | O | O |
| 9 | 임피던스 전압 및 부하 손실 시험 | O | O |
| 10 | 소음 측정 | O | x |
| 11 | 전압 변동율 및 효율 계산 | O | O |
| 12 | 부분 방전 시험 | O | O |
| 13 | 온도 상승 시험 | O | x |
| 14 | 뇌임펄스 내전압 시험 | O | x |
| 15 | 단락 강도시험 | O | x |
| 16 | 환경등급시험 | O | x |
| 17 | 내후성 시험 | O | x |

### 2. 시험방법

1) 구조 및 외관 검사

변압기 규격, 외형 치수, 조립 및 용접상태, 코일, 철심, Frame의 손상 여부, 도장 등을 확인함.

2) 변압비 시험

탭의 변압비를 측정하여 허용오차 범위내인지 확인

$$전압비 = \frac{1차\ 상전압}{2차\ 상전압} \qquad 변압비 = \frac{1차\ 권선수}{2차\ 권선수}$$

$$변압비\ 오차 = \frac{전압비 - 측정\ 변압비}{전압비} \times 100(\%)$$

## 3) 극성 및 각변위 시험
- 단상 변압기는 극성 시험, 3상 변압기는 각변위(위상각) 시험을 한다.
- 우리나라 표준은 감극성이다
- 시험방법
 1) 1,2차 U단자를 단락 시킨다
 2) 1차에 적당한 전압(보통100V) 인가
 3) 1차,2차,1-2차간 전압 측정
 4) 감극성 $V_3 = V_1 - V_2$
    가극성 $V_3 = V_1 + V_2$

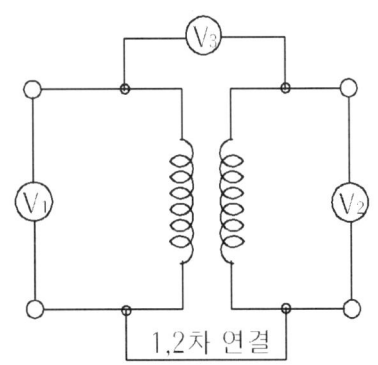

## 4) 권선 저항 측정
저항 측정기를 이용하여 R-S, S-T, T-R간 권선저항을 측정하고 평균을 구하여 불평형율을 구한다.

$$권선저항 불평형율 = \frac{권선저항 최대값 - 권선저항 최소값}{권선저항 평균값} \times 100(\%)$$

- 판정기준 : ± 10%

## 5) 절연저항 측정
1,000V 절연저항계로 권선과 권선간, 권선과 대지간에 절연저항을 측정 판정기준 : 500MΩ 이상

## 6) 상용 주파 내전압(내압시험)
- 권선에 상용주파수의 교류 전압을 1분간 가한다.
- 전압을 가하지 않는 권선과 철심, Frame은 접지
- 인가 전압 (KSC 4311 건식 변압기, KSC IEC 60076 전력용 변압기)

| 계통 최고전압 (실효값. KV) | 상용주파 내전압 (실효값. KV) | 뇌임펄스(첨두값. KV) | |
|---|---|---|---|
| | | 개방형 | 밀폐형 |
| ≤ 1.1 | 3 | - | - |
| 3.6 | 10 | 20 | 40 |
| 7.2 | 20 | 40 | 60 |
| 24 | 50 | 95 | 125 |

7) 유도 내전압 시험

정격전압의 2배, 주파수 120~500Hz 전압을 인가하여 1,2차 코일 내부에 Flash Over가 발생하지 않아야 한다.
- 시험 시간 : 최소 15초, 최대 60초

8) 무부하 전류 및 무부하 손실 시험

고압측을 개방하고 저압측에 정격전압을 인가하여 변압기의 무부하 전류(여자전류)와 무부하 손실(철손)을 측정한다.

9) % 임피던스 및 부하 손실(동손) 시험

저압측을 단락시키고 고압측에 전압을 인가하여 전류값이 정격전류가 되었을 때의 전압을 임피던스 전압이라 하고 이때의 % 임피던스 및 손실값을 측정한다.

$$\%임피던스 = \frac{임피던스\ 전압}{1차\ 정격전압} \times 100(\%)$$

10) 소음 측정

정격 주파수 정격 전압을 인가하여 변압기 용량별 기준값에 적합한지 소음을 측정한다.(참고 KSC 4311. 예, 1000KVA : 70dB)
- 측정 높이 : 변압기 높이의 1/2
- 측정 거리 : 30Cm
- 최소 6개소 이상 측정

11) 전압 변동율 및 효율 계산

$$전압변동율 = \%IR + \frac{\%IX^2}{200} (역율이\ 1인\ 경우)$$

$$효율 = \frac{정격\ 용량}{정격\ 용량 + 무부하\ 손실 + 부하\ 손실} \times 100(\%)$$

12) 부분 방전 시험

- 피로 전압 : 정격 전압의 1.8배에서 30초 가압
- 측정 전압 : 정격 전압의 1.3배에서 3분간 유지
- 판단 기준 : 10pC 이하

13) 온도 상승 시험

(1) 등가 부하법 (대부분 이 방법으로 시험함)

다음의 두가지 시험을 한 후 그 결과로 온도상승 결과를 얻는다.
- 단락법 : 저압측을 단락시키고 고압측에 전류를 인가시켜 온도가 포화 될 때의 열 저항을 측정하여 온도로 환산한다.

- 무부하법 : 고압측을 개방시키고 저압측에 정격전압을 인가하여 온도가 포화될 때의 열 저항을 측정하여 온도로 환산한다.
(2) 실 부하법 : 실제 부하를 2차측에 접속하여 시험
(3) 반환 부하법 : 시료용 변압기 1대와 같은 정격의 변압기 1대를 병렬로 접속하여 시험한다.

14) 뇌임펄스 내전압 시험

충격 발생 시험기를 사용하여 충격 전압을 인가하였을 때 Flash Over와 구조물에 손상이 없을 것

15) 기타 시험

변압기의 초기 개발시 시행하는 시험으로 상기 시험 외에 단락 강도시험, 환경등급시험, 내후성 시험 등이 있다.

4.2 방범설비의 구성시스템 중 침입 발견설비를 설명하시오.

1. 개요
   1) 방범설비는 건축물내 또는 안전구역내로 허가 없이 침입하는 인원에 대하여 격퇴를 위한 대책을 수립하는 것임.
   2) 구성
      (1) 출입통제 설비
         침입을 방지할 목적으로 설치
      (2) 침입발견 설비
         침입이 발생한 경우 방범설비 제어반이나 모니터(CRT, 확성기)로 전달하는 설비
      (3) 침입통보 설비
         침입이 발견된 경우 방범관리자에게 알리거나, 경보설비를 작동하고, 경찰관서에 연락하는 설비임.

2. 출입통제 설비
   1) 전기 잠금 장치
      전기 자물쇠를 말하며 인식장치의 신호에 의해 제어기의 동작으로 개폐하는 것으로 출입통제 설비의 기본 설비임.
   2) 인식장치
      (1) 텐키방식
         - 누른 번호와 미리 입력된 번호가 일치하는 경우 동작
      (2) 카드 인식장치
         - 카드와 카드리더에 입력된 신호가 일치하는 경우 동작
         - 카드 종류 : 자기(Magnet)식, IC카드식
         - 읽는 방법 : 삽입식, 접촉식, 근접식
      (3) 인체 인식 장치
         - 출입자의 신상명세를 미리 입력한 데이터와 비교 판별
         - 지문, 장문(손바닥무늬), 손등, 망막, 목소리 등으로 판단
   3) 제어기
      - 인식 장치의 신호에 따라 전기 자물쇠에 열리는 신호를 보내는 장치
      - 일반인이 쉽게 접근하기 어려운 EPS등에 설치
   4) 중앙 제어반
      - 출입 통제에 대한 종합 관리를 위해 데이터 축적, 분석, 기록의 필요가 있는 경우에 설치함.

## 3. 침입 발견 설비

### 1) CCTV(폐쇄회로 텔레비전) 설비
(1) 감시구역에 설치하는 카메라와 제어실에 설치하는 모니터로 구성
(2) 카메라
- Color형과 흑백형, 고정형과 회전형, 옥내형과 옥외형, 노출형과 매입형 등이 있으며 장소와 용도에 맞게 선정해야 함.
- 촬영 각도, 거리, 조도 확보, 방해 물체등 검토

### 2) 집음(청음) 설비
- 경계지역의 소리는 제어실의 스피커로 청취, 녹음
- 적용 : 금고 내부, 야간 경계등

### 3) 점(Point) 방어형 감지 설비
- Limit Switch : 문, 창문의 개폐상태 검출
- 진동 감지기 : 유리창, 금고 등의 표면에 고정 진동 검출
- 파손 감지기 : 유리창 부분의 파손시 검출

### 4) 선(Line)방어형 감지 설비
- Tape식 감지기 : Tape의 접촉압력에 의해 동작(난간, 담장등에 이용)
- 빔식 감지기 : 투광기와 수광기로 구성
  적외선 감지기가 많이 사용되며, 담장, 창문 등에 이용
- 광 케이블 감지기 : 케이블 진동, 절단시 주파수로 감지하며 울타리 등에 사용되며

### 5) 공간 방어형 감지기
- 초음파 감지기 : 초음파 방사와 반사파로 동작
  바람의 영향이 크므로 옥외는 부적합
- 전파(레이더형) 감지기 : 극 초단파를 방사 반사파로 동작
  바람의 영향은 적으나 경량 칸막이 등을 통과하므로 주의
- 열선 감지기 : 사람이나 물체가 발산하는 열선(적외선)을 감지
  온도의 변화가 심하거나 동물의 움직임이 있는 곳은 부적합

## 4. 침입 통보 설비

방범설비 제어반으로 다음과 같이 구성함.
1) 모니터 장치
2) 제어장치
3) 기록장치
4) 연락장치등으로 구성

## 4.3 단상 유도전동기에서 분상전동기의 기동토크를 최대로 하기 위한 보조회로의 저항을 구하시오.
(단, 주권선의 임피던스는 Zm=Rm+jXm 이다)

### 1. 개요
- 단상 유도 전동기의 구조는 3상 유도 전동기의 구조와 거의 같으며, 고정자 부분과 회전자 부분으로 되어 있다.
- 고정자는 단상 권선으로 되어 있고, 회전자는 농형 회전자를 사용한다.
- 단상 유도 전동기의 회전속도 N[rpm]은 3상 유도 전동기의 회전속도와 같으며, 1차 권선에 생기는 회전 자기장의 동기 속도는

$$Ns = \frac{120f}{P} [rpm]$$

여기서
  $Ns$ : 동기 속도[rpm]
  $f$ : 전원 주파수
  $P$ : 자극수 이다.

### 2. 분상 유도 전동기
- 분상 유도 전동기는 상을 분리하여 기동 특성을 얻어내는 방식의 단상 유도 전동기이다.
- 가장 많이 사용되는 형태로서 냉장고, 세탁기, 송풍기, 선풍기, 원심펌프등 다양하고 광범위한 응용분야에서 사용되고 있다.
- 고정자 철심에는 두 개의 코일이 병렬로 연결되어 있는데 하나는 주권선 다른 하나는 보조권선이다.
- 주권선과 보조권선은 공간적으로 90°의 위상차를 갖도록 권선되어 있다.
- 물론 회전자는 농형으로 되어 있다.
- 공간적으로 90°의 위상차를 갖고 있더라도 전기적인 위상차가 없이는 기동 토크를 얻을 수가 없다.
- 두 개의 권선에 흐르는 전류의 위상 차를 갖게 하는 것이 중요하다.
- 분상에서는 주 권선과 보조 권선간에 전류의 위상차를 갖게 하기 위하여, 주권선은 굵은 선을 사용하고, 보조 권선은 가는 선을 사용하여 권선 저항을 크게 하고 리액턴스를 작게 하여 기동 순간에 두 권선의 전류 사이에 30°의 위상차를 만들어 낼 수 있다.
- 이렇게 권선들이 위상차를 갖게 되면 회전 자기장을 얻을 수 있다.
- 보조 권선에 원심력 스위치를 직렬로 연결하고, 주권선을 병렬로 접속하여 다음 그림과 같이 단상 교류 전압을 가해 주면, 리액턴스가 큰 주권선 M에는

공급 전압 V보다 상당히 뒤진 위상의 전류 $I_A$가 흐르고, 리액턴스는 작고 저항이 큰 보조 권선 A에는 공급 전원 V보다 위상이 조금 뒤진 전류 $I_m$이 흐르게 된다.

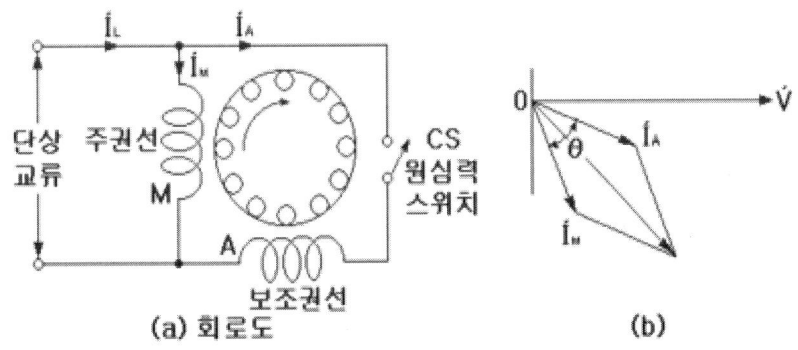

<분상 기동형 단상 유도 전동기의 원리>

- 주권선의 전류와 보조 권선의 전류는 θ만큼의 위상차가 생기고 이제 회전 자기장이 만들어져서 기동 토크가 발생하고, 전동기는 회전을 할 수 있게 된다.
- 전동기의 회전자 속도가 증가하여 동기 속도의 약 70~80[%] 정도가 되면 원심력 스위치가 작동하여 보조 권선 A의 회로를 자동으로 개방하고, 주권선 M에 의해 전동기는 회전하게 된다.
- 분상 기동형 유도 전동기의 정지시의 기동 전류는 일반적으로 정격 전류의 5~7배로 크며, 기동 토크는 정격 토크의 1.5~2배 정도로 비교적 작다.

## 3. 보조회로 저항

1) 주권선의 임피던스 $Z_m = R_m + jX_m$이라면
2) 주 권선과 보조 권선의 위상차를 30°로 하기 위한 보조 권선 임피던스는 그림과 같이 $3.75R_m + jX_m$이 된다.

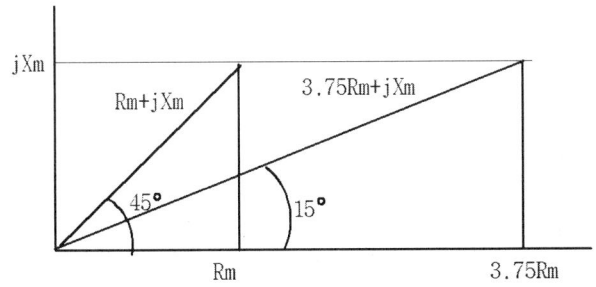

## 4.4 파동 방정식은 매질을 이동하며 일어나는 전자파의 특성을 해석할 수 있다. 맥스웰 방정식을 이용하여 파동방정식을 설명하시오.

### 1. 전자파 정의
- 전자파의 원래 명칭은 전기자기파(電氣磁氣波)로서 이것을 줄여서 전자파라고 부른다.
- 전기장은 전압에 의해 생성되고 쉽게 차폐되어 별로 문제되지 않지만 자기장은 전류에 의해 생성되고 쉽게 차폐되지 않고 몸에 침투하면 몸에 와류가 생겨 위해성이 높아 대책이 필요함
- 전자파는 빛의 속도 ($3*10^8$m/Sec)로 전달된다.

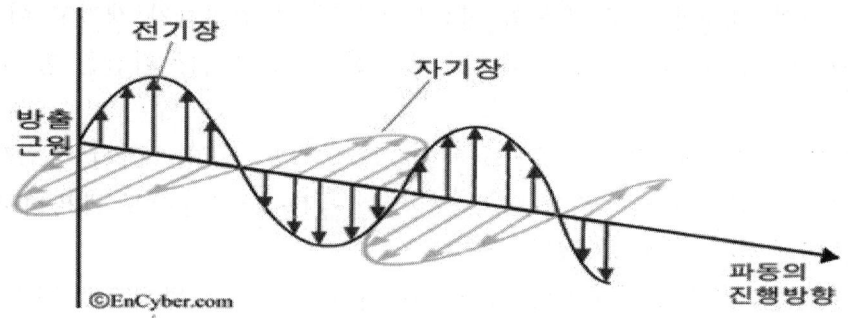

### 2. 맥스웰 방정식
전자기학에서 전기장과 자기장에 관한 4개의 방정식을 의미하며, 1865년에 맥스웰(J.C. Maxwell)이 유도하였다.

1) 적분형

$$\oint_{\partial V} \mathbf{E} \cdot d\mathbf{a} = \frac{Q_{enc}}{\epsilon_0}$$

$$\oint_{\partial V} \mathbf{B} \cdot d\mathbf{a} = 0$$

$$\oint_{\partial S} \mathbf{E} \cdot d\mathbf{l} = -\frac{d}{dt}\int_S \mathbf{B} \cdot d\mathbf{a}$$

$$\oint_{\partial S} \mathbf{B} \cdot d\mathbf{l} = \mu_0 I_{enc} + \epsilon_0 \mu_0 \frac{d}{dt}\int_S \mathbf{E} \cdot d\mathbf{a}$$

- E는 전기장, B는 자기장, ∂V는 어떤 부피 영역 V를 둘러싸는 폐곡면을 뜻하며, ∂S는 어떤 면적 영역 S를 둘러싸는 폐곡선이다.
- 각각은 아래를 나타낸다.

첫 번째 식 : 전기장에 대한 가우스 법칙
두 번째 식 : 자기장에 대한 가우스 법칙
세 번째 식 : 패러데이 법칙
네 번째 식 : 앙페르 법칙

2) 미분형
- 위의 적분형은 벡터 해석학을 이용하면, 아래와 같이 델 연산자를 포함한 식으로 간략히 나타낼 수 있다.
- 복잡한 기호가 사라져서 가독성이 높고, 적분형 보다 활용하기 쉬워서 많이 사용된다.

$$\nabla \cdot \mathbf{E} = \frac{\rho}{\epsilon_0}$$

$$\nabla \cdot \mathbf{B} = 0$$

$$\nabla \times \mathbf{E} = -\frac{\partial \mathbf{B}}{\partial t}$$

$$\nabla \times \mathbf{B} = \mu_0 \mathbf{J} + \epsilon_0 \mu_0 \frac{\partial \mathbf{E}}{\partial t}$$

3. 파동방정식
- 파동 방정식은 2계 선형의 편미분방정식으로서 다음과 같이 나타낸다.

$$\frac{\partial^2 U}{\partial x^2} + \frac{\partial^2 U}{\partial y^2} + \frac{\partial^2 U}{\partial z^2} = \frac{1}{c^2}\frac{\partial^2 U}{\partial t^2}$$

- 1864년 맥스웰(James Clerk Maxwell, 1831-79)은 전기와 자기 이론에 파동방정식을 적용함으로서, 전자기장을 간략하게 표현 할 수 있었고, 공간에서 전자기파의 전파속도가 광속과 같다는 것을 예언하였다.
- 1877년 레일레이 경(Lord Rayleigh, 1842-1919)은 소리이론(Theory of Sound)에서 파동방정식을 정교하게 다듬어서 응용물리학의 여러 분야로 퍼트렸다.
- 물질이 파동성을 지닌 것으로 알려지자, 쉬뢰딩거(Erwin Schrödinger, 1887-1961)는 파동역학을 만들기 위해서 표준 파동방정식을 만들었다.

4.5 배선용 차단기(MCCB)의 특징을 설명하고 저압계통의 배선용 차단기 단락 보호 협조 방식을 설명하시오.

1. 저압차단기에 대한 종류 및 특징
   1) ACB(기중차단기)
      (1) 600V 이하의 저압전로 MAIN 차단기로 주로 사용하며
      (2) 단락 및 과부하, 지락보호가 가능하고
      (3) CT, OCR, OCGR등과 조합하여 보호한다.
      (4) 특성
         - 절연 소호 방식 : Air
         - 정격 : AC 600V. 630A ~ 5,000 A
         - 용도 : 저압, 대 전류용
         - 기구 : 별도의 투입 및 트립 장치 부가

| 종 류 | 단 락 | 과 부 하 | 지 락 |
|---|---|---|---|
| F U S E | O | X | X |
| A C B | O | O | O |
| M C C B | O | O | X |
| E L B | X | O | O |

   2) MCCB
      (1) 보호장치와 개폐기구가 동일 Case 에 몰딩되어 있으며
      (2) 과전류와 단락 보호가 가능하고
      (3) 보호 회로 구성은
         - 선택 차단 방식과
         - 캐스케이드 보호방식이 있다.
      (4) 특성
         - 차단 정격 : 최대 600V에서 120KA
         - 종류 : 차단 용량에 따라 경제형, 표준형, 고차단형
         - 동작 특성 : 열동식, 전자식
         - 최근 가변 조정형 시판(ACB 동작 특성과 유사)

   3) ELB(누전차단기)
      (1) 선로의 누전 전류를 검출하여 회로 차단
      (2) 용도별, 감도별, 동작시간별로 분류된다.
      (3) ELB 이용 목적

- 감전 보호
- 전기 화재 보호등

4) 저압 FUSE
   (1) 저압 전원측이나 기기에 설치하여 선로나 기기를 보호하며
   (2) 종류에는 통형, 선형, 판형등이 있다.
   (3) 특성
   - 결상 발생 우려
   - 동작 시간 (판단기준 38조)
     * 110% 견디고
     * 160% ~ 200% 의 전류에서 규정한 시간내에 TRIP 되어야 한다.

5) MG SW + TH
   - 전동기 개폐에 주로 사용
   - 최근에는 조명제어시 조명용으로도 많이 사용
   - 49Ry와 조합하여 과부하 결상 보호
   - 동작 전압 : 정격 전압의 85~110%에서 안정
   - 단점 : 차단 능력이 없다.

## 2. 배선용차단기(MCCB)의 차단협조

| 구 분 | 선택 차단 방식 | Cascading 차단방식 |
|---|---|---|
| 1.착안점 | 정전 신뢰성 | 경제성 |
| 2.정전구간 | 사고 회로 | 전 구간 |
| 3.분기차단기 차단 용량 | 커짐 | 작게 할 수 있음 |
| 4.적용 회로 | 사고 회로 이외의 확대 차단이 위험한 장소(소방용 전원등) | 확대 차단이 가능 한 곳<br>차단 용량 10KA 이상 회로 |
| 5.차단 방법 | - 선로 사고시 주차단기는 동작하지 않고 분기차단기만 동작시킴.<br>- 이때 주차단기 MCCB1 과 사고 이외의 분기차단기 MCCB3는 동작하지 않음 | -분기 차단기의 설치점의 추정단락전류가 분기차단기 차단용량보다 큰 경우에 후비 보호(Back Up)를 주 차단기로 하는 방식<br>-주 차단기의 차단 시간이 분기 차단기의 차단시간과 같거나 빨라야 함.<br>-최대 단락 전류가 10KA를 초과하는 경우 분기 차단기의 차단용량을 |

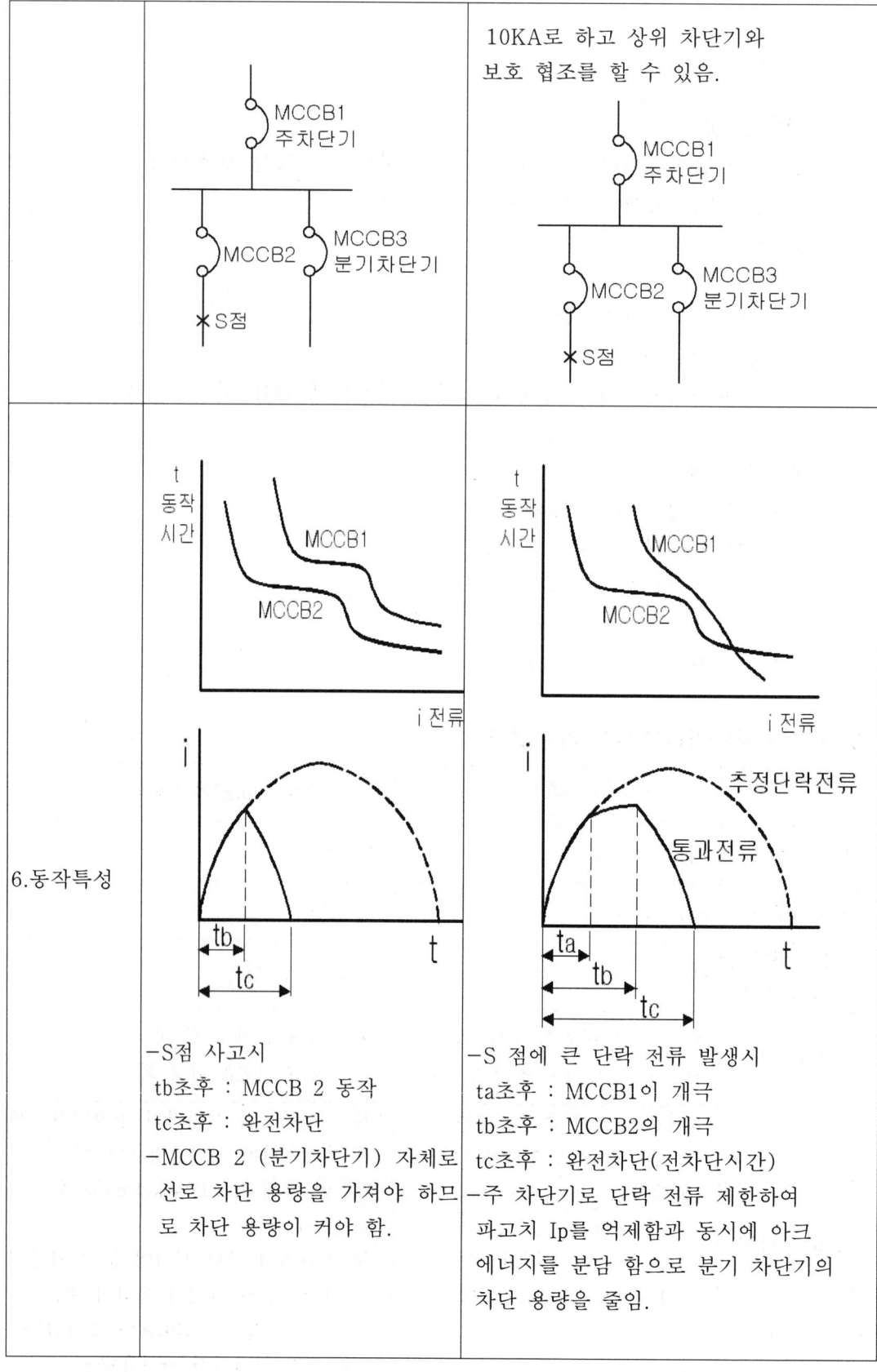

| | | |
|---|---|---|
| 7.협조조건 | −분기 차단기 전 차단 시간 : 주 차단기 동작 시간 미만<br>−분기 차단기의 전자 TRIP 전류 값 : 주 차단기의 단한시 PICK UP 전류 보다 작을 것.<br>−분기차단기 설치점의 단락전류 : 분기차단기의 차단용량을 초과하지 않을 것<br>−주 차단기 설치점의 단락전류 : 주 차단기의 차단 용량을 초과하지 않을 것. | −CB2의 차단용량 이상의 단락사고시 : CB1의 개극시간이 CB2의 개극시간 보다 빠를 것.<br>−CB1의 차단용량이 사고지점의 단락 용량보다 클 것.<br>−**통과 에너지** $I^2 t$ 가 CB2의 **열적 강도**를 넘지 않을 것.<br>−**통과 전류 파고값**이 CB2의 **기계적 강도** 값을 넘지 않을 것<br>−CB2의 **아크 에너지**가 CB2의 허용 값을 넘지 않을 것. |

4.6 건설사업관리 (CM: Construction Management) 에 대하여 아래 사항을 설명하시오.
   1) 필요성                2) 업무범위
   3) CM과 감리비교          4) 자문형 CM과 책임형 CM의 비교

## 1. CM 필요성
   1) 현대 건축물은 초 고층화, 고 기능화되어
   2) 고도의 지식과 능력을 갖는 전문가가 발주자의 위임을 받아
   3) 발주자, 설계자, 시공자를 조정하여
   4) 발주자의 이익을 증대시키는 관리 시스템을 CM이라 하며
   5) 이에 종사하는자를 CMr이라 하고
   6) 공사비 절감, 공사기간 단축, 품질향상에 그 목적이 있다.

## 2. CM 업무범위
   - 현재 건설사업관리 업무기능을 기본설계·실시설계·시공단계만을 규정하고 있으나, 기획·조사단계 및 건설공사 준공후 사후관리 단계까지 포함해 건설공사의 전 과정으로 확대하고,
   - 또한, 건설기술심의위원회의 기능에 건설공사 발주청으로부터 요청이 있은 경우 건설사업관리 발주에 대한 적정성 검토를 추가하였다.

## 3. 감리와 CM 비교

| 구 분 | 감 리 | C M |
|---|---|---|
| 업무범위 | - 시공 확인 | - 포괄적 관리 체제 |
| 역할 | - 시공자 감시<br>- 발주자에 대한 행정 서비스 | - 협력업체 구축 |
| 목적 | - 품질 확보 위주 | - 공사비 절감, 공기단축, 품질확보 |
| 기술능력 | - 설계, 시공과정 지식 | - 설계 시공과정 지식 + 원가절감<br>- Project Management등 |

## 4. CM 의 역할
   1) 기획단계
      - 발주자의 의향을 충분히 파악
      - 사업발굴, 기획, 사업성 조사
   2) 설계단계

- 사전조사(대지, 주변 상황등)
- 건축물에 대한 계획, 입안
- 설계자 선정시 능력, 경험 등 사전 검토
- 종합적인 검토 및 관리

3) 발주단계
- 공정별 단계적 분할 발주
- 업체 선정시 시공능력, 원가관리, 공정관리, 품질관리등 심사
- 공정별 우수하고 성실한 업체 선정

4) 시공단계
- 원가관리                - 공정관리
- 품질관리                - 안전관리
- 감독자 역할 대행등

5) 준공 및 사후관리 단계
- 준공을 위한 시운전, 예비검사 실시
- 준공 검사 및 검사 조서 작성
- 준공도 작성 제출 확인
- 인계 인수 계획 수립 및 진행
- 하자 보수 분쟁시 의견 제시
- 준공후 감리 업무 인계, 인수
 (시방서, 준공도, 준공 사진첩, 준공 내역서, 시공도, 시험성적서, 기자재 구매서류, 공사 관련 기록부, 인 허가 관련철, 시설물 인계 인수서, 준공검사 조서등)

## 5. CM 의 종류

1) 자문형 CM        2) 책임형 CM

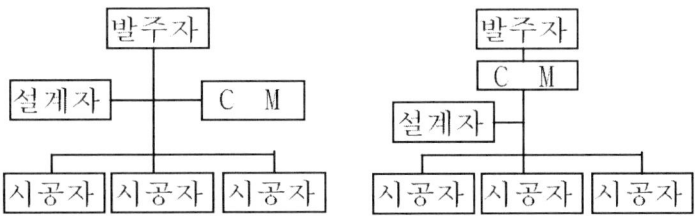

책을 너의 벗으로 삼고
책꽂이를 정원으로 삼아라.

그리고 벗의 아름다움을 즐기며
정원의 열매를 따먹고
책의 향기를 즐기도록 해라.

## 6장

### 제116회 (2018.08) 기출문제

**건축전기설비 기술사 기출문제**

# 국가기술 자격검정 시험문제

기술사 제 116 회 　　　　　　　　　제 1 교시 (시험시간: 100분)

| 분야 | 전기전자 | 자격종목 | 건축전기설비기술사 | 수험번호 | | 성명 | |

※ 다음 문제 중 10문제를 선택하여 설명하시오. (각10점)

1. 피뢰기를 변압기에 가까이 설치해야 하는 이유에 대하여 설명하시오.

2. 내선규정에 의한 제 2종접지선 굵기 산정기준에 대하여 설명하시오.

3. 교류자기회로 코일에 시변자속이 인가될 때 유도기전력을 설명하시오.
   (단, 자기회로는 포화와 누설이 발생하지 않는다고 가정)

4. 다음 그림에서 t=0 에서 스위치 S를 닫을 때 과도전류 i(t) 를 구하시오.

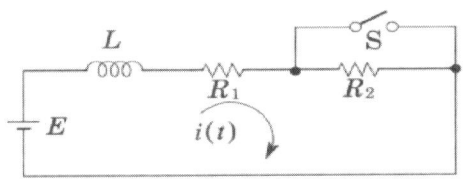

5. 전기설비기술기준의 판단기준 제 289조(저압 옥내 직류전기설비의 접지)의 시설기준에 대하여 설명하시오.

6. 축전지의 충전방식을 초기충전과 사용 중의 충전방식으로 구분하여 설명하시오.

7. 변압기의 K-Factor에 대하여 설명하시오.

8. 전기방식 중에 희생양극법에 대하여 설명하시오.

9. 교류회로에서 전선을 병렬로 사용하는 경우 포설방법에 대하여 설명하시오.

10. 소방부하 겸용 발전기용량 산정 시 적용하는 수용률 기준에 대하여 설명하시오.

11. 3고조파 전류가 영상전류가 되는 이유에 대하여 설명하시오.

12. 변압기의 과부하 운전이 가능한 조건에 대하여 설명하시오.

13. 파셴의 법칙 (Paschen's law) 과 페닝효과 (Penning effect) 에 대하여 설명하시오.

# 국가기술 자격검정 시험문제

기술사 제 116 회    제 2 교시 (시험시간: 100분)

| 분야 | 전기전자 | 자격종목 | 건축전기설비기술사 | 수험번호 | | 성명 | |
|---|---|---|---|---|---|---|---|

※ 다음 문제 중 4문제를 선택하여 설명하시오.  (각25점)

1. 중성점 직접접지식 전로와 비접지식 전로의 지락보호를 비교하여 설명하시오.

2. 변류기(CT)의 과전류정수와 과전류강도에 대하여 설명하시오.

3. 전력용 콘덴서의 내부고장보호방식에 대하여 설명하시오.

4. 해상풍력발전의 전력계통 연계방안을 내부전력망(Array cable or Inter array), 해상변전소(Offshore substation) 및 외부전력망(Transmission cable or Export cable) 으로 구분하여 설명하시오.

5. 전력시설물 공사감리업무 수행지침에 따라 물가변동으로 인한 계약금액 조정 시 계약금액 조정방법, 지수조정율과 품목조정율의 개요 및 검토 시 구비서류에 대하여 설명하시오.

6. 3상 유도전동기가 4극, 50Hz, 10HP로 전 부하에서 1450rpm으로 운전하고 있을 때, 고정자 동손은 231W 회전 손실은 343W 이다. 다음을 구하시오.
   1) 축 토크             2) 유기된 기계적 출력
   3) 공극 전력           4) 회전자 동손
   5) 입력 전력           6) 효율

# 국가기술 자격검정 시험문제

기술사 제 116 회 　　　　　제 3 교시 (시험시간: 100분)

| 분야 | 전기전자 | 자격종목 | 건축전기설비기술사 | 수험번호 | | 성명 | |
|---|---|---|---|---|---|---|---|

※ 다음 문제 중 4문제를 선택하여 설명하시오. (각25점)

1. 케이블에서 충전전류의 발생원인, 영향(문제점) 및 대책에 대하여 설명하시오.

2. 접지형 계기용변압기 (GVT) 사용 시 고려사항에 대하여 설명하고 설치개수와 영상 전압과의 관계에 대해서도 설명하시오.

3. 정부에서는 태양광발전산업을 장려하기 위하여 2018년 REC(Renewable Energy Certificate) 가중치를 개정하고, 발전차액지원제도(FIT ; Feed-In Tariff) 를 한시적으로 도입하기로 결정하였다. 이에 대하여 설명하시오.

4. 분진위험장소에 시설하는 전기배선 및 개폐기, 콘센트, 전등설비 등의 시설방법에 대하여 설명하시오.

5. 최근 지진으로 인한 사회 전반적으로 예방대책이 요구되는 시점에서, 전기설비의 내진 대책에 대하여 설명하시오.

6. VVVF(Variable Voltage Variable Frequency) 와 VVCF(Variable Voltage Constant Frequency)의 원리, 특징 및 적용되는 분야에 대하여 설명하시오.

# 국가기술 자격검정 시험문제

기술사 제 116 회 제 4 교시 (시험시간: 100분)

| 분야 | 전기전자 | 자격종목 | 건축전기설비기술사 | 수험번호 | | 성명 | |
|---|---|---|---|---|---|---|---|

※ 다음 문제 중 4문제를 선택하여 설명하시오. (각25점)

1. 지중케이블의 고장점 추정방법에 대하여 설명하시오.

2. 골프장의 야간조명계획 시 고려사항에 대하여 설명하시오.

3. 분산형전원 배전계통 연계기술기준에 의거하여 한전계통 이상시 분산형전원 분리시간(비정상전압, 비정상주파수)에 대하여 설명하시오.

4. 저항과 누설 리액턴스의 값이 (0.01+j0.04)Ω인 1000kVA 단상변압기와 저항과 누설 리액턴스의 값이 (0.012+j0.036)Ω인 500kVA 단상변압기가 병렬운전한다. 부하가 1500kVA일 때 각 변압기의 부하분담 값을 구하시오.
 (단, 지상역률은 0.8이고 2차측 전압은 같다고 가정한다.)

5. KS C IEC 60364-4 에서 정한 특별저압전원 (ELV ; Extra-Low Voltage) 에 의한 보호방식에 대하여 설명하시오.

6. 소방시설용 비상전원수전설비에 대하여 설명하시오.
 1) 특별고압 또는 고압으로 수전하는 경우의 설치기준
 2) 전기회로 결선방법

6장

제116회 (2018.08)
문제해설

건축전기설비
기술사
기출문제

1.1 피뢰기를 변압기에 가까이 설치해야 하는 이유에 대하여 설명하시오.


1. 피뢰기를 변압기에 가까이 설치해야 하는 이유
   - 서지는 피뢰기에 의하여 제한전압까지 제한되어서 피 보호기(주 변압기)의 단자에 도달한다.
   - 서지는 변압기 단자에서 정반사하고, 다시 피뢰기 단자에 이르러 부 반사하여 또다시 변압기로 향하여 진다.
   - 이렇게 반복하여 전압이 상승하여 변압기의 절연을 위협하기 때문이다.

2. 변압기 단자전압

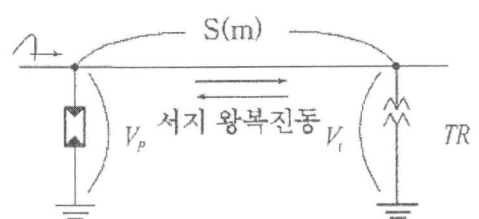

$V_P$ : 제한전압(kV)
$V$ : 서지 전파속도(km/$\mu$s)
$S$ : 이격거리(m)
$U$ : 뇌서지 파두준도(kV/$\mu$s)

1) 변압기 단자전압 $V_t = V_p + 2U \cdot \dfrac{S}{V}$

2) 여기에서 거리(S)가 길어지면 왕복 진동 서지전압이 변압기 단자전압을 상승시킨다.

3) 따라서 가능한 피 보호기기 가까이 피뢰기를 설치해야 한다.

4) 권장 이격거리

| 공칭전압(kV) | 345 | 154 | 22.9 |
|---|---|---|---|
| 거리 | 85m 이내 | 54m 이내 | 20m 이내 |

1.2 내선규정에 의한 제2종접지선 굵기 산정기준에 대하여 설명하시오.

1. 내선규정 부록 100-11 접지선 굵기의 산정기초

    보통 접지선의 굵기를 결정하는 경우는 전류용량, 기계적강도, 내식성 등을 생각하여 정해야 한다.

    1) 접지선의 온도상승

        동선에 단시간 전류가 흘렀을 경우의 온도상승은 보통 다음 식으로 주어진다.

        $$\theta = 0.008 \left(\frac{I}{A}\right)^2 t$$

        여기서 $\theta$ : 동선의 온도상승(℃)

        　　　　I : 전류(A)

        　　　　A : 동선의 단면적(㎟)

        　　　　t : 통전시간(초)

    2) 계산조건

        접지선의 굵기를 결정하기 위한 계산조건은 다음과 같다.

        ① 접지선에 흐르는 고장전류의 값은 전원측 과전류차단기 정격전류의 20배로 한다.
        ② 과전류차단기는 정격전류 20배의 전류에서는 0.1초 이하에서 끊어지는 것으로 한다.
        ③ 고장전류가 흐르기 전의 접지선 온도는 30℃로 한다.
        ④ 고장전류가 흘렀을 때의 접지선의 허용온도는 160℃로 한다.
           따라서 허용온도상승은 130℃가 된다.

    3) 계산

        먼저 계산식에 상기의 조건을 넣으면 다음과 같다.

        $$130 = 0.008 \times \left(\frac{20 I_n}{A}\right)^2 \times 0.1$$

        즉 $A = 0.0496\, I_n$

        여기서 $I_n$ : 과전류차단기의 정격전류임.

## 2. 내선규정 1445-5 제2종 접지공사의 시설방법

1) 특고압전로 또는 고압전로와 저압전로를 결합하는 변압기의 저압측 중성점은 제2종 접지공사를 시행하여야 한다.

   다만, 저압전로의 사용전압이 300V 이하의 경우에 있어서 해당 접지공사를 중성점에 시설하기 어려울 경우는 저압측의 임의의 1단자에 시설할 수 있다.

2) 전항의 접지공사는 변압기의 시설장소마다 시설하여야 한다.

3) 제2종 접지공사의 접지선은 450/750V 일반용 단심 비닐절연전선 또는 이와 동등이상의 절연효력이 있는 동전선을 사용하여야 한다.

   다만, 지중 및 접지극에서 알루미늄전선을 사용할 수 있다.

4) 고압전로와 저압전로를 변압기에 의하여 결합하는 경우의 제 2종 접지공사의 접지선 굵기는 원칙적으로 다음 표에 의하여야 한다.

| 변압기 1상분 용량 (kVA) | | | 접지선의 최소 굵기 (mm) | |
|---|---|---|---|---|
| 110 V | 220 V | 440 V | 동선 | 알루미늄선 |
| 5 kVA까지 | 10 kVA까지 | 20 kVA까지 | 6 | 10 |
| 10 〃 | 20 〃 | 40 〃 | 6 | 10 |
| 15 〃 | 30 〃 | 60 〃 | 10 | 16 |
| 20 〃 | 40 〃 | 80 〃 | 10 | 16 |
| 30 〃 | 60 〃 | 120 〃 | 16 | 25 |
| 40 〃 | 80 〃 | 160 〃 | 25 | 35 |
| 50 〃 | 100 〃 | 200 〃 | 25 | 35 |
| 75 〃 | 150 〃 | 300 〃 | 35 | 50 |
| 100 〃 | 200 〃 | 400 〃 | 50 | 70 |
| 150 〃 | 300 〃 | 600 〃 | 70 | 120 |
| 200 〃 | 400 〃 | 800 〃 | 95 | 150 |
| 250 〃 | 500 〃 | 1,000 〃 | 120 | 185 |
| 300 〃 | 600 〃 | 1,200 〃 | 150 | 240 |
| 400 〃 | 800 〃 | 1,600 〃 | 185 | 300 |
| 500 〃 | 1,000 〃 | 2,000 〃 | 240 | 400 |

【비고 1】이 표의 산정기준은 부록 100-11(접지선 굵기의 산정기초)을 참고할 것.
【비고 2】"변압기 1상분의 용량"이란 다음의 값을 말한다.
  (1) 3상변압기의 경우는 정격용량의 1/3의 용량을 말한다. 다만, 계산상 소수점으로 계산될 경우 직 상위용량을 적용한다.

1.3 교류자기회로 코일에 시변자속이 인가될 때 유도기전력을 설명하시오.
   (단, 자기회로는 포화와 누설이 발생하지 않는다고 가정)

1. 전자 유도 [electromagnetic induction] 정의 (예상문제풀이집 13.8)
 1) 코일 속을 통과하는 자속이 변하면, 코일에 기전력이 생기는 현상.

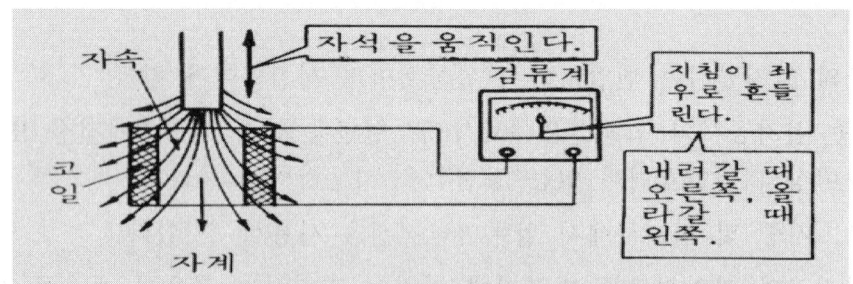

자석을 상·하로 움직이면 코일을 통과하는 자속의 변화로 전자 유도에 의해 기전력이 발생한다.
기전력의 크기는 자속의 시간적 변화 $\Delta\phi/\Delta t$에 비례한다.

$$e = -n\frac{d\Phi}{dt} \ (V)$$

 2) 도체가 자속을 끊었을 때, 도체에 기전력이 생기는 현상.
    [예] 코일을 진동시키면 코일이 자속을 끊어 기전력이 생긴다.
    [기전력의 크기]  $e = vBl\sin\theta \ (V)$

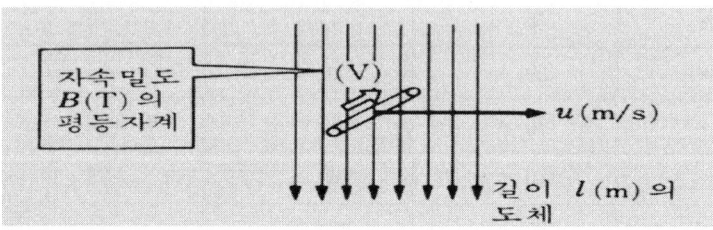

2. 전자유도 현상의 종류
  1) 자기(自己)유도
     코일에 흐르는 전류가 변화하면 그에 따라 자속이 변화하므로 전자 유도에 의해 코일 내에 유도 기전력이 발생하는 현상

     유도 기전력  $e = -L\frac{di}{dt} = -n\frac{d\Phi}{dt} \ (V)$

  2) 상호 유도
  - 유도적으로 결합되어 있는 두 개의 회로에서 제1회로에 흐르는 전류가 변화하면 다른 회로에 쇄교하는 자속수가 변화하므로, 제2회로에 유도전류가 흐르는 현상으로 이때 결합 계수의 크기에 따라 유도 전류의 크기가 달라진다.

    $k = \dfrac{M}{\sqrt{L_1 L_2}}$  (M : 상호 인덕턴스, $L_1$, $L_2$ : 회로 1,2의 자기 인덕턴스)

1.4 다음 그림에서 t=0에서 스위치 S를 닫을 때 과도전류 $i(t)$를 구하시오.

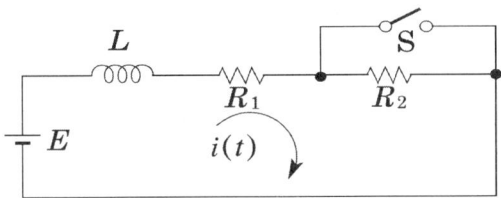

1. 키르히호프의 전압 방정식 $L\dfrac{di}{dt} + R_1 i = E$

   정상해 $\dfrac{di}{dt} = 0 \qquad \therefore i_s = \dfrac{E}{R_1}$

   과도해 (E=0 조건) $i_t = A\,e^{-\frac{R_1}{L}t}$ (시정수 $\tau = \dfrac{L}{R_1}$ )

   완전해(정상해+과도해) $i = \dfrac{E}{R_1} + A\,e^{-\frac{R_1}{L}t}$

   초기 전류 $i_s = \dfrac{E}{R_1 + R_2}$

   $i|_{t=0} = \dfrac{E}{R_1} + A = \dfrac{E}{R_1 + R_2}$

   $\therefore A = \dfrac{E}{R_1 + R_2} - \dfrac{E}{R_1} = \dfrac{-R_2}{R_1(R_1 + R_2)}E$

2. 과도전류

   $i(t) = \dfrac{E}{R_1} - \dfrac{R_2 E}{R_1(R_1 + R_2)}\,e^{-\frac{R_1}{L}t}$

   $\quad = \dfrac{E}{R_1}\left[1 - \dfrac{R_2}{R_1 + R_2}\,e^{-\frac{R_1}{L}t}\right]$

3. 그래프

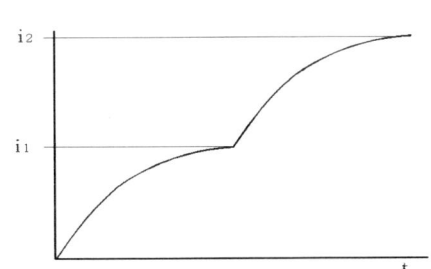

1.5 전기설비기술기준의 판단기준 제289조(저압 옥내 직류전기설비의 접지)의 시설기준에 대하여 설명하시오.

판단기준 제3절 저압 옥내직류 전기설비

**제289조(저압 옥내직류 전기설비의 접지)**

① 저압 옥내직류 전기설비는 전로 보호장치의 확실한 동작의 확보, 이상전압 및 대지전압의 억제를 위하여 직류 2선식의 임의의 한 점 또는 변환장치의 직류측 중간점, 태양전지의 중간점 등을 접지하여야 한다. 다만, 직류 2선식을 다음 각 호에 의하여 시설하는 경우는 그러하지 아니하다.
   1. 사용전압이 60 V 이하인 경우
   2. 접지검출기를 설치하고 특정구역내의 산업용 기계기구에만 공급하는 경우
   3. 제23조(고압 또는 특고압과 저압의 혼촉에 의한 위험방지 시설)의 규정에 적합한 교류계통으로부터 공급을 받는 정류기에서 인출되는 직류계통
   4. 최대전류 30 mA 이하의 직류화재경보회로

② 제1항의 접지공사는 제21조(수도관 등의 접지극), 제22조(수용장소의 인입구의 접지), 제22조의2(주택 등 저압수용장소 접지) 및 제27조(전로의 중성점의 접지) 제2항을 준용하여 접지하여야 한다.

③ 직류전기설비의 접지시설을 양(+)도체를 접지하는 경우는 감전에 대한 보호를 하여야 한다.

④ 직류전기설비의 접지시설을 음(-)도체를 접지하는 경우는 제293조(저압 직류전기설비의 전기부식방지)에 준용하여 전기부식방지를 하여야 한다.

⑤ 직류접지계통은 교류접지계통과 같은 방법으로 금속제 외함, 교류접지선 등과 본딩하여야 하며 교류접지가 피뢰설비, 통신접지 등과 통합 접지되어 있는 경우는 제18조 제7항(전기설비의 접지계통과 건축물의 피뢰설비 및 통신설비 등의 접지극을 공용하는 통합접지공사를 할 수 있다. 이 경우 낙뢰 등에 의한 과전압으로부터 전기설비 등을 보호하기 위해 과전압 보호 장치 또는 SPD를 설치하여야 한다)에 따라 시설하여야 한다.

1.6 축전지의 충전방식을 초기충전과 사용 중의 충전방식으로 구분하여 설명하시오.

1. 초기 충전
축전지에 전해액을 주입하여 처음으로 행하는 충전으로 비교적 소 전류로 장시간 통전하여 축전지를 활성화 하는 것을 말한다.

2. 사용 중의 충전
   1) 부동 충전

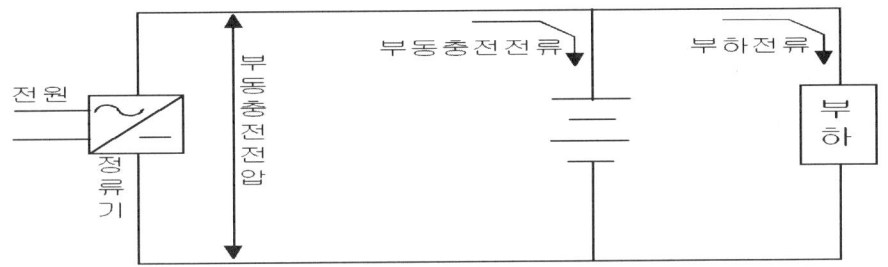

   - 전지의 자기 방전을 보충하는 동시에
   - 상용 부하에 대한 전력 공급은 충전기가 부담하고
   - 충전기가 부담하기 어려운 일시적인 대전류는 축전지가 함께 부담케 하는 방식으로 다음과 같은 이점이 있다.
     ① 축전지는 항시 완전 충전 상태에 있다.
     ② 정류기의 용량이 비교적 적어도 된다.
     ③ 축전지를 장시간 사용할 수 있다.(장수명화)
     * 세류 충전 : 자기 방전만을 항상 충전하는 방식
     * 회복 충전 : 방전한 축전지를 차 회의 방전에 대비해 용량이 충분히 회복할 때까지 충전하는 방식

   2) 균등 충전
   - 부동 충전 방식에 의해 사용할 때 각 전지간에 전압이 불균일하게 된다.
     이를 시정하기 위해 일시적으로 과 충전하는 방식
   - 약 1~2개월에 한 번 정도 실시
   - 인가전압 : 연 축전지 2.4V ~ 2.5V
               알칼리 축전지 1.45~1.5V

- 인가시간 : 약10~15시간

   <균등 충전 시기>
   1. 부동 충전시 1~2개월에 한 번 정도 실시
   2. 충 방전이 심한 경우(월1회)
   3. 과 방전시 또는 오래 방치한 경우
   4. 방전 후 즉시 충전하지 않은 경우

3) 자동 충전
   - 초기에 대전류가 흐르는 결점을 보완하여 일정전류 이상이 흐르지 않도록 자동 전류 제한 장치를 달아 충전하는 방식
   - 회복 충전 시 : 균등충전 방식으로 작동
     충전 완료 후 : 자동으로 부동충전 상태로 전환됨.
   - 최근에는 거의 이 방식으로 충전

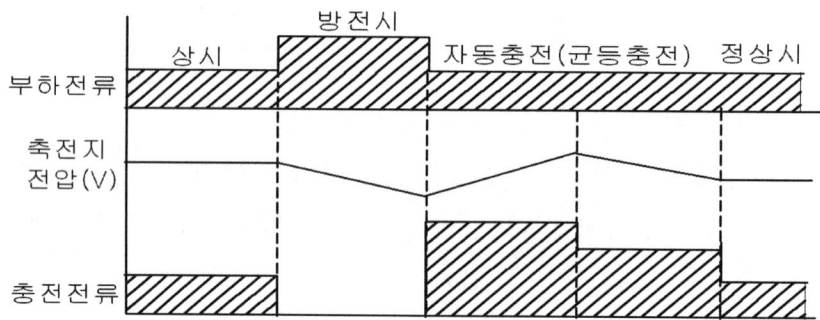

3. 이상시 충전 방식
  1) 급속 충전
     응급적으로 용량을 약간 회복시키기 위하여 단시간에 보통 충전 전류의 2-3배의 전류로 충전하는 방식으로 자주하여서는 좋지 않은 방식이다.
  2) 과 충전
     축전지 고장을 사전에 방지 또는 이미 고장 난 축전지를 회복하기 위해 저 전류로 장시간 충전하는 방식.
  3) 보 충전
     축전지를 장시간 방치시(자기방전상태) 미소전류로 장시간 충전하는 방식

1.7 변압기의 K-Factor에 대하여 설명하시오.

## 1. K-Factor란
- 최근에는 전력 전자 기술의 발달에 비례하여 고조파를 발생시키는 비선형 부하가 급증하고 있는 실정이며
- 이러한 비선형 부하에서 발생하는 고조파 전류에 의한 변압기 손실 증가로 변압기의 온도가 상승하는 영향을 수치화 개념으로 나타내는 것이 K-Factor 임.
- 즉, K-Factor란 비선형 부하들에 의한 고조파의 영향에 대해 변압기가 과열현상 없이 공급할 수 있는 능력을 말함.
- IEEE/ANSI C-57-110에서는 전류 왜형율 5% 초과시 K-Factor를 적용토록 규정하고 있음.

## 2. K-Factor 산출 방법

$$K - Factor = \frac{\sum (h^2 \cdot I_h^2)}{\sum I_h^2}$$

여기서 h : 고조파 계수
$I_h$ : 제 h 차 고조파 전류

## 3. K-Factor에 의한 3상 변압기 고조파 손실율

$$THDF = \sqrt{\frac{1 + Pe(pu)}{1 + Kf \times Pe(pu)}} \times 100(\%)$$

여기서 THDF : Trasformer Harmonics Derating Factor
(변압기 고조파 손실율)
Pe(pu) : 와전류손율
Kf : K-Factor

예) MOLD TR에서 K-Factor가 13, 와류손 14%인 경우
(3상 비선형 부하)

$$THDF = \sqrt{\frac{1 + 0.14}{1 + (13 \times 0.14)}} \times 100(\%) = 64 \ (\%)$$

K-Factor가 13이고 변압기 와류손이 14%라면 변압기에 변압기 용량의 64%만 부하를 걸어야 안전하고 K-Factor가 1에 가까울수록 좋은 변압기이다.

1.8 전기방식 중에 희생양극법에 대하여 설명하시오.

### 1. 부식의 종류
1) 국부 전지 부식 (마이크로 셀 부식)

   금속 표면은 불순물, 산화물, 기타피막, 결정구조등에 의해 매우 불균일하여 전극 전위는 동일 금속이라도 부분적으로 전위차가 존재하여 국부전지가 형성되어 부식이 진행된다.

2) 농담 전지 (濃淡 電池) 부식 (마이크로 셀 부식)

   동일 금속의 다른 부분에서 대지의 염류 농도나 용존 가스($O_2$)량이 다른 경우 금속 표면에 양극 부분과 음극부분을 형성하고 양극 부분의 부식이 촉진된다.

3) 세균부식

   매설 금속체의 부식은 토양중에 있는 세균 때문에 현저히 촉진된다.

   그중 대표적인 유산염, 환원 박테리아이고 산소 농도 PH 6~8의 점토질에 가장 번식하기 쉽다.

4) 이종 금속 접촉 부식(갈바닉 부식)

   이종 금속이 결합하여 부식되는 것으로 고전위 금속과 저전위 금속이 접촉할 경우, 전극전위가 낮은 금속이 양극화되어 양극부분이 부식한다.

   토양중에서 이 부식이 일어나는 사례로는 황동과 직결된 철판, 동제 접지체와 연결된 철 구조물 등이다.

   - 자연 전위열

   | 금속 종류 | 은 | 동 | 납 | 강, 주철 | 알루미늄 | 아 연 |
   |---|---|---|---|---|---|---|
   | 전위(V) | -0.06 | -0.17 | -0.5 | -0.45 ~ 0.65 | -0.78 | -1.07 |

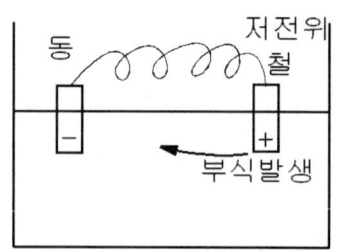 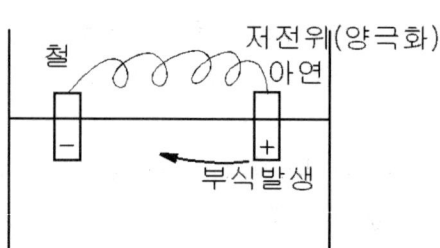

5) 전식(미주전류 부식)
   - 매설 금속체에 외부 전원의 누설 전류에 의해서 발생
   - 도시의 지하와 같이 여러 종류의 매설물이 혼합하여 있을 때 심함.
   - 전식에는 교류 전식과 직류 전식이 있으며, 직류 전식이 심함.
   - 자연부식은 금속표면이 전부 부식하는데 전식은 국부적으로 부식한다.

## 2. 부식 방지 대책

1) 도장법 : 피 보호 금속체의 표면을 페인트 코팅 또는 테이핑
2) 희생 양극법(유전 양극법)

  (1) 원리

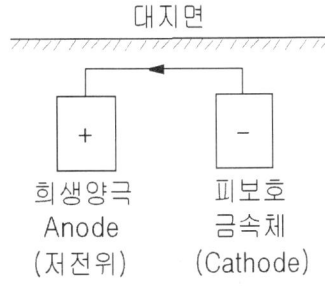

- 금속체에 상대적으로 전위가 낮은 금속을 도선에 의해 접속
- 이종 금속간 이온화 경향을 이용
- 금속체가 음극이 되고 접속시킨 금속이 양극이 됨.
- 희생 양극 : 철보다 저전위인 Mg, Al, Zn 등을 이용

  (2) 장점
- 별도의 전원이 불필요하다.
- 설계, 설치가 매우 쉽고 유지보수가 거의 불필요하다.
- 주위 시설물 간섭이 적고 전류 분포가 거의 균일하다.
- 다수로 분포된 배관등에 적합함.

  (3) 단점
- 적은 방식 전류가 적은 경우만 사용 가능
- 토양 저항이 큰 경우와 수중에는 부 적합
- 유효 범위가 제한적

3) 외부 전원법(강제 전원법)

  (1) 원리

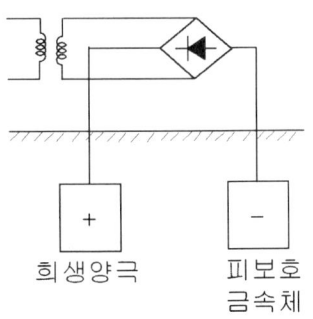

- 금속체에 외부에서 전원을 연결
- 희생양극(Anode)은 부식이 심하므로 내구성이 강한 재질을 사용

  (2) 장점
- 대용량의 방식 전류 가능
- 전압 전류 조정 가능하고 자동화 가능
- 토양의 저항 영향을 적게 받음
- 내 소모성 양극을 사용시 장 수명 가능

  (3) 단점
- 설계, 설치 복잡
- 타시설물에 방식전류 간섭 우려
- 유지 관리 비용이 필요
- 과도한 방식이 될 수도 있음.

1.9 교류회로에서 전선을 병렬로 사용하는 경우 포설방법에 대하여 설명하시오.

1. 내선규정 2225-3 전선의 병렬 사용
   - 교류회로에서 전선을 병렬로 사용하는 경우는 1435-1의 제2항 제⑤호 (병렬전선 사용)에 따르며, 관내에 전자적 불평형이 생기지 않도록 시설하여야 한다.
   - 금속관 배선에서 전선을 병렬로 사용하는 경우의 예는 그림 2225-1 과 같다.

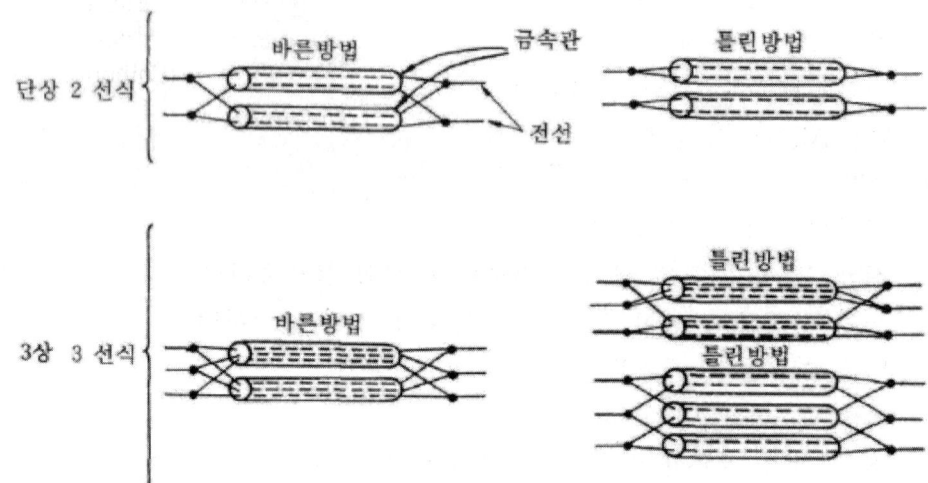

그림 2225-1 전선을 병렬로 사용하는 경우(예)

2. 내선규정 1435-1 절연전선 등의 허용전류
   ⑤ 병렬전선 사용
   옥내에서 전선을 병렬로 사용하는 경우는 다음 각 호에 의하여 시설하는 것을 원칙으로 한다.
   가. 병렬로 사용하는 각 전선의 굵기는 동 50㎟ 이상 또는 알루미늄 70㎟ 이상이고, 동일한 도체, 동일한 굵기, 동일한 길이이여야 한다.
   나. 공급점 및 수전점에서 전선의 접속은 다음 각 호에 의하여 시설하여야 한다.
    1) 같은 극의 각 전선은 통일한 터미널 러그에 완전히 접속할 것.
    2) 같은 극인 각 전선의 터미널 러그는 통일한 도체에 2개 이상의 리벳 또는 2개 이상의 나사로 헐거워지지 않도록 확실하게 접속할 것.
    3) 기타 전류의 불 평형을 초래하지 않도록 할 것.
   다. 병렬로 사용하는 전선은 각 전선에 퓨즈를 시설하지 말아야 한다.
      (단, 공용 퓨즈는 시설할 수 있다)

## 3. 케이블의 동상 다조 포설 시 유의사항

1) 단심 케이블을 여러 선 부설하면 주위의 케이블 부하전류 및 그 선심 상호 간 거리에 의한 자속의 영향을 받아 인덕턴스가 변화한다.
2) 이 경우 동상 내 부하전류의 상 배열이 부적당하거나 선심 상호간 거리가 일정하지 않으면 인덕턴스의 불 평형이 생긴다.
3) 한편 다선 부설이기 때문에 허용전류도 대폭 저감되므로 케이블 사이즈를 선정할 때는 허용전류 및 임피던스 평형 양면에서 충분히 검토해야 한다.

## 4. 동상 다조 포설의 전류 불평형

| CABLE 배열 | 불평형 상태 |
|---|---|
| ⓐ ⓑⓑ" ⓒ<br>ⓐ'ⓐ" ⓑ' ⓒ'ⓒ" | · 전류 불 평형 있음 (약 10%)<br>· 정삼각형을 작게 하고 CABLE 그룹 간격을 크게 하면 불 평형은 감소한다. |
| ⓐⓑⓒ ⓐ'ⓑ'ⓒ' ⓐ"ⓑ"ⓒ" | · 불 평형 있음(약 10%) |
| ⓐ ⓐ' ⓐ"<br>ⓑ ⓑ' ⓑ"<br>ⓒ ⓒ' ⓒ" | · 동상 내 불 평형 있음 (약 5%)<br>· 동상 CABLE을 떼어놓는 만큼 불 평형은 감소한다. |
| ⓐ ⓐ' ⓐ"<br>ⓑⓒ ⓑ'ⓒ' ⓑ"ⓒ" | · 전류 불 평형 있음 (약 10%)<br>· 정삼각형을 작게 하고 CABLE 그룹 간격을 크게 하면 불 평형은 감소한다. |
| ⓐⓐ'ⓐ" ⓑⓑ'ⓑ" ⓒⓒ'ⓒ" | · 불 평형 있음 (약 50%) |
| ⓐ ⓐ' ⓐ" ⓐ"<br>ⓑ ⓑ' ⓑ" ⓑ"<br>ⓒ ⓒ' ⓒ" ⓒ" | · 전류 불 평형 있음 (약 10%)<br>· 동상케이블을 떼어 놓는 만큼 불 평형은 감소한다. |
| ⓐⓑⓒ ⓒ'ⓑ'ⓐ' | · 동상 내 불 평형 없음 |
| ⓐ ⓑ ⓒ<br>ⓒ' ⓑ' ⓐ' | · 동상 내 불 평형 없음 |
| ⓐⓑⓒⓒ'ⓑ'ⓐ'<br>ⓐ"ⓑ"ⓒ"ⓒ"ⓑ"ⓐ" | · 동상 내 불 평형 없음 |

1.10 소방부하 겸용 발전기용량 산정 시 적용하는 수용률 기준에 대하여 설명하시오.

1. 소방부하와 비상부하의 구분 (인용 : 위키 백과 사전)
   1) 소방부하
      - 화재 시 사용되는 부하.
      - 「소방시설 설치유지 및 안전관리에 관한 법률」 시행령 [별표1]에 의한 소방시설(소화설비, 피난설비, 소화용수설비, 소화활동설비 등) 및 건축법령에 의한 방화・피난시설(비상용승강기, 피난용승강기, 배연설비, 방화구획시설 등) 이며
      - 의료법령에 의한 의료시설 및 소방시설 작동으로 침수 우려가 있는 지하실에 전기실, 기계실이 있는 경우 배수펌프가 포함된다.

   2) 비상부하
      - 소방부하 이외의 비상용 전력부하.
      - 즉, 항온항습시설, 급수펌프, 보안시설, 급기팬, 배기팬, 냉장・냉동시설, 공용전등, 승용승강기, 비상용승강기(공동주택), 급탕순환펌프, 주방동력, 정화조동력, 기계식주차장 구동장치, 냉・난방시설(난방용 보조전원장치), 동파방지시설 등이 포함된다.

2. 소방전원 보존형 발전기
   - 소방전원 보존형 발전기는 소방용과 비상용 겸용의 발전기로서 용량 부족에 의한 문제점에 대한 해결책으로서 적은 용량에서도 과부하를 방지하여 소방안전을 확보하기 위해 개발된 발전기다.
   - 발전기의 구비조건은 정전 및 화재시에는 소방부하 및 비상부하에 비상전원이 자동으로 동시 공급되고
   - 주전원 선로의 전류 값을 계측하여 소방부하 증가로 발전기가 과부하에 가까운 정격출력 또는 비상출력 부근의 설정된 전류 값에 도달되면 제어기기에 의해 즉시 소방부하 이외의 비상부하를 일괄 또는 순차 제어함으로써
   - 비상부하용 차단기가 차단되기 전에는 주전원 차단기가 차단되지 않게 하여 소방부하에 비상전원의 연속 공급을 보장하는 발전기이다.

3. 건축전기설비 설계기준의 수용률
   - 개정된 고시의 화재안전기준에 의하면, 소방부하의 수용률은 100%를 적용한다.
   - 비상부하의 수용률은 건축전기설비설계기준에 제시된 수용률 중 최댓값

이상으로 적용하도록 되어 있다.
- 만약 수용률 기준이 없고 다른 지침이 없다면 수용률은 100%를 적용해야 할 것이다.
- 소방부하 겸용 발전기에서는 수용율 적용이 매우 중요하다.
- 적정한 수용률이 반영되지 않으면 타부하 용량이 소방부하용량을 침범하여 과부하가 초래되는 위험성이 있기 때문이다.

1) 소방부하 겸용 발전기의 비상부하 적용 기준 수용률(단위:%)

| 구분 | 사무실 | 백화점 | 종합병원 | 호텔 | 기타건축물 |
|---|---|---|---|---|---|
| 전등전열부하 | 83 | 92 | 75 | 71 | 81 |
| 일반동력부하 | 72 | 83 | 70 | 68 | 74 |
| 냉방동력부하 | 91 | 95 | 100 | 96 | 96 |
| OA 기기부하 | 78 | | | | 79 |

상기에 해당되지 않는 건축물은 부하 종류별로 100 또는 상기 값 이상으로 적용한다.

2) 소방전원보존형 발전기의 비상부하 적용 기준 수용률(단위:%)

| 구분 | 사무실 | 백화점 | 종합병원 | 호텔 | 기타건축물 |
|---|---|---|---|---|---|
| 전등전열부하 | 57 | 58 | 45 | 49 | 58 |
| 일반동력부하 | 38 | 47 | 40 | 42 | 47 |
| 냉방동력부하 | 59 | 65 | 70 | 64 | 70 |

3) 승강용 엘리베이터 수량에 따른 수용률(단위 : %)

| 대수 | 2대 | 3대 | 4대 | 5대 | 6대 | 7대 | 8대 | 9대 | 10대 |
|---|---|---|---|---|---|---|---|---|---|
| 수용률 | 91 | 85 | 80 | 76 | 72 | 69 | 67 | 64 | 62 |

1.11 3고조파 전류가 영상전류가 되는 이유에 대하여 설명하시오.

## 1. 3고조파 전류가 영상전류가 되는 이유
- 대칭좌표법에서 영상전류란 3상에 흐르는 전류의 위상이 모두 동상인 전류를 말한다.
- 3상 전압 또는 전류는 발전기 전기자 코일에 3개의 코일을 120° 씩 위상차를 두고 감은 것이기 때문에, 이 3개의 코일에서 유기되는 3상 기본파 전류의 순시치를 다음과 같이 표시 할 수 있다.

    $i_a = I_a \sin \omega t$
    $i_b = I_b \sin (\omega t - 120°)$
    $i_c = I_c \sin (\omega t - 240°)$

- 3고조파 전류는 주파수가 기본파의 3배가 되기 때문에 다음과 같이 표시할 수 있다.

    $i_{3a} = I_{3a} \sin 3\omega t$
    $i_{3b} = I_{3b} \sin 3(\omega t - 120°) = I_{3b} \sin (3\omega t - 360°)$
    $i_{3c} = I_{3c} \sin 3(\omega t - 240°) = I_{3c} \sin (3\omega t - 720°)$ 이 된다.

    $360° = 720° = 0°$ 이므로
    $i_{3a} = I_{3a} \sin 3\omega t$
    $i_{3b} = I_{3b} \sin 3\omega t$
    $i_{3c} = I_{3c} \sin 3\omega t$ 가 되어

    3고조파는 a, b, c상 모두 동상이 되므로 영상이 된다고 볼 수 있다.

## 2. 3고조파의 크기 및 주파수
영상 고조파는 3상분 고조파가 합쳐져 중성선에 흐르므로 그 크기는 다음과 같이 된다.

$i_N = i_{3a} + i_{3b} + i_{3c} = I_{3a} \sin 3\omega t + I_{3b} \sin 3\omega t + I_{3c} \sin 3\omega t$

$= I_a \sin 3\omega t$ 가 된다.

즉, 3고조파의 크기는 정상분 전류의 크기와 같고, 주파수는 3고조파가 된다. (왜냐하면 3고조파의 크기는 정상분 크기의 1/3 이므로)

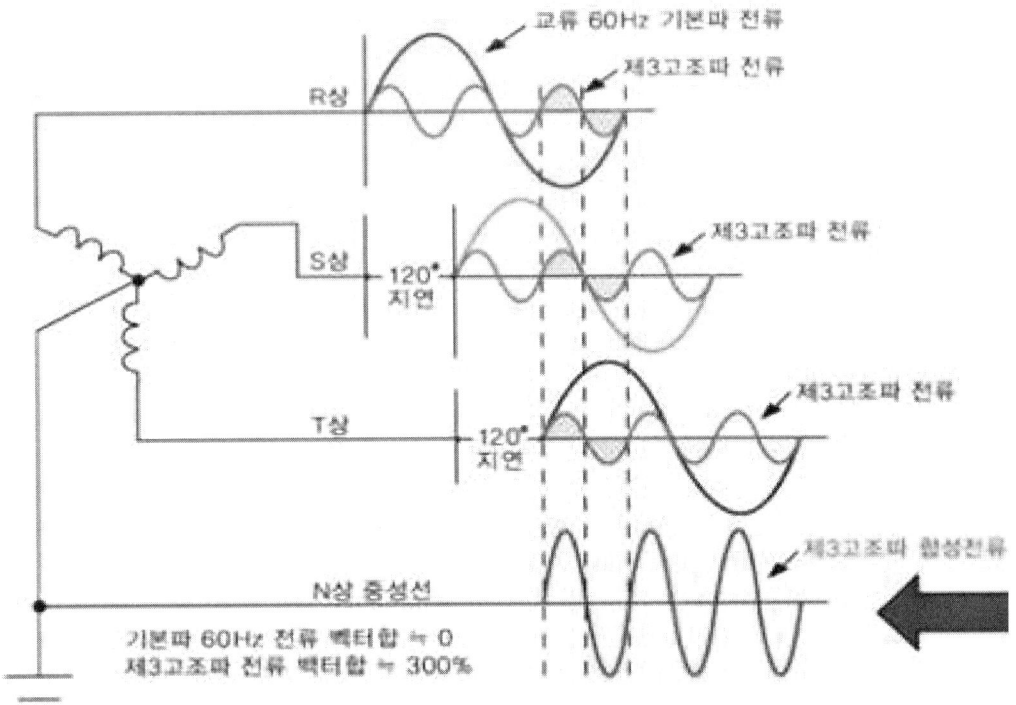

1.12 변압기의 과부하 운전이 가능한 조건에 대하여 설명하시오.

## 1. 변압기의 과부하 운전 조건

1) 냉각 방식 변경

   유입 자냉식의 변압기에 송풍기를 설치하여 유입 풍냉식 운전을 하면 20~30%의 과부하 운전이 가능하다.

   몰드 변압기의 경우는 15분 과부하 정격이 유입 변압기에 비하여 40~50% 정도 더 과부하 할 수 있다.

2) 주위온도 저하

   유입 변압기는 냉각 공기온도가 30℃를 기준으로 하여 설계되어 있다.

   그래서 냉각수 온도를 25℃에서 1℃ 내릴 때마다 변압기 정격 용량의 0.8%씩 과부하 시킬 수 있다.

3) 온도 상승 한도 운전

   규정상 변압기 권선 온도 평균 상승한도를 55℃로 하는데, 55℃보다 5℃ 낮아지는 경우 매 1℃마다 1%씩 과부하 운전이 가능함.

   예, 온도상승이 40℃인 경우

   ( 55-5-40) * 1% = 10% 과부하 운전이 가능함.

4) 단시간 과부하 운전(24시간 내 1회)

   대개 하루 중 한번 발생하는 과부하는 자냉식 변압기의 경우 다음 표와 같이 과부하를 할 수 있으며, 유입 변압기의 최대 과부하는 정격 용량과 같이 150%를 상한으로 한다.

   유입 변압기의 최고 효율은 약 60%(50~70%) 부하에서 운전할 때이다.

   | 짧은 시간의 과부하량 | | 변압기 정격 출력의 배수(%) | | |
   |---|---|---|---|---|
   | 과부하 전의 운전부하(%) | | 50 | 70 | 90 |
   | 과부하 운전시간 | 0.5 시간 | 150% | 150% | 147% |

5) 부하율이 떨어 졌을 때 과부하 운전

   부하율이 90% 미만의 경우 90%에서 떨어지는 1%마다 0.5%씩 과부하 운전 가능

## 2. 과부하 운전을 피해야 하는 경우

- 사용년수가 15년 이상인 변압기
- 유중가스분석 결과 가연성 가스총량의 값이 "요주의(700ppm)"치를 넘는 변압기
- 수리경력이 있거나 절연물의 수리 실적이 있는 변압기

- 직렬기기 즉, CB, LS, CT 단독 등의 상태가 과부하 운전시 정격을 초과하는 경우
- 주위온도가 40℃를 초과하는 경우
- 과부하 운전을 대비 주변압기 및 직렬기기의 상태, 단자 접속부의 과열여부 등을 파악 하여야 하며 보조냉각장치는 부하가 정격용량의 80%를 초과하거나, 권선온도가 70℃인 주변압기에 설치한다.

1.13 파셴의 법칙(Paschen's law)과 페닝효과(Penning effect)에 대하여 설명하시오.

## 1. 파셴의 법칙
- 파셴의 법칙과 페닝효과는 방전등 원리에 필요한 법칙들이다.
- 방전 개시에 필요한 전압은 전극간의 거리와 방전관 내부 전압에 비례한다는 것이 파셴의 법칙이다.

즉, 방전 개시 전압(Vs) = 방전관 내부 기압 (p) x 전극간격(d)

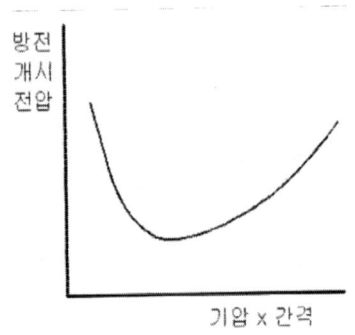

(파셴의 법칙 성립조건)
1. 일정한 범위의 가스 압력
2. 일정한 범위의 전극간 간격
3. 일정한 전극의 모양

## 2. 페닝 효과
- 수은이나 네온과 같은 불활성 기체에 소량의 다른 기체(아르곤)를 혼합할 경우 방전 개시 전압이 매우 낮아지는 현상
- 혼합 기체의 전리 전압이 원 기체의 여기 전압보다 낮기 때문이고 기동이 용이하게 된다.

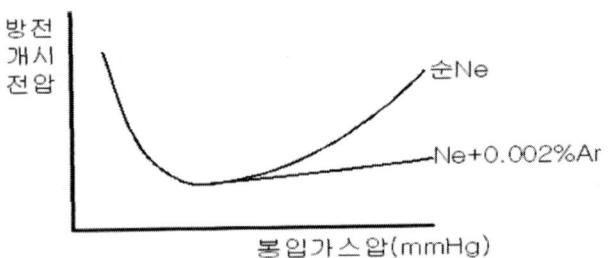

| 종 류 | 여기전압(eV) | 전리전압(eV) |
|---|---|---|
| Ne | 16.7 | 21.5 |
| Ar | 11.7 | 15.7 |

2.1 중성점 직접접지식 전로와 비접지식 전로의 지락보호를 비교하여 설명하시오.


1. 접지식 전로 지락 보호
   1) 지락 과전류 계전기(OCGR)
      지락 과전류 계전기(OCGR)를 이용한 지락보호 방식은 다음과 같이 지락 전류를 얻는 몇 가지 방법이 있다.
      (1) Y 결선의 잔류 회로 방식

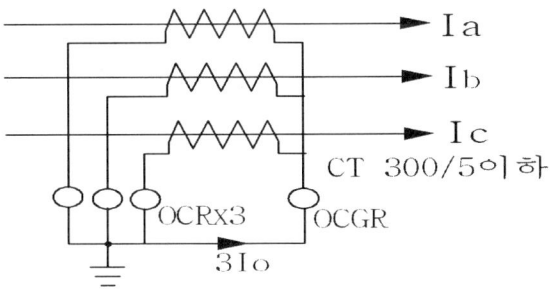

      - 각상 전류 : 단락 보호 및 과전류 보호
      - 잔류 회로 : 지락 보호
        그림에서 각상 전류의 벡터 합은 영상 전류의 3배가 된다.
      - 주의 : CT 2차를 접지 할 때는 CT측이나 계전기측 중 한곳에서만 접지를 해야 한다.

      (2) 3차 영상 분로 회로 방식

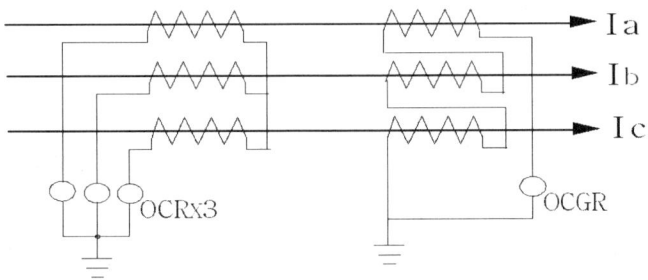

      2차 회로(정상분,역상분)   3차회로(영상분)

      - CT의 전류값이 클 때는 3차 영상 분로 회로 방식을 적용 해야 한다.
      - 1차 정격 전류가 400A 이상인 회로의 2차 잔류 회로에서는 계전기 동작에 필요한 영상 전류를 얻지 못할 수가 있다.
      - 3차 영상 분로 회로에는 $I_0$ 전류가 흐름.(Y접속의 1/3값)

(3) 중성선 CT 이용 방식

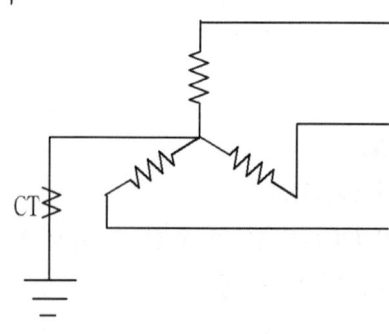

(4) 영상 변류기(ZCT) 이용 방식
　　이 방식은 직접접지계통 및 비 접지 계통에 모두 적용 가능하다.

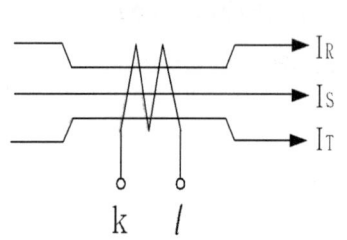

비 접지계통 1차 : 200mA
　　　　　 2차 : 1.5 mA
직접접지 또는
저항접지계통 : n / 5 A
　　　　 n : 100, 200A 등

$$In = \frac{Ia + Ib + Ic}{3} = \frac{3Io}{3} = Io$$

## 2. 비 접지식 전로 계통

1) 지락 과전압 계전 방식(OVGR.64)

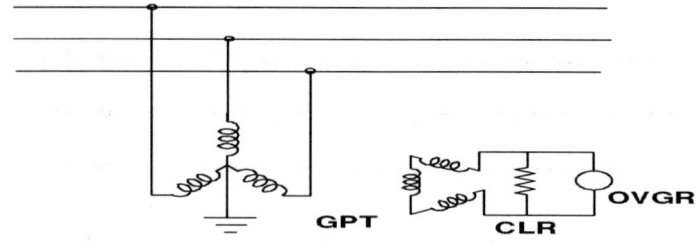

비접지 계통에서 지락 사고 발생시 지락 전류의 귀로가 없으므로 지락 전류 검출이 어려워 GPT(접지 변압기)를 이용하여 지락 전압을 검출하여 차단기를 동작하여 선로 및 기기를 보호한다.

2) 방향 지락 계전 방식(SGR . 67G)
- SGR을 사용하여 사고 선로를 선택 차단한다.
- 그림과 같이 GPT는 3차측은 Open Delta결선하여 제한저항에 3V0가 나타나 SGR 전압 요소에 인가된다.

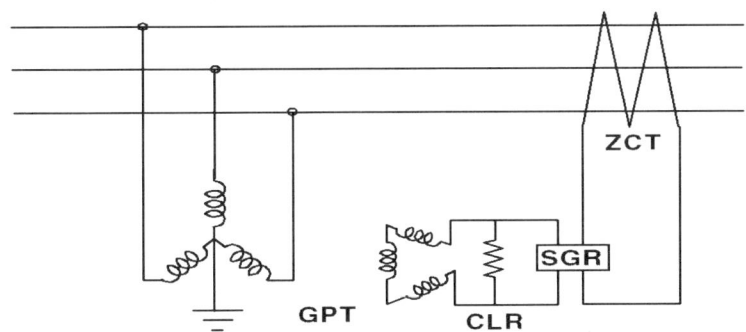

- 지락 전류는 선로 충전 전류와 제한 저항에 의한 전류의 합인데 비교적 적기 때문에 ZCT에 의해 SGR에 도입된다.
- 사고 회선과 건전회선의 지락 전류방향이 반대이므로 이것으로 선택성을 갖는다.

3) 지락 과전압 지락 방향 계전방식(OVGR+SGR)

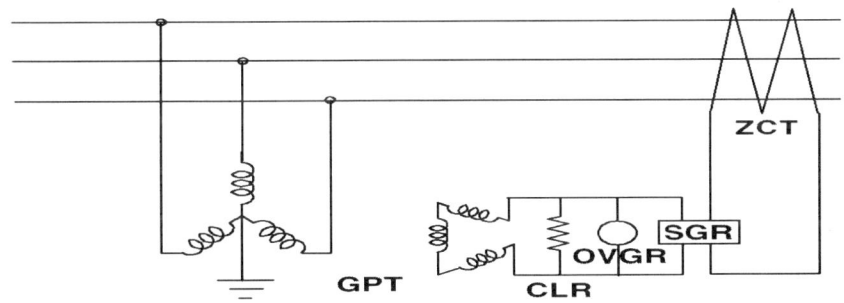

- 주로 OVGR은 주 회로에 사용하고 SGR은 분기 회로에 사용 하는데 둘 다 너무 예민하여 전체 회로를 차단하는 경우가 많이 발생한다.
- 따라서 이 둘을 조합하여 OVGR접점과 SGR접점을 직렬로 구성하여 모두가 작동하였을 때 지락 회로만을 차단하기 위해 사용함.
- 신뢰성이 높은 회로이다.

4) 누전 경보 방식(ELD)
 - 회로에 지락이 발생하면 검출하여 경보를 하기 위한 설비로서 소방법에는 중요 문화재 등에는 의무적으로 설치하도록 되어 있다.

5) 누전 차단 방식(ELB)
전로에 지락이 생겼을 때 발생하는 영상 전압 또는 영상 전류를 검출하여 차단하는 방식으로 전류 동작형과 전압 동작형이 있다.

2.2 변류기(CT)의 과전류정수와 과전류강도에 대하여 설명하시오.

1. CT 등가 회로

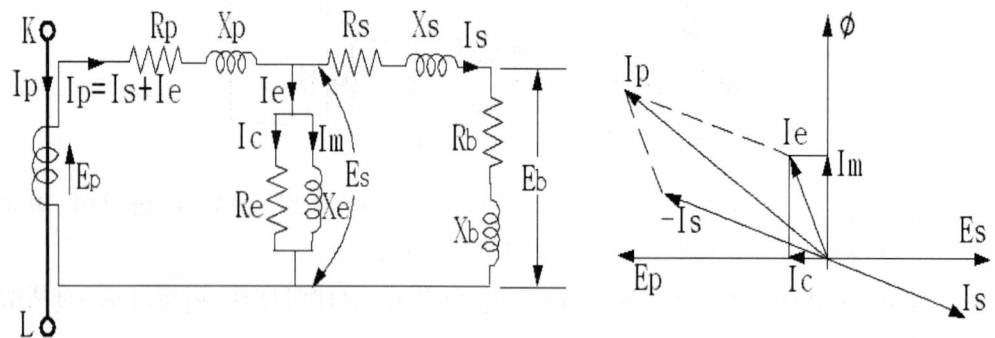

Rp, Xp : 1차 권선 저항 및 누설 리액턴스
Rs, Xs : 2차 권선 저항 및 누설 리액턴스
Rb, Xb : 2차 부담 저항 및 리액턴스
Re, Xe : 철심의 철손 저항 및 여자 리액턴스
Ip, Is : 1차 전류 및 2차 전류
Ie, Ic, Im : 여자 전류, 철손 전류 및 자화 전류
Ep, Es, Eb : 1차 유기 전압, 2차 유기 전압 및 2차 단자 전압
Φ : 철심 자속

2. C T 특성
 1) 포화 특성

CT는 1차 전류가 증가하면 2차 전류도 변류비에 비례하여 증가한다.
그러나 어느 한계에 도달하면 1차 전류는 증가하여도 2차 전류는 포화되어 증가하지 않는다.

(1) 포화점(Knee Point)

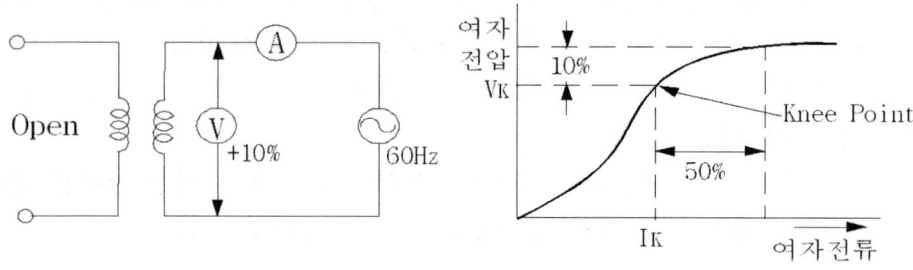

CT의 1차 권선을 개방하고 2차 권선에 정격 주파수의 교류 전압을 서서

히 증가시키면서 여자 전류를 측정할 때, 여자 전압 10% 증가시 여자 전류 50% 증가하는 점.

(2) 포화 전압 (Knee Point Voltage)

포화점의 인가전압을 포화 전압이라 하고, 이것이 충분히 높아야 대 전류 영역에서 확실한 보호가 가능하다.

계전기용에서 이 Knee Point Voltage가 작은 CT를 사용하면 계전기가 오동작이나 부동작 할 수 있다.

2) 비오차 (Ratio Error)

실제의 변류비가 공칭변류비와 얼마만큼 다른가를 나타내는 것.

$$비오차\ \epsilon = \frac{Kn - K}{K} \times 100(\%)$$

여기서 Kn : 공칭 변류비
K : 실제의 변류비

(참고) 오차율 = $\frac{이론값 - 실험값}{이론값} \times 100(\%)$

3) 과전류 정수(n)

- 어떤 2차 부담에서 1차 전압을 증가하고, 1차 전류가 어느 한도를 초과하면 자속 밀도가 포화하여 여자 전류가 급격히 증가하지만 2차 전류는 증가하지 않는다.
  이 경향은 2차 부담이 커질수록 심하게 나타난다.
  그래서 변류기의 과전류에서의 오차를 나타내기 위해서 과전류 정수가 규정되어 있다.
- 과전류 정수란 정격 주파수, 정격 부담에서 변류기의 비오차가 -10% 될 때의 1차 전류와 정격 1차 전류의 비를 n으로 표시하고 n>5, n>10, n>20을 표준으로 하고 있다.

$$n = \frac{I_1}{I_{1n}} = \frac{비오차가\ -10\%\ 될때의\ 1차\ 전류}{정격\ 1차\ 전류}$$

4) 부담

- 2차 전류에 의해 2차 회로에서 소비되는 피상전력

  [VA] = $I^2 \cdot Z$  (여기서 I:2차 정격전류, Z:부하임피던스)

- CT부담 ≥ Σ 2차 부하
- 정격(2차 전류가 5A 일 때) : 5, 10, 15, 25, 40, 100VA

5) 과전류 강도

전력 계통에 단락이 발생하면 주 회로에 접속되는 변류기 1차 권선에는 과

대한 고장 전류가 흘러서 변류기가 파괴 될 수 있다. 그 원인으로는
- 과전류에 의해 온도 상승으로 인한 권선 용단
- 강력한 전자력에 의한 권선 변형 등이 있다.

따라서 변류기는 이런 사고에 대해서 열적, 기계적으로 어느 정도 견딜 필요가 있어 과전류 강도는 열적 과전류 강도와 기계적 과전류 강도로 나누어 생각하지 않으면 안된다.

## (1) 열적 과전류 강도

열적 과전류 강도는 규격상으로 표준 시간이 1.0초로 되어 있으나 사고에 의해 과전류가 흐르는 시간은 반드시 1초라고는 할 수가 없으므로 임의의 시간에 대해서는 다음 식으로 구한다.

CT의 열적 과전류 강도  $Sn \geq S \cdot \sqrt{t}\ (kA)$

여기서 $S$ : 계통단락전류($kA$)
$t$ : 통전시간(= 차단시간)($Sec$)

## (2) 기계적 강도

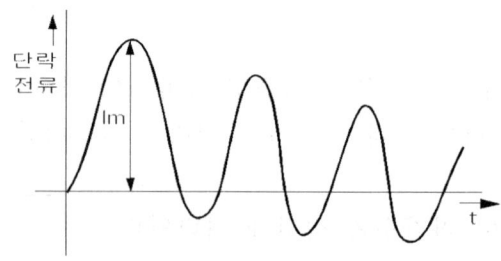

- 단락 전류의 최대 진폭 Im, 최악의 경우는 교류 실효값의 $2\sqrt{2}$ 배의 진폭이 되지만 규격상으로는 직류분 감쇄(0.5Cycle 정도)를 고려하여 정격 과전류의 2.5배에 상당하는 초기 최대 순시값에 견디도록 되어있고 보통은 다음식으로 구한다.

CT의 과전류강도 = $\dfrac{단락전류}{정격1차전류}$(배)

- 이와 같이 변류기의 과전류 강도는 열적 과전류 강도와 기계적 과전류 강도 모두를 만족해야 하고 규격에는 40In, 75In, 150In, 300In등이 있다.

( 참고 )
- IEC : 5P10. 10P20 (10배에서 5%, 20배에서 10% 의미)
- ANSI : C100, C200등으로 표시

2.3 전력용 콘덴서의 내부고장보호방식에 대하여 설명하시오.

1. 개요
　콘덴서는 외부 환경에 의한 고장과 내부 사고에 의한 고장으로 분류 할 수 있으며, 보호 방식은 기계적인 방법과 전기적인 방법이 있다.

2. 콘덴서의 열화 원인
　1) 주위 온도 영향
　　콘덴서의 최고 허용 온도는 일반적으로 40℃이다.
　　따라서 주위 온도가 높은 경우 과열에 따라 수명이 단축되게 된다.
　2) 과전압 및 과전류
　　허용 전압 : 110% 이하
　3) 고조파 전류
　　허용 고조파 전류 : 35% 이하

3. 보호 방식
　1) 외부 환경에 의한 보호
　　(1) 과전압 보호
　　　콘덴서의 연속 사용 전압은 정격 전압의 110% 정도이므로 그 이상의 전압에 대하여는 보호를 해야 한다.
　　　일반적으로 정격 전압의 130%에서 2초 내 동작하도록 하며 과거에는 유도형 한시 과전압 계전기를 많이 사용하였으나 최근에는 전자식 디지털 계전기가 많이 보급 되고 있다.
　　(2) 저전압 보호
　　　정격 전압의 70% 이하에서 2초 내 동작

　2) 내부 사고에 의한 보호
　　(1) 단락 보호 (PF)
　　　- 소자 파괴에서 단락에 이르는 순간에 단락전류를 차단하여 회로를 개방
　　　- PF의 한류효과에 의하여 1/2 CYCLE정도로 차단
　　　- 선정시 고려사항
　　　　① 콘덴서 정격전류의 1.5배 정격전류를 통전 할 수 있을 것
　　　　② 콘덴서 정격전류의 7배 전류가 0.2초간 흘러도 용단하지 않을 것
　　　　③ 돌입 전류에 동작하지 말 것
　　　- PF의 보호는 콘덴서 정격용량 50 KVA 이하가 적합하다.

(2) 과전류 보호(OCR)

일반적으로 과전류 계전기 사용

투입시 투입전류(정격 전류의 약5배)에 동작하지 말아야 함.

동작은 정격 전류의 150% 정도가 적당함.

(3) 지락 보호(OCGR, SGR)

전력 계통의 중성점 접지방식, 대지 분포 용량 등에 따라 그 영향이 다르기 때문에 일괄적인 보호 방식은 곤란함.

모선에 접속된 타 Feeder와 선택 차단방식 적용

## 4. 기기내부 사고 검출 방식

콘덴서 내부 소자가 절연 파괴 되면 과전류로 소자가 소손, 탄화하여 내부 아 아크열로 인한 절연유가 분해 가스화 되어 내압이 상승하고 용기나 부싱이 파괴되며 내부 고장시 회로로부터 신속히 분리되어야 한다.

### 1) 중성점 전류 검출 방식( Neutral Current Sensing)

Y결선한 콘덴서 2조를 병렬로 결선하여 콘덴서 1개 소자 고장시 중선점에 불평형 전류를 감지하여 고장회로를 제거하는 방식

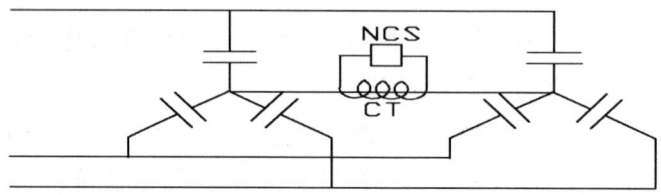

- 검출 속도가 빠르고 동작이 확실함.
- 회로 전압의 변동, 직렬 리액터의 유무, 고조파의 영향을 받지 않는다.
- 콘덴서 회로 투입시 돌입전류에 의한 오동작이 없다.

### 2) 중성점 전압 검출 방식 ( Neutral Voltage Sensing )

단일 스타 결선에 보조 저항을 단자에 설치하여 보조 중성점을 만들어 중성점의 불평형 전압을 검출하는 방식

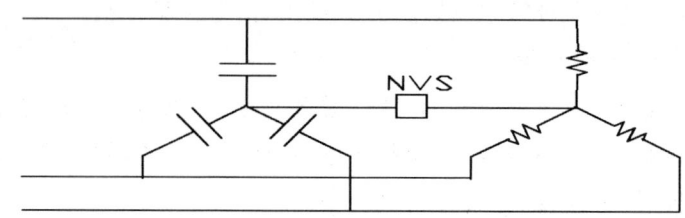

3) Open Delta 보호 방식

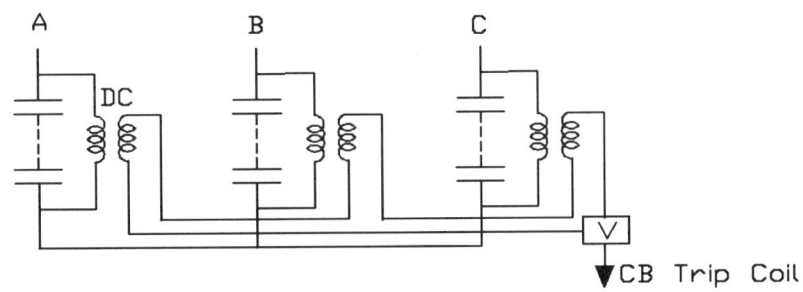

각상의 방전 코일 2차측에 그림과 같이 Open Delta로 결선한 것으로 평형 상태에서는 V 전압이 0 Volt 이나 사고시에는 이상 전압이 검출된다. (22.9 kv 계통에 적용)

4) 전압 차동 보호 방식

Open Delta 보호 방식과 같은 전압 검출 방식이나 절연 처리의 잇점으로 고압에서 특고압 까지 적용(6.6kv~22.9kv)

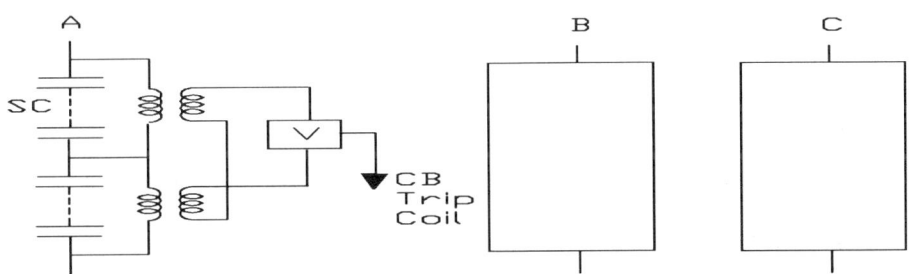

5) 보호용 접점 방식

콘덴서내 일부 소자 절연 파괴시 내압상승에 따른 용기 변형을 압력 스위치 또는 마이크로 스위치로 검출하여 차단기 개방

① 내압식 보호 접점 방식

　　내압 검출용 압력 스위치와 보호용 접점 구성

② 암 스위치 방식

- 용기의 팽창 부위를 검출하는 방식
- (마이크로 스위치 등)Arm Switch 보호 방식
- 콘덴서 외함의 팽창 변위를 검출하여 고장을 판별하는 방식.

　　75 kVAR 이하 : 10mm정도

　　75 kVAR 이상 : 15mm정도에서

　　Arm에 연결된 Limit SW 동작

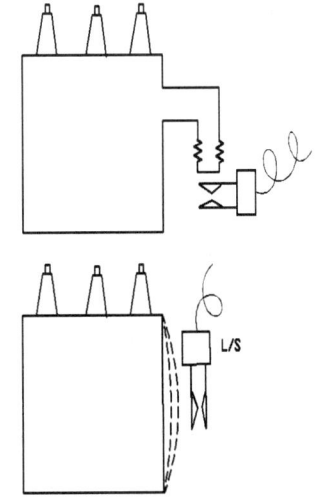

2.4 해상풍력발전의 전력계통 연계방안을 내부전력망(Array cable or Inter array), 해상변전소(Offshore substation) 및 외부전력망(Transmission cable or Export cable)으로 구분하여 설명하시오.

1. 개요
   - 해상풍력 전력시스템은 크게 풍력 터빈과 내부망 케이블로 구성되는 내부전력망, 효율적인 에너지 전송을 위한 해상 변전소, 외부전력망 등으로 구성된다.
   - 내부전력망은 해상풍력단지 내의 풍력터빈들을 해저케이블을 통해 연결하여 각 풍력터빈에서 생산되는 에너지를 해상변전소로 집약시키는 역할을 한다.
   - 해상변전소는 해상풍력단지의 규모가 크거나 육상에서의 거리가 매우 먼 경우 필요하게 된다.
   - 해상풍력단지의 해저케이블은 사용 장소에 따라 크게 내부전력망에 설치되는 경우와 외부전력망에 설치되는 경우로 구분된다.

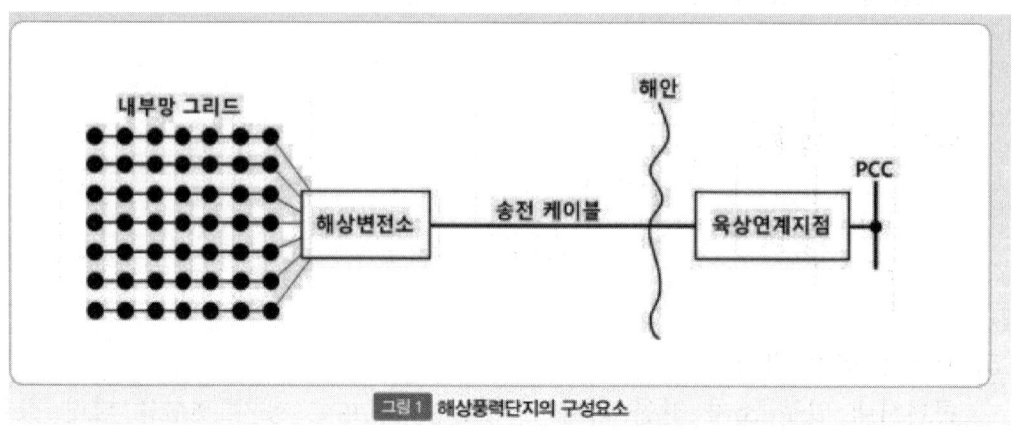

그림1 해상풍력단지의 구성요소

2. 내부전력망
   1) 내부망 전압
      - 대부분의 풍력터빈 발전기는 690~1000V의 전압레벨에서 전력을 생산하며, 이는 너셀이나 터빈 하부에 설치되어 있는 변압기에 의해 배전급의 내부전력망 전압레벨로 승압된다.
      - 전압의 크기가 커질수록 풍력터빈 내에 설치되어야 하는 변압기 혹은 개폐장치 등의 규모가 커지게 되어 설치가 어려워지기 때문에 규격화되어 있는 전압레벨인 33~36kV가 일반적이다.
      - 현재 해상풍력단지에 대한 개발이 진행 중인 우리나라의 경우 배전전압이 22.9kV이기 때문에 동일한 전압레벨을 적용하면 규격화되어 있는 케이블을 이용할 수 있는 장점이 있다.

2) 내부망 구성

내부전력망의 피더구조는 해상풍력단지의 규모, 신뢰도 레벨 등에 따라 그 형태가 매우 다양하며 이를 결정하는 문제는 효율, 비용, 신뢰도 등 많은 측면에서 매우 중요하다.

일반적으로 내부망 구성은 그림 2와 같다

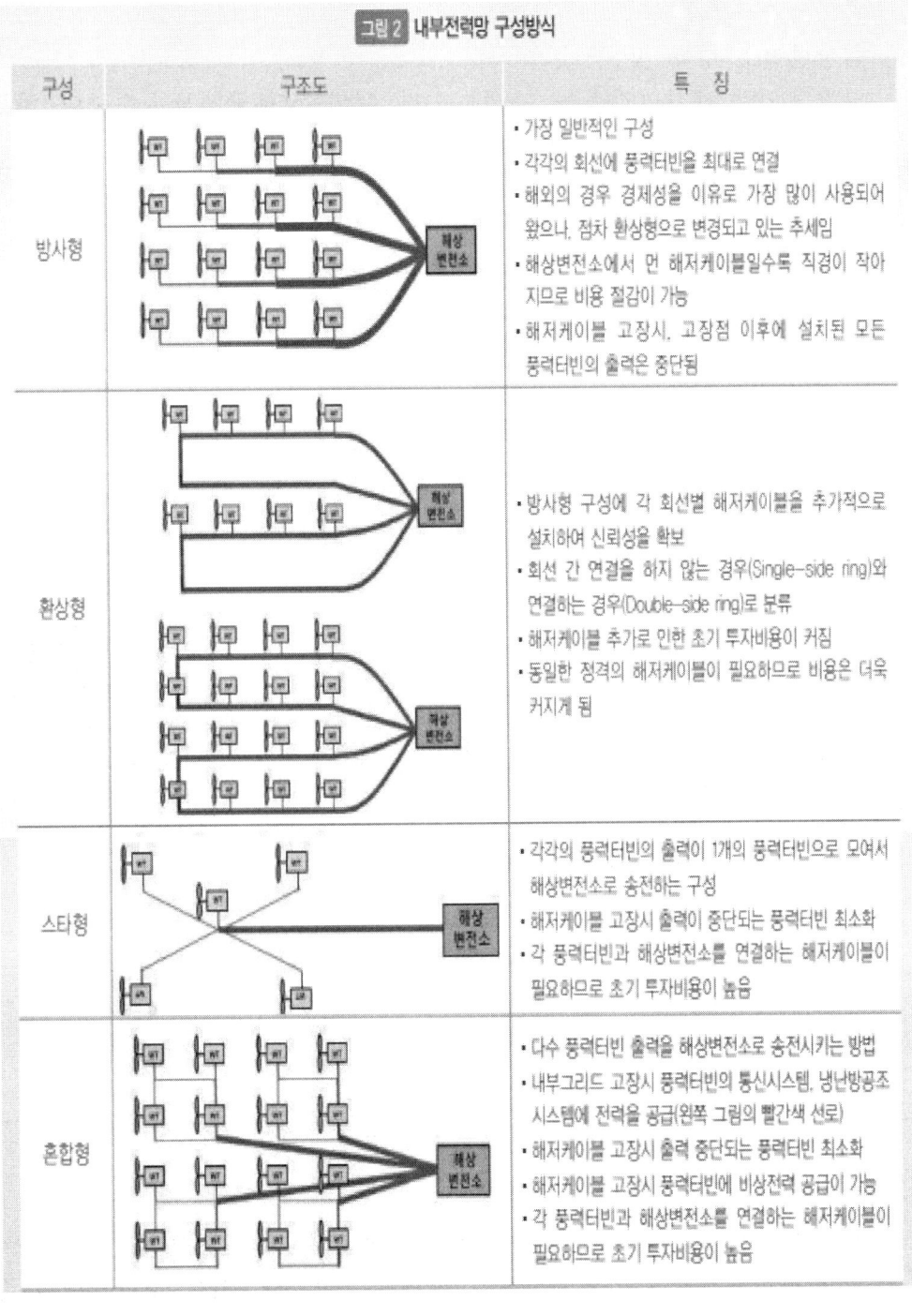

3. 해상변전소
   1) 해상변전소 설치 위치
      - 해상변전소 위치는 풍력발전단지 내부에 위치하는 경우와 단지 외부에 위치하는 경우로 나눌 수 있다.
      - 일반적으로 대부분의 해상변전소의 위치는 육상보다는 해상풍력단지에 근접하여 위치하고 있는데 이는 손실을 줄이고 내부 망 케이블 비용을 줄이기 위한 목적이다.
   2) 해상변전소 형태 및 구성
      일반적으로 해상변전소는 크게, 수면 위의 상부구조물, 수중의 하부구조물, 해저의 기초로 구성된다.
   3) 상부구조물 형태
      - 상부구조물은 보통 2~4개의 데크 및 다수의 구획으로 구분되며 주요 형태로는 컨테이너 데크형, 반폐쇄형, 완전 폐쇄형이 있다
      - AC/DC에 필수적인 전기설비, 저압 및 고압설비, 해상작업을 위한 크레인 등이 포함된다.

| 구분 | 컨테이너 데크형 | 반폐쇄형 | 완전폐쇄형 |
|---|---|---|---|
| 사진 | | | |
| 특징 | -구역별 독립 컨테이너<br>-컨테이너간 공조설비 복잡<br>-기기 배치 면적 크다<br>-해상환경에 유리<br>-설비별 인터페이스 어려움 | -컨테이너와 건물조합<br>-주변압기 실외설치<br>-변압기 냉각비용 저렴<br>-염해대책 필요 | -기기를 건물내 배치<br>-주변압기 실내설치<br>-해상 환경에 유리<br>-기기 최적 배치 가능 |

4. 외부전력망
   단지에서 생산된 에너지를 효율적으로 전송하기 위한 해상변전소가 설치되는 경우 해상변전소와 육상연계지점을 연결하는 역할을 하는 고압레벨의 송전케

이블의 설치가 필요하다. 외부망 송전케이블은 직접적으로 육상계통과 연계되기 때문에 일반적으로 육상계통의 송전급 전압레벨을 이용하게 된다.

1) 외부전력망 전압
   - 풍력발전단지의 최대 송전용량에 따라 다음과 같이 적용한다. 다만, 필요시 인근의 계통 여건에 따라 345kV 및 154kV 병행 연계를 고려할 수 있다. 또한 HVDC를 적용할 경우에는 별도의 검토를 거쳐야 한다.

| 발전소 최대송전용량 | 전 압 |
|---|---|
| 20MW 이하 | 22.9 kV |
| 500MW 이하 | 154 kV |
| 1000MW 이하 | 154kV 또는 345kV |
| 1000MW 초과 | 345 kV 이상 |

   - 연계되는 변전소 배전용변압기 1뱅크당 접속하는 총 발전기용량이 20MW 이하이고, 계통여건상 문제점이 없으며, 고객이 직접 송전망에 접속할 경우 40MW까지 22.9kV 적용이 가능하다

2) 외부전력망 구성방식
   풍력단지 용량, 육상에서 떨어진 거리, 연계될 전력계통의 전압을 고려하여 적정한 연계방식을 선정한다.

## 5. 맺는 말
   - 대부분의 해상변전소의 위치는 육상보다는 해상풍력단지에 근접하게 위치하고 있는데 이는 케이블에 대한 고려사항을 바탕으로 했을 때 손실과 내부망 케이블 비용을 줄이기 위한 목적이다.
   - 전체비용에서 내부망 케이블이 차지하는 비율이 증가하게 되므로 해상변전소가 해상풍력단지에 가까이 위치할수록 내부망 케이블의 길이가 감소하게 되어 비용절감이 가능하다.
   - 단지에서 생산된 에너지를 효율적으로 전송하기 위한 해상에 변전소가 설치되는 경우 해상변전소와 육상연계지점을 연결하는 외부전력망의 설치가 필요하다.
   - 외부전력망 송전케이블은 직접적으로 육상계통과 연계되기 때문에 일반적으로 육상계통의 송전급 전압레벨을 이용하게 된다.
   - 외부전력망 구성방식은 풍력단지용량, 육상에서 떨어진 거리, 연계될 전력계통의 전압을 고려하여 적정한 연계방식을 선정한다.

2.5 전력시설물 공사감리업무 수행지침에 따라 물가변동으로 인한 계약금액 조정 시 계약금액 조정방법, 지수조정율과 품목조정율의 개요 및 검토 시 구비서류에 대하여 설명하시오.

## 1. 계약금액 조정시 계약금액 조정방법
  1) 지수조정률
     지수조정률에 의한 조정방법은 계약금액을 구성하는 비목을 비목군으로 분류한 후, 각 비목군의 순공사원가에 대한 가중치를 산정한 후 비목군별 지수를 적용하여 지수조정률을 산정함
     (순공사원가 : 재료비, 노무비, 경비의 합계액)
  2) 품목조정률
     품목조정률에 의한 조정방법은 계약금액을 구성하는 모든 비목의 등락을 개별적으로 계산하여 등락금액 및 등락률을 산출함

## 2. 지수조정율에 의한 방법
  1) 개요
     계약금액의 산출내역을 구성하는 비목군의 지수변동이 당초 계약금액에 비하여 3% 이상 증감시 계약금액을 조정
  2) 조정율 산출방법
     - 계약금액을 구성하는 비목을 유형별로 정리하여 "비목군"을 편성
     - 당해 비목군에 계약금액에 대한 가중치 부여(계수)
     - 비목군별로 생산자 물가 기본 분류지수 등을 대비하여 산출
  3) 적용대상
     원가계산에 의한 예정가격을 기준으로 체결한 계약
  4) 장점
     비목군 별로 한국은행에서 발표하는 생산자물가 기본 분류지수, 수입 물가지수 등을 이용하므로 조정율 산출이 용이
  5) 단점
     평균가격 개념인 지수를 이용하므로 물가변동 내역이 실제대로 반영되지 않을 가능성 내재
  6) 용도
     계약금액의 구성비목이 많고 조정회수가 많을 경우에 적합
     (장기. 대규모. 복합공종공사)

## 3. 품목조정율에 의한 방법

1) 개요

    계약금액의 산출내역을 구성하는 품목 또는 비목의 가격변동이 당초 계약금액에 비하여 3%이상 증감시 계약금액을 조정

2) 조정율 산출방법

    계약금액을 구성하는 모든 품목 또는 비목의 등락을 개별적으로 계산하여 등락율을 산정

3) 적용대상

    거래 실제가격에 의한 가격을 기준으로 체결한 계약

4) 장점

    계약금액을 구성하는 각 품목 또는 비목별로 등락율을 산출하므로 물가 변동 내역이 실제대로 반영 가능

5) 단점

    매 조정 시마다 수많은 품목 또는 비목의 등락율을 산출해야 하므로 계산이 복잡하고 이에 따라 많은 시간과 노력이 필요

6) 용도

    계약금액의 구성품목 또는 비목이 적고 조정 회수가 많지 않을 경우에 적합 (단기. 소규모. 단순공종공사)

## 4. 검토시 구비서류

- 설계 변경 개요서
- 공사비 증감 산출 내역서
- 공량 증감 산출 내역서
- 물가 변동 적용 근거 자료
- 기타 관련 서류등

2.6 3상 유도전동기가 4극, 50Hz, 10HP로 전 부하에서 1450rpm으로 운전하고 있을 때, 고정자 동손은 231W, 회전 손실은 343W 이다. 다음을 구하시오.
1) 축 토크
2) 유기된 기계적 출력
3) 공극 전력
4) 회전자 동손
5) 입력 전력
6) 효율

1. 기초 자료

   1) 동기속도  $Ns = \dfrac{120f}{P} = \dfrac{120 \times 50}{4} = 1500\,(rpm)$

   2) 실제 속도 N = 1450 (rpm)

   3) 회전자 각속도 $\omega = 2\pi n = 2\pi \dfrac{1450}{60} = 151.84\,(rad/sec)$

   4) 슬립 $s = \dfrac{Ns - N}{Ns} = \dfrac{1500 - 1450}{1500} = 0.033$

   5) 출력 P = 10 HP x 746 = 7460 (W)

2. 계산

   1) 축 토크  $\tau = \dfrac{P}{\omega} = \dfrac{7,460}{151.84} = 49.13\,(N\cdot m)$

   2) 유기된 기계적 출력(Pm) = 출력 + 회전손실(풍손 및 마찰손)
   $$= 7,460 + 343 = 7,803(W)$$

   3) 공극 전력 $Pgap = \dfrac{Pm}{1-s} = \dfrac{7,803}{1-0.033} = 8,069(W)$

   4) 회전자 동손 Pc = S x Pgap = 0.033 x 8,069 = 266(W)

   5) 입력 전력 Pin = 공극전력 + 고정자 손실[동손 및 철손(무시)]
   $$= 8,069 + 231 = 8,300\,(kW)$$

   6) 효율 $\eta = \dfrac{출력}{입력} \times 100 = \dfrac{7,460}{8,300} \times 100 = 89.88(\%)$

## 3.1 케이블에서 충전전류의 발생원인, 영향(문제점) 및 대책에 대하여 설명하시오.

### 1. 개요
1) 충전전류란 선로의 정전용량에 의해 전압에 비해 위상이 90° 앞선 진상전류가 선로에 충전되어 흐르는 전류로써
2) 무부하 선로에서 선로의 길이가 긴 경우 충전전류가 클 때 페란티 현상 및 차단기 개폐서지 증가 등의 악영향이 발생되며 수전단의 차단기 선정시 충전전류를 차단할 수 있는 능력이 있어야 함.

### 2. 충전 전류 발생 원인
1) 충전전류는 케이블의 정전용량이 크기 때문에 발생한다.
2) 정전용량 $C = \dfrac{0.02413}{\log \dfrac{D}{r}}$ $(\mu F/km)$

    케이블은 등가선간거리 D가 매우 작으므로 정전용량이 가공전선로에 비해 약 30-40배 정도로 커짐.
3) 3상 1회선의 경우 1선당 충전전류

    $Ic = 2\pi f C \dfrac{V}{\sqrt{3}}$ $(A/km)$

### 3. 충전전류 영향
1) 페란티 현상 발생
   - 수전단에 큰 부하가 걸려 있을 때는 문제가 없으나 경부하 또는 무부하인 경우에는 그림과 같이 수전단의 전압이 송전단 전압보다 높게 상승하는 문제가 발생 한다.

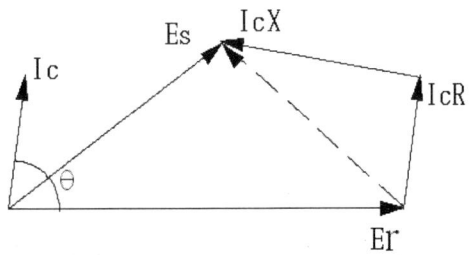

   - 그림에서 Ic는 충전전류로 수전단전압 Er보다 거의 90° 앞서게 되고, Ic·R은 Ic에 평행하며 Ic·X는 Ic·R에 수직으로 되어 결국 Es<Er이 된다.

2) 발전기 자기여자현상 발생
   - 동기발전기에 역률1의 전류가 흐르면 교차자화작용을 하고, 지상전류는 감자작용, 진상전류는 증자작용을 하게 되는데 충전용량이 큰 송전계통은 하나의 거대한 콘덴서 역할을 해서 발전기에 진상전류를 흘리므로 증자작용을 해서 발전기의 자기여자현상을 일으키게 된다.
   - 이 경우 역여자 능력이 없는 발전기는 AVR로 전압상승을 억제할 수 없는 경우도 생긴다.
3) 개폐서지 증대
   충전용량이 커지면 선로 차단시에 선로의 L, C에 의한 전압 진동이 심해져서 재기전압이 높아지고 높은 재기전압은 재점호를 유발시키므로 선로의 개폐서지를 크게 하는 문제가 있다.
4) 기타
   - 보호계전기 동작의 불확실성
   - 유효전력송전 제한등

## 4. 충전전류에 영향을 미치는 요인
1) 주파수(f)
   주파수가 증가시 충전전류는 증가함.
2) 등가선간거리(D)
   - 가공케이블의 경우 D를 적용하며 D값이 커서 충전전류는 작으나
   - 지중케이블의 경우 D대신 절연 반지름을 사용하기 때문에 작용 정전용량이 증가하여 충전전류가 가공대비 약 30배 정도 큼
3) 도체의 반지름 (r)
   반지름이 커질수록 충전전류($I_c$)가 커짐
4) 선간전압
   전압이 커질수록 충전전류($I_c$)가 커짐

## 5. 충전전류 대책
1) 발전기 자기여자현상 방지를 위해 단락비를 크게 한다.
2) 분로리액터를 사용하여 충전 용량을 상쇄시킨다.
3) 동기발전기를 저여자 운전하여 진상 무효전력을 흡수한다.
4) 동기조상기를 지상 운전하여 진상 무효전력을 흡수한다.
5) 중성점을 접지하여 개폐 이상전압을 억재한다.
6) 유연송전시스템을 채택(SVC. STATCOM 등)
7) 직류송전(HVDC) : 가장 근본적인 대책임.

3.2 접지형 계기용변압기(GVT) 사용 시 고려사항에 대하여 설명하고, 설치개수와 영상전압과의 관계에 대해서도 설명하시오.

인용 : GVT 용량 선정 지침(한국전기안전공사)

1. GVT (Grounding Voltage Transformer : 접지형 계기용 변압기)란?
   - GVT는 3상 선로에서 지락 사고시 영상전압을 검출하고 동시에 지락방향 계전기 등의 계전기가 동작할 수 있을 정도의 지락전류(영상 유효분)를 흘려주기 위하여 사용하는 것을 말한다.
   - 즉, GVT 1차 접지 측으로 지락전류(영상전류)가 유입되면, 3차에서 전자유도법칙에 따라 영상전압이 나타나면(지락사고 및 영상분 고조파 전류가 유입)계전기를 동작시키는 원리다.
   - IEC 에서는 Earthed Voltage Transformer로 되어있다.
   - 비고 : VT와 GVT는 기본적으로 동일한 구조로 되어 있으며, GVT에는 2차권선 외에 3차권선이 더 있다.

2. GVT 사용시 고려사항
   1) GVT가 CLR보다 중요하므로 GVT가 스트레스를 받지 않도록 CLR은 충전전류를 고려하여 선택 하는 것이 좋다.
      특고압은 충전전류가 크고, 저압은 충전전류가 적으므로 한류저항을 선정시 주의한다.
      또한, CLR을 GVT 용량에 적합하게 선정 못하면 과부하로 GVT가 소손될 수 있다.
   2) 지락사고시 GVT의 전압이 $\sqrt{3}$배 상승되는데, GVT는 이 전압에서 규격상 사용 제한시간이 30초, 30분, 8시간으로 구분되어 있으며, 대부분은 30분 제품이 많지만 사용 제한시간 내에 조치를 취하여 상승된 전압이 계속 GVT에 걸리지 않도록 하여야 한다.
   3) 이 시간을 초과하면 제품에 따라 차이는 있지만 소손이 될 수도 있다.
      즉. SGR이 지락사고시 30분 내에 지락을 제거하지 않으면 GVT가 과부하로 2개 소손된다.
   4) GVT 부담이 모자라는 경우 GVT를 몇 개 더 취부해도 별문제 없다.
      즉, GVT가 많이 설치되면 병렬 임피던스가 적어진다.
      따라서 CLR의 크기가 작아져서 영상전류는 많이 검출되고, 영상전압이 작게 검출되어 계전기(67.64)감도가 감소된다.
   5) GVT 3차측 양단에 접지하면 SGR(67)의 전압 Coil측의 임피던스가 전류 Coil측 임피던스 보다 매우 크므로, 검출 전류가 SGR(67)쪽으로 흐르지 않고, GVT 반대편 접지측으로 흐른다.

따라서 반드시 GVT 3차측은 어느 한쪽만 접지한다.

### 3. GVT 설치개수와 영상전압 관계

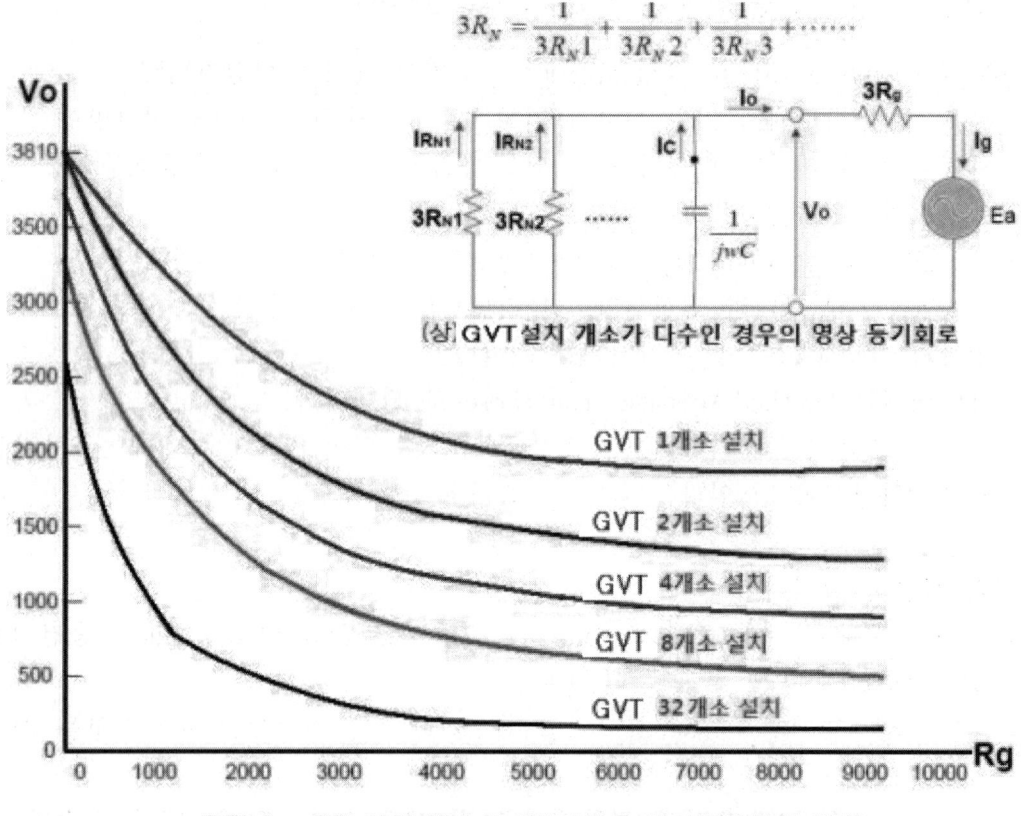

그림 3 - GVT 설치 개수와 GVT 1차측 영상전압과의 관계

1) 같은 BANK에 GVT 설치 개수가 많은 경우
   - GVT의 설치개수가 많아질 경우 GVT가 병렬로 연결되어 있다고 볼 수 있다.
   - 따라서 저항의 크기가 작을수록, GVT가 많이 설치되어 있을수록 영상 전압의 크기가 작아져서 SGR의 검출감도가 떨어지거나 경우에 따라서 동작하지 않을 수도 있다.
2) GVT 설치 개수가 영상전압에 미치는 영향
   - 1개의 Bank에 2개 이상의 GVT로 접지되어 있다면 등가회로는 그림(상)과 같이 되고, CLR을 1차 측으로 환산한 등가저항의 합성 저항 값은 $3R_n$과 같이 더 작아져 계전기가 검출하는 영상 전압을 작게 하므로 GVT의 개수를 선정할 때는 적정 개수를 사전에 검토해야한다.
3) GVT의 설치개수에 따른 영상전압 및 한류저항 값의 변화 추이
   - 비접지 방식 계통에서 접지형계기용 변압기(G.V.T)에 의한 접지방식을 채용할 경우 GVT를 다수 설치할 경우 3차 권선의 OPEN △결선에 유기되는

영상전압(Vo)이 저하되어 OVGR(64) 또는 SGR(67)의 부동작 또는 오동작을 초래할 수 있다.
- 또한, 완전지락이 아닌 경우는 지락 접촉면에 저항 증가로 접지형계기용 변압기(GVT) 3차권선의 OPEN △결선에 유기되는 영상전압(Vo)이 현저하게 저하되어 OVGR(64) 또는 SGR(67)의 부동작 또는 오동작을 초래하여 차단기가 회로를 차단하지 못하여 사고 범위 확대 및 2차적인 사고로 이어질 수 있다.

표 1 - GVT의 설치개수에 따른 영상전압 및 한류저항 값

| 구분 | G.V.T 설치 | 1개 | 2개 | 3개 | 4개 | 5개 | 비고 |
|---|---|---|---|---|---|---|---|
| 영상전압 발생(Vo) | | 190[V] | 95[V] | 63.3[V] | 47.4[V] | 38[V] | -선로 C성분 무시<br>-OVGR 60[V]정정 |
| CLR 합성저항 Ro(Ω) | | 50[Ω] | 25[Ω] | 16.7[Ω] | 12.5[Ω] | 10[Ω] | |
| OVGR 동작 | 완전지락 | 동작 | 동작 | 동작 | 부동작 | 부동작 | |
| | 접촉지락 | 동작 | 부동작 우려 | 부동작 우려 | 부동작 | 부동작 | |

3.3 정부에서는 태양광발전산업을 장려하기 위하여 2018년 REC(Renewable Energy Certificate) 가중치를 개정하고, 발전차액지원제도(FIT ; Feed-In Tariff)를 한시적으로 도입하기로 결정하였다. 이에 대하여 설명하시오.

### 1. REC(Renewable Energy Certificate)란?
- 에너지를 공급했다는 인증을 하는 서류.
- 대형발전사들이 직접 생산한 것은 아니지만 REC를 구입을 통해 다른 신·재생에너지 발전사들이 생산하는 전기도 본인회사가 발전한 것으로 인정을 받을 수 있도록 한 것이다.
- 신·재생에너지 발전사업자들(태양광발전 사업자포함)의 입장에서는 생산한 전기를 한전에도 팔고, 다시 REC로 거래함으로써 이중판매가 가능하기 때문에 수익률을 높일 수 있는 구조이다.

### 2. REC(Renewable Energy Certificate) 가중치 결정기준
1) 신재생에너지법 시행령상 REC가중치는 경제적 측면과 정책적 측면을 고려하여 정하도록 규정
2) 18조의 9(신재생에너지 가중치)법 제12조의7 제3항 후단에 따른 신 재생에너지의 가중치는
3) 해당 신 재생에너지에 대한 다음 각호의 사항을 고려하여 산업통산자원부 장관이 정하여 고시하는 바에 따른다.
   (1) 환경, 기술개발 및 산업 활성화에 미치는 영향
   (2) 발전 원가
   (3) 부존(賦存)잠재량
   (4) 온실가수 배출 저감에 미치는 효과
   (5) 전력수급의 안정에 미치는 영향
   (6) 지역주민의 수용 정도.

### 3. REC 가중치 개선안 핵심 내용
1) 임야 가중치 하향 조정
   임야지역에 태양광 발전소를 건설하는 과정에서 산림이 훼손되는 것을 방지하기 위해 임야지역의 가중치를 설치용량에 관계없이 0.7로 하향 조정.
2) ESS(에너지 저장장치) 비중 증가.
   - 현재 태양광 설비와 연계된 ESS는 5.0의 가중치 적용.
   - 2019년 12월 31일까지 현행 유지되다가 2020년부터 4.0으로 하향 조정.
     하향 조정 이유는 기술 개발로 인해 배터리 가격이 하락 된다면
     가중치를 통한 인센티브가 줄어도 경제성이 충족될 것으로 간주함.

3) 소형 태양광 고정 가격 계약 매입제도 도입
   - 30kW 미만 소형태양광사업자와 100kW미만 협동조합·농축산어민 사업자에 한함.
   - 공기업이 고정가격으로 20년 동안 전량 구입해주는 제도
4) 주민 참여형 사업 REC 가중치 우대 범위 확대
   - 발전소로부터 반경 1km 이내에 소재하는 읍·면·동에 1년 이상 주민등록이 되어있는 주민.
   - 주민들이 해당 발전소에 투자해서 그 수익을 공유하는 사업
   - 기존 지분 참여형에 대해서만 REC 가중치 우대 되었지만, 개정 후 채권·펀드형까지 범위가 확대될 예정임.

## 4. 발전차액제도 FIT(Feed-ln Tariff) 개념
1) 화석에너지 발전원에서 신·재생에너지원으로 발전 연료를 전환하여
2) 발전부문에서 온실가스를 감축하고자 하는 시도에서 설계된 정책.
3) 전력이나 열을 공급/판매하는 자에서 신·재생 에너지 사용을 의무화
4) 초과하는 비용을 정부가 지원하는 제도임.

## 5. 발전차액제도 FIT(Feed-ln Tariff) 핵심 내용
1) 신·재생에너지 발전에 참여하는 협동조합 및 농민은 100kW 미만 개인사업자는 30kW 미만의 태양광 에너지를 향후 20년간 의무 구매.
2) 공정회 등을 거쳐 5년간 한시적으로 수익을 보장해주는 방안을 최종 확정 지을 계획.
3) 사회적 경제 기업(협동조합)이 참여한 사업이나 시민참여 펀드가 투자된 사업 등에 신재생 에너지공급인증서(REC) 가중치를 부여하는 등의 인센티브를 제공
4) 초과하는 비용을 정부가 지원하는 제도임

## 6. 결론
1) 현재 신·재생 에너지 발전량 비중을 7%에서 20%로 높이기 위한 제도이다.
2) 정부는 2030년까지 신규 재생에너지 설비 48.7GW를 보급 예정.
3) 협동조합 등 소규모 사업자의 태양광 사업 확대를 통해 19.9GW 확충 예정이다
4) 대규모 재생 에너지는 28.8GW 추진 예정이다
5) 이로 인해 2030년까지 추가되는 태양광은 30.8GW, 풍력은 16.5GW 달할 예정이다,

3.4 분진위험장소에 시설하는 전기배선 및 개폐기, 콘센트, 전등설비 등의 시설 방법에 대하여 설명하시오.

## 1. 관련 규격
1) 전기설비 판단기준 199조
2) 내선규정 4215-1
3) 분진 위험 장소란

   폭발성 분진, 도전성 분진, 가연성 분진, 또는 타기 쉬운 분진 등을 분쇄하는 장소, 분리하는 장소, 옮기는 장소 및 저장하는 장소를 말함.

## 2. 배선
### 가. 폭발성 분진이 있는 위험장소
배선은 금속관 배선 또는 케이블 배선에 의할 것

1) 금속관 배선
 - 후강 전선관 또는 이와 동등이상의 강도가 있는 것을 사용할 것.
 - 박스 기타 부속품은 패킹을 사용하여 분진이 내부로 침입하지 않도록
 - 관과 박스 등의 접속은 5턱 이상의 나사 조임으로 견고히 하고 내부에 먼지가 침입하지 않도록 접속할 것
 - 전동기 등 짧은 부분의 접속시 가요성 부분은 분진 방폭형 플랙시블을 사용

2) 케이블 배선
 - 케이블은 고무나 플라스틱 외장 또는 금속제 외장을 한 것으로 사용 장소에 적합한 것을 사용할 것.
 - 케이블은 강대 외장 케이블을 제외하고는 강제 전선관 등의 보호관에 넣고, 접속부에 분진이 침입하지 않도록 할 것
 - 전기기기 등에 인입하는 경우 패킹 등을 이용하여 분진이 침입하지 않도록 하고 인입부분의 손상이 없도록 할 것
 - 케이블의 접속은 원칙적으로 하지 않는 것으로 한다. 접속시에는 접속함을 이용하고 분진 방폭 특수 구조를 갖출 것

### 나. 폭발성 분진 이외의 분진이 있는 위험장소
배선은 금속관 배선, 합성 수지관 배선, 케이블 배선 또는 캡타이어 케이블 배선에 의할 것

1) 금속관 배선
 - 위와 동일
2) 합성 수지관 배선
 - 합성 수지관 기타 부속품은 손상되지 않도록 할 것
 - 기타는 금속관 배선과 동일
3) 케이블 배선 및 캡타이어 케이블 배선

- 위 가의 케이블 배선과 동일
4) 이동전선
   폭발성 분진이 있는 위험장소에서 이동 전선은 손상될 우려가 없도록 시설하고 가능한 사용하지 않는 것이 좋다.

## 3. 개폐기, 과전류 차단기, 콘센트 등

| 구 분 | 폭발성 위험이 있는 장소 | 폭발성 위험이외의 분진이 있는 장소 |
|---|---|---|
| 개폐기, 과전류 차단기<br>제어기, 계전기, 배전반<br>분전반 | 분진방폭 특수 방진구조 | 분진방폭 보통 방진구조 |
| 전등 | | |
| 전동기 및 기타 전력장치 | | |
| 콘센트 및 플러그 | 시설하지 말 것 | 분진방폭 보통 방진구조 |

## 4. 접지
기계기구의 철대, 금속제 외함 등은 다음과 같이 접지를 해야 한다.
- 400V 미만 저압용 : 제3종 접지
- 400V 이상 저압용 : 특별 제3종 접지
- 고압 및 특별고압용 : 제1종 접지

3.5 최근 지진으로 인한 사회 전반적으로 예방대책이 요구되는 시점에서, 전기설비의 내진대책에 대하여 설명하시오.

## 1. 개요
### 1) 지진의 원인
지구는 내부에 핵이 있고 지구 표면에 표층(PLATE)이 있으며 그 중간에 맨틀이 있다. 이 맨틀이 지구 내부의 압력에 의해 약간씩 이동하면서 PLATE를 밀거나 당겨 지구 상부의 PLATE가 무너지거나 갈라진다.
### 2) 지진의 종류
지진에는 종파와 횡파가 있으며 그 피해는 횡파가 더 크다.

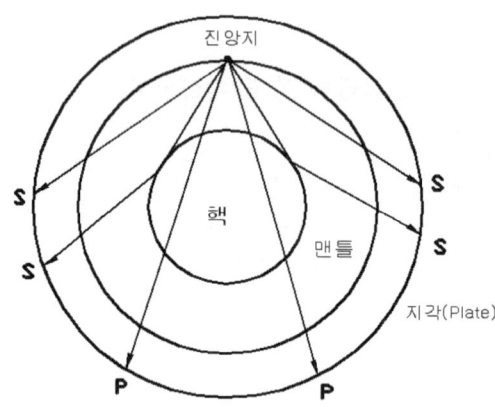

종파 : 지진파를 종의 방향으로 전달하며 지구 내부 핵까지 통과한다.
횡파 : 지진파를 횡의 방향으로 전달하며 핵을 통과하지 못하고 핵에서 반사하는 성질이 있다.

## 2. 내진 설계 기준(건축법)
1) 층수 3층 이상 건축물
2) 연면적 1,000㎡ 이상 건축물
3) 기둥과 기둥사이의 거리가 10m이상인 건축물
4) 높이 13m 이상 건축물
5) 처마 높이 9m 이상 건축물
6) 국가적 문화유산으로 보존할 가치가 있는 건축물

## 3. 내진 설계 목적
### 1) 인명의 안전성 확보
지진발생시 전기설비의 파괴로 인한 직접적인 영향으로부터 인명을 안전하게 보호하기 위하여 설치 방법 등을 강구해야 한다.
### 2) 재산의 피해 축소
지진이 내습한 이후 각종 장비의 신속한 복구 및 피해를 최소화 하여야 한다.

3) 설비 기능의 유지

　　지진 발생시 인명의 신속한 대피 및 인명구조를 위한 장비사용과 비상 전원의 기능을 확보하여야 한다.

## 4. 전기 설비의 중요도

사회적 중요도, 용도 등을 고려하여 등급 결정한다.

1) A급(비상용) : 지진시 피해를 크게 주며 인명 보호에 중요한 역할을 할 수 있는 설비
　　　　　　　　(비상 발전기, 비상 승강기, 축전지, 비상 간선)
2) B급(일반용) : 지진 피해로 2차 피해를 줄 수 있는 설비
　　　　　　　　(변압기, 배전반, 일반 간선)
3) C급(기타)　 : 지진 피해를 비교적 적게 받는 설비로서 비교적 간단히 보수 및 복구될 수 있는 설비
　　　　　　　　(일반 조명등, 콘센트등)

## 5. 내진 대책

1) 건축물과 전기 설비의 공진 방지 설계

　　지진 발생시 건축물의 고유 진동수와 전기 설비의 진동수가 겹쳐 공진을 일으키면 그 피해가 더욱 커지게 된다. 따라서 이 공진 주파수를 검토하여 피할 수 있는 설계가 필요하다.

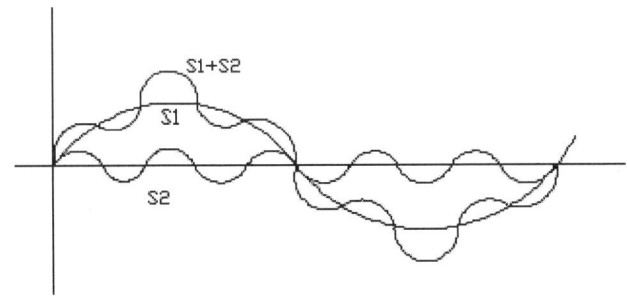

　　$S_1 + S_2 =$ 최대
　　$S_1 - S_2 =$ 최소
　　충격파가 5주기시 공진
　　제일 커진다.

2) 장비의 적정 배치

　　(1) 내진력이 적은 설비, 중요도가 높은 설비를 하부 배치
　　(2) 지진시 오동작 또는 폭발성 우려 기기를 하부 배치
　　(3) 공조 위생등 설비 배치시 피난 경로를 피하여 배치
　　(4) 중요 시설은 점검 확인이 용이한 장소에 배치

3) 사용 부재를 강화하는 방법

　　(1) 전기 설비 배관 및 행거등의 사용 부재의 강도(관성력, 인장력등) 확보
　　(2) 사용 부재를 보강하여 고정할 것

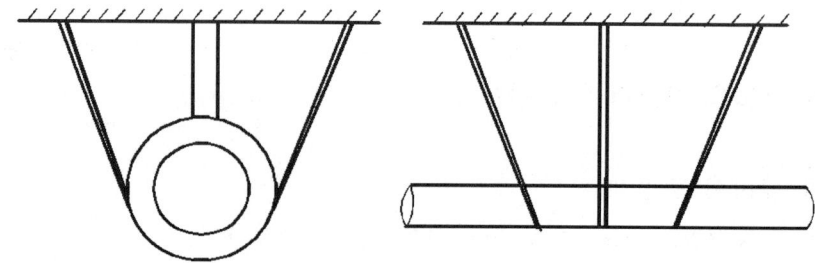

4) 가대의 기초 강화(기기의 바닥, 측면, 상부를 고정)

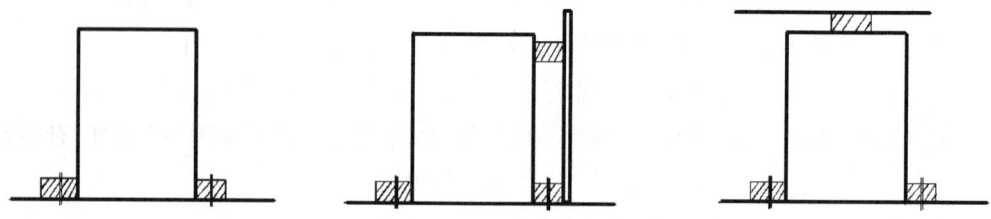

5) 기기별 내진 대책
   (1) 변압기
      - 기초 앙카 볼트로 고정
      - 방진 장치가 있는 것은 내진 Stopper 설치
      - 지지 애자 부분에 가요 전선으로 접속하여 변압기 보호

   (2) 가스 절연 개폐장치
      (옥외 가스 절연 장치.GIS)
      - 기초부를 중심으로 한 정적 내진 설계
      - 가공선 인입의 경우 붓싱은 공진을 고려하여 동적 설계
      (큐비클형 가스 절연 개폐장치. C-GIS)
      - 반과 반, 반과 변압기 접속 : 가요성 케이블 사용

   (3) 보호 계전기
      - 진동에 약한 유도형 대신 진동에 강한 정지형 또는 디지털형 사용
      - 기초부를 보강한다.
      - 협조상 가능한 범위에서 타이머를 삽입한다.

   (4) 자가 발전 설비
      - 기초와 주변 기초를 별도로 콘크리트 기초
      - 바닥에 진동을 흡수하기 위한 고무판을 설치
      - 연료는 외부 공급 방식이 아닌 자체 저장 시설에 의해 공급할 것

(도시 가스는 지진발생시 공급이 차단될 우려가 있음)
- 발전기 냉각방식은 외부 시수가 아닌 자체 라디에터 냉각방식 일 것
  (시수는 지진 발생시 공급 차단 우려 있음)
- 엔진의 배기덕트, 냉각수, 연료라인등에는 가요관 설치

(5) 축전지 설비
- 앵글 Frame은 관통 볼트에 의하여 고정시키거나 또는 용접 방식이 바람직 함.
- 바닥면 고정은 강도적으로 충분히 견딜 수 있도록 처리한다.
- 축전지 상호간의 틈이 없도록 내진 가대를 제작할 것
- 축전지 인출선은 가요성이 있는 접속재로 충분한 길이의 것을 사용하고 S자 배선을 한다.

(6) 엘리베이터
- Rail 이탈 주의
- 로프나 케이블등이 승강로의 돌출부에 걸리지 않도록 시공

(7) 전선
- 가요성 자재 사용
- 접속부 배선은 여유 있게 한다.

(8) 케이블 트레이 및 케이블 덕트
일정 간격(8m정도)마다 내진 지지

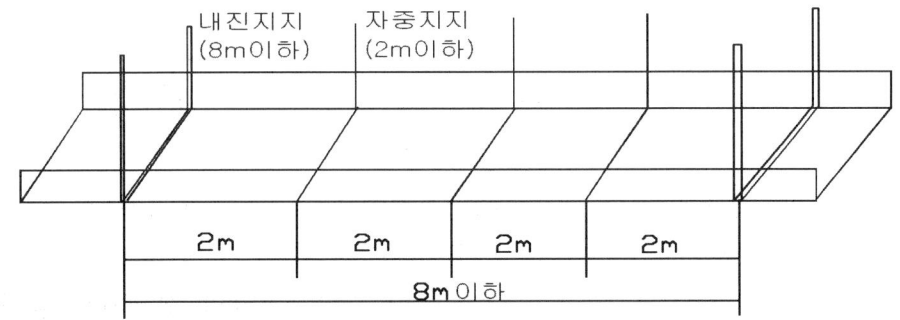

3.6 VVVF(Variable Voltage Variable Frequency)와 VVCF(Variable Voltage Constant Frequency)의 원리, 특징 및 적용되는 분야에 대하여 설명하시오.

## 1. 개요
1) VVVF : Variable Voltage Variable Frequency의 약자로서 가변전압 가변주파수 장치로 전압과 주파수를 동시에 변환하여 모터의 속도를 제어하는 정지식 속도제어 장치임.
2) VVCF : Variable Voltage Constant Freguency 약자로서 주파수는 일정하게 두고 전압만을 변화시키는 방식임.

## 2. VVVF

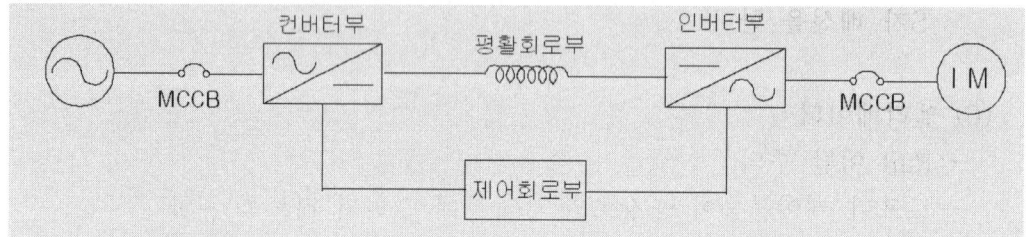

1) 컨버터부 : 상용의 교류 전력을 정류기를 통해 직류전력으로 변환
2) 평활회로부 : 정류기에서 직류로 변환한후 리플을 제거
3) 인버터부 : 전력 반도체를 이용하여 직류 전력을 교류로 변환시키며 주파수를 변환하므로서 안정된 품질의 교류 전력을 출력
4) 제어회로부 : 인버터 주회로에 출력 전압 및 출력주파수 제어 명령

## 3. VVCF

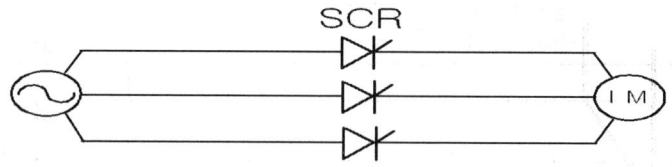

- 제어회로에서 주어지는 신호에 따라 주기적으로 ON/OFF하여 전동기에 인가되는 전압을 조절하는 기능을 한다.
- 즉 전원전압의 일부를 잘라냄으로써 전동기 인가전압의 실효치를 줄여주게 된다.
- VVCF는 경부하시 전압을 감소시켜 철손을 줄이고, 동손과 일치 시킴으로써 효율을 극대화시키고 전압을 낮춤으로써 입력전력도 감소하는 효과를 가지게 된다.

## 4. VVVF와 VVCF 비교

| 구 분 | VVVF | VVCF |
|---|---|---|
| 1.정의 | -Variable Voltage Variable Frequency의 약자로서<br>-전압과 주파수를 동시에 변환하여 전동기 속도 변환 | -Variable Voltage Constant Freguency 약자로서<br>-주파수는 일정하게 두고 전압만을 변환 |
| 2.제어 원리 | -컨버터에서 AC->DC변환하고 인버터에서 DC->AC변환하여 전압과 주파수를 동시 변환<br>-평활회로에 따라 전압형과 전류형 | -컨버터부에서 AC->AC변환하면서 전압을 조정하여 속도제어<br>-주기적인 ON-OFF로 입력전압제어 |
| 3.토크 특성 곡선 | (V/f1(소), V/f2(중), V/f3(대) 토크-속도 특성 곡선, $T_L$, S=1 N=0, N1 N2 N3, S=0 N=Ns) | (V1(소), V2(중), V3(대) 토크-속도 특성 곡선, $T_L$, S=1 N=0, N1 N2 N3, S=0 N=Ns) |
| 4.적용 | -속도, 토오크 제어 목적 | -기동전류 억제, 유연한 정지 목적 |
| 5.상용 명칭 | - INVERTER<br>- Vecter Controller | - SOFT STARTER<br>- Motor Saver |
| 6.특징 장점 | -전압과 주파수의 동시제어<br>-빈번한 기동부하에 에너지 절감 효과가 크다.($P \alpha N^3$)<br>-고효율 운전 및 무접점 변환방식<br>-연속적인 기동제어 및 속도제어 | -유연기동 및 유연속도제어<br>-부하율에 따라 5~30% 절전효과<br>-각상전류를 조정하여 진동 및 소음 방지<br>-부하변동에 따라 최고 역율 운전으로 전력용 콘덴서 설치 비용 절감 |
| 6.특징 단점 | -고조파 발생<br>-저속제어에서 저역율<br>-구성이 복잡하고 고장요소가 많음 | |

4.1 지중케이블의 고장점 추정방법에 대하여 설명하시오.

## 1. 서론
돌발사고에 의해 절연파괴가 발생한 경우 또는 절연열화진단에 의해 열화징후를 발견한 경우 케이블의 어느 점에서 발생하고 있는 가를 알 필요가 있다.
현재 사용하고 있는 방법으로는 Murray Loop법, 정전 용량 측정에 의한 방법, 3펄스(Pulse)에 의한 측정 방법, 수색 코일법, 음향에 의한 방법등이 있다.

## 2. 케이블 고장점 측정법
1) Murray Loop법

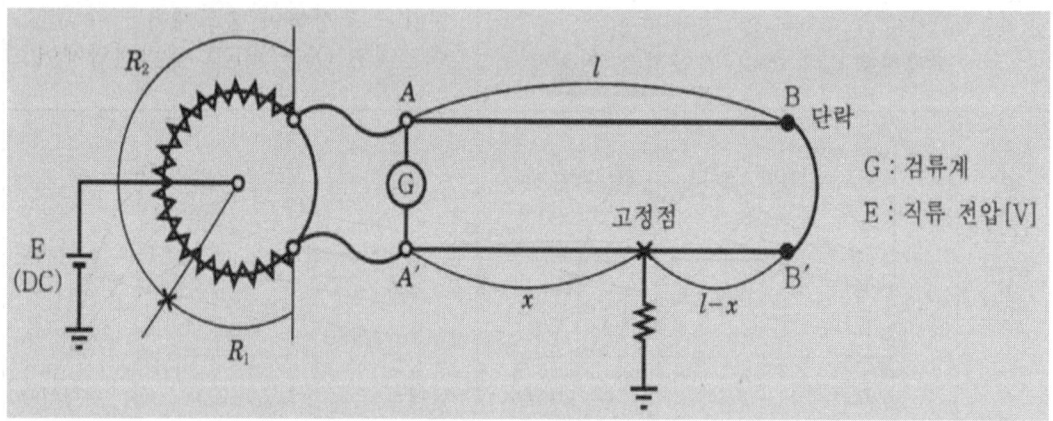

(1) 원리
① 휘스톤 브리지 원리를 이용하여 사고점까지의 거리를 측정하는 방법
② 케이블의 지락상과 건전상을 일단 (B-B)에서 단락
③ 타단($AA$)에서 측정 회로를 접속, 가변 저항 $R_1$, $R_2$의 조정
④ 브리지 회로가 평형을 이루면(G 눈금이 0) : $R_2\,x = R_1(2l-x)$

$$x = \frac{R_1}{R_1 + R_2} \times 2l\,[m]$$

여기서, $l$ : 케이블 전체길이

$R_1, R_2$ : 머레이 루프 저항값 [Ω]

(2) 특징
① 1선 지락 고장, 선간 단락 고장을 측정
② 측정 정밀도가 높다. (오차 0.1~0.5[%])
③ 측정 범위가 넓고, 사용 실적이 가장 많다.
④ 단선 사고시에는 적용 불가

2) 정전 용량 측정에 의한 방법
   ① 케이블의 정전 용량은 길이에 비례하는 것을 이용
   ② 단선, 지락, 단락되었을 경우 케이블의 정전 용량을 측정하여 고장점 발견

3) 펄스에 의한 측정법
  (1) 원리
   ① 케이블 한쪽에서 파고값 10~20[V], 펄스폭이 0.1~10[$\mu s$] 주파수 8[kHz] 정도의 펄스를 보내고, 고장점으로부터 반사파를 보아 고장점까지의 거리를 구한다.
   ② 펄스를 보내고 되돌아올 때까지의 시간 t[s], 펄스의 전파 속도 V[m/$\mu s$]

   $$V = \frac{V_0}{\sqrt{\epsilon}} = (0.51\text{~}0.54)V_0$$

   여기서, $V$ : 펄스의 전파 속도
   $V_0$ : 광속도
   $\epsilon$ : 절연체 비유전율

  (2) 특징
   ① 지락, 단락, 단선 사고의 어느 것에나 적용 가능
   ② 케이블 전량의 길이가 불분명하여도 측정 가능
   ③ 오차 : 2~5[%], 측정기 조작 및 판독에 시간이 필요

4) 수색 코일법
   ① 지락 고장의 경우 케이블 한쪽에서 주파수 600[Hz] 전후의 단속 전류를 흘린다.
   ② 지상에서는 수색 코일에 증폭기와 수화기를 가지고 케이블을 따라 고장점 수색
   ③ 고장점에서 전원측 거리 : 단속 전류에 의해 수색 코일에 전압 유도 소리가 들린다.
   ④ 고장점을 넘어서며 소리가 작아지므로 고장점 판명

5) 음향에 의한 방법
   고장 케이블에 고전압의 펄스를 보내어 고장점의 방전음을 듣고 고장점을 찾아내는 방법

4.2 골프장의 야간조명계획 시 고려사항에 대하여 설명하시오.

## 1. 개요
- 최근 생활 수준 향상과 사업상 골프인구가 증가하고 있다.
- 골프장에서 일몰 시간이 짧은 겨울에는 일몰로 인해 경기가 중단되는 일이 일어날 수 있다.
- 이러한 문제를 해결함은 물론 골프장의 영업시간 연장에 따른 이익 확대를 위하여 골프장에 야간 조명이 필요하다.

## 2. 골프장 조명 기획시 검토사항
1) 코스 Layout과 코스 상호간의 관계
2) 지형 및 수목, 수풀 형상
3) 날아가는 공의 입체적 범위, 공의 주요 낙하지점 선정
4) 구내 시설물
5) 코스 경관 및 시설물과의 조화등

## 3. 골프장 조명

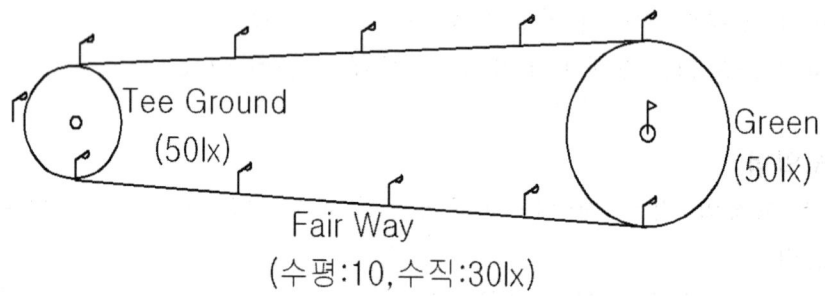

### 1) 조도
아래표는 IES(미국 조명 기사 협회)의 최저 조도 기준으로 실제 적용시에는 이 기준치의 2~3배 정도를 선정하여 쾌적한 그린 환경을 갖추어야 한다.

| 장 소 | | 조도기준(lx) |
|---|---|---|
| Tee Ground | 수평 | 50 |
| Fair Way | 수평 | 10 |
|  | 수직 | 30 |
| Green | 수평 | 50 |

2) 조명 방법
   (1) Tee Ground 조명 : Tee Up한 골프공을 확인할 수 있는 조명 기법
      - Tee Ground 좌우, 옆면, 후방에 조명탑을 배치하는 것이 이상적.
      - 경관 및 경제적인 문제가 있을 때는 후방 투광 조명만으로도 가능
      - Player의 그림자로 공이 안 보일 경우 대비 조사각도 유의

   (2) Fair Way 조명
      - 코스 양쪽에서 조명하는 것이 이상적임
      - 경제성, 경관, 눈부심 등을 고려할 경우는 한쪽에서 조명
      - 조명탑 간격 : 보통 70~90m, 높이 : 11m이상
      - 페어웨이 조명은 수직면 조도 30(lx) 이상 확보

   (3) Green 조명
      - 지형, 높낮이 파악위해 2방향에서 균일한 조명으로 100(lx) 이상
      - 조명탑 : 페어웨이에서 보았을 때 눈부심이 없는 장소에 설치

3) 광원의 선정
   - 고출력일 것
   - 연색성이 우수할 것 : 잔디, 수목에 잘 어울릴 것
   - 수명이 길 것
   - 이상의 조건을 만족시키기 위해 Metal Halaide가 적합 함.

4) 조명 기기 선정
   고효율, 내구성이 우수한 투광기가 적합

   | 구 분 | 투광기 | 유효거리 | 특 징 |
   | --- | --- | --- | --- |
   | Tee Ground | 광각형 | 10~30m | -피조면과 투광기 거리가 가까운 곳에 적합<br>-균등하고 일정한 조명이 가능함 |
   | Fair Way | 중각형 | 30~60m | -광범위한 부분에 걸쳐서 공이 잘 보이게 하기 위하여 Fair Way 전반 조명에 적합 |
   | Fair Way | 협각형 | 60~90m | -높은 조도를 멀리까지 밝게 조사하기 때문에 수직면 조도를 얻는데 적합 |
   | Green | 광각형 | 10~30m | -높은 수평 조도를 필요로 하는 Green에 적합 |

(1) 협각형 투광기
     - Tee 조명폴에 설치하여 높고 멀리 날아가는 공을 추적하는데 적합
     - 등기구를 밑으로 향하면 잔디의 그림자가 생겨 불쾌감을 줌

   (2) 중각형 투광기
     - 페어웨이 전반 조명에 적합
     - 공이 넓은 범위에 걸쳐 잘 보인다.

   (3) 광각형 투광기
     - 먼 거리에 조명에는 부적합
     - Tee Ground나 Green에 적합

5) 조명 Pole의 선정
   골프장 주위의 경관을 해치지 않아야 하며 위치, 높이, 투광기 종류를 선정한 후 지형, 환경, 수목, 건물 등을 검토한 후 결정
   (1) 조명 Pole의 요구조건
     - 미관, 경제성이 좋을 것
     - 설치 시공이 간단 할 것
     - 보수 점검이 용이하고 내구성이 좋을 것

   (2) 조명 Pole의 설치 위치
     가. Tee조명 Pole
      - Tee 바로 뒤쪽에 설치하는 것이 바람직함.
      - Tee 측면에 보조 조명을 설치, 그림자가 없도록 한다.
     나. Fair Way 조명 Pole
      - 경기 방향의 우측에 배치하고 사선 방향으로 조명
     다. Green 조명 Pole
      - 좌우 방향에서 45도 정도 범위에서 조명

4.3 분산형전원 배전계통 연계기술기준에 의거하여 한전계통 이상 시 분산형 전원 분리시간(비정상전압, 비정상주파수)에 대하여 설명하시오.

　인용 : 분산형전원 배전계통 연계 기술기준(한국전력공사)


제13조(한전계통 이상시 분산형전원 분리 및 재병입)
① 한전계통의 고장
　분산형전원은 연계된 한전계통 선로의 고상시 해당 한선계통에 대한 가압을 즉시 중지하여야 한다.

② 한전계통 재폐로와의 협조
　제1항에 의한 분산형 전원 분리시점은 해당 한전계통의 재폐로 시점 이전이어야 한다.

③ 전 압
　1. 연계 시스템의 보호장치는 각 선간전압의 실효값 또는 기본파 값을 감지해야 한다.
　　단, 구내계통을 한전계통에 연결하는 변압기가 Y-Y 결선 접지방식의 것 또는 단상 변압기일 경우에는 각 상전압을 감지해야 한다.
　2. 제1호의 전압 중 어느 값이나 <표 2.3>과 같은 비정상 범위 내에 있을 경우 분산형전원은 해당 분리시간(clearing time) 내에 한전계통에 대한 가압을 중지하여야 한다.
　3. 다음 각 목의 하나에 해당하는 경우에는 분산형전원 연결점에서 제1호에 의한 전압을 검출할 수 있다.
　　가. 하나의 구내계통에서 분산형전원 용량의 총합이 30kW 이하인 경우
　　나. 연계 시스템 설비가 단독운전 방지시험을 통과한 것으로 확인될 경우
　　다. 분산형전원 용량의 총합이 구내계통의 15분간 최대수요전력 연간 최소값의 50% 미만이고, 한전계통으로의 유·무효전력 역송이 허용되지 않는 경우

< 비정상 전압에 대한 분산형 전원 분리시간>

| 기준전압에 대한 전압 백분율(%) | 분리 시간(초) |
|---|---|
| V < 50 | 0.16 |
| 50 ≤ V ≤ 88 | 2.0 |
| 110 ≤ V ≤ 120 | 1.0 |
| V ≥ 120 | 0.16 |

주. 1) 기준전압은 계통의 공칭전압을 말한다.
   2) 분리시간이란 비정상 상태의 시작부터 분산형전원의 계통가압 중지까지의 시간을 말한다.
   최대용량 30kW 이하의 분산형전원에 대해서는 전압 범위 및 분리시간 정정치가 고정되어 있어도 무방하나, 30kW를 초과하는 분산형전원에 대해서는 전압범위 정정치를 현장에서 조정할 수 있어야 한다. 상기 표의 분리시간은 분산형전원 용량이 30kW 이하일 경우에는 분리시간 정정치의 최대값을, 30kW를 초과할 경우에는 분리시간 정정치의 초기값(default)을 나타낸다

④ **주파수**

계통 주파수가 다음표와 같은 비정상 범위 내에 있을 경우 분산형전원은 해당 분리시간 내에 한전계통에 대한 가압을 중지하여야 한다.

<비정상 주파수에 대한 분산형전원 분리시간>

| 분산형전원 용량 | 주파수 범위[Hz] | 분리시간[초] |
|---|---|---|
| 30kW 이하 | > 60.5 | 0.16 |
|  | < 59.3 | 0.16 |
| 30kW 초과 | > 60.5 | 0.16 |
|  | < 57.0~59.8 (조정 가능) | 0.16~300 (조정 가능) |
|  | < 57.0 | 0.16 |

주. 1) 분리시간이란 비정상 상태의 시작부터 분산형전원의 계통가압 중지까지의 시간을 말한다.
   2) 최대용량 30kW 이하의 분산형전원에 대해서는 주파수 범위 및 분리시간 정정치가 고정되어 있어도 무방하나, 30kW를 초과하는 분산형전원에 대해서는 주파수 범위 정정치를 현장에서 조정할 수 있어야 한다.
   3) 상기 표의 분리시간은 분산형전원 용량이 30kW 이하일 경우에는 분리시간 정정치의 최대값을, 30kW를 초과할 경우에는 분리시간 정정치의 초기값(default)을 나타낸다.
   4) 저주파수 계전기 정정치 조정시에는 한전계통 운영과의 협조를 고려하여야 한다.

⑤ 한전 계통에의 재병입(再竝入, reconnection)
  1. 한전계통에서 이상 발생 후 해당 한전계통의 전압 및 주파수가 정상 범위내에 들어올 때까지 분산형전원의 재병입이 발생해서는 안 된다.
  2. 분산형전원 연계 시스템은 안정상태의 한전계통 전압 및 주파수가 정상범위로 복원된 후 그 범위 내에서 5분간 유지되지 않는 한 분산형전원의 재병입이 발생하지 않도록 하는 지연기능을 갖추어야 한다.

4.4 저항과 누설 리액턴스의 값이 (0.01+j0.04)Ω인 1000 kVA 단상변압기와 저항과 누설 리액턴스의 값이 (0.012+j0.036)Ω인 500 kVA 단상변압기가 병렬 운전한다. 부하가 1500 kVA일 때 각 변압기의 부하분담 값을 구하시오.
(단, 지상역률은 0.8이고 2차측 전압은 같다고 가정한다)


1. 변압기 병렬운전 조건

<극상각 / 권%용>

| | 병렬운전조건 | 단상 | 3상 | 다를 경우 문제점 |
|---|---|---|---|---|
| 1 | 극성이 일치할 것 | O | | 등가적인 단락상태가 됨 |
| 2 | 상회전 방향이 맞을 것 | | O | |
| 3 | 각 변위가 같을 것 | | O | 순환전류가 흘러 TR 과열 |
| 4 | 정격 전압과 권수비가 같을 것 | O | O | |
| 5 | %임피던스가 같을 것 (%리액턴스와 %저항의 비가 같을 것) | O | O | %임피던스가 낮은쪽이 더 많은 부하 분담 |
| 6 | 정격 용량비가 1:3 이내 일 것 | O | O | 소 용량 변압기의 과부하 |

2. % 임피던스가 같지 않은 경우

병렬 운전중인 양 변압기의 저압측 권선의 부하 분담을 Pa, Pb라 하고 저압 권선측 % 임피던스를 %Za, %Zb 라고 하면

$$Pa = P \times \frac{\%Z_b}{\%Z_a + \%Z_b} \qquad Pb = P \times \frac{\%Z_a}{\%Z_a + \%Z_b}$$

즉, 부하는 %임피던스에 반비례하여 %임피던스가 적은 변압기가 더 많은 부하를 분담하게 된다.

3. 부하 분담 계산

1) TR 용량비 $m = \dfrac{P_A}{P_B} = \dfrac{1000}{500} = 2.0$ (항시 B 변압기가 기준이 됨)

2) 각 변압기 부하분담

$$P_A = \frac{m\%Z_B}{\%Z_A + m\%Z_B} \times P, \qquad P_B = \frac{\%Z_A}{\%Z_A + m\%Z_B} \times P$$

3) A 변압기 부하 분담

$$1000 \geq \frac{2.0 \times (0.012 + j0.036)}{(0.01 + j0.04) + 2.0 \times (0.012 + j0.036)} \times 1500(0.8 + j0.6)$$

= 794+j562 = 972(kVA)

4) B 변압기가 부하 분담

$$500 \geq \frac{(0.01 + j0.04)}{(0.01 + j0.04) + 2.0 \times (0.012 + j0.036)} \times 1500(0.8 + j0.6)$$

= 406 + j338 = 528(kVA)

즉, B 변압기가 과부하가 된다.

4. B 변압기가 과부하가 되지 않으려면

부하를 500/528=94.7% 만 분담시켜야 한다.

즉, 1500 x 0.947 = 1420(kVA)만 부하를 분담시켜야 한다.

이때 A 변압기는

$$1000 \geq \frac{2.0 \times (0.012 + j0.036)}{(0.01 + j0.04) + 2.0 \times (0.012 + j0.036)} \times 1420(0.8 + j0.6)$$

= 751 + j 532 = 920(kVA)

B 변압기는

$$500 \geq \frac{(0.01 + j0.04)}{(0.01 + j0.04) + 2.0 \times (0.012 + j0.036)} \times 1420(0.8 + j0.6)$$

= 384.7 +j320 = 500(kVA)로 부하분담을 하게 된다.

4.5 KS C IEC 60364-4에서 정한 특별저압전원(ELV ; Extra-Low Voltage)에 의한 보호방식에 대하여 설명하시오.

### 1. 특별 저압에 의한 보호
특별 저압에 의한 보호는 교류 50V 이하, 직류 120V 이하의 보호이며 직접 접촉보호나 간접 접촉 보호 양쪽에 시행한다.
- SELV : Separated or Safety Extra Low Voltage (비접지 회로 보호)
- PELV : Protected Extra Low Voltage (접지 회로 보호)
- FELV : Functional Extra Low Voltage (비접지+접지 조합)

### 2. 적용
다음의 경우는 감전에 대한 보호가 이루어진 것으로 간주한다.
1) 정격전압이 전압밴드 I 범위(교류:50V, 직류:120 V)를 초과하지 않을때
2) 전원이 다음중 하나로 공급할 때
   (1) IEC 60742에 적합한 안전절연변압기 및 이와 동등 이상 안전등급을 갖는 기기
   (2) 축전지 등의 전기화학적 전원(예, 전지)
   (3) 전원 회로와 무관한 독립전원 (예, 디젤발전기)
3) 아래 3항의 조건 및 4, 5항 조건에 적합하여야 한다.
   - 비접지회로(SELV)에서는 4항
   - 접지 회로 (PELV)에서는 5항

### 3. SELV 및 PELV의 요구사항(비접지회로 및 접지 회로 공통사항)
1) SELV 및 PELV의 충전부는 상호 다른 회로에서 분리하여야 한다.
2) SELV 및 PELV의 각 시스템의 회로는 다른 회로와 물리적으로 격리하여야 한다.
   단, 격리가 곤란한 경우에 다음 중 하나의 보완조치를 하여야 한다.
   (1) SELV 및 PELV의 각 회로는 기능절연에 추가하여 비금속외장 설치
   (2) 전압이 다른 회로는 금속제 스크린 또는 접지된 금속외장으로 격리
3) 플러그 및 콘센트
   - 플러그를 다른 전압계통의 콘센트에 연결할 수 없어야 한다.
   - 콘센트를 다른 전압계통의 플러그에 연결할 수 없어야 한다.

### 4. SELV(비접지 회로)에 대한 요구사항
1) SELV의 충전부는 대지 또는 다른 회로의 충전부 또는 보호도체와 접촉되어서는 아니 된다.
2) 노출 도전부는 다음의 것에 고의로 접촉되어서는 아니된다.
   - 대지.
   - 다른 회로의 보호도체 또는 노출 도전성 부분.

- 계통 외의 도전성 부분
3) 공칭전압이 교류 25V 또는 직류 60V(비맥동)를 초과하는 경우에는
   다음각호의 직접접촉보호를 취하여야 한다.
   - 보호등급 IP 2X 이상을 가진 격벽 또는 외함.
   - 시험전압 교류 500V에서 1분간 견디는 절연.

## 5. PELV(접지 회로)에 대한 요구사항
1) PELV(접지 회로) 는 다음의 조건을 만족하여야 한다.
   - 보호등급 IP 2X 이상을 가진 격벽 또는 외함.
   - 시험전압 교류 500V에서 1분간 견디는 절연.
2) 주 등전위 접속이 되어 있는 경우는 직접 접촉 보호 필요 없음

## 6. FELV 에 대한 요구사항
FELV는 기능상의 이유로 전압밴드 I 이내 전압을 사용하지만 SELV, PELV의 요구 사항이 충족되지 않은 경우에 적용한다.
1) 직접접촉에 대한 보호
   (1) 보호등급 IP 2X 이상을 가진 격벽 또는 외함.
   (2) 1차 회로에 필요한 최소 시험 전압에 해당하는 절연
       ( 최소 AC 1,500V에서 1분간 견딜 것)
2) 간접 접촉에 대한 보호
   (1) 자동 전원 차단장치가 설치된 FELV회로의 노출 도전부를
       1차 보호선에 접속
   (2) 전기적 이격(분리)을 통한 보호(절연변압기)를 1차 회로에 적용한
       경우 FELV회로기기의 노출도전부를 1차 회로의 등전위 접속선에
       접속한다.
   3) 플러그와 컨센트
      - 플러그를 다른 전압계통의 콘센트에 연결할 수 없어야 한다.
      - 콘센트를 다른 전압계통의 플러그에 연결할 수 없어야 한다.

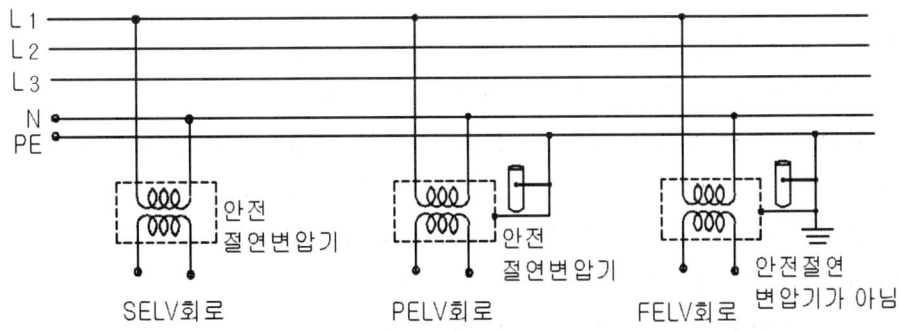

4.6 소방시설용 비상전원수전설비에 대하여 설명하시오.

　　1) 특별고압 또는 고압으로 수전하는 경우의 설치기준

　　2) 전기회로 결선방법

　　인용 : 소방시설용 비상전원수전설비의 화재안전기준(NFSC 602)


**제5조(특별고압 또는 고압으로 수전하는 경우)**

① 일반전기사업자로부터 특별고압 또는 고압으로 수전하는 비상전원 수전설비는 방화구획형, 옥외개방형 또는 큐비클(Cubicle)형으로 하여야 한다.
  1. 전용의 방화구획 내에 설치할 것
  2. 소방회로배선은 일반회로배선과 불연성 벽으로 구획할 것. 다만, 소방회로배선과 일반회로배선을 15㎝ 이상 떨어져 설치한 경우는 그러하지 아니한다.
  3. 일반회로에서 과부하, 지락사고 또는 단락사고가 발생한 경우에도 이에 영향을 받지 아니하고 계속하여 소방회로에 전원을 공급시켜 줄 수 있어야 할 것
  4. 소방회로용 개폐기 및 과전류차단기에는 "소방시설용"이라 표시할 것
  5. 전기회로는 별표 1 같이 결선할 것

② 옥외개방형은 다음 각 호에 적합하게 설치하여야 한다.
  1. 건축물의 옥상에 설치하는 경우에는 그 건축물에 화재가 발생할 경우에도 화재로 인한 손상을 받지 않도록 설치할 것
  2. 공지에 설치하는 경우에는 인접 건축물에 화재가 발생한 경우에도 화재로 인한 손상을 받지 않도록 설치할 것
  3. 그 밖의 옥외개방형의 설치에 관하여는 제1항제2호부터 제5호까지의 규정에 적합하게 설치할 것

③ 큐비클형은 다음 각 호에 적합하게 설치하여야 한다.
  1. 전용큐비클 또는 공용큐비클식으로 설치할 것
  2. 외함은 두께 2.3㎜ 이상의 강판과 이와 동등 이상의 강도와 내화성능이 있는 것으로 제작하여야 하며, 개구부(제3호에 게기하는 것은 제외한다)에는 갑종방화문 또는 을종방화문을 설치할 것
  3. 다음 각 목(옥외에 설치하는 것에 있어서는 가목부터 다목까지)에 해당하는 것은 외함에 노출하여 설치할 수 있다.
　　가. 표시등(불연성 또는 난연성재료로 덮개를 설치한 것에 한한다)
　　나. 전선의 인입구 및 인출구

다. 환기장치
　　라. 전압계(퓨즈 등으로 보호한 것에 한한다)
　　마. 전류계(변류기의 2차측에 접속된 것에 한한다)
　　바. 계기용 전환스위치(불연성 또는 난연성재료로 제작된 것에 한한다)
4. 외함은 건축물의 바닥 등에 견고하게 고정할 것
5. 외함에 수납하는 수전설비, 변전설비 그 밖의 기기 및 배선은 다음 각 목에 적합하게 설치할 것 <개정 2012. 8. 20.>
　　가. 외함 또는 프레임(Frame) 등에 견고하게 고정할 것 <개정 2012. 8. 20.>
　　나. 외함의 바닥에서 10㎝(시험단자, 단자대 등의 충전부는 15㎝) 이상의 높이에 설치할 것
6. 전선 인입구 및 인출구에는 금속관 또는 금속제 가요전선관을 쉽게 접속할 수 있도록 할 것
7. 환기장치는 다음 각 목에 적합하게 설치할 것 <개정 2012. 8. 20.>
　　가. 내부의 온도가 상승하지 않도록 환기장치를 할 것
　　나. 자연환기구의 개부구 면적의 합계는 외함의 한 면에 대하여 해당 면적의 3분의 1 이하로 할 것. 이 경우 하나의 통기구의 크기는 직경 10㎜ 이상의 둥근 막대가 들어가서는 아니 된다. <개정 2012. 8. 20.>
　　다. 자연환기구에 따라 충분히 환기할 수 없는 경우에는 환기설비를 설치할 것.
　　라. 환기구에는 금속망, 방화댐퍼 등으로 방화조치를 하고, 옥외에 설치하는 것은 빗물 등이 들어가지 않도록 할 것
8. 공용큐비클식의 소방회로와 일반회로에 사용되는 배선 및 배선용기기는 불연재료로 구획할 것
9. 그 밖의 큐비클형의 설치에 관하여는 제1항 제2호부터 제5호까지의 규정 및 한국산업표준에 적합할 것

[별표1] 고압 또는 특별고압 수전의 경우(제5조제1항제5호 관련)

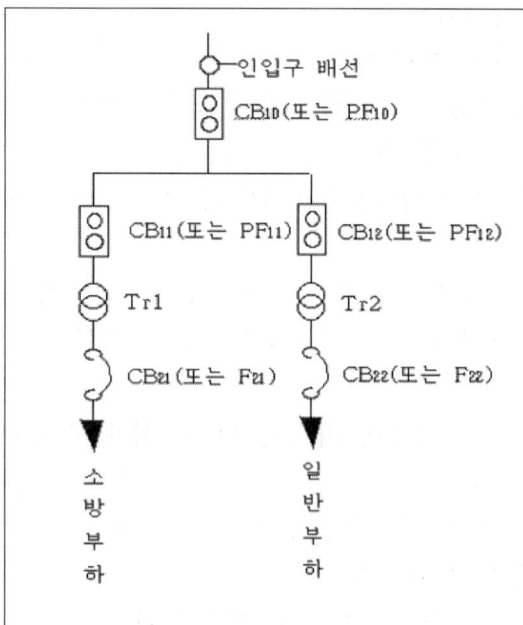

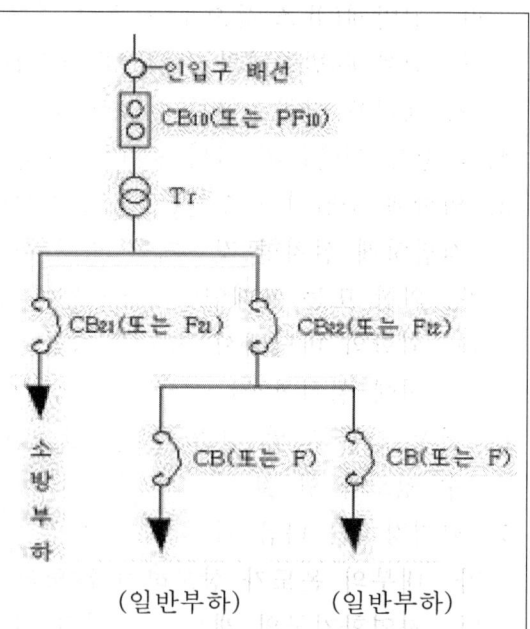

| | |
|---|---|
| (가) 전용의 전력용변압기에서 소방부하에 전원을 공급하는 경우<br><br>주 1. 일반회로의 과부하 또는 단락사고 시에 $CB_{10}$(또는 $PF_{10}$)이 $CB_{12}$(또는 $PF_{12}$) 및 $CB_{22}$(또는 $F_{22}$)보다 먼저 차단되어서는 아니된다.<br><br>    2. $CB_{11}$(또는 $PF_{11}$)은 $CB_{12}$(또는 $PF_{12}$)와 동등이상의 차단용량일 것. | (나) 공용의 전력용변압기에서 소방부하에 전원을 공급하는 경우<br><br>주1. 일반회로의 과부하 또는 단락사고시에 $CB_{10}$(또는 $PF_{10}$)이 $CB_{22}$(또는 $F_{22}$) 및 CB(또는 F)보다 먼저 차단되어서는 아니된다.<br><br>    2. $CB_{21}$(또는 $F_{21}$)은 $CB_{22}$(또는 $F_{22}$)와 동등이상의 차단용량일 것. |
| 약호 \| 명 칭<br>CB \| 전력차단기<br>PF \| 전력퓨즈(고압 또는 특별고압용)<br>F \| 퓨즈(저압용)<br>Tr \| 전력용변압기 | 약호 \| 명 칭<br>CB \| 전력차단기<br>PF \| 전력퓨즈(고압 또는 특별고압용)<br>F \| 퓨즈(저압용)<br>Tr \| 전력용변압기 |